Orthogonalität und Approximation

Johanna Heitzer

Orthogonalität und Approximation

Vom Lotfällen bis zum JPEG-Format
Von der Schulmathematik
zu modernen Anwendungen

STUDIUM

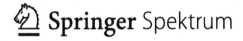 Springer Spektrum

Prof. Dr. Johanna Heitzer
RWTH Aachen
Aachen, Deutschland

ISBN 978-3-8348-1758-7   ISBN 978-3-8348-8629-3 (eBook)
DOI 10.1007/978-3-8348-8629-3

Die Deutsche Nationalbibliothek verzeichnet diese Publikation in der Deutschen Nationalbibliografie; detaillierte bibliografische Daten sind im Internet über http://dnb.d-nb.de abrufbar.

Springer Spektrum
© Vieweg+Teubner Verlag | Springer Fachmedien Wiesbaden 2012

Planung und Lektorat: Ulrike Schmickler-Hirzebruch, Barbara Gerlach
Einbandentwurf: KünkelLopka GmbH, Heidelberg

Gedruckt auf säurefreiem und chlorfrei gebleichtem Papier

Springer Spektrum ist eine Marke von Springer DE. Springer DE ist Teil der Fachverlagsgruppe Springer Science+Business Media.
www.springer-spektrum.de

Vorwort

Gegenstand der vorliegenden Arbeit ist die Bestimmung guter Approximationen durch Entwicklung über Orthonormalbasen. Diese Methode fußt auf zentralen mathematischen Ideen, die die Grenzen der üblichen Teilgebiete überschreiten. Sie hat sich in der Mathematik der letzten Jahrzehnte als überaus tragfähig und in den Anwendungen (auch kommerziell) erfolgreich erwiesen.

Dies bemerkenswerte Stück Mathematik sowohl dem Schulunterricht als auch dem interessierten Laien zugänglicher zu machen, ist das Ziel meines Buches. Zugleich soll erfolgreiche Mathematik der letzten Jahrzehnte vermittelt und gezeigt werden, dass der Blick auf die Struktur für Erkenntnis und Anwendungen gleichermaßen von großem Nutzen sein kann.

Das Thema knüpft an Erfahrungen und Anschauung im geometrischen Raum an. Zentrale Erkenntnis ist die Tatsache, dass man durch Lotfällen denjenigen Punkt auf einer Gerade oder Ebene erhält, der einem vorgegebenen Punkt im Raum am nächsten ist. Kommen das Wissen und die formale Fertigkeit hinzu, Orthogonalprojektionen mittels des aus der analytischen Geometrie bekannten Skalarprodukts zu berechnen, lässt sich diese Erkenntnis weit über die Grenzen der Geometrie hinaus verallgemeinern und gewinnbringend nutzen.

Denn während Lote ausschließlich im anschaulichen zwei- oder dreidimensionalen Raum benötigt werden, sind gute Näherungen spätestens im Zeitalter der Datenmassen in zahllosen Bereichen von Wissenschaft und Technik extrem gefragte Objekte. Schüler können erfahren und exemplarisch erproben, dass Approximationsverfahren innerhalb der Fourieranalyse von Geräuschen oder der Bildverarbeitung im JPEG-Format auf dieselbe Art vonstatten gehen wie Abstandsberechnungen im geometrischen Raum.

Gemeinsame Grundlage ist die mathematische Struktur euklidischer Vektorräume. Der Begriff des Vektorraums hat sich in allgemeiner Form erst in der zweiten Hälfte des 19. Jahrhunderts herauskristallisiert und als außerordentlich tragfähig erwiesen. Besonders wichtige Schritte waren der Übergang zum n-dimensionalen Raum einerseits und zu Funktionenräumen andererseits. Genau diese Übergänge spielen auch im Rahmen der Arbeit eine entsprechend große Rolle.

Als euklidisch bezeichnet man diejenigen Vektorräume über $\mathbb{R}$, in denen ein Skalarprodukt definiert ist. Wie in der euklidischen Geometrie sind an dieses Skalarprodukt Begriffe wie „Länge", „Abstand" und „Orthogonalität" gekoppelt – und mit ihnen Aussagen, die der Dreiecksungleichung oder dem Satz des Pythagoras entsprechen. Deshalb können auch Verfahren wie das der Bestimmung guter Näherungen mittels Orthogonalprojektion übertragen werden. Dabei werden Begriffe, die sonst ausschließlich mit dem geometrischen Raum verbunden blieben, in größerem Zusammenhang gesehen und mit neuem Leben erfüllt.

In euklidischen Vektorräumen liefert die Orthogonalprojektion eines Vektors auf einen Unterraum dessen beste dortige Näherung im Sinne der euklidischen Norm. Sie kann in Projektionen auf paarweise orthogonale, eindimensionale Unterräume zerlegt und deshalb durch Entwicklung über Orthonormalbasen bestimmt werden.

So lauten die mathematischen Ideen im Mittelpunkt dieser Arbeit. Sie können zu einem allgemeinen Verfahren der systematischen Approximation oder Analyse komplizierter mathematischer Objekte ausgebaut und überall dort angewendet werden, wo die Struktur eines Vektorraums mit Skalarprodukt vorliegt und die zugehörige Norm als Maß für die Ähnlichkeit der Objekte sinnvoll ist.

In groben Zügen führt die Arbeit von der gründlichen Verankerung der Begriffe und Zusammenhänge im geometrischen Raum zunächst auf einige Anwendungen mit unterschiedlich interpretierten Spaltenvektoren des $\mathbb{R}^n$ für $n \geq 4$. Bei diesen Problemen ist das Abstraktionsniveau noch überschaubar und es stehen jeweils alternative Lösungsmöglichkeiten zur Verfügung. Dadurch kann mit der übergeordneten Methode vertraut gemacht und ein Gefühl für ihr Potential vermittelt werden.

Dann wird die besondere Tragweite der Interpretation von Spaltenvektoren als Wertelisten stückweise konstanter Funktionen herausgearbeitet. Behält man das aus der Geometrie abgeleitete Standardskalarprodukt bei, ist hier neu zu durchdenken, welche Bedeutung Orthogonalitäts- und Abstandsbegriff erhalten und welche Orthogonalbasen sich als hilfreich erweisen könnten. Im Grenzübergang führt diese Deutung auf das Produktintegral als Skalarprodukt für stückweise stetige Funktionen und die zugehörige L^2-Norm.

Mit dem Übergang zu Funktionenräumen erschließt sich das Anwendungsgebiet der Signalverarbeitung, in dem die Bestimmung guter Näherungen von besonderer Brisanz ist. Als praxisrelevante Beispiele werden die Haar-Wavelet-Entwicklung zur Kompression digitaler Signale und die Fourierentwicklung zur Analyse analoger Signale ausführlich dargestellt. Sie werfen zugleich neues Licht auf die Bedeutung der geschickten Unterraumwahl und die Sonderstellung einiger Orthonormalsysteme.

Im Rahmen der Arbeit wurden zu diesen Themengebieten Einstiegsbeispiele, Übungsaufgaben und interaktiv nutzbare Worksheets im Computeralgebrasystem Maple entwickelt. Außerdem wurden Experimente rund um die Verarbeitung optischer und akustischer Signale zusammengestellt, um die theoretischen Erkenntnisse mit Sinneswahrnehmungen zu verknüpfen. Theorieteil, Materialien und Experimente wurden vielfach in Workshops mit Oberstufenschülern erprobt.

Adressaten und „Leseanleitung"

Beim Schreiben wurde vor allem an drei Gruppen potentieller Leser gedacht:

- Lehrer und angehende Lehrer, die sich selbst das Thema erschließen und so strukturiert und aufbereitet vorfinden möchten, dass es zu einer (auch teil- oder überblicksweisen) Umsetzung im Unterricht nur noch kleine Schritte sind,

- Schüler, die grundlegende Kenntnisse in linearer Algebra und analytischer Geometrie, überdurchschnittliches Interesse an Mathematik und (wie im Rahmen von Facharbeiten, Projekten oder Arbeitsgemeinschaften) einen kompetenten Berater an ihrer Seite haben,

- Mathematikinteressierte, die – anknüpfend an Abiturwissen – Einblicke in übergeordnete Aspekte und jüngere Entwicklungen dieser Wissenschaft suchen.

Das Buch ist in drei Teile unterteilt: „Orthogonalität und beste Approximation" ist der Hauptteil, in dem Theorie und Anwendungen des Themas ausführlich dargestellt werden. Für sich selbst interessierte Leser werden sich auf diesen Teil beschränken können. „Zur Didaktik und Vermittlung des Themas" wendet sich an Lehrende und Didaktiker, die auch an Intentionen, Grundsatzentscheidungen und Lehrplanbezügen der Arbeit interessiert sind oder von den Erfahrungen mit der

Umsetzung in Schülergruppen profitieren möchten. Der Teil „Unterrichtsmaterialien zum Thema" bietet ein Kompendium des Stoffes, wie es Schülern als Arbeitsgrundlage zur Verfügung gestellt werden kann. Neben einer knappen und möglichst allgemein verständlichen Darstellung des roten Fadens finden sich hier zahlreiche Erkundungs- und Übungsaufgaben, denen geeignete Beispiele vorangehen.

In allen Teilen wurde der Versuch unternommen, die Kapitel einzeln lesbar zu gestalten. Wo konkret auf Inhalte vorangegangener Kapitel Bezug genommen wird, finden sich Verweise. Die Einleitungen zu den Teilen sowie zu den Kapiteln liefern jeweils sowohl eine Einordnung in das große Ganze als auch einen Überblick über die konkreten Inhalte. Ihre Lektüre wird dringend empfohlen.

Weil besonders in Zusammenhang mit den Anwendungen eine Reihe von Fragen jenseits des roten Fadens nahe liegen, wurden im Hauptteil auch Erweiterungen, Zusätze und Hintergründe mit aufgenommen. Die entsprechenden Abschnitte sind mit * beziehungsweise ** gekennzeichnet und für eine gewinnbringende Lektüre verzichtbar. Sie sollten jedoch dabei helfen, über das Kernthema hinausgehende Interessen verfolgen und entsprechende Schülerfragen beantworten zu können.

Die zur vertieften eigenständigen Auseinandersetzung mit dem Thema erstellten Maple-Worksheets stehen online zur Verfügung: http://darwin.bth.rwth-aachen.de/opus3/volltexte/2010/3404. In Anhang B findet sich eine Übersicht dessen, was sie leisten. Auf Nachfrage per email (S.199) werden Lösungen der Aufgaben zur Verfügung gestellt und Fragen zur Umsetzung insbesondere der experimentellen Teile im Unterricht beantwortet.

Entstehungsgeschichte und Dank

Das Buch ist die überarbeitete und ergänzte Version meiner von 2007 bis 2010 am Lehrstuhl A für Mathematik der RWTH Aachen entstandenen Dissertation. Wesentliche Ziele dieser Arbeit waren, am Beispiel der Approximation durch Entwicklung über Orthogonalbasen

- erfolgreiche Mathematik der letzten Jahrzehnte für den Schulunterricht zugänglich zu machen,

- echte, aktuelle Anwendungen erfahren zu lassen,

- den Blick auf die Struktur zu lenken und zu zeigen, dass das für Erkenntnis und Anwendungen von Nutzen sein kann,

- zentrale mathematische Ideen zu vermitteln, die die Grenzen der üblichen Teilgebiete überschreiten.

Diese Arbeit wäre nicht zustande gekommen oder nicht so geworden, wie sie ist, ohne die richtigen Chancen und die Unterstützung zahlreicher Menschen um mich herum.

Ich danke meinem Mann, Herrn Dr. Michael Heitzer: Ohne ihn und seine Art, Vaterrolle und Beruf unter einen Hut zu bringen, hätte ich die Möglichkeit zur Promotion kaum wahrnehmen können. Ich danke meinen Söhnen Paul und Peter, die mir ein stetiger Quell der Freude sind. Sie hatten sowohl mich als auch den einzigen Familien-Computer weniger zur Verfügung, als ihnen lieb gewesen wäre. Ich danke meiner Mutter, Frau Dr. Barbara Rösler, die ihren Kindern einfach alles zutraut und dann auch hilft, dass sie es wirklich schaffen.

Ich danke Herrn Prof. Dr. Sebastian Walcher für das Thema, das Vertrauen, zahllose fachliche und akademische Ratschläge, Umfang und vor allem Art der Betreuung. Ich danke Herrn Prof. Dr. Hartmut Führ für die Übernahme des Zweitberichts, stetigen fachlichen Rat und viele wertvolle Literaturhinweise. Ich danke Herrn Prof. em. Dr. Dr. h. c. Heinrich Winand Winter für meinen Weg in die Fachdidaktik und sein anhaltendes, konstruktives Interesse an meiner wissenschaftlichen Arbeit.

Ich danke für so Vieles, das einzeln aufgezählt zu werden verdient hätte (in alphabetischer Reihenfolge): Eduard Bader, Dr. Dorte Engelmann, Dr. Marc Ensenbach, Barbara Giese, Alexandra Goeke, Corinna Hänisch, Prof. Dr. Aloys Krieg, Gehrt Hartjen (MINT e.C.), Dr. Peter Heiß, Dr. Sebastian Mayer, Birgit Morton, Rusbeh Nawab (Science-College Overbach), Dr. Markus Neuhauser, Dr. Lena Nöthen, Karoline Quinn, Felix Rösler, Ulrike Schmickler-Hirzebruch, Andrea Schmitz, Anne Schüller und Ellen Stollenwerk (zdi-Initiative ANTalive).

Aachen im Mai 2012   Johanna Heitzer

Inhaltsverzeichnis

III Unterrichtsmaterialien zum Thema 197

Anhang   293

Teil I

Orthogonalität und beste Approximation

Vorbemerkung und Inhaltsübersicht

Der hier folgende Teil I ist zugleich der Hauptteil des Buches: Die Theorie der Approximation durch Orthogonalprojektion wird umfassend, detailliert und in den ausgewählten Anwendungen ausführlich dargestellt. Dabei werden (in den mit * oder ** gekennzeichneten Abschnitten) auch Randaspekte und Hintergründe des Themas beleuchtet, sofern das aufgrund ihres mathematischen Gehalts geboten scheint. Leser, die das Thema nur selbst kennenlernen und nicht unterrichten möchten, können sich auf diesen Teil beschränken oder zur Verständniskontrolle Aufgaben aus Teil III hinzuziehen.

Kapitel 1 liefert die Theorie zur Bestimmung guter Approximationen mittels Entwicklung über Orthonormalbasen im Überblick. Dies geschieht in allgemeiner Form und auf relativ hohem Abstraktionsniveau, so dass das Kapitel für Lehrer und Mathematikstudenten etwa ab dem dritten Semester gut lesbar sein sollte. Im Mittelpunkt stehen euklidische Vektorräume mit besonderem Blick auf die Konsequenzen und Vorteile der Orthogonalität. Das ermöglicht einen relativ direkten Kurs auf das angestrebte allgemeine Verfahren. Am Ende findet sich eine Übersicht der im Laufe der Arbeit behandelten Beispiele.

In Kapitel 2 werden alle wesentlichen Grundlagen dort verankert, wo sie unmittelbar an das Schülerwissen anknüpfen und von der Anschauung getragen sind: im geometrischen Raum. Als Einstieg dient ein physikalischer Analogieversuch zur Bekräftigung und Illustration der Kernaussagen. Die Erkenntnis über die Abstandsminimalität des Lotfußpunktes steht zusammen mit weiteren Vorteilen der Orthogonalität im Mittelpunkt. Wegen der späteren Abstraktion wird genau herausgearbeitet, aus welchen Gründen und unter welchen (Minimal-) Voraussetzungen die in der Geometrie oft selbstverständlich erscheinenden Zusammenhänge gelten. Von besonderer Bedeutung für spätere Verallgemeinerungen sind dabei die vektorielle Schreibweise sowie die Längenberechnung und Orthogonalitätsprüfung über das Skalarprodukt.

Gegenstand von Kapitel 3 ist die einfachste Form der Abstraktion: Überträgt man die Rechenvorschrift für das Skalarprodukt von Spaltenvektoren mit zwei oder drei auf Spaltenvektoren mit n Einträgen, so fällt zwar die Raumanschauung weg, ansonsten aber ändert sich nichts. Nach wie vor erhält man die „beste Näherung" durch „Orthogonalprojektion", sofern man diese Begriffe im über das Skalarprodukt definierten Sinn versteht. Wofür diese zunächst rein spielerisch-formale Verallgemeinerung gut sein kann, zeigen vier Anwendungsbeispiele mit jeweils anderer Deutung der Spaltenvektoren. Anhand dieser Beispiele kann das allgemeine Verfahren eingeübt und mit alternativen Lösungsmethoden verglichen werden. Außerdem werden wichtige Seitenaspekte der Methode deutlich.

In Kapitel 4 wird mit der Haar-Wavelet-Transformation eine der echten Anwendungen vorgestellt, die für die aktuelle Bedeutung der Methode verantwortlich sind. Ausgangspunkt ist die Interpretation der Spaltenvektoren als Wertelisten stückweise konstanter Funktionen. Dieser Ansatz ist von außergewöhnlicher Tragweite, weil Signale aller Art letztlich Funktionen sind und heutzutage erstens in rauen Mengen und zweitens meist in digitaler Form verarbeitet werden. Dabei haben sich so genannte Wavelets als eins der wertvollsten Mittel herausgestellt. Hier wird sich auf das einfachste und älteste Beispiel dieser „kleinen Wellen" beschränkt und so lange wie möglich bei der Darstellung über Spaltenvektoren geblieben. So kann exemplarisch gezeigt werden, dass Wavelets Orthogonalsysteme bilden und die zugehörige Form der Signalverarbeitung nichts anderes ist als eine Orthogonalprojektion auf gut gewählte Unterräume. Abschließend werden die Vorzüge der Methode unter Beschränkung auf kleine Pixelzahlen am Beispiel der Bildverarbeitung illustriert.

Kapitel 5 ist dem bezüglich des Abstraktionsniveaus schwierigsten Schritt innerhalb der Arbeit gewidmet, dem Übergang vom Vektorraum $\mathbb{R}^n$ zum Vektorraum stückweise stetiger Funktionen. Um die volle Tragweite der Methode auch bezüglich analoger Signale zeigen zu können, muss man die Spaltenvektoren hinter sich lassen und die Funktionen selbst als Vektoren auffassen. Dazu wird ein passendes Skalarprodukt benötigt; und darin liegt der wirklich abstrakte Schritt. Das Skalarprodukt für stetige Funktionen kann im Grenzübergang aus dem der stückweise konstanten Funktionen abgeleitet werden und geht mit dem Wechsel von der 2-Norm zur L^2-Norm einher. Akzeptiert man die Quadratintegralnorm als Maß für die „Ähnlichkeit" zweier Funktionen, bleibt die Theorie der Bestimmung guter Näherungen mittels Entwicklung über Orthogonalsystemen erhalten. Unter konsequenter Beschränkung auf Unterräume endlicher Dimension wird auf Fragen der Vollständigkeit nur insofern eingegangen, als sie mit der geschickten Basiswahl im endlichen Fall zusammenhängen.

Nach diesen Vorüberlegungen kann in Kapitel 6 die Fourieranalyse als Beispiel einer Entwicklung über Orthonormalsystemen in Funktionenräumen vorgestellt werden. Dabei wird ein phänomenologisch-experimenteller Zugang über die Eigenschaften akustischer Signale gewählt, bei dem von Anfang an sowohl zeitlicher Verlauf als auch Frequenzspektrum zur Verfügung stehen. Als Zusammenhang dieser beiden Darstellungsformen miteinander und mit der übergeordneten Theorie lauten die Hauptaussagen des Kapitels: Die 1-periodischen Sinus- und Cosinusfunktionen bilden ein Orthogonalsystem, die endlichen Partialsummen der Fourierreihen von Funktionen sind Orthogonalprojektionen auf endlich dimensionale Unterräume. Im Wechselspiel zwischen mathematischem Hintergrund und akustischem Erlebnis werden Erfahrungen mit der Synthese, Analyse und Approximation periodischer Signale gesammelt. Besondere Bedeutung haben dabei die Schwingungen einer an beiden Enden fest eingespannten Saite; denn hier führt mit der Überlagerung gegenläufiger Signale ein rein mathematisches Modell auf die Sonderrolle der trigonometrischen Funktionen.

In Kapitel 7 erfolgt eine Zusammenfassung der wichtigen Erkenntnisse in Worten. Die Zusammenfassung ist etwa so gehalten, wie sie am Ende der Workshops mit Schülern erarbeitet wurde, und besteht aus zwei Teilen: Im ersten wird der rote Faden des Ganzen überblicksartig zusammengefasst. Im zweiten werden die wichtigsten mathematischen Begriffe und Fakten in Form prägnanter Fragen und Antworten einzeln in den Blick genommen. Beide Abschnitte geben das Thema in groben Zügen und freien Worten wieder. Im Zweifel sind die Kernaussagen unter Leitfragen wie „Was ist hängengeblieben? Was war wichtig? Was weißt Du jetzt mehr oder siehst Du jetzt anders als zuvor?" hier eher einprägsam als exakt formuliert.

1 Überblick von einem höheren Standpunkt

In diesem Kapitel kehren wir die historische Reihenfolge um und beginnen mit einem Überblick über das, was sich in Wahrheit erst nach vielen erfolgreichen Einzelanwendungen als gemeinsame mathematische Struktur herausgestellt hat: Die Theorie der Bestimmung bester Approximationen durch Entwicklung über Orthonormalbasen — des Verfahrens, das im Zentrum dieser Arbeit steht und allen vorgestellten Beispielen gemeinsam ist. Das Kapitel wendet sich an Leser mit einer fundierten mathematischen Grundbildung (wie Studierende ab dem dritten Semester oder Lehrer). Auf hohem Abstraktionsniveau und in formaler Sprache werden die mathematischen Grundlagen zusammengefasst, das Verfahren in allgemeiner Form dargestellt und die wichtigsten Anwendungsbeispiele genannt.

Die Darstellung ist knapp und beschränkt sich auf die Begriffe und Zusammenhänge, die unmittelbar für das angestrebte Verfahren benötigt werden. Für eine umfassendere und tiefer gehende Auseinandersetzung mit dem Thema empfehlen wir [15] und [22], wobei [15] sich durch einen besonders niedrig ansetzenden und systematischen Begriffsaufbau auszeichnet, während [22] bereits auf hohem Abstraktionsniveau beginnt und dafür insgesamt weiter geht.

Als Beispiel beziehen wir uns durchgehend und konsequent auf den zwei- oder dreidimensionalen geometrischen Raum. Tatsächlich ist die gesamte mathematische Struktur aus der Abstraktion der Begriffe und Zusammenhänge vom geometrischen Raum auf andere Vektorräume erwachsen. Nicht nur die Bezeichnungen und Aussagen fußen auf der geometrischen Analogie, sondern auch die Beweisideen werden häufig anhand dieses von der Anschauung getragenen Spezialfalls gewonnen. Hilfreiche Abbildungen zu den Begriffen, Sätzen und Beweisen findet man deshalb in Kapitel 2.

Den mathematischen Kern des Ganzen bilden Vektorräume, in denen ein Skalarprodukt definiert ist. Sie werden auch als euklidische Vektorräume oder Innenprodukträume bezeichnet und sind Gegenstand des Abschnitts 1.1. Euklidische Vektorräume bringen genau die Eigenschaften mit, die für die Anwendbarkeit des angestrebten Approximationsverfahrens erforderlich sind. Im Zentrum stehen die Begriffe Norm und Orthogonalität, welche in 1.2 eingeführt werden. Daran anknüpfend werden in 1.3 die im Rahmen der Bestimmung guter Approximationen benötigten Verfahren der Orthogonalprojektion und der Orthogonalisierung beziehungsweise Orthonormierung behandelt. In 1.4 werden die Besonderheiten aufgezeigt, die euklidische Vektorräume und Normen beliebigen Vektorräumen und Normen gegenüber auszeichnen. Eng damit verbunden sind die in 1.5 aufgezeigten Vorzüge von Orthogonalsystemen.

Die (im Sinne der euklidischen Norm) beste Approximation ist durch die Orthogonalprojektion gegeben! Diese Kernaussage des ganzen Kapitels wird in 1.6 begründet. Hauptintention von 1.7 ist die allgemeine Formulierung des Verfahrens der Bestimmung guter Approximationen durch Entwicklung über Orthonormalbasen. Zuvor werden mit Aufwandsreduzierung und Analyse die beiden wichtigsten Ziele der Entwicklung über Orthonormalbasen genannt, woraufhin geklärt werden kann, was eine „gute" Orthonormalbasis ausmacht. Abschließend wird auf typische Fehler bei der Anwendung des Verfahrens eingegangen, um in 1.8 die wichtigsten im Verlaufe der Arbeit vorgestellten Anwendungsbeispiele aufzuzählen.

1.1 Euklidische Vektorräume

Der Begriff des Vektorraums bildete sich — unter anderem motiviert durch die konkreten Anforderungen des Lösens linearer Gleichungssysteme und der rechnerischen Beschreibung geometrischer Objekte im Raum — in der zweiten Hälfte des 19. Jahrhunderts heraus. Erstmals axiomatisch gefasst wurde er 1888 von Peano, dessen Definition Vektorräume endlicher oder unendlicher Dimension über dem Körper der reellen Zahlen betrifft (vergleiche [14], S.84). Die Begriffsdefinition erfolgte lange nachdem korrekt und ausgesprochen erfolgreich in unterschiedlichen Vektorräumen operiert worden war (vergleiche [14], S.79ff.). Der Vektorraumbegriff hat sich als außergewöhnlich tragfähig erwiesen und findet in fast allen Zweigen der Mathematik erfolgreiche Verwendung.

Informell gesprochen ist ein Vektorraum über dem Körper der reellen Zahlen eine Menge mathematischer Objekte, die sich 'vernünftig' addieren und mit reellen Zahlen multiplizieren lassen. 'Vernünftig' heißt dabei vor allem, dass Summen und reelle Vielfache der Elemente wieder in der Menge liegen. Genauer gilt:

Vektorraum über $\mathbb{R}$:

Ein Vektorraum $\mathcal{V}$ über dem Körper der reellen Zahlen ist eine Menge mit zwei Verknüpfungen $+ : \mathcal{V} \times \mathcal{V} \to \mathcal{V}$ und $\cdot : \mathbb{R} \times \mathcal{V} \to \mathcal{V}$, bei der (neben der Abgeschlossenheit bezüglich der beiden Verknüpfungen) für alle $\vec{u}, \vec{v}, \vec{w} \in \mathcal{V}$ und $r, s \in \mathbb{R}$ gilt:

$\vec{u} + \vec{v} = \vec{v} + \vec{u}$

$(\vec{u} + \vec{v}) + \vec{w} = \vec{u} + (\vec{v} + \vec{w})$

Es existiert ein Element $\vec{0} \in \mathcal{V}$ mit $\vec{u} + \vec{0} = \vec{u}$ für alle $\vec{u} \in \mathcal{V}$.

Zu jedem $\vec{u} \in \mathcal{V}$ existiert ein Element $-\vec{u} \in \mathcal{V}$ mit $\vec{u} + (-\vec{u}) = \vec{0}$.

$(r \cdot s) \cdot \vec{u} = r \cdot (s \cdot \vec{u})$

$r \cdot (\vec{u} + \vec{v}) = r \cdot \vec{u} + r \cdot \vec{v}$

$(r + s) \cdot \vec{u} = r \cdot \vec{u} + s \cdot \vec{u}$

$1 \cdot \vec{u} = \vec{u}$

(Daraus folgen unter anderem $0 \cdot \vec{u} = \vec{0}$ und $-1 \cdot \vec{u} = -\vec{u}$ für alle $\vec{u} \in \mathcal{V}$.)

Die Addition muss kommutativ und assoziativ sein, es gibt ein neutrales Element (den Nullvektor) und zu jedem Element ein Inverses. Die Multiplikation mit reellen Zahlen muss assoziativ und sowohl bezüglich der Skalare als auch bezüglich der Vektoren distributiv sein, die Multiplikation mit 1 entspricht der Identität. (Aus diesen Axiomen folgt bereits mit: Die Multiplikation mit 0 liefert den Nullvektor und die Multiplikation mit -1 das additiv Inverse.)

Den vertrautesten Vektorraum bilden die durch Pfeile repräsentierten und in Form von Zahlenspalten geschriebenen Verschiebungen des zwei- oder dreidimensionalen geometrischen Raums. Hier kann man sich die Rechenoperationen in Form von Pfeil- oder Vektorketten veranschaulichen und kennt den Zusammenhang von Ortsvektoren mit Punkten einerseits, von Richtungsoder Spannvektoren mit Translationen andererseits.

In Zusammenhang mit dem Begriff des Vektorraums werden noch folgende Begriffe benötigt, deren Bedeutung wir hier in Worten erklären:

- Jede Teilmenge eines Vektorraums $\mathcal{V}$, die mit den gleichen Operationen selbst einen Vektorraum bildet, nennt man einen **Unterraum** $\mathcal{U}$ von $\mathcal{V}$. Unterräume enthalten notwendig den Nullvektor. Die (nicht trivialen) Unterräume des geometrischen Raums $\mathbb{R}^3$ sind Ursprungsgeraden und Ursprungsebenen.

- Die Menge aller **Linearkombinationen** (d. h. Summen reeller Vielfacher) eines gegebenen Systems von Vektoren nennt man deren **lineares Erzeugnis**. Wir schreiben $\langle\!\langle\, \vec{x}, \vec{y}, .. \,\rangle\!\rangle$ für das lineare Erzeugnis der innen aufgelisteten Vektoren. Das lineare Erzeugnis gegebener Vektoren ist stets ein Vektorraum, und zwar der kleinste, der sie alle enthält. Eine Ursprungsgerade ist das lineare Erzeugnis ihres Richtungsvektors, eine Ursprungsebene das lineare Erzeugnis ihrer Spannvektoren.

- Eine Menge von Vektoren, aus denen der Nullvektor nur in trivialer Weise (das heißt mit ausschließliche Nullen als Vorfaktoren) erzeugt werden kann, heißt **linear unabhängig**. Eine Menge von Verschiebungsvektoren ist linear abhängig, wenn es zu ihnen einen nicht trivialen (also nicht auf einen Punkt zusammen fallenden) geschlossenen Vektorzug gibt. Spezialfälle linearer Abhängigkeit sind die Kollinearität zweier und die Komplanarität dreier Vektoren.

- Eine endliche Menge von Vektoren, die den gesamten Vektorraum 'gerade so' erzeugen (das heißt die ihn nicht mehr erzeugen, sobald man einen Vektor weglässt), nennt man **Basis** des Vektorraums. Umgekehrt kann man zu einer Basis keinen weiteren Vektor des erzeugten Raums hinzufügen, ohne dass das System linear abhängig wird. Derselbe Vektorraum hat in aller Regel verschiedene Basen, allerdings bestehen alle Basen aus derselben, für den Vektorraum charakteristischen Anzahl von Elementen. Jeder Richtungsvektor ist eine Basis der zugehörigen Ursprungsgerade, jedes Paar nicht kollinearer Spannvektoren eine Basis der zugehörigen Ursprungsebene, jedes Tripel nicht komplanarer Vektoren eine Basis des dreidimensionalen Raums.

- Besitzt ein Vektorraum ein endliches Erzeugendensystem, bezeichnet man die kleinstmögliche Anzahl ihn erzeugender Vektoren als **Dimension** des Vektorraums (das ist zugleich die Anzahl der Elemente jeder Basis). Andernfalls ordnet man dem Vektorraum die Dimension unendlich zu. In genau diesem Sinne sind Geraden ein-, Ebenen zwei- und der Raum dreidimensional.

- Für reelle euklidische Vektorräume der Dimension unendlich tritt an die Stelle des Basis-Begriffs der Begriff der bezüglich dieses Vektorraums **vollständigen Systeme** (vergleiche 5.6).

Für die den hier behandelten Beispielen zugrunde liegende mathematische Idee spielen solche Vektorräume eine besondere Rolle, in denen ein Skalarprodukt definiert ist. Ein Skalarprodukt ordnet jedem Paar von Vektoren eine reelle Zahl zu.

Skalarprodukte in Vektorräumen:

Ist $\mathcal{V}$ ein Vektorraum über $\mathbb{R}$, dann nennt man eine Abbildung, die jedem Paar von Vektoren eine reelle Zahl zuordnet und dabei bilinear, positiv definit und symmetrisch ist, ein Skalarprodukt des Vektorraums $\mathcal{V}$.

Schreibweise:	$\langle \vec{v}, \vec{w} \rangle$	für alle $\vec{v}, \vec{w} \in \mathcal{V}$
Bilinearität:	$\langle \lambda\vec{v}, \vec{w} \rangle = \langle \vec{v}, \lambda\vec{w} \rangle = \lambda\langle \vec{v}, \vec{w} \rangle$	für alle $\vec{v}, \vec{w} \in \mathcal{V}$, $\lambda \in \mathbb{R}$
	$\langle \vec{v} + \vec{w}, \vec{x} \rangle = \langle \vec{v}, \vec{x} \rangle + \langle \vec{w}, \vec{x} \rangle$	
	$\langle \vec{v}, \vec{w} + \vec{x} \rangle = \langle \vec{v}, \vec{w} \rangle + \langle \vec{v}, \vec{x} \rangle$	für alle $\vec{v}, \vec{w}, \vec{x} \in \mathcal{V}$
Definitheit:	$\langle \vec{v}, \vec{v} \rangle \geq 0$ und	
	$\langle \vec{v}, \vec{v} \rangle = 0 \Leftrightarrow \vec{v} = \vec{0}$	für alle $\vec{v} \in \mathcal{V}$
Symmetrie:	$\langle \vec{v}, \vec{w} \rangle = \langle \vec{w}, \vec{v} \rangle$	für alle $\vec{v}, \vec{w} \in \mathcal{V}$

Vektorräume, in denen ein Skalarprodukt definiert ist, nennt man auch **Innenprodukträume** oder **euklidische Vektorräume**.

Im zwei- und dreidimensionalen Raum ist das Standard-Skalarprodukt der Spaltenvektoren als Summe der Produkte einander entsprechender Koordinaten definiert:

$$\left\langle \begin{pmatrix} 2 \\ -3 \end{pmatrix}, \begin{pmatrix} 4 \\ 1 \end{pmatrix} \right\rangle := 2 \cdot 4 + (-3) \cdot 1 =: \begin{pmatrix} 2 \\ -3 \end{pmatrix} \cdot \begin{pmatrix} 4 \\ 1 \end{pmatrix}$$

Achtung! Schreibweise:

Solange es sich um Verschiebungs- oder allgemein um Spaltenvektoren handelt und das Standard-Skalarprodukt gemeint ist, schreiben wir statt $\langle \vec{v}, \vec{w} \rangle$ auch $\vec{v} \cdot \vec{w}$. Das ist die in Schulbüchern und Schulen verbreitetste, aber eine gefährliche Schreibweise. Mit ihr steht ab sofort dasselbe Zeichen

- für die Multiplikation reeller Zahlen (Skalare) miteinander: $\mathbb{R} \times \mathbb{R} \to \mathbb{R}$,

- für die Multiplikation reeller Zahlen mit Spaltenvektoren (Skalarmultiplikation): $\mathbb{R} \times \mathcal{V} \to \mathcal{V}$,

- für das Skalarprodukt zweier Spaltenvektoren: $\mathcal{V} \times \mathcal{V} \to \mathbb{R}$.

Welche der drei Bedeutungen jeweils gemeint ist, ist in der Regel sinnvoll aus dem Zusammenhang zu erschließen. Wie bei Termen von der Multiplikation in $\mathbb{R}$ gewohnt, lassen wir auch den im zweiten oder dritten Sinn gemeinten Malpunkt bisweilen weg und benutzen die Schreibweise $\square^2$ sowohl im ersten als auch im dritten Sinne (r^2 bzw. $\vec{u}^2$).

Ein Term wie $\vec{u} \cdot \vec{v} \cdot \vec{w}$ wäre doppeldeutig: Er ist nur definiert, wenn eines der Zeichen im zweiten und das andere im dritten Sinne gemeint ist, liefert aber je nachdem zwei völlig verschiedene Ergebnisse. In solchen Fällen behelfen wir uns mit Klammern und es gilt im Allgemeinen $(\vec{u} \cdot \vec{v}) \cdot \vec{w} \neq \vec{u} \cdot (\vec{v} \cdot \vec{w})$.

Das Standard-Skalarprodukt im $\mathbb{R}^2$ und $\mathbb{R}^3$ ist über metrische Begriffe wie Längen und Winkel motiviert. Wie in 2.5 gezeigt wird, hat die reelle Zahl, die als Summe der Produkte einander entsprechender Koordinaten herauskommt, eine Menge mit der Geometrie der zugehörigen Vektorpfeile zu tun: Das Standard-Skalarprodukt zweier Vektoren $\vec{x} \cdot \vec{y}$ im $\mathbb{R}^2$ oder $\mathbb{R}^3$

- liefert als Wurzel des Skalarprodukts mit sich selbst die Länge $\|\vec{x}\| = \sqrt{\vec{x} \cdot \vec{x}}$ eines Vektors[1],

- ist genau dann gleich Null, wenn die Vektoren zueinander orthogonal sind
  ($\vec{x} \cdot \vec{y} = 0 \Leftrightarrow \vec{x} \perp \vec{y}$),

- entspricht betragsmäßig genau dann dem Produkt der Längen der Vektoren, wenn die Vektoren zueinander parallel sind ($|\vec{x} \cdot \vec{y}| = \|\vec{x}\| \cdot \|\vec{y}\| \Leftrightarrow \vec{x} \parallel \vec{y}$). Sonst gilt $|\vec{x} \cdot \vec{y}| < \|\vec{x}\| \cdot \|\vec{y}\|$.

- liefert über $\vec{x} \cdot \vec{y} = \|\vec{x}\| \cdot \|\vec{y}\| \cdot \cos(\gamma)$ den Winkel zwischen Vektoren,

- liefert über $(\vec{y} \cdot \vec{y}) \cdot \vec{x}_{\vec{y}} = (\vec{x} \cdot \vec{y}) \cdot \vec{y}$ die Orthogonalprojektion $\vec{x}_{\vec{y}}$ des Vektors $\vec{x}$ auf die Gerade mit dem Richtungsvektor $\vec{y}$.

(Streng genommen stecken alle fünf Aussagen als Spezialfälle in der vierten.) Die folgenden Abschnitte beschäftigen sich mit der Frage, welche dieser Eigenschaften des Standard-Skalarprodukts im geometrischen Raum auf beliebige Skalarprodukte in beliebigen Innenprodukträumen übertragen werden können.

1.2 Norm und Orthogonalität in euklidischen Vektorräumen

Zusammen mit der Definition über die Summe der Komponentenprodukte können Begriffe wie Länge und Orthogonalität vom zwei- und drei- in den n-dimensionalen euklidischen Raum übertragen werden. Weitere Abstraktion in Form der Reduktion auf die oben genannten erforderlichen Eigenschaften eines Skalarprodukts führt zunächst auf andere Skalarprodukte im $\mathbb{R}^n$, welche über von der Einheitsmatrix verschiedene positiv definite Matrizen definiert sind. Schließlich erfolgt die Übertragung auf gänzlich andere Innenprodukträume (siehe 1.8 und 5.3).

In Erweiterung des anschaulichen Längenbegriffs kann über jedes Skalarprodukt − als Wurzel des Skalarprodukts eines Vektors mit sich selbst − eine Norm definiert werden, die wiederum eine Metrik und damit insbesondere einen Abstandsbegriff induziert.

Die euklidische Norm:
In jedem euklidischen Vektorraum $\mathcal{V}$ ist über das Skalarprodukt eine Norm definiert:

$$\|\vec{x}\| := \sqrt{\langle \vec{x}, \vec{x} \rangle} \qquad \text{oder} \qquad \|\vec{x}\|^2 = \langle \vec{x}, \vec{x} \rangle \ .$$

---

[1] Auch bei der Länge gibt es zwei Möglichkeiten für die Schreibweise: einfache oder doppelte Versionen der vom Absolutbetrag reeller Zahlen bekannten Striche. Weil sonst zum Beispiel die Cauchy-Schwarzsche Ungleichung recht verwirrend aussieht und der Schritt von $|\square|$ nach $\|\square\|$ unkritisch erscheint, haben wir uns in diesem Fall von Anfang an für die beim verallgemeinerten Normbegriff übliche Schreibweise mit Doppelstrichen entschieden.

Jede so definierte euklidische Norm

- ist positiv und definit: $\|\vec{x}\| \geq 0$ für alle $\vec{x} \in \mathcal{V}$ und $\|\vec{x}\| = 0 \Leftrightarrow \vec{x} = \vec{0}$,

- ist homogen: $\|r \cdot \vec{x}\| = |r| \cdot \|\vec{x}\|$ für alle $r \in \mathbb{R}$ und $\vec{x} \in \mathcal{V}$,

- genügt der Dreiecksungleichung: $\|\vec{x} + \vec{y}\| \leq \|\vec{x}\| + \|\vec{y}\|$ für alle $\vec{x}, \vec{y} \in \mathcal{V}$.

Während die Norm (im geometrischen Raum: Länge) sich auf Vektoren bezieht, bezieht sich die Metrik (im geometrischen Raum: Abstand) auch auf Punkte. Sind $\vec{x}$ und $\vec{y}$ die Ortsvektoren der Punkte X und Y, so schreiben wir auch $\|\vec{x} - \vec{y}\| = d(X,Y) = |\overline{XY}|$.

Euklidische Normen haben anderen Normen gegenüber eine Reihe von Vorteilen. Nicht über ein Skalarprodukt definierte Normen (wie zum Beispiel die Betrags- oder die Maximumsnorm) sind zwar ebenfalls positiv definit, homogen und symmetrisch und erfüllen die Dreiecksungleichung; ihnen fehlen aber gerade hinsichtlich des im Mittelpunkt dieser Arbeit stehenden Verfahrens zur Bestimmung guter Approximationen notwendige strukturelle Eigenschaften. Die meisten davon hängen unmittelbar mit dem nur in euklidischen Vektorräumen definierten Orthogonalitätsbegriff zusammen und kommen in 1.4 und 1.5 zur Sprache. Einen wollen wir jedoch schon hier nennen:

Bei der Verarbeitung von Signalen sind Transformationen im Allgemeinen und Basiswechsel im Besonderen eines der wichtigsten Mittel. Da die transformierten Signale anschließend häufig verlustbehaftet komprimiert werden, muss die vorausgegangene Transformation aus Gründen der Fehlerkontrolle unbedingt Norm-erhaltend sein: Wenn man beim Approximieren des transformierten Signals nur einen kleinen Fehler zulässt, muss man sicher sein können, dass auch der Unterschied zwischen dem Ausgangssignal und seiner Approximation entsprechend klein ist. Nun gibt es aber ausschließlich bei den über Skalarprodukte definierten 2- beziehungsweise L^2-Normen eine sehr große Zahl normerhaltender linearer Transformationen (zur Begründung vergleiche S.89). Damit sind die Chancen sehr hoch, bei den verschiedensten Anwendungen jeweils mindestens eine Basis zu finden, auf die (normerhaltend) zu wechseln hinsichtlich der spezifischen Signaleigenschaften und Verarbeitungsziele geschickt ist.

Kommen wir zurück zur Übertragbarkeit von Begriffen und Zusammenhängen des geometrischen Raums auf beliebige Innenprodukträume, und zwar insbesondere den für alles weitere so wesentlichen Orthogonalitätsbegriff: Wie der Längen- oder Normbegriff wird auch der anschauliche Begriff der Orthogonalität auf beliebige Innenprodukträume erweitert, indem man seinen Zusammenhang mit dem Skalarprodukt zur Definition erhebt. (Man beachte, dass nach dieser Definition der Nullvektor zu jedem anderen Vektor orthogonal ist.)

Der Orthogonalitätsbegriff in euklidischen Vektorräumen:
In einem euklidischen Vektorraum nennt man zwei Vektoren genau dann zueinander orthogonal ($\perp$), wenn ihr Skalarprodukt Null ist.

$$\vec{x} \perp \vec{y} \qquad \Leftrightarrow \qquad \langle \vec{x}, \vec{y} \rangle = 0$$

Für einige der späteren Begründungen werden die Begriffe zueinander orthogonaler Unterräume und des orthogonalen Komplements eines Unterraums benötigt, die wir deshalb an dieser Stelle kurz einführen: Zwei Unterräume $\mathcal{U}$ und $\mathcal{W}$ eines euklidischen Vektorraums bezeichnet man als zueinander orthogonal, wenn für alle $\vec{u} \in \mathcal{U}$ und $\vec{w} \in \mathcal{W}$ $\langle \vec{u}, \vec{w} \rangle = 0$ gilt. Existiert zu einem Unterraum $\mathcal{U}$ des euklidischen Vektorraums $\mathcal{V}$ ein zu $\mathcal{U}$ orthogonaler Unterraum, der mit $\mathcal{U}$ zusammen $\mathcal{V}$ erzeugt, so bezeichnet man ihn als **orthogonales Komplement** $\mathcal{U}^{\perp}$ von $\mathcal{U}$:

$$\vec{x} \perp \vec{u} \quad \text{für alle} \quad \vec{x} \in \mathcal{U}^{\perp}, \vec{u} \in \mathcal{U} \qquad \text{und} \qquad \mathcal{U} \cap \mathcal{U}^{\perp} = \{\vec{0}\} \; , \; \mathcal{U} \oplus \mathcal{U}^{\perp} = \mathcal{V}$$

1.3 Orthogonalprojektion, Orthogonalisierung und Orthonormalisierung

Zusammen mit dem Längen- und Orthogonalitätsbegriff können auch Begriffe wie Parallelität, Winkel und Orthogonalprojektion vom geometrischen Hintergrund abstrahiert und auf beliebige euklidische Vektorräume übertragen werden. Für unsere Zwecke sind aus Gründen, die in 1.5 und 1.6 deutlich werden, der Begriff der Orthogonalprojektion und das Verfahren der Orthogonalisierung beziehungsweise Orthonormierung beliebiger Systeme von Vektoren besonders wichtig.

Orthogonalprojektion in euklidischen Vektorräumen:
Sind $\vec{x}, \vec{y}$ von $\vec{0}$ verschiedene Vektoren und $\mathcal{U}$ ein Unterraum des Vektorraums $\mathcal{V}$ mit dem Skalarprodukt $\langle \cdot, \cdot \rangle$, dann bezeichnet man

- $\vec{x}_{\vec{y}}$ als Orthogonalprojektion von $\vec{x}$ auf den von $\vec{y}$ erzeugten eindimensionalen Unterraum, wenn ein $k \in \mathbb{R}$ existiert mit $\vec{x}_{\vec{y}} = k \cdot \vec{y}$ und $\langle \vec{x} - \vec{x}_{\vec{y}}, \vec{y} \rangle = 0$

- $\vec{x}_{\mathcal{U}} \in \mathcal{U}$ als Orthogonalprojektion von $\vec{x}$ auf $\mathcal{U}$, wenn $\langle \vec{x} - \vec{x}_{\mathcal{U}}, \vec{u} \rangle = 0$ für alle $\vec{u} \in \mathcal{U}$ gilt. (Es gilt $\vec{x}_{\vec{y}} = \vec{x}_{\mathcal{U}}$ mit $\mathcal{U} = \langle\langle \vec{y} \rangle\rangle$.)

Die Orthogonalprojektion auf endlich-dimensionale Unterräume ist eindeutig; denn für $\vec{p} \in \mathcal{U}$ mit $\langle \vec{x} - \vec{p}, \vec{u} \rangle = 0$ für alle $\vec{u} \in \mathcal{U}$ gilt

$$\langle \vec{x}_{\mathcal{U}} - \vec{p}, \vec{u} \rangle = \langle \vec{x}_{\mathcal{U}} - \vec{x} + \vec{x} - \vec{p}, \vec{u} \rangle = \langle \vec{x}_{\mathcal{U}} - \vec{x}, \vec{u} \rangle + \langle \vec{x} - \vec{p}, \vec{u} \rangle = 0$$

für alle $\vec{u} \in \mathcal{U}$ nach Voraussetzung, also insbesondere $\langle \vec{x}_{\mathcal{U}} - \vec{p}, \vec{x}_{\mathcal{U}} - \vec{p} \rangle = 0$, und damit $\vec{x}_{\mathcal{U}} - \vec{p} = \vec{0}$. Für die Orthogonalprojektion $\vec{x}_{\vec{y}} = k \cdot \vec{y}$ auf eindimensionale Unterräume findet man den Projektionsfaktor k über die Bilinearität des Skalarprodukts:

$$\begin{aligned} \langle \vec{x} - k \cdot \vec{y}, \vec{y} \rangle &= 0 \\ \Leftrightarrow \quad \langle \vec{x}, \vec{y} \rangle - k \cdot \langle \vec{y}, \vec{y} \rangle &= 0 \\ \Leftrightarrow \quad k &= \frac{\langle \vec{x}, \vec{y} \rangle}{\langle \vec{y}, \vec{y} \rangle} \end{aligned}$$

Daraus resultiert die folgende Formel für die Orthogonalprojektion auf eindimensionale Unterräume, die für den Spezialfall des geometrischen Raums eine unmittelbare Folge des Zusammenhangs zwischen Skalarprodukt und Winkel ist (vergleiche Abbildung 2.12).

Orthogonalprojektion auf eindimensionale Unterräume:
Die Orthogonalprojektion von $\vec{x}$ auf den von $\vec{y} \neq \vec{0}$ erzeugten Unterraum hängt wie folgt mit dem Skalarprodukt der beiden Vektoren zusammen:

$$\vec{x}_{\vec{y}} = \frac{\langle \vec{x}, \vec{y} \rangle}{\langle \vec{y}, \vec{y} \rangle} \cdot \vec{y}$$

Die Bestimmung von Orthogonalprojektionen $\vec{x}_{\mathcal{U}}$ auf mehrdimensionale Unterräume ist im Allgemeinen deutlich komplizierter: Man benötigt das orthogonale Komplement des Unterraums und hat dann ein in Form eines $n \times n$-Systems linearer Gleichungen gegebenes Schnittproblem zu lösen. In 1.5 werden wir sehen, dass die Orthogonalprojektion auf mehrdimensionale Unterräume genau dann erheblich vereinfacht werden kann, wenn der Unterraum als Erzeugnis eines Systems paarweise orthogonaler Vektoren gegeben ist.

Unter anderem wegen dieses Vorteils von Orthogonalsystemen ist es erstrebenswert, zu einem beliebigen endlichen System linear unabhängiger Vektoren ein orthogonales System mit demselben linearen Erzeugnis bestimmen zu können. Das leistet das Gram-Schmidtsche Orthogonalisierungsverfahren. Die Grundidee des Verfahrens besteht darin, die Vektoren des Erzeugendensystems sukzessive durchzugehen, wobei jeder neu hinzu kommende Vektor um seine Anteile parallel zu den bereits berücksichtigten Vektoren reduziert wird. Nach Definition ist $(\vec{x} - \vec{x}_{\vec{y}})$ orthogonal zu $\vec{y}$. Das Gram-Schmidtsche Orthogonalisierungsverfahren nutzt diese Tatsache zusammen mit der Formel für $\vec{x}_{\vec{y}}$ wie folgt:[2]

Das Gram-Schmidtsche Orthogonalisierungsverfahren:
Gegeben ist eine linear unabhängige Folge von Vektoren $(\vec{v}_1, \vec{v}_2, ..., \vec{v}_r)$. Um eine Folge paarweise orthogonaler Vektoren $(\vec{o}_1, \vec{o}_2, ..., \vec{o}_r)$ zu erhalten, die denselben Raum erzeugt, setzt man $\vec{o}_1 = \vec{v}_1$ und für $1 \leq k < r$

$$\vec{o}_{k+1} := \vec{v}_{k+1} - \sum_{i=1}^{k} \frac{\langle \vec{o}_i, \vec{v}_{k+1} \rangle}{\|\vec{o}_i\|^2} \cdot \vec{o}_i \qquad .$$

Werden die Vektoren über

$$\vec{e}_j = \frac{\vec{o}_j}{\|\vec{o}_j\|}$$

anschließend noch normiert, spricht man vom Gram-Schmidtschen Orthonormalisierungsverfahren. (Normiert man zwischendurch, spart man sich die Nenner $\|\vec{o}_i\|^2$.)

Wendet man das Gram-Schmidtsche Orthogonalisierungsverfahren versehentlich auf ein linear

---

[2]Vergleiche Abbildung 1.1. Die Darstellung des Verfahrens orientiert sich an der in [39], Band 4, S.466.

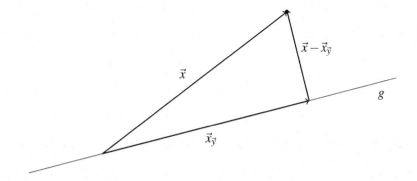

Abbildung 1.1: Zur Grundidee des Gram-Schmidtschen Orthogonalisierungsverfahrens

abhängiges System von Vektoren an, tritt dies automatisch zutage: Der Algorithmus liefert nach Elimination der parallelen Anteile eines von seinen Vorgängern linear abhängigen Vektors den Nullvektor. Wichtig ist, dass man ab dem dritten Vektor nicht die zu $\vec{v}_1$ und $\vec{v}_2$, sondern die zu $\vec{o}_1$ und $\vec{o}_2$ parallelen Anteile abzieht. Wir fügen hier ein konkretes Zahlenbeispiel für den $\mathbb{R}^3$ ein. Weitere Beispiele mit verschiedenen Systemen von Vektoren finden sich

- auf S.47 für Vektoren des $\mathbb{R}^3$,

- auf S.232 für Vektoren des $\mathbb{R}^4$,

- auf S.63 für Vektoren des $\mathbb{R}^4$ bei leicht geändertem Skalarprodukt,

- auf S.114 für Funktionen als Vektoren des $SC([0,1])$.

Beispiel: Orthonormalisierung einer Basis des $\mathbb{R}^3$

Gegeben ist folgende Basis des $\mathbb{R}^3$: $\vec{v}_1 = \begin{pmatrix} 1 \\ 2 \\ -3 \end{pmatrix}, \vec{v}_2 = \begin{pmatrix} 1 \\ -1 \\ 1 \end{pmatrix}, \vec{v}_3 = \begin{pmatrix} 0 \\ 2 \\ 3 \end{pmatrix}$. Dann bilden

$$\vec{o}_1 := \vec{v}_1 = \begin{pmatrix} 1 \\ 2 \\ -3 \end{pmatrix}$$

$$\vec{o}_2 := \vec{v}_2 - \frac{\langle \vec{o}_1, \vec{v}_2 \rangle}{\|\vec{o}_1\|^2} \cdot \vec{o}_1 = \begin{pmatrix} 1 \\ -1 \\ 1 \end{pmatrix} + \frac{2}{7} \cdot \begin{pmatrix} 1 \\ 2 \\ -3 \end{pmatrix} = \frac{1}{7} \cdot \begin{pmatrix} 9 \\ -3 \\ 1 \end{pmatrix}$$

$$\vec{o}_3 := \vec{v}_3 - \frac{\langle \vec{o}_1, \vec{v}_3 \rangle}{\|\vec{o}_1\|^2} \cdot \vec{o}_1 - \frac{\langle \vec{o}_2, \vec{v}_3 \rangle}{\|\vec{o}_2\|^2} \cdot \vec{o}_2 = \begin{pmatrix} 0 \\ 2 \\ 3 \end{pmatrix} + \frac{5}{14} \begin{pmatrix} 1 \\ 2 \\ -3 \end{pmatrix} + \frac{3}{91} \begin{pmatrix} 9 \\ -3 \\ 1 \end{pmatrix} = \frac{17}{26} \begin{pmatrix} 1 \\ 4 \\ 3 \end{pmatrix}$$

und die zugehörige Orthogonalbasis und die Orthonormalbasis lautet:

$$\vec{e_1} = \frac{1}{\sqrt{14}} \cdot \begin{pmatrix} 1 \\ 2 \\ -3 \end{pmatrix} \,, \;\; \vec{e_2} = \frac{1}{\sqrt{91}} \cdot \begin{pmatrix} 9 \\ -3 \\ 1 \end{pmatrix} \,, \;\; \vec{e_3} = \frac{1}{\sqrt{26}} \cdot \begin{pmatrix} 1 \\ 4 \\ 3 \end{pmatrix}$$

1.4 Dreiecksungleichung und Satz des Pythagoras *

Gegenstand dieses Abschnitts sind die spezifischen strukturellen Vorteile, die euklidische Vektor-räume anderen normierten Räumen gegenüber mit sich bringen, und die insbesondere für unser eigentliches Ziel notwendig sind: die Bestimmung guter Approximationen durch Entwicklung über Orthonormalbasen. Dies sind im Überblick

- die Gültigkeit der Cauchy-Schwarzschen Ungleichung,

- die Schärfe der Dreiecksungleichung im nicht trivialen Fall,

- die Gültigkeit eines bezüglich Orthogonalitäts- und Längenbegriff auf beliebige Skalar-produkte verallgemeinerten Satzes von Pythagoras,

- die Gültigkeit der einen Richtung eines darüber hinaus auf mehr als zwei Dimensionen verallgemeinerten Satzes von Pythagoras.

All diese Vorteile euklidischer Vektorräume fußen — wie auch die in den folgenden Abschnitten hervorgehobenen — unmittelbar auf dem Orthogonalitätsbegriff. Aus diesem Grund beginnen auch die zugehörigen Herleitungen unter Bezug auf die Orthogonalprojektion eines Vektors auf einen anderen: Sind $\vec{x}$ und $\vec{y} \neq \vec{0}$ Vektoren eines euklidischen Vektorraums $\mathcal{V}$, dann gilt wegen der Bilinearität und positiven Definitheit des Skalarprodukts:

$$\langle \vec{x}, \vec{x}_{\vec{y}} \rangle = \langle \vec{x}, \frac{\langle \vec{x}, \vec{y} \rangle}{\langle \vec{y}, \vec{y} \rangle} \cdot \vec{y} \rangle = \frac{\langle \vec{x}, \vec{y} \rangle}{\langle \vec{y}, \vec{y} \rangle} \cdot \langle \vec{x}, \vec{y} \rangle = \left(\frac{\langle \vec{x}, \vec{y} \rangle}{\langle \vec{y}, \vec{y} \rangle} \right)^2 \cdot \langle \vec{y}, \vec{y} \rangle = \langle \vec{x}_{\vec{y}}, \vec{x}_{\vec{y}} \rangle$$

$$0 \leq \langle \, \vec{x} - \vec{x}_{\vec{y}} \,, \, \vec{x} - \vec{x}_{\vec{y}} \, \rangle = \langle \vec{x}, \vec{x} \rangle - 2 \cdot \langle \vec{x}, \vec{x}_{\vec{y}} \rangle + \langle \vec{x}_{\vec{y}}, \vec{x}_{\vec{y}} \rangle = \langle \vec{x}, \vec{x} \rangle - \langle \vec{x}, \vec{x}_{\vec{y}} \rangle = \langle \vec{x}, \vec{x} \rangle - \frac{(\langle \vec{x}, \vec{y} \rangle)^2}{\langle \vec{y}, \vec{y} \rangle}$$

Dabei tritt Gleichheit nur für $\vec{x} = \vec{x}_{\vec{y}}$ auf, das heißt für lineare Abhängigkeit von $\vec{x}$ und $\vec{y}$ (oder mit einem verallgemeinerten Parallelitätsbegriff: für $\vec{x} \parallel \vec{y}$). Hieraus folgt durch Umstellen und Wurzelziehen die Cauchy-Schwarze Ungleichung.

Cauchy-Schwarzsche Ungleichung:
Sind $\vec{x}$ und $\vec{y}$ Vektoren eines euklidischen Vektorraums $\mathcal{V}$, dann gilt

$$|\langle \vec{x}, \vec{y} \rangle| \leq \|\vec{x}\| \cdot \|\vec{y}\| \qquad \text{und} \qquad |\langle \vec{x}, \vec{y} \rangle| = \|\vec{x}\| \cdot \|\vec{y}\| \;\; \Leftrightarrow \;\; \vec{x} \parallel \vec{y} \,.$$

Bemerkung:
Die Cauchy-Schwarzsche Ungleichung ist für beliebige euklidische Vektorräume so zu sagen das, was für den geometrischen Raum die Beziehung $\vec{x} \cdot \vec{y} = \|\vec{x}\| \cdot \|\vec{y}\| \cdot \cos(\gamma)$ in Kombination mit $|\cos(\gamma)| \in [0,1]$ ist. Auch für beliebige Innenprodukträume bleibt $\langle \vec{x}, \vec{y} \rangle / (\|\vec{x}\| \cdot \|\vec{y}\|)$ ein Maß für die „Richtungsähnlichkeit" oder den Grad der Gemeinsamkeit der Vektoren $\vec{x}$ und $\vec{y}$. Die Extremfälle sind:

- $|\langle \vec{x}, \vec{y} \rangle| = \|\vec{x}\| \cdot \|\vec{y}\| \;\; \Leftrightarrow \;\; \vec{x} \| \vec{y} \;\; \Leftrightarrow \;\;$ „$\vec{y}$ stimmt mit $\vec{x}$ außer im Betrag vollkommen überein"

- $|\langle \vec{x}, \vec{y} \rangle| = 0 \;\; \Leftrightarrow \;\; \vec{x} \perp \vec{y} \;\; \Leftrightarrow \;\;$ „in $\vec{y}$ und $\vec{x}$ steckt nicht der geringste gemeinsame Anteil"

Aus der Cauchy-Schwarzschen Ungleichung folgt

$$\|\vec{x} + \vec{y}\|^2 = \langle \vec{x} + \vec{y}, \vec{x} + \vec{y} \rangle = \langle \vec{x}, \vec{x} \rangle + 2 \cdot \langle \vec{x}, \vec{y} \rangle + \langle \vec{y}, \vec{y} \rangle \leq \langle \vec{x}, \vec{x} \rangle + 2 \cdot \|\vec{x}\| \cdot \|\vec{y}\| + \langle \vec{y}, \vec{y} \rangle = (\|\vec{x}\| + \|\vec{y}\|)^2$$

und damit die Dreiecksungleichung einschließlich ihrer Schärfe im nicht trivialen Fall.

Dreiecksungleichung für euklidische Normen:
Sind $\vec{x}$ und $\vec{y}$ Vektoren eines euklidischen Vektorraums $\mathcal{V}$, dann gilt

$$\|\vec{x} + \vec{y}\| \leq \|\vec{x}\| + \|\vec{y}\| \qquad \text{und} \qquad \|\vec{x} + \vec{y}\| = \|\vec{x}\| + \|\vec{y}\| \;\; \Leftrightarrow \;\; \vec{x} \| \vec{y} \,.$$

Weitere Vorteile euklidischer Vektorräume und Normen hängen eng mit dem Satz des Pythagoras beziehungsweise der Längenberechnung im dreidimensionalen Raum zusammen.

Satz des Pythagoras in euklidischen Vektorräumen:
Sind $\vec{x}$ und $\vec{y}$ Vektoren eines euklidischen Vektorraums $\mathcal{V}$, dann gilt:

$$\|\vec{x} + \vec{y}\|^2 = \|\vec{x}\|^2 + \|\vec{y}\|^2 \qquad \Leftrightarrow \qquad \vec{x} \perp \vec{y}$$

Beweis:
Es gilt $\quad \|\vec{x} + \vec{y}\|^2 = \langle \vec{x} + \vec{y}, \vec{x} + \vec{y} \rangle = \langle \vec{x}, \vec{x} \rangle + 2 \cdot \langle \vec{x}, \vec{y} \rangle + \langle \vec{y}, \vec{y} \rangle = \|\vec{x}\|^2 + 2 \cdot \langle \vec{x}, \vec{y} \rangle + \|\vec{y}\|^2$
und damit $\|\vec{x} + \vec{y}\|^2 = \|\vec{x}\|^2 + \|\vec{y}\|^2 \;\; \Leftrightarrow \;\; \langle \vec{x}, \vec{y} \rangle = 0 \;\; \Leftrightarrow \;\; \vec{x} \perp \vec{y}\,.$

Mehrdimensionaler Satz des Pythagoras in euklidischen Vektorräumen:
Sind $n \in \mathbb{N}$ und $\vec{x}_1$ bis $\vec{x}_n$ Vektoren eines euklidischen Vektorraums $\mathcal{V}$, dann gilt:

$$\vec{x}_i \perp \vec{x}_j \text{ für alle } i \neq j \qquad \Rightarrow \qquad \left\| \sum_{i=1}^{n} \vec{x}_i \right\|^2 = \sum_{i=1}^{n} \|\vec{x}_i\|^2$$

Beweis: Nach Voraussetzung gilt $\vec{x}_i \perp \vec{x}_j$, also $\langle \vec{x}_i, \vec{x}_j \rangle = 0$, für alle $i \neq j$ und damit

$$\left\| \sum_{i=1}^{n} \vec{x}_i \right\|^2 = \langle \sum_{i=1}^{n} \vec{x}_i, \sum_{i=1}^{n} \vec{x}_i \rangle = \sum_{i=1}^{n} \langle \vec{x}_i, \vec{x}_i \rangle + 2 \cdot \sum_{i \neq j} \langle \vec{x}_i, \vec{x}_j \rangle = \sum_{i=1}^{n} \| \vec{x}_i \|^2 \ .$$

Bemerkung: Die Umkehrung gilt nicht. Ein Gegenbeispiel findet sich auf S.49.

1.5 Vorzüge von Orthogonalsystemen

Gegenstand dieses Abschnitts sind die Vorteile von Orthogonalsystemen gegenüber anderen Systemen linear unabhängiger Vektoren. Einer davon steckt bereits in den Verallgemeinerungen des Satzes von Pythagoras: Wenn die beteiligten Vektoren paarweise orthogonal sind, kann die Norm einer Vektorsumme als Wurzel der Summe der Normen der einzelnen Vektoren berechnet werden. Im Zusammenhang mit der systematischen Bestimmung guter Approximationen sind weitere Vorzüge orthogonaler Systeme von Bedeutung. Wir beginnen mit einer der grundlegendsten.

Lineare Unabhängigkeit von Orthogonalsystemen:
Jedes System paarweise orthogonaler, vom Nullvektor verschiedener Vektoren $\{\vec{o}_1, ..., \vec{o}_n\}$ mit $\vec{o}_i \perp \vec{o}_j$ für alle $i \neq j$ ist linear unabhängig.

Beweis:
Aus $k_1 \cdot \vec{o}_1 + k_2 \cdot \vec{o}_2 + \ ... \ + k_n \cdot \vec{o}_n = \vec{0}$ folgt für jedes $i \in \{1, 2, ..., n\}$ durch Bilden des Skalarprodukts mit $\vec{o}_i$: $0 + .. + 0 + k_i \cdot \vec{o}_i^2 + 0 + .. + 0 = 0$ und damit $k_i = 0$ für alle $i \in \{1, 2, ..., n\}$. Demnach ist aus einem System paarweise orthogonaler Vektoren der Nullvektor nur trivial erzeugbar.

Bemerkung:
Man beachte, dass Systeme paarweise linear unabhängiger Vektoren nicht notwendig linear unabhängig sind. Für linear unabhängige Vektoren $\vec{x}$ und $\vec{y}$ ist $\{\vec{x}, \vec{y}, \vec{x} + \vec{y}\}$ ein Gegenbeispiel. Versucht man also ein linear unabhängiges System von Vektoren zusammenzustellen, genügt es nicht, darauf zu achten, dass jeder neu hinzu genommene Vektor von jedem bereits vorhandenen linear unabhängig ist. Durch sukzessives Hinzunehmen orthogonaler Vektoren können dagegen systematisch (und oft sehr geschickt) linear unabhängige Systeme konstruiert werden.

Die für die Bestimmung guter Approximationen wichtigsten Vorteile von Orthogonalbasen betreffen die Berechnung von Orthogonalprojektionen auf mehrdimensionale Unterräume. Wir zeigen das in zwei Schritten:

Orthogonalprojektionen auf verschachtelte Unterräume:
Sind $\mathcal{T} \subset \mathcal{U} \subseteq \mathcal{V}$ verschachtelte Unterräume eines euklidischen Vektorraums $\mathcal{V}$, dann unterscheiden sich die Orthogonalprojektionen eines beliebigen Vektors $\vec{x} \in \mathcal{V}$ auf $\mathcal{T}$ und auf $\mathcal{U}$ voneinander nur durch einen zu $\mathcal{T}$ orthogonalen Anteil:

$$\mathcal{T} \subset \mathcal{U} \subseteq \mathcal{V} \wedge \vec{x} \in \mathcal{V} \qquad \Rightarrow \qquad \vec{x}_\mathcal{U} = \vec{x}_\mathcal{T} + \vec{o} \quad \text{mit} \quad \vec{o} \perp \vec{t} \quad \text{für alle} \quad \vec{t} \in \mathcal{T}$$

Beweis:
Für alle $\vec{t} \in \mathcal{T}$ gilt $\vec{t} \in \mathcal{U}$ und damit nach Definition der Orthogonalprojektionen $\vec{x}_{\mathcal{U}}$ und $\vec{x}_{\mathcal{T}}$:

$$\langle \vec{o}, \vec{t} \rangle = \langle \vec{x}_{\mathcal{U}} - \vec{x}_{\mathcal{T}}, \vec{t} \rangle = \langle \vec{x}_{\mathcal{U}} - \vec{x} + \vec{x} - \vec{x}_{\mathcal{T}}, \vec{t} \rangle = \langle \vec{x}_{\mathcal{U}} - \vec{x}, \vec{t} \rangle - \langle \vec{x} - \vec{x}_{\mathcal{T}}, \vec{t} \rangle = 0 + 0$$

Demnach gilt auch folgende, in den Abbildungen 1.2 und 2.13 veranschaulichte Aussage:

Zerlegbarkeit von Orthogonalprojektionen:
Dann und nur dann, wenn zwei den Unterraum $\mathcal{U}$ erzeugende Teilräume $\mathcal{U}_1$ und $\mathcal{U}_2$ zueinander orthogonal sind, gilt für die Orthogonalprojektionen eines Vektors $\vec{x}$ auf die Unterräume:

$$\vec{x}_{\mathcal{U}} = \vec{x}_{\mathcal{U}_1} + \vec{x}_{\mathcal{U}_2}$$

Der folgende Satz ist letztlich nur eine Folgerung des letzten in Kombination mit der Formel für die Orthogonalprojektion auf eindimensionale Unterräume. Da er die zentrale Aussage der ganzen Arbeit zum Inhalt hat, beweisen wir ihn dennoch auch direkt.

Zerlegbarkeit von Orthogonalprojektionen über Orthogonalsystemen:
Ist $\mathcal{V}$ ein euklidischer Vektorraum und $\{\vec{o}_1, \vec{o}_2, ..., \vec{o}_m\}$ eine Orthogonalbasis beziehungsweise $\{\vec{e}_1, \vec{e}_2, ..., \vec{e}_m\}$ eine Orthonormalbasis eines Unterraums $\mathcal{U}$ von $\mathcal{V}$, dann gilt für die Orthogonalprojektion $\vec{x}_{\mathcal{U}}$ jedes Vektors $\vec{x} \in \mathcal{V}$ auf $\mathcal{U}$

$$\vec{x}_{\mathcal{U}} = \sum_{j=1}^{m} \frac{\langle \vec{x}, \vec{o}_j \rangle}{\langle \vec{o}_j, \vec{o}_j \rangle} \cdot \vec{o}_j \qquad \text{beziehungsweise} \qquad \vec{x}_{\mathcal{U}} = \sum_{j=1}^{m} \langle \vec{x}, \vec{e}_j \rangle \cdot \vec{e}_j \ .$$

Beweis:
Wegen $\vec{o}_j = \|\vec{o}_j\| \cdot \vec{e}_j = \sqrt{\langle \vec{o}_j, \vec{o}_j \rangle} \cdot \vec{e}_j$ sind die beiden Aussagen äquivalent. Wir beweisen die zweite:
Die Summe liegt offenbar in $\mathcal{U}$. Ferner gilt für alle $\vec{u} = \sum_{i=1}^{m} k_i \cdot \vec{e}_i \in \mathcal{U}$:

$$
\begin{aligned}
\langle \vec{x} - \textstyle\sum_{j=1}^{m} \langle \vec{x}, \vec{e}_j \rangle \cdot \vec{e}_j, \vec{u} \rangle &= \langle \vec{x}, \vec{u} \rangle - \langle \textstyle\sum_{j=1}^{m} \langle \vec{x}, \vec{e}_j \rangle \cdot \vec{e}_j, \sum_{i=1}^{m} k_i \cdot \vec{e}_i \rangle \\[2mm]
&= \langle \vec{x}, \vec{u} \rangle - \textstyle\sum_{j=1}^{m} \sum_{i=1}^{m} \langle \vec{x}, \vec{e}_j \rangle \cdot k_i \cdot \langle \vec{e}_j, \vec{e}_i \rangle \quad = \quad \langle \vec{x}, \vec{u} \rangle - \textstyle\sum_{j=1}^{m} \langle \vec{x}, \vec{e}_j \rangle \cdot k_j \\[2mm]
&= \langle \vec{x}, \vec{u} \rangle - \textstyle\sum_{j=1}^{m} \langle \vec{x}, k_j \cdot \vec{e}_j \rangle \qquad\qquad\qquad = \quad \langle \vec{x}, \vec{u} \rangle - \langle \vec{x}, \textstyle\sum_{j=1}^{m} k_j \cdot \vec{e}_j \rangle \\[2mm]
&= \langle \vec{x}, \vec{u} \rangle - \langle \vec{x}, \vec{u} \rangle \qquad\qquad\qquad\qquad\quad = \quad 0
\end{aligned}
$$

Im dritten und vierten Schritt wird die Tatsache benutzt, dass die $\vec{e}_j$ eine Orthonormalbasis bilden, dass also $\langle \vec{e}_j, \vec{e}_i \rangle = 0$ für alle $i \neq j$ und $\langle \vec{e}_j, \vec{e}_j \rangle = 1$ für alle j gilt.

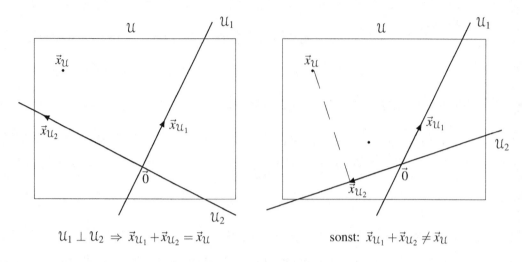

$$\mathcal{U}_1 \perp \mathcal{U}_2 \Rightarrow \vec{x}_{\mathcal{U}_1} + \vec{x}_{\mathcal{U}_2} = \vec{x}_{\mathcal{U}} \qquad\qquad \text{sonst:} \ \vec{x}_{\mathcal{U}_1} + \vec{x}_{\mathcal{U}_2} \neq \vec{x}_{\mathcal{U}}$$

Abbildung 1.2: Orthogonale versus nicht orthogonale Unterräume

Zusammenhang mit der bequemen Lösbarkeit linearer Gleichungssysteme:

In Worten besagt die letzte Aussage: Kennt man von dem Unterraum, auf den projiziert werden soll, eine Orthogonalbasis, so kann man die Orthogonalprojektion auf $\mathcal{U}$ in Orthogonalprojektionen auf eindimensionale Unterräume zerlegen und damit per Formel berechnen. Im Vergleich zum Lösen eines beliebigen linearen $n \times n$-Systems ist das ein ausgesprochen schneller und gut programmierbarer Weg. Das kann man auch mittels des Begriffs der orthogonalen Matrizen begründen.

Im allgemeinen führt die Orthogonalprojektion auf ein lineares Gleichungssystem der Form $M \cdot \vec{l} = \vec{x}$ mit einer invertierbaren $n \times n$-Matrix M, deren Spalten den Basisvektoren des Unterraums $\mathcal{U}$ und seines orthogonalen Komplements $\mathcal{U}^\perp$ entsprechen. Dieses lineare Gleichungssystem kann man entweder mittels Gauß-Algorithmus oder durch Bestimmen der inversen Matrix M^{-1} lösen − beides Fehler-anfällige und mit wachsendem n schnell aufwändiger werdende Verfahren. Waren $\mathcal{U}$ und $\mathcal{U}^\perp$ allerdings durch Orthogonalbasen gegeben, dann ist M eine orthogonale Matrix, die einfach durch Transponieren invertiert werden kann:

Bilden die Spaltenvektoren einer quadratischen Matrix M ein Orthonormalsystem, dann gilt nach Definition $M^T \cdot M = E$, das heißt die Transponierte ist die Linksinverse, die wiederum wegen der Assoziativität der Matrixmultiplikation mit der Rechtsinversen übereinstimmt. Es gilt also auch $M \cdot M^T = E$ und damit $M^T = M^{-1}$ und man kann einfach von der Inversen sprechen.

Beispiel: Orthogonalprojektion eines Vektors auf einen zweidimensionalen Unterraum

Zu bestimmen sei die Orthogonalprojektion von $\vec{x} = \begin{pmatrix} 2 \\ -1 \\ 3 \end{pmatrix}$ auf $\mathcal{U} = \langle\langle \begin{pmatrix} 1 \\ 2 \\ -3 \end{pmatrix}, \begin{pmatrix} 1 \\ -1 \\ 1 \end{pmatrix} \rangle\rangle$

Zur direkten Lösung bestimmt man das orthogonale Komplement $\mathcal{U}^{\perp} = \left\langle\left\langle \begin{pmatrix} 1 \\ 4 \\ 3 \end{pmatrix} \right\rangle\right\rangle$ und löst das

Schnittproblem $\vec{x} + \vec{u}_{\perp} = \vec{u}$ mit $\vec{u}_{\perp} \in \mathcal{U}^{\perp}$ und $\vec{u} \in \mathcal{U}$, also ein lineares 3×3 - System. Hat man dagegen die Basis orthonormiert und schreibt $\mathcal{U} = \langle\langle \vec{e}_1, \vec{e}_2 \rangle\rangle$ (vergleiche Seite 13), so gilt für die Orthogonalprojektion:

$$\vec{x}_{\mathcal{U}} = \langle \vec{x}, \vec{e}_1 \rangle \cdot \vec{e}_1 + \langle \vec{x}, \vec{e}_2 \rangle \cdot \vec{e}_2 = -\frac{9}{14} \cdot \begin{pmatrix} 1 \\ 2 \\ -3 \end{pmatrix} + \frac{24}{91} \cdot \begin{pmatrix} 9 \\ -3 \\ 1 \end{pmatrix} = \frac{1}{26} \cdot \begin{pmatrix} 45 \\ -54 \\ 57 \end{pmatrix}$$

1.6 Beste Approximation in Unterräumen

Die Berechnung von Orthogonalprojektionen hat ihre Anwendungen hauptsächlich im anschaulichen dreidimensionalen Raum (zum Beispiel beim Schattenwurf oder der Berechnung scheinbar dreidimensionaler Werbeschriften auf Fußballfeldern). In diesem Abschnitt wird die Frage beantwortet, warum die Verallgemeinerung der zugehörigen Theorie auf beliebige euklidische Vektorräume dennoch so wertvoll und erfolgreich ist: Weil dort die Orthogonalprojektion eines Vektors auf einen Unterraum (definiert und) zugleich dessen beste Approximation in diesem Unterraum ist.

Gute Approximationen aber sind in den unterschiedlichsten Bereichen von Wissenschaft und Alltag extrem gefragte Objekte: Datensätze und Signale aller Art liegen in rauen Mengen vor. Sie sind beliebig komplex, müssen aber digitalisiert, gespeichert, analysiert, übertragen, kodiert und auf vielfältige andere Weise bearbeitet werden. Da die Kapazitäten in der Regel begrenzt sind und es oft nur auf bestimmte, manchmal grobe Eigenschaften der Daten und Signale ankommt, ist die Bestimmung guter Approximationen ein überaus hilfreicher Schritt. Die zentralen Aussagen dieses Abschnitts zeigen: Sobald die 'Güte' einer Approximation sich in Form einer euklidischen Norm in einem euklidischen Vektorraum fassen lässt, können gute Approximationen als Orthogonalprojektionen und damit nach einem vergleichsweise einfachen und gut programmierbaren Schema bestimmt werden − der Entwicklung über Orthonormalbasen.

Ein grundlegender Punkt, dessentwegen euklidische Normen anderen Normen häufig vorzuziehen sind, betrifft die Frage der Eindeutigkeit der besten Approximation.

Eindeutigkeit der besten Approximation in euklidischen Vektorräumen:
Ist $\mathcal{U}$ ein Unterraum eines euklidischen Vektorraums $\mathcal{V}$, dann ist die (im Sinne der euklidischen Norm) beste Approximation $\vec{x}_A$ jedes Vektors $\vec{x} \in \mathcal{V}$ in $\mathcal{U}$ eindeutig.

Beweis:
Die Eindeutigkeit der besten Approximation hängt unmittelbar mit der Schärfe der Dreiecksungleichung im nicht trivialen Fall zusammen (vergleiche 1.4). Da erstere für $\vec{x} \in \mathcal{U}$ trivial ist, betrachten wir nur den Fall $\vec{x} \in \mathcal{V} \setminus \mathcal{U}$. Sind dann $\vec{x}_A \neq \vec{x}_B \in \mathcal{U}$ gleich gute Approximationen von $\vec{x}$, dann ist der ebenfalls in $\mathcal{U}$ liegende Vektor $\vec{x}_M = \frac{1}{2}(\vec{x}_A + \vec{x}_B)$ eine noch bessere Approximation von $\vec{x}$ (vergleiche Abbildung 2.10). Für $\vec{x} \notin \mathcal{U}$ sind nämlich $(\vec{x} - \vec{x}_A)$ und $(\vec{x} - \vec{x}_B)$ linear

unabhängig und es gilt:

$$\|\vec{x} - \vec{x}_M\| = \left\| \vec{x} - \frac{\vec{x}_A + \vec{x}_B}{2} \right\| = \left\| \frac{\vec{x} - \vec{x}_A}{2} + \frac{\vec{x} - \vec{x}_B}{2} \right\| < \left\| \frac{\vec{x} - \vec{x}_A}{2} \right\| + \left\| \frac{\vec{x} - \vec{x}_B}{2} \right\| = \frac{1}{2} \left[\|\vec{x} - \vec{x}_A\| + \|\vec{x} - \vec{x}_B\| \right]$$

Daraus folgt wegen $\|\vec{x} - \vec{x}_A\| = \|\vec{x} - \vec{x}_B\|$ die Behauptung.

Bemerkung:

Bezüglich anderer Normen, zum Beispiel der Maximumsnorm oder der Betragsnorm, ist die beste Approximation nicht immer eindeutig. Wir bringen zwei einfache Beispiel aus dem $\mathbb{R}^2$. Es gilt:

$$\left\| \begin{pmatrix} 3 \\ 4 \end{pmatrix} - k \cdot \begin{pmatrix} 1 \\ 0 \end{pmatrix} \right\|_\infty = \begin{cases} 4 & k \in [-1,7] \\ > 4 & \text{sonst} \end{cases} \qquad \left\| \begin{pmatrix} 4 \\ -3 \end{pmatrix} - k \cdot \begin{pmatrix} 1 \\ -1 \end{pmatrix} \right\|_1 = \begin{cases} 1 & k \in [3,4] \\ > 1 & \text{sonst} \end{cases}$$

Die Eindeutigkeit der besten Approximation liefert allerdings noch keine konstruktive Idee zu deren Bestimmung. Diese gewinnen wir wieder durch Abstraktion eines Zusammenhangs im geometrischen Raum: Im $\mathbb{R}^2$ und im $\mathbb{R}^3$ liefert das Lot die beste Näherung. Das gilt im anschaulichen Raum als evident, näher betrachtet (wie in Kapitel 2) kann es als Folge des Satzes von Pythagoras gedeutet werden. Der Satz des Pythagoras aber gilt, wie wir in 1.4 gesehen haben, in entsprechend verallgemeinerter Form in allen euklidischen Vektorräumen – und mit ihm die Identität von Orthogonalprojektion und bester Approximation.

Übereinstimmung der Orthogonalprojektion mit der besten Approximation:

Sei $\mathcal{V}$ ein euklidischer Vektorraum mit dem Skalarprodukt $\langle \vec{x}, \vec{y} \rangle$ und der Norm $\|\vec{x}\| = \sqrt{\langle \vec{x}, \vec{x} \rangle}$ für alle $\vec{x}, \vec{y} \in \mathcal{V}$. Sei $\mathcal{U}$ ein Untervektorraum der endlichen Dimension m von $\mathcal{V}$ mit einer Orthonormalbasis $\{\vec{e}_1, \ldots, \vec{e}_m\}$. Dann gilt für jedes $\vec{x} \in \mathcal{V}$: Die Orthogonalprojektion $\vec{x}_\mathcal{U}$ von $\vec{x}$ auf $\mathcal{U}$ ist die beste Approximation von $\vec{x}$ in $\mathcal{U}$ im Sinne der euklidischen Norm:

$$\text{Für} \qquad \vec{x}_\mathcal{U} = \sum_{i=1}^m \langle \vec{x}, \vec{e}_i \rangle \cdot \vec{e}_i \qquad \text{gilt} \qquad \|\vec{x} - \vec{x}_\mathcal{U}\| = \min_{\vec{u} \in \mathcal{U}} \|\vec{x} - \vec{u}\| .$$

Eine Beweisidee ist wieder am besten der Anschauung im geometrischen Raum zu entnehmen (vergleiche Abbildung 1.3) – zunächst anhand der Projektion auf eindimensionale Unterräume, dann übertragen auf Unterräume beliebiger Dimension: Man benutzt die Orthogonalität von $(\vec{x} - \vec{x}_\mathcal{U})$ auf jedem $\vec{u} \in \mathcal{U}$ und die verallgemeinerte Form des Satzes von Pythagoras.

Beweis

Für jedes $\vec{u} \in \mathcal{U}$ mit $\vec{u} \neq \vec{x}_\mathcal{U}$ gilt:

$$\begin{aligned}
\|\vec{x} - \vec{u}\|^2 &= \langle (\vec{x} - \vec{u}), (\vec{x} - \vec{u}) \rangle \\
&= \langle (\vec{x} - \vec{x}_\mathcal{U}) + (\vec{x}_\mathcal{U} - \vec{u}), (\vec{x} - \vec{x}_\mathcal{U}) + (\vec{x}_\mathcal{U} - \vec{u}) \rangle \\
&= \langle (\vec{x} - \vec{x}_\mathcal{U}), (\vec{x} - \vec{x}_\mathcal{U}) \rangle + 2 \underbrace{\langle (\vec{x}_\mathcal{U} - \vec{u}), (\vec{x} - \vec{x}_\mathcal{U}) \rangle}_{= 0 \text{ da } (\vec{x}_\mathcal{U} - \vec{u}) \in \mathcal{U} \text{ und } (\vec{x} - \vec{x}_\mathcal{U}) \in \mathcal{U}^\perp} + \underbrace{\langle (\vec{x}_\mathcal{U} - \vec{u}), (\vec{x}_\mathcal{U} - \vec{u}) \rangle}_{> 0 \text{ da } \vec{u} \neq \vec{x}_\mathcal{U}} \\
&> \langle (\vec{x} - \vec{x}_\mathcal{U}), (\vec{x} - \vec{x}_\mathcal{U}) \rangle \\
&= \|\vec{x} - \vec{x}_\mathcal{U}\|^2
\end{aligned}$$

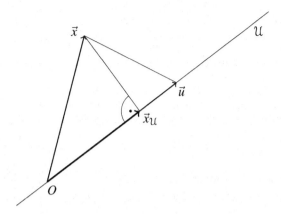

Abbildung 1.3: Zum Beweis der Identität von Orthogonalprojektion und bester Approximation

Darin wurde neben der Bilinearität und positiven Definitheit des Skalarprodukts die Tatsache benutzt, dass nach Konstruktion $(\vec{x}_\mathcal{U} - \vec{u}) \in \mathcal{U}$ und $(\vec{x} - \vec{x}_\mathcal{U}) \in \mathcal{U}^\perp$ orthogonal sind. Die Behauptung folgt mit der strengen Monotonie der Wurzelfunktion.

1.7 Approximation durch Entwicklung über Orthonormalbasen

Die Kernaussagen der letzten beiden Abschnitte sind die Identität der besten Approximation mit der Orthogonalprojektion und die Berechenbarkeit der Orthogonalprojektion per Entwickeln über einer Orthogonalbasis. Fügt man diese beiden Aussagen zusammen, erhält man die Grundlage aller weiteren Überlegungen.

Erkenntnis:
In euklidischen Vektorräumen lässt sich die (bezüglich der euklidischen Norm) beste Approximation eines Vektors in einem endlich erzeugten Unterraum durch Entwickeln über einer Orthogonalbasis des Unterraums bestimmen.

Gegenstand dieses Abschnittes ist die Frage, wie diese Tatsache zu einem allgemein gültigen und möglichst viele Anwendungen abdeckenden Approximationsverfahren ausgebaut werden kann. Grundvoraussetzung ist dabei stets, dass dem Approximationsproblem ein euklidischer Vektorraum „übergestülpt" werden kann und die euklidische Norm als Maß für die Approximationsqualität vertretbar ist. Unter diesen Voraussetzungen kann jedes in mathematischer Form gegebene Objekt (zum Beispiel ein Datensatz oder eine Funktion) durch Entwickeln über Orthonormalbasen geeigneter Unterräume weiter verarbeitet werden. Dies zu tun kann im Wesentlichen aus zwei Gründen sinnvoll sein:

- **Aspekt der Aufwandsersparnis:** Die Entwicklung über Orthonormalbasen kann helfen, komplizierte Objekte durch einfachere zu ersetzen, die mit ihnen in den jeweils wesentlichen Merkmalen gut übereinstimmen.

- **Aspekt der Analyse:** Die Entwicklung über Orthonormalbasen kann helfen, komplizierte Objekte besser zu verstehen, indem sie charakteristische in ihnen steckende Grundbausteine zum Vorschein bringt.

Wie weit dies wirklich geschieht, hängt ganz entscheidend von der Wahl der Orthonormalbasen und − sofern man den Grad der Näherung beziehungsweise die Feinheit der Analyse systematisch variieren möchte − von der Reihenfolge ab, in der die Basisvektoren zur Entwicklung herangezogen werden.

- Mit Blick auf beide Aspekte ist eine Orthonormalbasis gut, wenn die wichtigsten oder übergeordnetsten Charakteristika der untersuchten Signale anhand der vordersten Basisvektoren abgefragt werden.

- Mit Blick auf beide Aspekte ist eine Orthonormalbasis gut, wenn die Basisvektoren für eine große Klasse von Signalen so typisch sind, dass sich viele Signale aus nur wenigen dieser Grundbausteine zusammensetzen lassen.

- Mit Blick auf den Aspekt der Aufwandsersparnis ist eine Orthonormalbasis gut, wenn sie für viele der untersuchten Signale viele betragsmäßig kleine (und damit ohne großen Informationsverlust vernachlässigbare) Koeffizienten liefert.

- Mit Blick auf den Aspekt der Analyse ist eine Orthonormalbasis gut, wenn die Basisvektoren echte, die Wahrnehmung der Signale prägende Charakteristika repräsentieren.

Die Wahl der Unterräume und erzeugenden Orthonormalsysteme entscheidet also darüber, ob die Entwicklung der Signale in Zusammenhang mit den Zielen der Signalverarbeitung Sinn macht. Ob das Verfahren überhaupt anwendbar ist, hängt dagegen ausschließlich vom Vorliegen der mathematischen Struktur eines Vektorraums mit Skalarprodukt ab. Wann immer ein in mathematischer Form gegebenes Objekt approximiert werden soll, das als Element eines euklidischen Vektorraums gesehen werden kann, ist das Vorgehen nach dem folgenden Schema möglich:

Approximation durch Entwicklung über Orthonormalbasen

1. Fasse das zu approximierende Objekt als Element eines Vektorraums mit Skalarprodukt auf. Verstehe Abstands- und Normbegriff im darüber festgelegten Sinne.

2. Wähle ein geeignetes System verschachtelter Unterräume als Approximationsbereich (falls dieses nicht ohnehin durch die Anwendung vorgegeben ist).

3. Wähle oder bestimme sukzessiv ergänzte Orthonormalbasen des Unterraumsystems (falls diese nicht ohnehin als Erzeugnis einer Orthonormalbasis konstruiert war).

4. Entwickle das Objekt über den Orthonormalbasen. Erhöhe die Dimension des Unterraums sukzessive bis zur gewünschten Genauigkeit.

---

5. Lasse gegebenenfalls weitere, für die Anwendung unbedeutende (zum Beispiel betragsmäßig kleine) Komponenten weg.

Das Signal sei Element eines Vektorraums V der Dimension n oder ∞ über $\mathbb{R}$ mit dem Skalarprodukt $\langle\cdot,\cdot\rangle$. Die Approximation geschieht in einem Unterraum $U \subseteq V$ der endlichen, aber (bezüglich der Approximationsqualität) hinreichend großen Dimension m. Was einen guten Unterraum ausmacht, hängt von den Zielen der Approximation ab; das kann zum Beispiel die als charakteristisch herauszufilternden Eigenschaften des Signals, die unbedingt zu erhaltenden Merkmale, die in Kauf genommenen Veränderungen und Verluste oder den angestrebten Kompressionsgrad betreffen.

Wenn der Unterraum frei gewählt werden kann, sollte er nach Möglichkeit von vorne herein als Erzeugnis eines Orthogonalsystems konstruiert werden. Handelt es sich bei den Signalen um Elemente eines unendlich-dimensionalen Vektorraums V, sollte dieses Orthogonalsystem bei Fortsetzung in ein bezüglich V vollständiges System übergehen (vergleiche 5.6). Auch zu vorgegebenen Unterräumen lässt sich manchmal direkt eine Orthogonalbasis angeben. Ansonsten ist die gegebene Basis nach dem Gram-Schmidtschen Verfahren zu orthogonalisieren. Die gefundene Orthonormalbasis des Unterraums U sei $\{\vec{e}_1, \vec{e}_2, ..., \vec{e}_m\}$. Das Signal $\vec{s}$ wird über der Orthonormalbasis von U entwickelt zu:

$$\vec{s}_U = \sum_{i=1}^{m} \langle \vec{s}, \vec{e}_i \rangle \cdot \vec{e}_i$$

Die so erhaltene Orthogonalprojektion von $\vec{s}$ auf U ist für $\vec{s} \in U$ (speziell für $U = V$) mit dem Signal identisch. Andernfalls stellt $\vec{s}_U$ eine Approximation des Signals dar, und zwar die im Sinne der über das Skalarprodukt definierten Norm beste. Bei ausreichend guter Approximationsqualität kann die Entwicklung des Signals auch schon für $l < m$ abgebrochen werden. Gegebenenfalls wird $\vec{s}_U$ außerdem durch Weglassen für die Anwendung uninteressanter oder mit betragsmäßig kleinem Koeffizienten auftretender Anteile (Thresholding) weiter approximiert zu:

$$\vec{s}_{UA} = \sum_{\text{ausgewählte i}} \langle \vec{s}, \vec{e}_i \rangle \cdot \vec{e}_i$$

Auf der Suche nach besten Approximationen ist die nur bei Orthogonalbasen gegebene Unabhängigkeit der Entwicklungs-Koeffizienten voneinander von ganz entscheidender Bedeutung: Erweitert man das Erzeugendensystem und damit die Dimension des Unterraums (zum Beispiel zur Verbesserung der Approximationsqualität), so kann man bereits berechnete Koeffizienten beibehalten. Umgekehrt bleiben die Koeffizienten auch erhalten, wenn man (zum Beispiel zur Verbesserung der Kompressionsrate) die Dimension des Unterraums reduziert. Bei nicht orthogonalen Basen müssten dagegen mit jeder Dimensionsänderung alle Koeffizienten neu berechnet werden.

Die Orthonormalisierung gegebener Erzeugendensysteme ist im Einzelfall durchaus aufwändig und liefert in der Darstellung teils sehr unschöne ('krumme') Basisvektoren. Sie stellt jedoch eine universelle und gut programmierbare Methode dar, die der Approximation nötigenfalls vorangestellt werden kann. Die Approximation selbst geht dann schnell und ist auch in sonst schwierigen Fällen immer nach klarem 'Rezept' möglich. Zudem ist sie anderen Verfahren meist bezüglich der Komplexität überlegen – das heißt der Gesetzmäßigkeit, nach der bei wachsender Dimension der Rechenaufwand steigt.

In jedem Fall lohnt es sich, zunächst intensiv über einfache, per se orthogonale Basen nachzudenken, bevor man ein Orthonormalisierungsverfahren in Gang setzt. Besonders eindrucksvolle und erfolgreiche Beispiele geschickt gewählter Basen bilden die Sinus- und Cosinusfunktionen als Basis aller periodischen Funktionen oder die Haar-Wavelets als Basis der auf dyadischen Intervallen konstanten Funktionen (siehe 6 und 4). Bei der eigenständigen Suche nach geeigneten Erzeugendensystemen können im Wesentlichen drei Dinge schief gehen:[3]

1. Das gewählte Erzeugendensystem ist bezüglich des Vektorraums der zu verarbeitenden Signale nicht vollständig und auch nicht „auf dem Weg dorthin". Dies ist ein Kapitalfehler, der sich dadurch bemerkbar macht, dass die so genannten Approximationen auch bei starker Erhöhung der Dimension nicht wirklich besser werden.

2. Das gewählte Erzeugendensystem ist nicht orthogonal, das Verfahren wird aber trotzdem angewendet. In diesem Fall entsprechen die berechneten Summen der Orthogonalprojektionen auf eindimensionale Teilräume nicht den Orthogonalprojektionen auf die mehrdimensionalen Unterräume – und damit auch nicht den jeweils besten Approximationen. (Ansonsten ist fehlende Orthogonalität natürlich kein grundsätzliches Problem. Dazu unten mehr.)

3. Das gewählte Erzeugendensystem ist zwar orthogonal und vollständig, die Entwicklung über ihm nutzt aber nichts: weder trägt sie zur Aufwandsersparnis bei noch liefert sie Aufschlussreiches bezüglich der Analyse der Signale.

Auch bei nicht orthogonalen Erzeugendensystemen kann man die beste Approximation in einem Unterraum als Orthogonalprojektion auf diesen berechnen. Das ist aber nicht mehr so bequem und kann nicht systematisch erfolgen: Zum einen ist die Bestimmung der Orthogonalprojektionen komplizierter, weil die zugehörigen Matrizen nicht orthogonal und damit schwieriger zu invertieren sind beziehungsweise lineare Gleichungssysteme gelöst werden müssen. Zum anderen hängen die Orthogonalprojektionen auf verschachtelte Unterräume nicht mehr direkt miteinander zusammen: Bei jeder Erhöhung der Dimension des Untervektorraums ist eine komplett neue Rechnung nötig – die bereits berechneten Koeffizienten sind in aller Regel nicht mehr richtig.[4] Insofern kann auch nicht mehr vom „Entwickeln" über der Basis gesprochen werden.

---

[3]Mir jedenfalls sind im Laufe der Einarbeitung in das Thema alle drei Sorten von Fehlern passiert. Entsprechend wahrscheinlich ist das Auftreten bei einem offenen Zugang mit Schülergruppen. Das sind dann didaktisch wertvolle und konstruktiv zur Verständnisförderung zu nutzende Fehler.

[4]Abbildung 1.2 illustriert die Vorteile orthogonaler Basen im $\mathbb{R}^3$ (wobei die Ortsvektoren mit ihren Endpunkten identifiziert werden): Im zweidimensionalen Unterraum $\mathcal{U}$ der Blattebene wird die beste Approximation $\vec{x}_{\mathcal{U}}$ eines Vektors $\vec{x}$ gesucht, der auf der zur Blattebene senkrechten Geraden durch $\vec{x}_{\mathcal{U}}$ liegt. Hat man – wie in der Abbildung links – die besten Approximationen $\vec{x}_{\mathcal{U}_1}$ und $\vec{x}_{\mathcal{U}_2}$ in orthogonalen eindimensionalen Unterräumen $\mathcal{U}_1$ und $\mathcal{U}_2$ (hier Geraden) bestimmt, so gilt $\vec{x}_{\mathcal{U}_1} + \vec{x}_{\mathcal{U}_2} = \vec{x}_{\mathcal{U}}$. Sind die Geraden $\mathcal{U}_1$ und $\mathcal{U}_2$ jedoch nicht orthogonal – wie in der Abbildung rechts, so besteht kein so einfacher Zusammenhang zwischen den Orthogonalprojektionen auf die Geraden und der in die Ebene. Mit jeder Erweiterung des Unterraums muss im nicht orthogonalen Fall also komplett neu gerechnet werden.

Wenn es nur um die Orthogonalprojektion als beste Approximation geht, sollten beliebige Basen zunächst orthogonalisiert werden. Das ist nach dem Gram-Schmidtschen Orthonormalisierungsverfahren stets möglich und gut programmierbar. Manchmal ist man aber explizit an den Koeffizienten vor den Vektoren einer vorgegebenen und eben nicht orthogonalen Basis interessiert – vor allem bei analytischen Absichten, zum Beispiel bei der Kurvenanpassung in 3.5 oder bei der „Prototypenbestimmung" in 3.3. Dann gibt es nur zwei Möglichkeiten: Entweder man invertiert Matrizen beziehungsweise löst Gleichungssysteme oder man wechselt zwar zwischenzeitlich zu einer Orthonormalbasis, transformiert aber anschließend zurück. Auch in diesem Fall kann sich, wie in 3.5 erläutert wird, der Umweg über die Orthonormalbasis durchaus lohnen.

1.8 Wesentliche Beispielklassen

In diesem Abschnitt soll ein Überblick über die im Rahmen der Arbeit aufgegriffenen Beispiele erfolgreicher Anwendungen des Verfahrens gegeben werden. Allesamt erfüllen die Bedingungen, dass in euklidischen Vektorräumen operiert werden kann und die euklidische Norm als Qualitätsmaß geeignet ist. Demnach kann das Verfahren der Bestimmung guter (bester) Approximationen durch Entwicklung über Orthonormalbasen angewendet werden. In groben Zügen führt der Weg von der Geometrie des $\mathbb{R}^2$ und $\mathbb{R}^3$ über verschiedene Anwendungen im $\mathbb{R}^n$, unter denen eine (die Interpretation der Vektoreinträge als Werte stückweise konstanter Funktionen) besonders an Bedeutung gewinnt, bis zum Raum aller stückweise stetigen Funktionen, in dem die Fourier-Basis von herausragender Bedeutung ist.

Die einfachsten und in der Schule bekanntesten Beispiele sind die Abstands- und Lotfußpunktberechnungen im $\mathbb{R}^2$ und $\mathbb{R}^3$, sofern diese sich auf Ursprungsgeraden und -ebenen beziehen oder korrekt auf solche übertragen werden. Diese werden aber in aller Regel als Schnittprobleme und damit über das Lösen linearer Gleichungssysteme gelöst; und tatsächlich lohnt sich der Wechsel auf eine Orthogonalbasis bei zwei oder drei Dimensionen noch nicht wirklich. Hier aber können und sollten die ersten Beispiele vorgerechnet, die Lösungsmethoden verglichen und vor allem die wichtigen Zusammenhänge unter Zuhilfenahme der Anschauung verankert werden.

Umseitige Tabelle zeigt die im Laufe der Arbeit behandelten Beispiele im Einzelnen. Was nur genannt oder peripher behandelt wird, ist kursiv gedruckt.

Vektorraum / Interpretation	Skalarprodukt	Norm	Erzeugendensystem	Bemerkungen
$\mathbb{R}^2, \mathbb{R}^3$ geometrisch	Standardskalarprodukt: $\sum_{i=1}^{2/3} x_i y_i$	2-Norm: $\sqrt{\Sigma_{i=1}^{2/3} x_i^2}$	Standard-ONB $\begin{pmatrix} 1 \\ 0 \end{pmatrix}, \begin{pmatrix} 0 \\ 1 \end{pmatrix}$	vollständig, orthogonal, leicht zeichnerisch zu deuten (S.37)
$\mathbb{R}^2, \mathbb{R}^3$ geometrisch	Standardskalarprodukt: $\sum_{i=1}^{2/3} x_i y_i$	2-Norm: $\sqrt{\Sigma_{i=1}^{2/3} x_i^2}$	beliebige Basis, z.B. $\begin{pmatrix} 2 \\ 1 \end{pmatrix}, \begin{pmatrix} 3 \\ 4 \end{pmatrix}$	nicht orthogonal, orthonormierbar, Lösungswege-Vergleich (S.46)
$\mathbb{R}^{2k}, \mathbb{R}^{3k}$ Koordinatenlisten Punktmenge	Standardskalarprodukt: $\sum_{i=1}^{2k/3k} x_i y_i$	2-Norm: $\sqrt{\Sigma_{i=1}^{2k/3k} x_i^2}$	je nach Unterraum, Mehrfachschreibweise	immer orthogonal darstellbar, Rückinterpr.! (S.55, 222)
$\mathbb{R}^n$ Merkmalslisten von Objekten	Standardskalarprodukt: $\sum_{i=1}^{n} x_i y_i$	2-Norm: $\sqrt{\Sigma_{i=1}^{n} x_i^2}$	„Prototypen-Vektoren"	nach Möglichk. paarw. orthog. (S.58, 225)
$\mathbb{R}^4$ Raum-Zeit-Punkte	gewichtet $\sum_{i=1}^{3} x_i y_i + c^2 x_4 y_4$	gewichtet $\sqrt{\Sigma_{i=1}^{3} x_i^2 + c^2 x_4^2}$	vorgegeben durch Nebenbedingungen	zunächst nicht orthogonal, konsequent neues Skp.! (S.60, 228)
$\mathbb{R}^n$ Ordinatenwerte von Punktmenge	Standardskalarprodukt: $\sum_{i=1}^{n} x_i y_i$	2-Norm: $\sqrt{\Sigma_{i=1}^{n} x_i^2}$	Abszissenwerte von Punktmengen in verschiedenen Potenzen / Fnktn.	orthonormieren, rücktransponieren (Kurvenanp., S.64, 231)
$V_n = K_n([0,1]) \simeq \mathbb{R}^n, \quad n = 2^k,$ stückweise konst. Fktn., dyad.	Standardskalarprodukt: $\sum_{i=1}^{n} x_i y_i$	2-Norm: $\sqrt{\Sigma_{i=1}^{n} x_i^2}$	Standard-ONB $(1|0|..|0)$ $(0|1|0|..|0)$ ...	orthonormal, Entwicklung nicht hilfreich (S.72)
$V_n = K_n([0,1]) \simeq \mathbb{R}^n, \quad n = 2^k,$ stückweise konst. Fktn., dyad.	Standardskalarprodukt: $\sum_{i=1}^{n} x_i y_i$	2-Norm: $\sqrt{\Sigma_{i=1}^{n} x_i^2}$	Haar-Basis $(1|1|1|1)$ $(1|1|\text{-}1|\text{-}1)$ $(1|\text{-}1|0|0)$ ..	orthogonal, normierbar, Aufwandsersparnis! (S.74)

Vektorraum / Interpretation	Skalarprodukt	Norm	Erzeugenden-system	Bemerkungen
$V_n = K_n([0,1]) \simeq$ $\mathbb{R}^n$, $n = 2k$, stückweise konst. Funktionen, geradzahlig	Standardskalarprodukt: $\sum_{i=1}^{n} x_i y_i$	2-Norm: $\sqrt{\sum_{i=1}^{n} x_i^2}$	digitale Fourierbasis. $(1\|1\|1\|1)$ $(1\|0\|-1\|0)$ $(1\|1\|-1\|-1)$ ..	orthogonal, normierbar, zeigt Periodizitäten und Symmetrien (S.124)
$V_n = K_n([0,1]) \simeq$ $\mathbb{R}^n$, $n = 2^k$, stückweise konst. Fktn., dyad.	Standardskalarprodukt: $\sum_{i=1}^{n} x_i y_i$	2-Norm: $\sqrt{\sum_{i=1}^{n} x_i^2}$	Walsh-Basis $(1\|1\|1\|1)$ $(1\|-1\|1\|-1)$ $(1\|1\|-1\|-1)$ ..	orthogonal, normierbar, zeigt Periodizitäten und Symm. (S.126)
$SC([0,1])$ stückweise stetige Funktionen	Produktintegralnorm: $\int_0^1 f(x) \cdot g(x)\, \mathrm{d}x$	L^2-Norm: $\sqrt{\int_0^1 f^2(x)\, \mathrm{d}x}$	Potenzfunktionen: $1, x, x^2, x^3, \ldots$	vollständig, nicht orthogonal, liefert konst., lin., quadrat. .. Anteile (S.114)
$SC([0,1])$ stückweise stetige Funktionen	Produktintegralnorm: $\int_0^1 f(x) \cdot g(x)\, \mathrm{d}x$	L^2-Norm: $\sqrt{\int_0^1 f^2(x)\, \mathrm{d}x}$	Fourier-Basis (1-period. trigon.): $\sin(2k\pi x)$, $k \in \mathbb{N}$ $\cos(2k\pi x)$, $k \in \mathbb{N}_0$	vollständig, orthogonal, liefert Frequenzspektrum (S.120)
$SC([0,1])$ stückweise stetige Funktionen	Produktintegralnorm: $\int_0^1 f(x) \cdot g(x)\, \mathrm{d}x$	L^2-Norm: $\sqrt{\int_0^1 f^2(x)\, \mathrm{d}x}$	Daubechies-Wavelets $D_2, D_4, D_6, \ldots$	vollst., orthon., Aufwandsersp.! (S.110, 113)

2 Geometrie im $\mathbb{R}^2$ und $\mathbb{R}^3$

Die beste Näherung eines Vektors in einem Unterraum ist seine Orthogonalprojektion auf diesen Unterraum. Diese – mit entsprechender Bedeutung von „orthogonal" und „nah" – in allen Vektorräumen mit Skalarprodukt gültige Erkenntnis bildet den roten Faden der vorliegenden Arbeit. In diesem Kapitel soll sie dort abgeholt und gründlich herausgearbeitet werden, wo die Begriffe von der Anschauung getragen und die Zusammenhänge nahezu evident sind: im zwei- und dreidimensionalen geometrischen Raum. Denn da wir der Idee[1] Flügel verleihen und ab Kapitel 3 steil aber kontrolliert abheben wollen, sollten wir die Kerngedanken vorher gründlich verwurzeln.

Dabei gehen wir davon aus, dass grundlegende Erfahrungen aus der analytischen Geometrie vorausgesetzt oder auf Basis der Koordinatengeometrie in der Ebene zügig erarbeitet werden können: Die Schüler haben eine Vorstellung von Vektoren als „Pfeilen" oder Verschiebungen im Raum und sind mit ihrer Schreibweise in Form von Koordinatenspalten vertraut. Sie können Spaltenvektoren addieren und mit Skalaren multiplizieren und diese Operationen anschaulich mit der Verkettung von Vektoren in Verbindung bringen. Sie kennen den Begriff der linearen Abhängigkeit und seine anschauliche Bedeutung in Spezialfällen, in diesem Zusammenhang auch die Begriffe Dimension und Basis. Die Schüler können mit der Parameterform von Geraden und Ebenen umgehen und die Lagebeziehungen linearer Objekte in Ebene und Raum rechnerisch untersuchen und anschaulich deuten. Mindestens im $\mathbb{R}^2$ können sie die Länge von Vektoren über den Satz des Pythagoras berechnen und anhand des (vielleicht noch nicht so genannten) Skalarprodukts der Richtungsvektoren überprüfen, ob zwei Geraden orthogonal zueinander liegen.

Für unsere Belange wirklich interessant wird es mit dem Einstieg in die metrische analytische Geometrie – weswegen dort auch die explizite Darstellung beginnt: Die Schüler können (hergeleitet durch zweifache Anwendung des Satzes von Pythagoras im Quader) auch im dreidimensionalen Fall die Länge von Vektoren berechnen. Sie kennen das als Summe der Produkte einander entsprechender Koordinaten zu bildende Skalarprodukt zweier Vektoren und den Zusammenhang $\vec{a} \cdot \vec{b} = \|\vec{a}\| \cdot \|\vec{b}\| \cdot \cos \gamma$. Sie können zu vorgegebenen Vektoren gezielt orthogonale bestimmen und so auch mit der Normalform oder Koordinatengleichung von Ebenen umgehen. Zu linearen Objekten im Raum können sie Abstände und Winkel berechnen sowie Orthogonalprojektionen bestimmen. Wichtiger als die Formeln ist dabei das Verständnis des Vorgehens mittels geeigneter Lote im dreidimensionalen Raum.

All diese Zusammenhänge werden hier nur knapp und zusammenfassend dargestellt. Für Aufgaben, die den Sinn der Berechnung von Abständen, Loten, Lotfußpunkten und Projektionen im Anwendungskontext deutlich machen, verweisen wir auf Schulbücher und Aufgabensammlungen. Wir konzentrieren uns auf diejenigen – Schülern sonst höchstens implizit vermittelten – Aspekte der metrischen euklidischen Geometrie, die in Zusammenhang mit der Bestimmung guter Approximationen weit über die Grenzen des anschaulichen dreidimensionalen Raums hinaus

---

[1](in Anlehnung an ein Goethezitat über die Erziehungsziele bildhaft gesprochen)

erfolgreich verallgemeinert werden können. Dem entsprechend werden in diesem Kapitel vor allem drei Ziele verfolgt:

- die Erkenntnis, dass das Lot den am wenigsten entfernten Punkt liefert, auf möglichst vielfältige Weise anschaulich-argumentativ zu unterstützen[2] (2.1-2.3),

- die in der Regel enge Bindung an die Standard-Orthonormalbasis aufzubrechen und erfahren zu lassen, dass viele der für sie geltenden Berechnungsmöglichkeiten ausschließlich von der Orthogonalität abhängen und damit für jedes Orthogonalsystem gelten (2.5),

- genau herauszuarbeiten, aus welchen Gründen und unter welchen (Minimal-)Voraussetzungen die in der Geometrie oft selbstverständlich erscheinenden Zusammenhänge gelten (2.4 und 2.5).

2.1 Ein physikalischer Analogie-Versuch

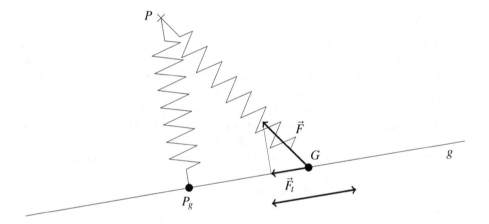

Abbildung 2.1: Skizze zum mechanischen Analogieversuch

Wir starten mit einem Versuch aus der Mechanik: Eine Feder mit der Federkonstanten D und der entspannten Länge s_0 sei an einem Ende im Punkt P, am anderen Ende an einem Gleiter G befestigt, der sich frei auf einem Stab in Lage der Geraden g bewegen kann. Dabei sei die entspannte

---

[2]Den Zusammenhang zwischen Orthogonalität und kürzester Entfernung auf der Basis einer nach Hilbert axiomatisch aufgebauten Geometrie streng zu beweisen (vgl. [16]) ist in diesem Rahmen weder möglich noch notwendig. In der elementaren Geometrie der Sekundarstufe I werden der Abstand eines Punktes von einer Geraden und der Abstand paralleler Geraden als Länge der zur Geraden senkrechten Verbindungsstrecke definiert. Der Orthogonalitätsbegriff ist dabei rein anschaulich über die Konstruktion bzw. Überprüfung mit dem Geodreieck eingeführt. Auch in den gängigen Schulbüchern zur Linearen Algebra in der Sekundarstufe II wird der Begriff des Abstandes zwischen einem Punkt und einer Geraden bzw. einer Ebene in der Regel nicht ausführlich thematisiert. Der Abstand wird entweder als Minimum aller Abstände des Punktes von den Punkten der Gerade / Ebene (z.B. [13], [21]) oder direkt als Länge des Lotes ([2]) definiert. Die Übereinstimmung beider Ansätze wird bei der Darstellung von Berechnungsmethoden meist implizit vorausgesetzt, in einem Fall explizit formuliert ([13]), aber in keinem Fall begründet.

Länge s_0 kleiner als der Abstand $d(P,g)$ des Punktes von der Geraden (und im mathematischen Ideal einer punktförmigen Feder, die dennoch eine Rückstellkraft besitzt, $s_0 = 0$). Dann wirkt nach dem Hookeschen Gesetz eine der Längenänderung der Feder proportionale Rückstellkraft, und das System hat eine dem Quadrat dieser Längenänderung proportionale (Spann-)Energie: Es gilt

$$|\vec{F}| = D \cdot (s - s_0) \quad \text{und} \quad W = \frac{1}{2} \cdot D \cdot (s - s_0)^2 \quad \text{mit} \quad s = d(P,G) \quad ,$$

wobei D die Federkonstante ist. Lässt man den Gleiter los, so wird er unter der Wirkung der Tangentialkomponente der Rückstellkraft $\vec{F}_t$ eine Schwingung ausführen, welche infolge der Reibungskräfte gedämpft ist. In welchem Punkt P_g kommt der Gleiter schließlich zur Ruhe? Diese Frage kann man physikalisch auf zwei unterschiedliche Arten beantworten:

1. Der Gleiter kommt zur Ruhe, wenn die Rückstellkraft $\vec{F}$ keine Tangentialkomponente in Richtung der Geraden g mehr besitzt, die Federachse also senkrecht auf der Geraden steht:

$$|\vec{F}_t| = 0 \ \Leftrightarrow \ \overline{PP_g} \perp g$$

2. Der Gleiter kommt zur Ruhe, wenn die Energie des Systems minimal ist:

$$W \text{ minimal} \ \Leftrightarrow \ (s - s_0) \text{ minimal} \ \Leftrightarrow \ d(P,P_g) \leq d(P,G) \text{ für alle } G \in g$$

Die Tatsache, dass diese beiden Aussagen für denselben Punkt P_g gelten, entspricht genau der ersten Kernaussage der vorliegenden Arbeit.[3]

Kernaussage 1:
Für einen Punkt P außerhalb einer Geraden g liefert das Lot denjenigen Punkt P_g der Geraden, der P am nächsten ist.

Ersetzt man den Gleiter durch einen Magneten und den Stab durch eine eisenhaltige Platte (siehe Abbildung 2.2 rechts), so kann man die Aussage auf den Fall Punkt-Ebene übertragen:

Für einen Punkt P außerhalb einer Ebene E liefert das Lot denjenigen Punkt P_E der Ebene, der P am nächsten ist.

Zudem ist jetzt ein weiterer Teilversuch möglich (siehe Abbildung 2.2 mittig und links): Hält man den Magneten zunächst auf einer in der Ebene liegenden Gerade fest und befreit ihn erst nach Erreichen der Ruhelage davon, so wird er sich anschließend nur noch auf der Lotgeraden bewegen, bis er die endgültige Ruhelage erreicht. Das ist die zweite Kernaussage der vorliegenden Arbeit.

---

[3]Andere physikalische Realisierungen, bei denen Anziehungskraft und Energie vom Abstand abhängen, führen zu demselben Resultat. Zum Beispiel die Vorstellung, dass sich in P und auf g entgegengesetzte elektrische Ladungen befinden, die einander mit der Coulombkraft $F_C = \frac{1}{4\pi\varepsilon_0} \frac{q^2}{r^2}$ anziehen. Sie stimmen allerdings bzgl. des Abstandsbegriffes nicht mit der mathematischen Fragestellung überein, da die Kraft hier nicht linear mit dem Abstand wächst, sondern umgekehrt proportional zum Quadrat des Abstandes ist, und die Energie des Systems durch $W = -\frac{1}{4\pi\varepsilon_0} \frac{q^2}{r}$ gegeben ist. Aus diesem Grund ist unter den physikalischen Realisierungen ausschließlich die mit Federkräften auf eine größere Zahl von Punkten erweiterbar (siehe S.32).

Kernaussage 2:

Für einen Punkt P außerhalb einer Ebene E und eine in der Ebene liegende Gerade $g \subset E$ erreicht man den Punkt P_E von P_g aus längs des Lotes l mit $l \perp g$.

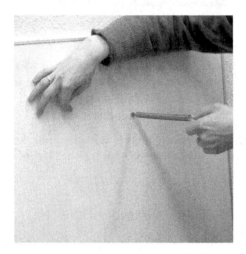 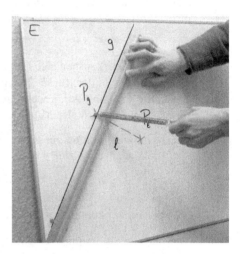

Abbildung 2.2: Die Federexperimente zu Kernaussage 1b und 2

Bevor wir die Kernaussagen im nächsten Abschnitt rein mathematisch begründen, sei noch etwas zur Verallgemeinerbarkeit der physikalischen Analogie gesagt: In 3.2 wird anlässlich der Anwendungen der Grundidee in höheren Dimensionen das Problem dahingehend erweitert, dass innerhalb der Geraden oder der Ebene nicht der Punkt mit minimalem Abstand von einem gegebenen Punkt, sondern mit minimaler Abstandsquadratsumme von mehreren gegebenen Punkten gesucht wird. Dieser Punkt stellt sich unter der Wirkung mehrerer – nach dem Hookeschen Gesetz zum Abstand proportionaler – mechanischer Federkräfte tatsächlich ein[4], nicht jedoch zum Beispiel unter der Wirkung mehrerer – zum Quadrat des Abstands umgekehrt proportionaler – Coulomb- oder Gravitationskräfte. Das heißt: Während die physikalische Realisierung mit mechanischen Federn auf eine ganze Menge zu approximierender Punkte erweiterbar ist, ist dies die physikalische Realisierung mit Coulomb- oder Gravitationskräften nicht.

2.2 Punkt und Gerade in der Ebene

Grundproblem:

In der Ebene seien ein Punkt P und eine Gerade g gegeben, die P nicht enthält. Gesucht ist derjenige Punkt P_g der Geraden, dessen Abstand von P minimal ist.

---

[4](jedenfalls im mathematischen Idealfall $s_0 = 0$, d.h. solange die entspannte Länge der Federn im Verhältnis zu deren Dehnung vernachlässigbar klein ist)

Unterschiedliche Arten der fruchtbaren Auseinandersetzung mit diesem Grundproblem aufzu-zeigen ist Ziel des vorliegenden Abschnitts. Dabei sind Zugänge und Argumentationen auf sehr unterschiedlichem Niveau möglich; doch sie alle führen (wie schon der physikalische Zugang auf S.31) zu der zentralen Erkenntnis, dass P_g durch Orthogonalprojektion von P auf g gewonnen werden kann. Zuvor werden die benötigten Begriffe aus der metrischen Geometrie kurz zusam-men gestellt. Dabei orientieren wir uns an der axiomatischen Einführung von Hilbert ([16]) und schließen die für den dreidimensionalen Fall (2.3) benötigten Begriffe bereits mit ein.

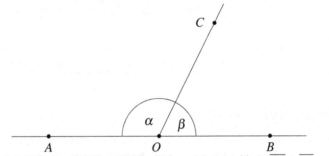

Abbildung 2.3: Orthogonalitätsbegriff über Nebenwinkelgleichheit: $\overline{OC} \perp \overline{AB} \Leftrightarrow \alpha = \beta$

Als **Strecke** in der Ebene oder im Raum bezeichnet man das System zweier Punkte, wobei die Punkte zwischen diesen beiden Punkten innerhalb der Strecke liegen. Die **Länge** einer Strecke — und damit der **Abstand** zweier Punkte — ist indirekt über den Kongruenzbegriff von Strecken de-finiert: als Abszisse der kongruenten Strecke auf dem positiven x-Halbstrahl. Als Abstand zweier beliebiger (schnittmengenfreier) Teilmengen $\mathcal{A}$ und $\mathcal{B}$ der Ebene oder des Raums bezeichnet man das Minimum aller Abstände zweier Punkte, von denen einer in $\mathcal{A}$ und einer in $\mathcal{B}$ liegt. Für den Abstand schreiben wir $d(\mathcal{A}, \mathcal{B})$ oder, falls $\mathcal{A}$ und $\mathcal{B}$ Punkte A und B sind, auch $|AB|$.

In der ebenen Geometrie bezeichnet man zwei Geraden als **orthogonal**, wenn sie einen rechten Winkel einschließen. Das wiederum heißt, dass der von ihnen eingeschlossene Winkel zu seinem Nebenwinkel kongruent ist. Dabei ist ein **Winkel** ($< 180°$) ein System zweier im selben Punkt beginnenden Halbstrahlen. Der Nebenwinkel ist über die in Abbildung 2.3 dargestellte Lage definiert, wobei die Punkte A, O und B auf einer Geraden liegen. Im Raum schließen nur sich in einem Punkt schneidende Geraden einen Winkel ein, die zugleich komplanar sind und bei denen der Orthogonalitätsbegriff auf den ebenen Fall zurückgeführt werden kann. Eine Ebene nennt man zu einer sie in einem Punkt schneidenden Geraden orthogonal, wenn jede in der Ebene liegende Gerade durch den Schnittpunkt zu dieser Geraden orthogonal ist. Zwei sich in einer Geraden schneidende Ebenen nennt man orthogonal, wenn deren Schnitt mit einer zu ihrer Schnittgeraden orthogonalen Ebene ein Paar zueinander orthogonaler Geraden bildet.

Als **Lotgerade** von einem Punkt P auf eine Gerade g oder Ebene E bezeichnen wir die Gerade l, die P enthält und zu g beziehungsweise E orthogonal ist. Als **Lotfußpunkt** bezeichnen wir den Schnittpunkt von l mit g beziehungsweise E und als **Lot** die Strecke zwischen Punkt und Lotfußpunkt. Auf der Basis dieser Begriffe wenden wir uns nun auf verschiedene Arten dem Grundproblem zu.

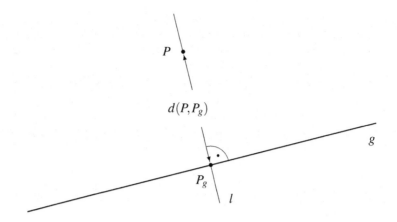

Abbildung 2.4: Zu Grundproblem und -erkenntnis

Symmetrieüberlegungen

Die Figur aus Punkt und Gerade hat eine Symmetrieachse, die P enthält und senkrecht auf g steht. Sie kann in der Unterstufe durch Falten oder Spiegeln gefunden, in der Mittelstufe mit Zirkel und Lineal konstruiert werden (siehe Abbildungen 2.5 und 2.6 links). Da die Nebenwinkel im Falle der Symmetrieachse nach Konstruktion gleich groß sind, ist diese mit der Lotgeraden von P auf g identisch.

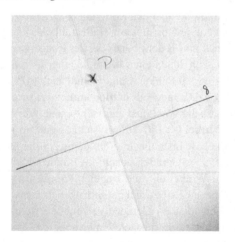
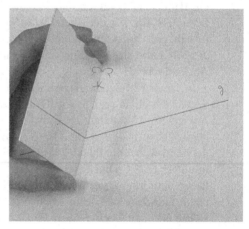

Abbildung 2.5: Falt- und Spiegelerfahrungen zur Bestimmung des Lotes

Ein Punkt $A \in g$ außerhalb der Symmetrieachse ist stets ebenso weit von P entfernt wie sein Spiegelpunkt. Ein Punkt A, dessen Abstand von P mit dem eines anderen Punktes B übereinstimmt, kann aber nie der von P am wenigsten entfernte sein. Das folgt mit Hilfe der Dreiecksungleichung über den Mittelpunkt M der Strecke $\overline{AB}$ (siehe S.40 und Abbildung 2.10).

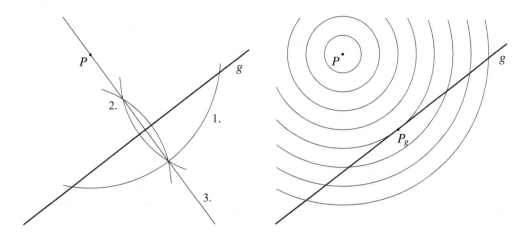

Abbildung 2.6: Konstruktion der Symmetrieachse, Niveaulinien

Niveaulinien

Die Ortslinien aller Punkte mit gleichem Abstand r von P sind Kreise um P mit Radius r (siehe Abbildung 2.6 rechts). Vergrößert man systematisch den Radius r dieser Kreise (z.B. mithilfe dynamischer Geometrie-Software), so erhält man zunächst Kreise ohne gemeinsame Punkte mit g, dann einen Kreis, der die Gerade berührt, und schließlich Kreise, die die Gerade in zwei Punkten schneiden. Der kleinstmögliche Abstand eines Punktes auf g von P ist offenbar der Radius des Berührkreises, der Punkt P_g mit minimalem Abstand der zugehörige Berührpunkt. Da g die Tangente an den Berührkreis in P_g und $\overline{PP_g}$ der zugehörige Radius ist, ist P_g die orthogonale Projektion von P auf g.

Satz des Pythagoras

Sofern der Satz des Pythagoras zur Verfügung steht, kann der Abstand jedes Punktes der Geraden g vom Punkt P exakt angegeben und allgemein ausgedrückt werden. Auf dieser Basis sind weitere Begründungen für die Abstandsminimalität des Lotfußpunktes möglich. Drei davon folgen hier. Die Gültigkeit des Satzes von Pythagoras beziehungsweise seiner Verallgemeinerungen für andere Vektorräume ist im Zusammenhang mit unserer übergeordneten Idee − der Bestimmung guter Approximationen durch Orthogonalprojektion − von zentraler Bedeutung. Deshalb erfolgt der direkte Nachweis der Abstandsminimalität des Lotfußpunktes mit Hilfe des Satzes von Pythagoras im Rahmen der Zusammenfassung in 2.4 aus Seite 41.

Funktionaler Zusammenhang

Zeichnet man in der Figur aus Punkt und Gerade neben dem Lotfußpunkt noch einen weiteren, beliebigen Punkt der Geraden ein, entsteht ein rechtwinkliges Dreieck und man denkt fast zwangsläufig an den Satz des Pythagoras (siehe Abbildung 2.7). Dieser ermöglicht das Aufstellen eines allgemeinen Ausdrucks für den Abstand eines beliebigen Punktes G der Geraden vom

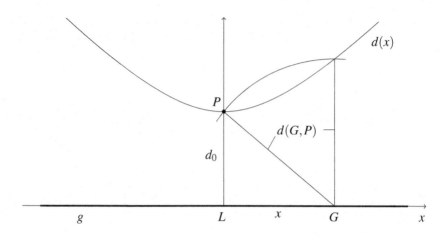

Abbildung 2.7: Funktionaler Zusammenhang

Punkt P. In einem Koordinatensystem mit dem Lotfußpunkt L als Ursprung und Achsen längs und senkrecht zu g gilt mit $d_0 = d(L,P) = d(0)$:

$$d(x) = \sqrt{x^2 + d_0^2}$$

Das Minimum dieser Funktion kann aus den Symmetrie- und Monotonieeigenschaften abgelesen oder per Nullsetzen der Ableitung bestimmt werden: Es wird für $x = 0$ angenommen und hat den Wert d.

Extremwertproblem

Sofern Extremwertaufgaben aus der Analysis bekannt sind, liegt es auch in der analytischen Geometrie nah, den Abstand eines Punktes der Geraden g vom zu approximierenden Punkt P allgemein auszudrücken, um dann das Minimum dieses Ausdrucks in Abhängigkeit vom Geradenparameter zu bestimmen. Der Einfachheit halber wählen wir das Koordinatensystem so, dass g eine Ursprungsgerade ist.[5] (Wir benutzen hier die vektorielle Darstellung der Geraden im $\mathbb{R}^2$. Eine Lösung anhand der Geradengleichung $y = mx$ und des allgemeinen Punktes $(x|mx)$ der Geraden ist natürlich ebenso möglich.) Für $P(p_1|p_2)$ und $g : \vec{x} = t \cdot \begin{pmatrix} r_1 \\ r_2 \end{pmatrix}$ gilt:

$$d(t) = \sqrt{(p_1 - t \cdot r_1)^2 + (p_2 - t \cdot r_2)^2}$$

$$d'(t) = \frac{2 \cdot (p_1 - t \cdot r_1) \cdot (-r_1) + 2 \cdot (p_2 - t \cdot r_2) \cdot (-r_2)}{2 \cdot \sqrt{(p_1 - t \cdot r_1)^2 + (p_2 - t \cdot r_2)^2}}$$

---

[5]Diese Wahl stellt bereits einen Ausblick auf den verallgemeinerten Fall dar, in dem der Approximationsbereich stets ein Unterraum sein muss, also den Nullvektor enthalten muss.

$$d'(t) \;=\; 0 \;\Leftrightarrow\; t = \frac{p_1 r_1 + p_2 r_2}{r_1^2 + r_2^2}$$

$$\Leftrightarrow\; \vec{p} - \vec{x} = \vec{p} - \vec{p}_g = \frac{1}{r_1^2 + r_2^2} \begin{pmatrix} r_2 \cdot (p_1 r_2 - p_2 r_1) \\ r_1 \cdot (p_2 r_1 - p_1 r_2) \end{pmatrix} =: k \cdot \begin{pmatrix} r_2 \\ -r_1 \end{pmatrix}$$

Auch dieser Zugang zeigt, dass der Verbindungsvektor des Punktes P mit seiner besten Approximation P_g orthogonal zum Richtungsvektor der Geraden g ist.

2.3 Punkt und Ebene im Raum

Grundproblem:

Im Raum sind ein Punkt P und eine Ebene E gegeben, die P nicht enthält. Gesucht ist derjenige Punkt P_E der Ebene, dessen Abstand von P minimal ist.

Gegenstand des vorliegenden Abschnitts sind dieses Grundproblem und die zentrale Erkenntnis, dass der am wenigsten entfernte Punkt P_E auch im räumlichen Fall durch Orthogonalprojektion von P auf E gewonnen werden kann. Wie unten ausgeführt, lassen sich große Teile des Problemverständnisses analog zum Abstandsproblem Punkt-Gerade in der Ebene gewinnen. Neu sind lediglich die dritte Dimension und der damit verbundene, von der Vorstellung her etwas schwierigere Orthogonalitätsbegriff. Wir konzentrieren uns deshalb vor allem auf zwei Punkte:

- den Übergang von der zweiten zur dritten Dimension und das, was dabei erhalten bleibt (und damit die Theorie der Approximation durch Orthogonalprojektion erst ermöglicht),

- das Neue, was es anhand dieses ersten Beispiels eines mehr als ein-dimensionalen Unterraums als Approximationsbereich zu lernen gibt.

Übergang vom $\mathbb{R}^2$ zum $\mathbb{R}^3$ – Vorteile der Orthogonalbasis

Mittels zweifacher Anwendung des Satzes von Pythagoras im Quader findet man, dass der Abstand von Punkten auch im $\mathbb{R}^3$ als Wurzel der Summe der Koordinaten-Quadrate (über der Standardorthonormalbasis) berechnet werden kann. Entsprechend Abbildung 2.8 links gilt

$$|OP| = r = \sqrt{\left(\sqrt{x^2 + y^2}\right)^2 + z^2} = \sqrt{x^2 + y^2 + z^2}$$

und damit in der Form

$$r^2 = x^2 + y^2 + z^2$$

so etwas wie die dreidimensionale Entsprechung des Satzes von Pythagoras.
Wie in 2.5 in vektorieller Schreibweise gezeigt wird (siehe S.48), gilt dies allerdings nur deshalb, weil die Standardbasis ein Orthogonalsystem bildet: Wählt man als dritte Raumrichtung eine nicht zur x-y-Ebene orthogonale (siehe Abbildung 2.8 rechts), so weichen erstens die Koordinaten x' und y' des dreidimensionalen Punktes von denen seiner Orthogonalprojektion (x und

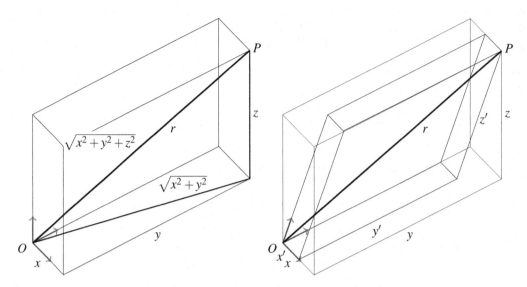

Abbildung 2.8: Orthogonale versus nicht orthogonale Basen

y) ab, zweitens gilt in aller Regel[6] $r^2 \neq x'^2 + y'^2 + z'^2$. Insofern gehen hier implizit bereits die entscheidenden Vorteile von Orthogonalsystemen ein; nur dass diese bei der Standard-Darstellung völlig selbstverständlich erscheinen.

Abstands-Minimalität der Orthogonalprojektion

Auf der Basis dieser Erkenntnisse über die Längenberechnung im $\mathbb{R}^3$ lassen sich sämtliche Überlegungen zur Abstandsminimalität des Lotfußpunktes von der Ebene in den Raum übertragen: Sowohl die Symmetrieüberlegungen als auch der Nachweis über den Satz des Pythagoras laufen analog zum Abstandsproblem Punkt-Gerade. Bei der Untersuchung des funktionalen Zusammenhangs tritt an die Stelle des eindimensionalen Funktionsgraphen ein Paraboloid als entsprechende rotationssymmetrische Fläche. Die geometrischen Orte gleichen Abstands vom Punkt P sind Kugeln, ihre Schnittmengen mit der Approximationsebene Kreise. Wieder gibt es genau eine Berührkugel, deren Tangentialebene E ist und deren Berührpunkt sich unter allen anderen Punkten der Ebene dadurch auszeichnet, dass es zu ihm keinen zweiten mit gleichem Abstand von P gibt. Der Orthogonalitätsnachweis über die Lösung als Extremwertproblem wird für das Problem Punkt-Ebene rechnerisch sehr komplex, ist aber ebenfalls möglich. (Allerdings ist die Extremwertbestimmung für Funktionen in zwei Variablen in der Regel kein Schulstoff.)

---

[6]Es gibt auch Ausnahmen (siehe S.49), d.h. für die dreidimensionale Erweiterung des Pythagoras gilt die Umkehrung nicht.

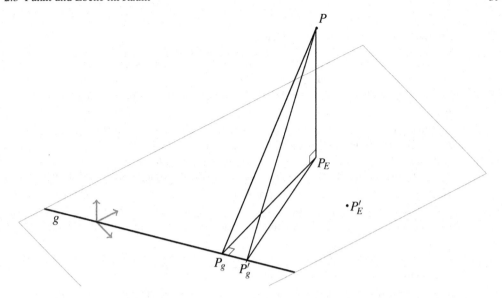

Abbildung 2.9: Zur Orthogonalität der neuen Komponente: $\overline{P_g P_E} \perp g$

Orthogonalität führt von einer Näherung zur nächsten

Anhand einer Ebene als Approximationsbereich lässt sich ein Aspekt verdeutlichen, der für die sukzessive Verbesserung von Näherungen durch Dimensions-Erhöhung grundlegend ist (vgl. Kernaussage 2, S.32, und Abbildung 2.2): Nehmen wir an, wir hätten vor der besten Näherung von P in der Ebene E bereits die beste Näherung von P auf einer Geraden g bestimmt, die in E liegt (vergleiche Abbildung 2.9). Dann wird die Verbindungsgerade $\overline{P_g P_E}$ der beiden besten Näherungen senkrecht auf g stehen! Mit anderen Worten heißt das, dass P, P_g und P_E in einer zu g orthogonalen Ebene liegen (oder dass P_g auch die beste Näherung von P_E auf g ist).

Diese Tatsache lässt sich entweder mittels Symmetrieüberlegungen in Kombination mit der Dreiecksungleichung oder über den Satz von Pythagoras begründen:

- Jeder Punkt P'_g oder P'_E außerhalb der zu g orthogonalen Ebene durch P hat einen gleich weit von P entfernten Spiegelpunkt auf der anderen Seite. Wegen der Schärfe der Dreiecksungleichung kann er also weder auf der Geraden noch in der Ebene derjenige mit minimalem Abstand von P sein.

- Nach dem Satz des Pythagoras gelten

$$|P'_g P|^2 = |P'_g P_E|^2 + |P_E P|^2 \qquad \text{und} \qquad |P_g P|^2 = |P_g P_E|^2 + |P_E P|^2$$

und damit:

$$|P'_g P| < |P_g P| \qquad \Leftrightarrow \qquad |P'_g P_E| < |P_g P_E|$$

Das aber steht im Widerspruch zu der Annahme, dass derselbe Punkt $P'_g \in g$ zugleich die beste Näherung von P, nicht aber die beste Näherung von P_E sein kann.

Orthogonalität sichert Zerlegbarkeit

Eine unmittelbare Folge der letzten Aussage betrifft die Frage, ob man aus den Orthogonalprojektionen eines Punktes auf zwei sich schneidende Geraden unmittelbar auf die Orthogonalprojektion des Punktes in die von den Geraden aufgespannte Ebene schließen kann. Die Antwort lautet: Man kann es genau dann, wenn die beiden Geraden aufeinander senkrecht stehen.

Zur Begründung benutzen wir die Tatsache, dass die beste Approximation des Punktes in der Ebene auf den Loten beider die Ebene aufspannenden Geraden durch die jeweils beste dortige Näherung liegen muss. Diese Lote ergänzen die Schnittfigur der Geraden genau dann zu einem Parallelogramm, wenn die Geraden zueinander orthogonal sind (und das Parallelogramm ein Rechteck ist). Da Aussage und Begründung wesentlich eleganter in vektorieller Darstellung zu formulieren sind, finden sich die zugehörigen Abbildungen in Abschnitt 2.5. Auch in diesem Zusammenhang werden also die Vorteile von Orthonormalsystemen deutlich (vergleiche Abbildung 2.13, S.46).

Zerlegbarkeit bei Orthogonalität

Sind m und n zwei Geraden der Ebene E mit dem Schnittpunkt O, P ein Punkt außerhalb von E und P_m, P_n, P_E dessen Orthogonalprojektionen (ergo beste Approximationen) auf Geraden und Ebene, dann gilt:

Die vierte Ecke P_{mn} des Parallelogramms $P_m O P_n P_{mn}$ fällt genau dann mit P_E zusammen, wenn m und n orthogonal zueinander sind (und das Parallelogramm ein Rechteck ist).

2.4 Eigenschaften der euklidischen Geometrie *

Alle in den letzten beiden Abschnitten genannten Begründungen für die Bedeutung des Lotes bei der Abstandsminimierung in Ebene und Raum laufen letztlich auf denselben Zusammenhang hinaus.

Die Schärfe der Dreiecksungleichung:

Die Ursache (oder notwendige Bedingung) für die Eindeutigkeit der besten Näherung eines Punktes auf einer Geraden oder einer Ebene ist letztlich die Schärfe der Dreiecksungleichung im nicht trivialen Fall (das heißt für echte Dreiecke, deren Ecken nicht alle auf einer Geraden liegen). Die Übereinstimmung dieser besten Näherung mit der Orthogonalprojektion folgt unter Hinzunahme von Symmetrieargumenten.

Wir zeigen das hier durch den Nachweis, dass der von P am wenigsten entfernte Punkt P_g der Geraden auf dem Lot als der Symmetrieachse der Figur liegen muss, da es zu ihm keinen zweiten Punkt mit identischem Abstand geben darf (siehe Abbildung 2.10 links): [7] Haben zwei echt ver-

---

[7] Für den räumlichen Fall (Abbildung 2.9) kann man entweder zeigen, dass sowohl P_g als auch P_E auf der Symmetrieebene der Figur aus Punkt und Gerade liegen müssen, oder sich auf die Ebene beschränken, in der Punkt und Gerade liegen.

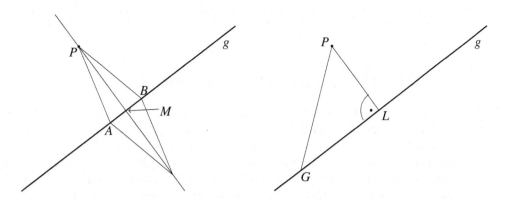

Abbildung 2.10: Zu den Beweisen mittels Dreiecksungleichung (links) und Pythagoras (rechts)

schiedene Punkte $A, B \in g$ den gleichen Abstand[8] von P, dann hat der Mittelpunkt M der Strecke $\overline{AB}$, der offenbar ebenfalls auf der Geraden liegt, geringeren Abstand von P als die beiden Punkte selbst. Ergänzt man nämlich das Dreieck BPA zum Parallelogramm[9] $BPAQ$, so folgt mittels Dreiecksungleichung

$$|PQ| = 2 \cdot |PM| < |PA| + |AQ| = |PA| + |PB| = 2 \cdot |PA| \ .$$

Letztere gilt in scharfer Form (d.h. mit $<$ statt $\leq$), weil für $P \notin g$ und $A \neq B$ die Strecken PA und PB niemals die gleiche Richtung haben. Der von P am wenigsten entfernte Punkt der Geraden g muss demnach auf der Symmetrieachse der Figur aus Punkt und Gerade liegen, da es zu jedem Punkt außerhalb der Symmetrieachse einen zweiten mit gleichem Abstand gibt (den Spiegelpunkt). Die beste Näherung von P auf der Geraden ist demnach ihr Schnittpunkt mit der Symmetrieachse und damit − nach der Definition von Orthogonalität über Kongruenz der Nebenwinkel (siehe S.33) − nichts anderes als der Lotfußpunkt P_g. Die Dreiecksungleichung wiederum gilt insbesondere dann in scharfer Form, wenn der Satz des Pythagoras gilt. Deshalb ist auch die folgende Aussage von grundlegender Bedeutung für unsere Theorie.

> **Der Satz des Pythagoras:**
> Eine hinreichende Bedingung sowohl für die Eindeutigkeit der besten Näherung eines Punktes auf einer Geraden oder einer Ebene als auch für deren Übereinstimmung mit der Orthogonalprojektion ist die Gültigkeit des Satzes von Pythagoras (in der üblicheren Richtung).

Wir führen hier den allgemeinen Beweis anhand der Figur in Abbildung 2.10 rechts, wobei die eingezeichnete Gerade gegebenenfalls als Schnitt der Projektionsebene zu sehen ist: Man betrachte die Lotgerade l, die P enthält und senkrecht auf g steht. Ihr Schnittpunkt mit g ist der Lotfußpunkt L. Dann gilt nach dem Satz des Pythagoras für jeden Punkt $G \in g$ mit $G \neq L$:

$$|GP|^2 = |GL|^2 + |LP|^2 > |LP|^2$$

---

[8](Das haben sie in der Zeichnung aus Symmetriegründen. Die nachfolgende Argumentation gilt jedoch für beliebige echt verschiedene Punkte der Geraden mit gleichem Abstand von P.)

[9]Im Symmetriefall ist das Parallelogramm eine Raute.

Demnach liegt der Lotfußpunkt L von allen Punkten der Geraden am nächsten an P und stimmt mit dem gesuchten Punkt P_g überein.

2.5 Darstellung mittels Vektorgeometrie

In diesem Abschnitt werden die für unsere Zwecke wichtigsten Erkenntnisse über metrische, euklidische Geometrie (vgl. 2.2-2.4) unter Zuhilfenahme der vektoriellen Schreibweise und des Standardskalarprodukts dargestellt. Das hat zwei Vorteile: Erstens können die Aussagen knapp und präzise formuliert und die Beweise elegant geführt werden, zweitens kommt die Darstellung dem angestrebten allgemeinen Fall schon sehr nahe: Der Bestimmung bester Approximationen durch Entwicklung über Orthonormalbasen in beliebigen Innenprodukträumen (vgl. Kapitel 1).

Dabei gehen wir von den oben genannten und z.B. nach [2] zu erarbeitenden Voraussetzungen aus: Die Schüler haben eine Vorstellung von Vektoren als „Pfeilen" oder Verschiebungen im Raum und sind mit ihrer Schreibweise in Form von Koordinatenspalten vertraut. Sie können Spaltenvektoren addieren und mit Skalaren multiplizieren und diese Operationen anschaulich mit der Verkettung von Vektoren in Verbindung bringen. Sie kennen den Begriff der linearen Abhängigkeit und seine anschauliche Bedeutung in Spezialfällen, in diesem Zusammenhang auch die Begriffe Dimension und Basis. Die Schüler können mit der Parameterform von Geraden und Ebenen umgehen und die Lagebeziehungen linearer Objekte in Ebene und Raum rechnerisch untersuchen und anschaulich deuten.

Eingestiegen wird dann mit Definition und Eigenschaften des Standardskalarprodukts. Das Skalarprodukt hat ein paar mehr oder weniger offensichtliche Eigenschaften, die wir in den allgemeinen Beweisen benutzen werden. Deshalb geben wir sie hier explizit an und führen die zugehörigen Fachausdrücke ein.

Standard-Skalarprodukt im $\mathbb{R}^2$ und $\mathbb{R}^3$:

Im $\mathbb{R}^n$ mit $n \in \{2, 3\}$ wird zu je zwei Vektoren $\vec{x}$ und $\vec{y}$ mit den Koordinaten $x_1, x_2(, x_3)$ beziehungsweise $y_1, y_2(, y_3)$ die Summe der Produkte einander entsprechender Koordinaten als deren Skalarprodukt definiert:

$$\vec{x} \cdot \vec{y} := \sum_{i=1}^{n} x_i \cdot y_i$$

Das Standard-Skalarprodukt ordnet also jedem Paar von Vektoren eine reelle Zahl zu, zum Beispiel:

$$\begin{pmatrix} 3 \\ -1 \end{pmatrix} \cdot \begin{pmatrix} 2 \\ 4 \end{pmatrix} \quad = \quad 3 \cdot 2 + (-1) \cdot 4 \quad = \quad 2$$

$$\begin{pmatrix} 3 \\ -1 \\ -2 \end{pmatrix} \cdot \begin{pmatrix} 2 \\ 4 \\ -1 \end{pmatrix} \quad = \quad 3 \cdot 2 + (-1) \cdot 4 + (-2) \cdot (-1) \quad = \quad 4$$

---

1. Das Standard-Skalarprodukt ist **bilinear**, das heißt für beliebige $\vec{x}$, $\vec{y}$, $\vec{z} \in \mathbb{R}^n$, $r \in \mathbb{R}$ gilt:

$$(r \cdot \vec{x}) \cdot \vec{y} = \vec{x} \cdot (r \cdot \vec{y}) = r \cdot (\vec{x} \cdot \vec{y}) \qquad (\vec{x} + \vec{y}) \cdot \vec{z} = \vec{x} \cdot \vec{z} + \vec{y} \cdot \vec{z} \qquad \vec{x} \cdot (\vec{y} + \vec{z}) = \vec{x} \cdot \vec{y} + \vec{x} \cdot \vec{z}$$

2. Das Standard-Skalarprodukt ist **positiv definit**, das heißt für beliebige $\vec{x} \in \mathbb{R}^n$ gilt:

$$\vec{x} \cdot \vec{x} \geq 0 \qquad \text{und} \qquad \vec{x} \cdot \vec{x} = 0 \Leftrightarrow \vec{x} = \vec{0} \qquad \text{(Für } \vec{x} \cdot \vec{x} \text{ schreiben wir auch } \vec{x}^2.\text{)}$$

3. Das Standard-Skalarprodukt ist **symmetrisch**, das heißt für beliebige $\vec{x}$, $\vec{y} \in \mathbb{R}^n$ gilt:

$$\vec{x} \cdot \vec{y} = \vec{y} \cdot \vec{x}$$

Mit dem Standard-Skalarprodukt im $\mathbb{R}^2$ und $\mathbb{R}^3$ lässt sich also in relativ vertrauter Weise rechnen. Dennoch würde es nicht definiert, wenn die bei ihm heraus kommende reelle Zahl nicht Rückschlüsse über die beteiligten Vektoren zuließe.

Nützliche Eigenschaften des Standard-Skalarprodukts:

1. Das Skalarprodukt eines Vektors mit sich selbst liefert das Quadrat von dessen Länge:

$$\|\vec{x}\| := \sqrt{\vec{x} \cdot \vec{x}} = \sqrt{\sum_{i=1}^{n} x_i^2}$$

2. Das Skalarprodukt zweier Vektoren hängt nur von deren Längen und dem von ihnen eingeschlossenen Winkel ab, es gilt:

$$\vec{x} \cdot \vec{y} = \|\vec{x}\| \cdot \|\vec{y}\| \cdot \cos \gamma$$

Die erste Aussage ist eine unmittelbare Folge des Satzes von Pythagoras (siehe S.38). Die zweite beweisen wir hier für den $\mathbb{R}^2$ unter Benutzung eines Additionstheorems. Für den $\mathbb{R}^3$ erfolgt der Beweis im Prinzip analog, wegen der Verknüpfung dreier Raumwinkel allerdings wesentlich komplizierter.

Für Einheitsvektoren $\vec{x}$ und $\vec{y}$ gilt (siehe Abbildung 2.11)

$$\cos \gamma = \cos(\beta - \alpha) = \cos \beta \cdot \cos \alpha + \sin \beta \cdot \sin \alpha = y_1 \cdot x_1 + y_2 \cdot x_2 = \vec{x} \cdot \vec{y} \ .$$

Daraus folgt unter Berücksichtigung der Beträge $\|\vec{x}\|$ und $\|\vec{y}\|$ beliebig langer Vektoren die zweite Aussage. Diese zweite Aussage hat noch zwei für unsere Zwecke wichtige Folgerungen (genau genommen ist auch die erste Aussage ein Spezialfall der zweiten):

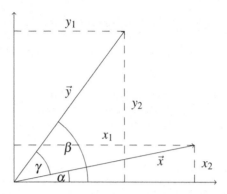

Abbildung 2.11: Zur Winkelberechnung mittels Skalarprodukt

---

3. Das Skalarprodukt zweier von $\vec{0}$ verschiedener Vektoren ist genau dann Null, wenn die Vektoren orthogonal zueinander sind:

$$\vec{x} \cdot \vec{y} = 0 \ \Leftrightarrow \ \vec{x} \perp \vec{y}$$

4. Für beliebige Vektoren gilt die Ungleichung von Cauchy-Schwarz:

$$|\,\vec{x} \cdot \vec{y}\,| \leq \|\vec{x}\| \cdot \|\vec{y}\| \qquad \text{und} \qquad |\,\vec{x} \cdot \vec{y}\,| = \|\vec{x}\| \cdot \|\vec{y}\| \ \Leftrightarrow \ \cos(\gamma) = 1 \ \Leftrightarrow \ \vec{x}, \vec{y} \ \text{lin. abh.}$$

2.5.1 Orthogonalprojektion mittels Skalarprodukt

Infolge dieser Eigenschaften des Skalarprodukts lassen sich mit seiner Hilfe Orthogonalprojektionen, für die man sonst Hilfsgeraden oder -ebenen benötigt und Schnittprobleme zu lösen hat, schnell und elegant berechnen. Grundsätzlich kann der Abstand eines Punktes P von einer Geraden über die orthogonale Zerlegung des Verbindungsvektors $\vec{p}'$ eines beliebigen Punktes G der Geraden mit dem Punkt P gefunden werden (siehe Abbildung 2.12 links): Sind $\vec{v}$ ein Richtungs- und $\vec{v}_\perp$ ein Normalenvektor der Geraden g und ist $\vec{p}' = k \cdot \vec{v} + k_\perp \cdot \vec{v}_\perp$, dann ist der Betrag von $k_\perp \cdot \vec{v}_\perp$ der Abstand des Punktes von der Geraden, das heißt es gilt $d(P,g) = \|k_\perp \cdot \vec{v}_\perp\|$. Ist g eine Ursprungsgerade (und damit ein Untervektorraum des $\mathbb{R}^2$ oder $\mathbb{R}^3$), ergibt sich eine direkte Berechnungsmöglichkeit über das Skalarprodukt (siehe Abbildung 2.12 rechts).

Orthogonalprojektion auf Ursprungsgeraden mittels Skalarprodukt

Für die Orthogonalprojektion $\vec{p}_{\vec{v}}$ eines Vektors $\vec{p}$ auf die Ursprungsgerade mit dem Richtungsvektor $\vec{v}$ (oder in normierter Form $\vec{v}_0 = \vec{v}/\|\vec{v}\|$) gilt:

$$\vec{p}_{\vec{v}} = \|\vec{p}\| \cdot \cos(\gamma) \cdot \frac{\vec{v}}{\|\vec{v}\|} = \frac{\vec{p} \cdot \vec{v}}{\|\vec{v}\|^2} \cdot \vec{v} = \frac{\vec{p} \cdot \vec{v}}{\vec{v} \cdot \vec{v}} \cdot \vec{v} = (\vec{p} \cdot \vec{v}_0) \cdot \vec{v}_0$$

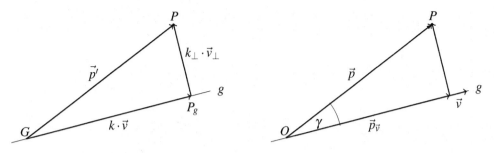

Abbildung 2.12: Abstandsbestimmung und Orthogonalprojektion mittels Skalarprodukt

Beispiel:
Gesucht sei die Orthogonalprojektion des Punktes P (oder des Vektors $\vec{p}$) auf die Ursprungsge-

rade mit dem Richtungsvektor $\vec{v}$. Für $\vec{p} = \begin{pmatrix} 2 \\ -1 \\ 3 \end{pmatrix}$ und $\vec{v} = \begin{pmatrix} 4 \\ 1 \\ -2 \end{pmatrix}$ gilt:

$$\vec{p}_g = \vec{p}_{\vec{v}} = \frac{\begin{pmatrix} 2 \\ -1 \\ 3 \end{pmatrix} \cdot \begin{pmatrix} 4 \\ 1 \\ -2 \end{pmatrix}}{\begin{pmatrix} 4 \\ 1 \\ -2 \end{pmatrix} \cdot \begin{pmatrix} 4 \\ 1 \\ -2 \end{pmatrix}} \cdot \begin{pmatrix} 4 \\ 1 \\ -2 \end{pmatrix} = \frac{1}{21} \cdot \begin{pmatrix} 4 \\ 1 \\ -2 \end{pmatrix} \approx 0.048\,\vec{v}$$

Bestimmt man zunächst den Einheitsvektor $\vec{v}_0 = \frac{1}{\sqrt{21}} \begin{pmatrix} 4 \\ 1 \\ -2 \end{pmatrix}$, so kann man auch rechnen:

$$\vec{p}_g = \vec{p}_{\vec{v}} = \left(\begin{pmatrix} 2 \\ -1 \\ 3 \end{pmatrix} \cdot \frac{1}{\sqrt{21}} \begin{pmatrix} 4 \\ 1 \\ -2 \end{pmatrix} \right) \cdot \frac{1}{\sqrt{21}} \begin{pmatrix} 4 \\ 1 \\ -2 \end{pmatrix} \approx 0.218\,\vec{v}_0$$

Für die Orthogonalprojektion auf Ursprungsgeraden liefert uns das Skalarprodukt also eine einfache Formel. Ließe sich die Orthogonalprojektion auf eine Ursprungsebene aus den Orthogonalprojektionen auf zwei in ihr liegende Ursprungsgeraden ableiten? Den Abbildungen 2.13 und 2.13 ist dazu folgende Aussage zu entnehmen:

Zerlegbarkeit bei Orthogonalität (vektorielle Form):
Sind m und n zwei Ursprungsgeraden in der Ursprungsebene E, P ein Punkt außerhalb von E und $\vec{p}_m, \vec{p}_n, \vec{p}_E$ die Orthogonalprojektionen von $\vec{p}$ auf Geraden und Ebene, dann gilt:

$$\vec{p}_E = \vec{p}_m + \vec{p}_n \qquad \Leftrightarrow \qquad m \perp n$$

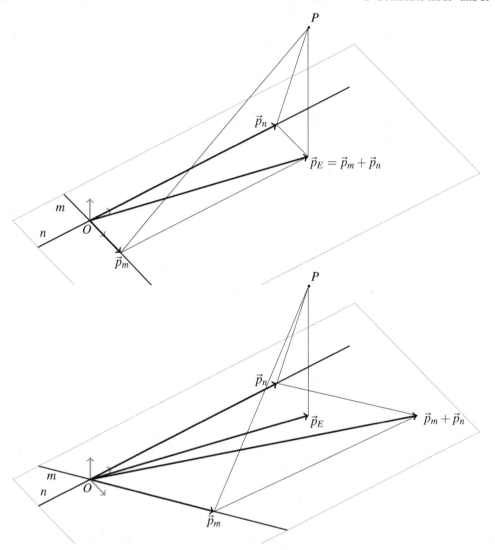

Abbildung 2.13: Für $m \perp n$ ist $\vec{p}_E = \vec{p}_m + \vec{p}_n$. Für $m \not\perp n$ ist $\vec{p}_E \neq \vec{p}_m + \vec{p}_n$.

Eine elementar-geometrische Begründung findet sich in 2.3, der formale Beweis mittels vektorieller Schreibweise auf S.48. Zuvor soll hier jedoch ein Beispiel erfolgen, wobei bewusst keine „zufällig" glatten Ergebnisse gewählt werden.

Beispiel:

Gesucht sei die Orthogonalprojektion des Punktes P (oder des Vektors $\vec{p}$) auf die von den Vektoren $\vec{v}$ und $\vec{w}$ aufgespannte Ursprungsebene E. Für $\vec{p} = \begin{pmatrix} 2 \\ -1 \\ 3 \end{pmatrix}$, $\vec{v} = \begin{pmatrix} 4 \\ 1 \\ -2 \end{pmatrix}$ und $\vec{w} =$

$\begin{pmatrix} 5 \\ -6 \\ 0 \end{pmatrix}$ stellen wir zunächst fest, dass $\vec{v}$ und $\vec{w}$ nicht orthogonal sind. Wir möchten deshalb $\vec{w}$ durch einen Vektor $\vec{o}$ ersetzen, der in derselben Ebene liegt (also von $\vec{v}$ und $\vec{w}$ linear abhängig ist), aber orthogonal zu $\vec{v}$ ist. Dazu reduzieren wir (nach der Grundidee des Gram-Schmidtschen Orthogonalisierungsverfahrens, vergleiche 1.3 und Abbildung 1.1) $\vec{w}$ um seinen zu $\vec{v}$ parallelen Anteil $\vec{w}_{\vec{v}}$:

$$\vec{o} = \vec{w} - \vec{w}_{\vec{v}} = \vec{w} - \frac{\vec{w} \cdot \vec{v}}{\vec{v} \cdot \vec{v}} \cdot \vec{v}$$

$$\vec{o} = \begin{pmatrix} 5 \\ -6 \\ 0 \end{pmatrix} - \frac{\begin{pmatrix} 5 \\ -6 \\ 0 \end{pmatrix} \cdot \begin{pmatrix} 4 \\ 1 \\ -2 \end{pmatrix}}{\begin{pmatrix} 4 \\ 1 \\ -2 \end{pmatrix} \cdot \begin{pmatrix} 4 \\ 1 \\ -2 \end{pmatrix}} \cdot \begin{pmatrix} 4 \\ 1 \\ -2 \end{pmatrix} = \begin{pmatrix} 5 \\ -6 \\ 0 \end{pmatrix} - \frac{14}{21} \cdot \begin{pmatrix} 4 \\ 1 \\ -2 \end{pmatrix} = \frac{1}{3} \begin{pmatrix} 7 \\ -20 \\ 4 \end{pmatrix}$$

Mit Hilfe der orthogonalen Spannvektoren $\vec{v}$ und $\vec{o}$ können wir nun die Orthogonalprojektion von $\vec{p}$ auf E per Formel berechnen[10]:

$$\vec{p}_E = \vec{p}_{\vec{v}} + \vec{p}_{\vec{o}} = \frac{\vec{p} \cdot \vec{v}}{\vec{v} \cdot \vec{v}} \cdot \vec{v} + \frac{\vec{p} \cdot \vec{o}}{\vec{o} \cdot \vec{o}} \cdot \vec{o}$$

$$= \frac{1}{21} \cdot \begin{pmatrix} 4 \\ 1 \\ -2 \end{pmatrix} + \frac{\begin{pmatrix} 2 \\ -1 \\ 3 \end{pmatrix} \cdot \frac{1}{3} \begin{pmatrix} 7 \\ -20 \\ 4 \end{pmatrix}}{\frac{1}{3} \begin{pmatrix} 7 \\ -20 \\ 4 \end{pmatrix} \cdot \frac{1}{3} \begin{pmatrix} 7 \\ -20 \\ 4 \end{pmatrix}} \cdot \frac{1}{3} \begin{pmatrix} 7 \\ -20 \\ 4 \end{pmatrix} = \frac{1}{1085} \begin{pmatrix} 958 \\ 2095 \\ 326 \end{pmatrix} \approx \begin{pmatrix} 0.883 \\ 1.931 \\ 0.300 \end{pmatrix}$$

Die Lösung erscheint nicht unbedingt bequem. Im Einzelfall kann ein anderer Weg tatsächlich geschickter sein. Er wird jedoch erstens nichts am (im Allgemeinen mit krummen oder hohen Zahlen verbundenen) Ergebnis ändern und zweitens eine jeweils individuelle Ausnutzung spezieller Gegebenheiten erfordern. Der hier eingeschlagene Weg ist dagegen rezeptartig sowohl auf beliebige Fälle als auch auf beliebige Dimensionen erweiterbar.

Verfahren zur Orthogonalprojektion auf mehrdimensionale Unterräume:

1. Orthogonalisiere das Erzeugendensystem des Projektionsbereichs (nach dem Schema des Gram-Schmidtschen Verfahrens).

2. Bestimme die Gesamtprojektion als Summe der Projektionen auf (jetzt paarweise orthogonale) eindimensionale Teilräume, welche per Formel zu berechnen sind.

---

[10]In der Rechnung wird das Ergebnis der eindimensionalen Projektion von S.45 benutzt. Es fällt auf, dass sich im zweiten Term die Vorfaktoren des Vektors $\vec{o}$ herauskürzen. Das ist immer so und liegt daran, dass es nur auf die Richtung und nicht auf die Länge des Projektionsvektors ankommt.

2.5.2 Beweise in vektorieller Darstellung

In diesem Abschnitt werden die Beweise der wichtigen Erkenntnisse im geometrischen Raum unter Benutzung der vektoriellen Schreibweise und der Eigenschaften des Skalarprodukts zusammengestellt. Dabei verweisen wir auf die Abbildungen der vorangegangenen Abschnitte. Das Koordinatensystem wird stets mit geeignetem Ursprung O gewählt und $\vec{q} = \vec{OQ}$ steht für den Ortsvektor zum Punkt Q.

Beweis der Abstandsminimalität der Orthogonalprojektion

Wir beziehen uns auf Abbildung 2.11 rechts, wobei $G \neq P_g$ ein beliebiger vom Lotfußpunkt abweichender Punkt auf g mit dem Ortsvektor $\vec{g}$ ist, und statt $\vec{p}_{\vec{v}}$ auch $\vec{p}_g$ geschrieben wird. Dann gilt:

$$\begin{aligned}
\|\vec{p} - \vec{g}\|^2 &= \|\vec{p} - \vec{p}_g + \vec{p}_g - \vec{g}\|^2 \\
&= (\vec{p} - \vec{p}_g + \vec{p}_g - \vec{g})^2 \\
&= [(\vec{p} - \vec{p}_g) + (\vec{p}_g - \vec{g})]^2 \\
&= (\vec{p} - \vec{p}_g)^2 + 2 \underbrace{(\vec{p} - \vec{p}_g)(\vec{p}_g - \vec{g})}_{= 0 \text{ da } (\vec{p} - \vec{p}_g) \perp g \text{ und } (\vec{p}_g - \vec{g}) \| g} + \underbrace{(\vec{p}_g - \vec{g})^2}_{> 0 \text{ da } \vec{p}_g \neq \vec{g} \text{ n.V.}} \\
&> (\vec{p} - \vec{p}_g)^2 \\
&= \|\vec{p} - \vec{p}_g\|^2
\end{aligned}$$

Die Eindeutigkeit der besten Näherung ist wegen des Zeichens $>$ statt $\geq$ bereits mit bewiesen. Der Beweis kann identisch auf den Fall Punkt-Ebene im Raum übertragen werden, wenn man sich g in der Zeichnung als Seitenansicht von E denkt, jedes $\vec{p}_g$ durch $\vec{P}_E$ ersetzt und G ein beliebiger von P_E verschiedener Punkt der Ebene ist.

Beweis der Orthogonalität neuer Anteile zu vorhandenen besten Approximationen

Wir beziehen uns auf Abbildung 2.9. Es gilt:

$$(\vec{p}_E - \vec{p}_g) \cdot \vec{p}_g = (\vec{p}_E - \vec{p} + \vec{p} - \vec{p}_g) \cdot \vec{p}_g = \underbrace{(\vec{p}_E - \vec{p}) \cdot \vec{p}_g}_{= 0 \text{ da } (\vec{p}_E - \vec{p}) \perp E \supset g} + \underbrace{(\vec{p} - \vec{p}_g) \cdot \vec{p}_g}_{= 0 \text{ da } (\vec{p} - \vec{p}_g) \perp g} = 0$$

Demnach ist — sofern es sich nicht um einen der trivialen Fälle $\vec{p}_g = \vec{0}$ oder $\vec{p}_E = \vec{p}_g$ handelt — der Verbindungsvektor von P_g mit P_E stets orthogonal zu g.

Beweis der Zerlegbarkeit in Teilprojektionen bei Orthogonalsystemen

Wir beziehen uns auf Abbildung 2.13. Es gilt

$$[\vec{p}_E - (\vec{p}_m + \vec{p}_n)] \cdot \vec{p}_m = \vec{p}_E \cdot \vec{p}_m - \vec{p}_m^2 - \vec{p}_n \cdot \vec{p}_m = \underbrace{(\vec{p}_E - \vec{p}_m) \cdot \vec{p}_m}_{= 0 \text{ da } (\vec{p}_E - \vec{p}_m) \perp \vec{p}_m} - \vec{p}_n \cdot \vec{p}_m = 0 \quad \Leftrightarrow \quad \vec{p}_n \perp \vec{p}_m$$

und analog

$$[\vec{p}_E - (\vec{p}_m + \vec{p}_n)] \cdot \vec{p}_n = 0 \quad \Leftrightarrow \quad \vec{p}_n \perp \vec{p}_m \,.$$

Nun sind einerseits im nicht trivialen Fall $\vec{p}_m$ und $\vec{p}_n$ linear unabhängig, andererseits liegt der Verbindungsvektor $[\vec{p}_E - (\vec{p}_m + \vec{p}_n)]$ in ihrem Erzeugnis (nämlich der Ebene E). Er kann also nicht zu beiden orthogonal sein. Demnach sind die beiden Gleichungen genau dann erfüllt, wenn $[\vec{p}_E - (\vec{p}_m + \vec{p}_n)] = \vec{0}$ und damit die Behauptung gilt.

Beweis der Schärfe der Dreiecksungleichung im nicht trivialen Fall

Für die über das Skalarprodukt zu berechnende Länge von Vektoren gilt die Ungleichung von Cauchy-Schwarz (vgl. S.44). Daraus folgt für linear unabhängige Vektoren $\vec{x}$ und $\vec{y}$:

$$\|\vec{x} + \vec{y}\|^2 = (\vec{x} + \vec{y})^2 = \vec{x}^2 + 2 \cdot \vec{x} \cdot \vec{y} + \vec{y}^2 < \|\vec{x}\|^2 + 2 \cdot \|\vec{x}\| \cdot \|\vec{y}\| + \|\vec{y}\|^2 = (\|\vec{x}\| + \|\vec{y}\|)^2$$

Das entspricht (nach Wurzelziehen auf beiden Seiten) der Schärfe der Dreiecksungleichung im nichttrivialen Fall, aus welcher man wie in 2.4 gezeigt die Eindeutigkeit der besten Näherung folgern kann.

Beweis des Satzes von Pythagoras und seiner dreidimensionalen Verallgemeinerung

Sei $\vec{p} = \vec{o}_1 + \vec{o}_2 + \vec{o}_3$. (Für den zweidimensionalen Satz des Pythagoras setze man einfach $\vec{o}_3 = \vec{0}$.) Dann gilt

$$\vec{p}^2 = (\vec{o}_1 + \vec{o}_2 + \vec{o}_3)^2 = \vec{o}_1^2 + \vec{o}_2^2 + \vec{o}_3^2 + 2 \cdot (\vec{o}_1 \cdot \vec{o}_2 + \vec{o}_1 \cdot \vec{o}_3 + \vec{o}_2 \cdot \vec{o}_3)$$

und damit:

$$\vec{o}_1 \cdot \vec{o}_2 = \vec{o}_1 \cdot \vec{o}_3 = \vec{o}_2 \cdot \vec{o}_3 = 0 \quad \Rightarrow \quad \vec{p}^2 = \vec{o}_1^2 + \vec{o}_2^2 + \vec{o}_3^2$$

Es gilt also folgende Aussage, von der die Längenberechnung im $\mathbb{R}^3$ über der Standard-Orthonormalbasis (vgl. S.38) ein Spezialfall ist:

Verallgemeinerung des Satzes von Pythagoras (Hinrichtung):

Ist $\vec{p} = \vec{o}_1 + \vec{o}_2 + \vec{o}_3$, so gilt:

$$\vec{o}_1 \perp \vec{o}_2 \text{ und } \vec{o}_1 \perp \vec{o}_3 \text{ und } \vec{o}_2 \perp \vec{o}_3 \quad \Rightarrow \quad \|\vec{p}\|^2 = \|\vec{o}_1\|^2 + \|\vec{o}_2\|^2 + \|\vec{o}_3\|^2$$

Bemerkung

Im Gegensatz zum zweidimensionalen Fall gilt für diese mehrdimensionale Erweiterung des Satzes von Pythagoras **die Umkehrung nicht!** Man betrachte zum Beispiel die nachfolgenden Vektoren $\vec{a}, \vec{b}, \vec{c}, \vec{p}$ mit beliebigem $z \in \mathbb{R}$, für die $\vec{p} = \vec{a} + \vec{b} + \vec{c}$ und $\|\vec{p}\|^2 = \|\vec{a}\|^2 + \|\vec{b}\|^2 + \|\vec{c}\|^2$ gilt, obwohl $\vec{c}$ weder zu $\vec{a}$ noch zu $\vec{b}$ orthogonal ist:

$$\vec{a} = \begin{pmatrix} 3 \\ 0 \\ 0 \end{pmatrix} \qquad \vec{b} = \begin{pmatrix} 0 \\ -2 \\ 0 \end{pmatrix} \qquad \vec{c} = \begin{pmatrix} 2 \\ 3 \\ z \end{pmatrix} \qquad \vec{p} = \begin{pmatrix} 5 \\ 1 \\ z \end{pmatrix}$$

2.6 Ausblick *

Rein geometrisch gedacht mögen die umfangreichen Überlegungen in 2.4 und 2.5 übertrieben erscheinen: Sowohl die Dreiecksungleichung als auch ihre Schärfe im nicht trivialen Fall sind im zwei- und dreidimensionalen Raum evident – und wenn ein Satz der Mathematik als öffentlich anerkannt gelten kann, dann der des Pythagoras! Unser Ziel aber ist die Abstraktion der Theorie über die Grenzen der Geometrie hinaus; und bei Abstraktion ist Evidenz etwas ausgesprochen gefährliches.

Um die spätere Abstraktion vorzubereiten, achten wir deshalb schon jetzt sehr genau darauf, was wir in unseren Beweisen benutzt haben:

- Im ersten Fall sind es die Dreiecksungleichung und ihre Schärfe im nicht trivialen Fall, kombiniert mit Argumenten der Achsen- beziehungsweise Ebenensymmetrie (welche mittels des Orthogonalitätsbegriffs definiert werden).

- Im zweiten Fall sind es der Satz des Pythagoras (Hinrichtung) und die Tatsache, dass zwei echt verschiedene Punkte nie den Abstand Null haben (mit anderen Worten die Definitheit der Norm).

An die Stelle von Längen- und Abstandsbegriff treten in beliebigen (abstrakten) Vektorräumen der Begriff der Norm und der zugehörigen Metrik. Jede Norm ist per Definition positiv definit und erfüllt die Dreiecksungleichung – allerdings nicht notwendig in scharfer Form. Die meisten Normen aber bringen nichts mit sich, was einem Orthogonalitäts- oder Winkelbegriff entsprechen könnte. Damit kann für sie nicht so etwas wie ein verallgemeinerten Satz des Pythagoras gelten; und auch Begriffe wie Kongruenz oder Symmetrie sind nicht abstrahierbar.

Normen, die dies doch tun, nennt man in Anlehnung an den ersten systematischen 'Biographen' der Geometrie euklidisch. Euklidische Normen sind stets mit einem Skalarprodukt über dem Vektorraum verbunden, welches Längen- und Orthogonalitätsbegriff mit sich bringt (vgl. 2.5 und Kapitel 1). Sie erfüllen Verallgemeinerungen des Satzes von Pythagoras (Hinrichtung) und die Dreiecksungleichung im nicht trivialen Fall in scharfer Form. (Falls nötig können über euklidische Normen auch abstrakte Verallgemeinerungen geometrischer Begriffe wie Winkel, Kongruenz und Symmetrie definiert werden.)

Vektorräume mit Skalarprodukt (auch Innenprodukträume oder euklidische Vektorräume genannt) sind die Grundlage jeder Form der Bestimmung guter Approximationen mittels Orthogonalprojektion.

3 Anwendungen im $\mathbb{R}^n$ mit $n \geq 4$

In diesem Kapitel soll die Abstraktion der im geometrischen Raum gewonnenen Ideen beginnen, und zwar in der naheliegendsten Form: Wir lassen mehr als drei Koordinaten zu, ansonsten aber nach Möglichkeit alles beim Alten. Bei Bourbaki heißt es zum etwa Mitte des 19. Jahrhunderts vollzogenen historischen Vorbild dieses Übergangs ([14], S.79): „Der Übergang von der Ebene und dem 'gewöhnlichen' Raum zum n-dimensionalen Raum [...] ist ein ganz unvermeidbarer Übergang, da die algebraischen Phänomene, die sich in zwei oder drei Variablen wie von selbst in die geometrische Sprache übersetzen lassen, eine solche Veränderung für beliebig viele Variablen überstehen." Was die Beweise und ihre anschauliche Verankerung im geometrischen Raum betraf, erfolgte dieser Übergang zwar nicht ohne Unbehagen (vergleiche [14], S.185), formal jedoch ganz unbefangen.

Das ist eine für die Mathematik typische Vorgehensweise; zu Beginn der Abstraktion gilt: Wir machen es, weil es geht. Bisweilen haben sich solche Theorie-Erweiterungen als Sackgassen erwiesen oder sind insofern Selbstzweck geblieben, als sie „nur" zu mehr Klarheit und struktureller Einsicht geführt haben. Häufig – und dafür ist die Bestimmung guter Approximationen durch Entwicklung über Orthonormalbasen ein glanzvolles Beispiel – haben sie aber auch überaus nützliche Anwendungen ermöglicht.

Als Ausgangspunkt dieses Kapitels werden wir also die Rechenvorschrift für das Standardskalarprodukt auf mehr als drei Koordinaten übertragen und so in n-dimensionalen Vektorräumen zu operieren beginnen. Dabei bleiben Bilinearität, Symmetrie und positive Definitheit als charakteristische Eigenschaften eines Skalarprodukts erhalten; und mit ihnen – da wir weiter nichts in den Beweisen benutzt haben – sämtliche strukturellen Zusammenhänge. Das heißt: Sofern wir Begriffe wie „Länge", "Abstand" und „Orthogonalität" nach geometrischem Vorbild über ihren Zusammenhang mit dem Skalarprodukt definieren, erhalten wir auch Analoga zu Aussagen wie der Dreiecksungleichung oder dem Satz des Pythagoras und Verfahren wie dem der Orthonormierung oder der Orthogonalprojektion!

Von alledem, was in euklidischen Vektorräumen möglich ist, interessiert uns speziell der Algorithmus zur Bestimmung guter Approximationen. In 3.1 werden deshalb bezüglich des Übergangs von der Dimension 3 zur Dimension n speziell diejenigen Aussagen beleuchtet, die diesen Algorithmus möglich machen: Die Eindeutigkeit der besten Approximation, ihre Übereinstimmung mit der Orthogonalprojektion und deren Zerlegbarkeit in Orthogonalprojektionen auf eindimensionale, paarweise orthogonale Unterräume.

Dabei werden wir feststellen, dass in den Formulierungen und Begründungen der zentralen Aussagen in 2.5 die Tatsache, dass es sich um Spaltenvektoren mit gerade zwei oder drei Koordinaten handelt, gar nicht benutzt wurde. Sie können also sehr leicht auf Spaltenvektoren mit einer beliebigen Zahl n von Einträgen übertragen werden. Das heißt: Wofür auch immer die Zahlenspalten stehen, die unsere Vektoren sind; sollten wir aus irgendeinem Grund

- eine (im Sinne des mitgebrachten Abstandsbegriffs) gute Näherung $\vec{p}_U$ des Vektors $\vec{p}$ im

Erzeugnis $\mathcal{U}$ der linear unabhängigen Vektoren $\vec{b}_1, \vec{b}_2, ..., \vec{b}_m$ suchen oder

- $\vec{p}$ hinsichtlich der in ihm steckenden Anteile der Vektoren $\vec{b}_1, ..., \vec{b}_m$ untersuchen wollen,

so können wir nach geometrischem Vorbild vorgehen:

1. Wir bestimmen (nach dem Schema des Gram-Schmidtschen Verfahrens durch sukzessives Eliminieren paralleler Anteile) zu $\vec{b}_1, \vec{b}_2, ..., \vec{b}_m$ ein Orthogonalsystem $\vec{o}_1, \vec{o}_2, ..., \vec{o}_m$, das denselben Unterraum $\mathcal{U}$ erzeugt.

2. Wir zerlegen die gesuchte Orthogonalprojektion $\vec{p}_\mathcal{U}$ (von der wir wissen, dass es zugleich die beste Approximation von $\vec{p}$ in $\mathcal{U}$ ist) in ihre Projektionen auf eindimensionale, paarweise orthogonale Unterräume: $\quad \vec{p}_\mathcal{U} = \vec{p}_{\vec{o}_1} + \vec{p}_{\vec{o}_2} + ... + \vec{p}_{\vec{o}_m}$.

3. Wir berechnen letztere nach der aus den Eigenschaften des Skalarprodukts resultierenden Formel $\quad \vec{p}_{\vec{o}_i} = \frac{\vec{p} \cdot \vec{o}_i}{\vec{o}_i \cdot \vec{o}_i} \cdot \vec{o}_i$. Damit haben wir auf einfache Weise die Orthogonalprojektion beziehungsweise beste Approximation $\vec{p}_\mathcal{U}$ gefunden.

Das ist ein enormer, potenter Apparat, den nur euklidische Vektorräume einschließlich der zugehörigen euklidischen Norm mitbringen. Da gute Approximationen sehr gefragte Objekte sind, wiegen diese Vorteile bei der Entscheidung über die Norm schwer. Zwar ist die Quadrat- oder 2-Norm durchaus nicht ohne Konkurrenz, doch fällt bei anderen ein großer Teil der schönen und nützlichen mathematischen Eigenschaften in sich zusammen. Bei der ebenfalls nahe liegenden Betrags- oder 1-Norm zum Beispiel ist die beste Näherung nicht immer eindeutig (vgl. S.20), und von Orthogonalität oder ähnlichem kann erst gar nicht geredet werden.

All diese Vorteile gelten nicht nur für die über das Standard-Skalarprodukt, sondern für über beliebige Skalarprodukte definierte Normen. Ein erstes Beispiel einer anderen Norm finden wir in 3.4, ein anderes ab Kapitel 5. Überhaupt sind das Fernziel dieser Arbeit die Anwendungen in der Signalverarbeitung, also in Funktionenräumen. In erster Linie aus didaktischen Gründen beginnen wir hier aber mit einfacheren Anwendungen von geringerem Abstraktionsgrad. Wie 3.2 bis 3.5 zeigen, gibt es diese durchaus. Die Anwendungen

- Minimale Abstandsquadratsumme bei Punktmengen,

- Dimensionsreduktion bei Datenmengen,

- Näherungen in Raum und Zeit[1]

- Anpassung von Funktionen an Punktmengen

haben den „unnatürlichen" Weg durchlaufen, aus didaktischen Gründen zu einer vorhandenen, erlernenswerten Theorie gesucht worden zu sein. Das merkt man dem ein oder anderen vermutlich an. Die Umsetzung mit Schülern hat aber gezeigt, dass sie den Zweck der Motivation, Veranschaulichung und Einübung sehr gut erfüllen. Nur eines der Beispiele (3.5) habe ich in der Literatur gefunden[2]. Bei allen anderen verdanke ich die erste Anregung oder Bestätigung, dass

---

[1] Diese Anwendung ist mit Blick auf den realen physikalischen Hintergrund die heikelste. Warum das so ist und warum und wie sie hier trotzdem Berücksichtigung findet, wird auf Seite 60 erläutert.

[2] [21] und [34] (einfacher Spezialfall)

es sich um eine verfolgenswerte Idee handeln könnte, Gesprächen mit Kollegen (3.2: Sebastian Walcher, Aachen, 3.3: Marc Ensenbach, Aachen, 3.4: Peter Heiß, Mönchengladbach).

Bei den meisten dieser Anwendung gibt es nahe liegende Alternativen zur Lösung durch Orthogonalprojektion. Auf diese Weise ergeben sich einerseits „Proben", die bei den ersten Beispielen von der Richtigkeit der neuen Methode überzeugen. Andererseits lassen sich Universalität und spezifische Vorteile der Approximation durch Entwicklung über Orthonormalbasen im Vergleich aufzeigen. Jedes der Beispiele ist außerdem aufgrund des individuellen Anwendungshintergrundes geeignet, eine besondere Seite der Methode näher zu beleuchten oder eine Verallgemeinerung zu motivieren. Darauf wird in 3.6 eingegangen.

3.1 Spaltenvektoren der Länge n

Gemeinsamer Ausgangspunkt der folgenden Beispiele ist die Idee, die Rechenvorschrift für das Standard-Skalarprodukt[3] im $\mathbb{R}^2$ und $\mathbb{R}^3$ auf höhere Dimensionen zu übertragen. Die Begriffe der Orthogonalität und der Länge oder Norm übertragen wir gleich mit, wenn sie auch keine unmittelbare anschauliche Grundlage mehr haben:

Wir definieren $\left\langle \begin{pmatrix} 2 \\ -4 \\ 1 \\ 5 \end{pmatrix}, \begin{pmatrix} 3 \\ 0 \\ -2 \\ -1 \end{pmatrix} \right\rangle =: 2 \cdot 3 + (-4) \cdot 0 + 1 \cdot (-2) + 5 \cdot (-1) = -1$,

nennen $\begin{pmatrix} 2 \\ -1 \\ 3 \\ 5 \end{pmatrix}$ und $\begin{pmatrix} -1 \\ -4 \\ 1 \\ -1 \end{pmatrix}$ zueinander **orthogonal** ($\perp$) , weil ihr Skalarprodukt 0 ist,

und bezeichnen $\sqrt{39} \approx 6.24$ als die **Länge** von $\begin{pmatrix} 2 \\ -1 \\ 3 \\ 5 \end{pmatrix}$, weil $\left\langle \begin{pmatrix} 2 \\ -1 \\ 3 \\ 5 \end{pmatrix}, \begin{pmatrix} 2 \\ -1 \\ 3 \\ 5 \end{pmatrix} \right\rangle = 39$ gilt.

Entsprechend verfahren wir mit Spaltenvektoren beliebiger Dimension n mit reellen Einträgen. Die hier eingeführten Bezeichnungen „orthogonal" und „Länge" (auch „Betrag" oder „Norm") kann man als zufällig gewählt betrachten: Man hätte auch „sehr verschieden" und „Ausmaß" oder „prilektrisch" und „Quox" sagen können. Dass man die aus dem Anschauungsraum vertrauten Begriffe überträgt, erspart einem zunächst einmal die Umgewöhnung und hilft, bei der Übertragung von Zusammenhängen den Überblick zu behalten. Außerdem gibt es wegen der strukturellen Übereinstimmung natürlich durchaus gewisse Verwandtschaften, auf die in 7 umgangssprachlich und in 1 an geeigneten Stellen formaler eingegangen wird. Nach wie vor ist

---

[3]Wegen der Verwendung desselben Zeichens (Malpunkt) wie bei der Multiplikation reeller Zahlen miteinander ist die hier eingeführte Schreibweise für das Standard-Skalarprodukt nicht ganz ungefährlich. Siehe dazu S.8.

der Betrag von Vektoren groß, wenn sie im n-dimensionalen Raum „große Schritte machen" (betragsmäßig hohe Einträge haben), und $\frac{\langle \vec{x}, \vec{y} \rangle}{\|\vec{x}\| \cdot \|\vec{y}\|}$ (im geometrischen Raum der Cosinus des Winkels) bleibt ein Maß für den Grad der „Richtungs"-Übereinstimmung.

Unabhängig von der Wahl der Bezeichnungen ist das im $\mathbb{R}^n$ so definierte Standard-Skalarprodukt symmetrisch, bilinear und positiv definit und hat damit alle in 2.5 zusammengefassten und für die weiter vorne geführten Beweise erforderlichen Eigenschaften. Also gelten auch die in der Raumgeometrie gefundenen Zusammenhänge weiter: Bei über das Skalarprodukt definiertem Orthogonalitäts- und Abstandsbegriff liefert die Orthogonalprojektion eines Vektors auf einen Unterraum dessen beste dortige Näherung. Sie kann systematisch durch Entwickeln über einer Orthonormalbasis bestimmt werden. Für die Beweise verweisen wir einerseits auf diejenigen zum Fall $n \in \{2,3\}$ in 2.5, andererseits auf die in 1 erfolgte Darstellung für beliebige Innenprodukträume: Spaltenvektoren der Länge $n \in \mathbb{N}$ mit dem Standardprodukt bilden solche Innenprodukträume.

Der Vergleich mit den konkreten Beweisen in 2.5 zeigt: Meist wird die Tatsache $n \in \{2,3\}$ gar nicht benutzt, sondern man benötigt lediglich die Symmetrie, Bilinearität und positive Definitheit des Skalarprodukts. Der einzige Satz, dessen Formulierung noch von 3 auf n verallgemeinert werden muss, betrifft die mehrdimensionale Verallgemeinerung des Pythagoras:

Verallgemeinerung des Satzes von Pythagoras (Hinrichtung):

Sind $\vec{o}_1$, $\vec{o}_2$, ... $\vec{o}_n$ Vektoren des $\mathbb{R}^n$ mit dem Standard- (oder einem beliebigen anderen) Skalarprodukt, dann gilt für $\vec{p} = \sum_{i=1}^{n} \vec{o}_i$:

$$\vec{o}_i \perp \vec{o}_j \ (\text{d.h. } \vec{o}_i \cdot \vec{o}_j = 0) \text{ für alle } i \neq j \quad \Rightarrow \quad \|\vec{p}\|^2 = \left\| \sum_{i=1}^{n} \vec{o}_i \right\|^2 = \sum_{i=1}^{n} \|\vec{o}_i\|^2$$

Man kann also wie gewohnt über Orthogonalbasen entwickeln, um gut Näherungen zu erhalten. Die Frage ist, welchen Sinn das jenseits der Raumanschauung machen und wohin es führen kann. Die Antwort ist: ganz schön weit. Beispiele findet man überall dort, wo die Summe der Quadrate der Differenzen einander entsprechender Einträge ein geeignetes Maß für den Abstand oder Unterschied zweier geordneter Listen reeller Zahlen ist. Das gilt für alle in 3.2 bis 3.5 behandelten Anwendungen, bei denen wir uns stets von den folgenden Fragen leiten lassen:

1. Wofür könnten die n reellen Einträge eines Spaltenvektors $\vec{v}$ stehen?

2. Wozu könnte es gut sein, diesen Vektor orthogonal auf das lineare Erzeugnis anderer n-dimensionaler Spaltenvektoren zu projizieren und damit seine beste Näherung bezüglich der Quadratsummennorm zu bestimmen?

Dabei folgt die Struktur der Teilkapitel immer dem gleichen Schema: Erst werden (im Kasten) die beiden Fragen für das jeweilige Beispiel vorwegnehmend beantwortet. Dann erfolgt in Kurzform eine Darstellung für Experten. Eine ausführlichere und konkretere Darstellung findet sich jeweils als möglicher Einstieg mit Schülern in Teil III, Kapitel 14.

3.2 Minimale Abstandsquadratsumme bei Punktmengen

Idee:

Der Spaltenvektor $\vec{p} \in \mathbb{R}^6$ (siehe unten) steht für gleich drei Vektoren oder Punkte des $\mathbb{R}^2$:

$\begin{pmatrix} 2 \\ 5 \end{pmatrix}, \begin{pmatrix} 6 \\ 10 \end{pmatrix}$ und $\begin{pmatrix} 14 \\ 9 \end{pmatrix}$. Projiziert man ihn auf einen Vektor der Form $\vec{b} \in \mathbb{R}^6$ (siehe

unten), so erhält man denjenigen Punkt $P_{\vec{b}}(k|k \cdot b)$ der Ursprungsgeraden mit Richtungsvektor

$\begin{pmatrix} 1 \\ b \end{pmatrix}$, für den die Summe der Abstandsquadrate von den drei Punkten minimal ist. Projiziert

man auf das lineare Erzeugnis der Vektoren $\vec{o}_1, \vec{o}_2$, dann erhält man von allen Punkten der
Ebene denjenigen Punkt $M(m_1|m_2)$ oder P_E, für den die Summe der Abstandsquadrate von
den drei Punkten minimal ist (das heißt den Schwerpunkt der Punktmenge).

$$\vec{p} = \begin{pmatrix} 2 \\ 5 \\ 6 \\ 10 \\ 14 \\ 9 \end{pmatrix} \quad \vec{b} = \begin{pmatrix} 1 \\ b \\ 1 \\ b \\ 1 \\ b \end{pmatrix} \quad \vec{o}_1 = \begin{pmatrix} 1 \\ 0 \\ 1 \\ 0 \\ 1 \\ 0 \end{pmatrix} \quad \vec{o}_2 = \begin{pmatrix} 0 \\ 1 \\ 0 \\ 1 \\ 0 \\ 1 \end{pmatrix}$$

Die Methode kann auch auf eine Reihe von Punkten im $\mathbb{R}^3$ übertragen werden, wobei man
den Punkt mit minimaler Abstandsquadratsumme wahlweise auf einer Ursprungsgerade, einer
Ursprungsebene oder im ganzen Raum bestimmen kann.

Problem

Auf einer Geraden $g : \vec{x} = t \cdot \begin{pmatrix} a \\ b \end{pmatrix}$ im $\mathbb{R}^2$ wird derjenige Punkt $P \in g$ mit $\vec{p} = \begin{pmatrix} x_A \\ y_A \end{pmatrix} = $

$t_A \cdot \begin{pmatrix} a \\ b \end{pmatrix}$ gesucht, der die beste Approximation einer Punktmenge $\{P_1, ..., P_n\} \subset \mathbb{R}^2$ mit $\vec{p}_i = $

$\begin{pmatrix} x_i \\ y_i \end{pmatrix}$ ist in dem Sinne, dass die Summe der Abstandsquadrate $\sum_{i=1}^{n} (\vec{p} - \vec{p}_i)^2$ minimal wird.

Bemerkung

Wir minimieren nicht die Summe der Abstände, sondern die der Abstandsquadrate, weil sich
das Problem in diesem Fall als Approximationsproblem eines Punktes im $\mathbb{R}^{2n}$ darstellen und
lösen lässt. Vergleicht man die beiden Ansätze, so lassen sich hierfür einige plausible Gründe
benennen:

Minimiert man die Abstandssumme, so gilt: Für den Spezialfall, dass die zu approximierende
Punktmenge auf g liegt, ist die beste Approximation P der (beziehungsweise ein!) Median der

Punktmenge. Da für eine gerade Anzahl von Punkten jeder Punkt zwischen den beiden mittleren Punkten ein Median ist, ist die beste Approximation im Sinne der Abstandssumme also gar nicht immer eindeutig. Für den allgemeinen Fall einer beliebig im $\mathbb{R}^2$ liegenden Punktmenge ist das Problem für $n > 2$ mit Mitteln der Schulmathematik nicht mehr systematisch zu lösen; denn zu minimieren ist ein Term der Form $\sum_{i=1}^{n} \sqrt{(a_i - t \cdot a)^2 + (b_i - t \cdot b)^2}$.

Minimiert man die Summe der Abstandsquadrate, so gilt: Für den Spezialfall, dass die zu approximierende Punktmenge auf g liegt, erhält man als beste Approximation P den Schwerpunkt der Punktmenge. Dessen Koordinaten sind die arithmetischen Mittel aller entsprechenden Punktkoordinaten. Für den allgemeinen Fall erhält man die beste Approximation des Schwerpunktes der Punktmenge auf der Geraden g (Beweis am Ende der Lösung). In beiden Fällen stimmt der berechnete Punkt mit demjenigen überein, der sich unter der gemeinsamen Wirkung von n Federn (vernachlässigbarer Ruhelänge) in den Punkten einstellen würde (vergleiche 2.1).

Lösung

Gesucht ist dasjenige $t \in \mathbb{R}$, für das die Summe der Abstandsquadrate

$$\sum_{i=1}^{n} \left[t \cdot \binom{a}{b} - \binom{x_i}{y_i} \right]^2$$

minimal wird. Wegen der folgenden formalen Übereinstimmung kann das Problem als Approximation eines Punktes in einem eindimensionalen Unterraum im $\mathbb{R}^{2n}$ gedeutet werden:

$$\sum_{i=1}^{n} \left[t \cdot \binom{a}{b} - \binom{x_i}{y_i} \right]^2 = \left[t \cdot \begin{pmatrix} a \\ b \\ a \\ b \\ \cdot \\ \cdot \\ \cdot \\ a \\ b \end{pmatrix} - \begin{pmatrix} x_1 \\ y_1 \\ x_2 \\ y_2 \\ \cdot \\ \cdot \\ \cdot \\ x_n \\ y_n \end{pmatrix} \right]^2$$

Hier findet man den geeigneten Koeffizienten t_A durch Orthogonalprojektion. Es gilt:

$$t_A = \frac{1}{\sqrt{n \cdot (a^2 + b^2)}} \cdot \begin{pmatrix} a \\ b \\ a \\ b \\ \cdot \\ \cdot \\ \cdot \\ a \\ b \end{pmatrix} \cdot \begin{pmatrix} x_1 \\ y_1 \\ x_2 \\ y_2 \\ \cdot \\ \cdot \\ \cdot \\ x_n \\ y_n \end{pmatrix} = \frac{1}{\sqrt{n \cdot (a^2 + b^2)}} \cdot \sum_{i=1}^{n} (a \cdot x_i + b \cdot y_i)$$

$$\vec{p} = \frac{\sum_{i=1}^{n}(a \cdot x_i + b \cdot y_i)}{n \cdot (a^2 + b^2)} \cdot \begin{pmatrix} a \\ b \\ a \\ b \\ \cdot \\ \cdot \\ \cdot \\ a \\ b \end{pmatrix} \qquad \vec{p} = \frac{\sum_{i=1}^{n}(a \cdot x_i + b \cdot y_i)}{n \cdot (a^2 + b^2)} \cdot \begin{pmatrix} a \\ b \end{pmatrix}$$

Bemerkungen zur Lösung

Der entsprechende Punkt P im $\mathbb{R}^2$ mit $\vec{p} = \frac{\sum_{i=1}^{n}(a \cdot x_i + b \cdot y_i)}{n \cdot (a^2 + b^2)} \cdot \begin{pmatrix} a \\ b \end{pmatrix}$ stimmt mit der besten Approximation des Schwerpunkts S der Punktmenge überein:

$$\vec{s} = \frac{1}{n} \begin{pmatrix} \sum_{i=1}^{n} x_i \\ \sum_{i=1}^{n} y_i \end{pmatrix} \qquad \vec{s_A} = \frac{\frac{1}{n} \sum_{i=1}^{n}(a \cdot x_i + b \cdot y_i)}{(a^2 + b^2)} \cdot \begin{pmatrix} a \\ b \end{pmatrix} = \vec{p}$$

Die formale Übertragung in den $\mathbb{R}^{2n}$ hat den Vorteil, dass man durch Orthogonalprojektion per Formel optimieren kann, statt zum Beispiel die Nullstelle der Ableitung der Abstandsquadratsummenfunktion bestimmen zu müssen.

Problemerweiterung in den $\mathbb{R}^3$

Auf einer Ebene $E : \vec{x} = r \cdot \begin{pmatrix} a \\ b \\ c \end{pmatrix} + s \cdot \begin{pmatrix} d \\ e \\ f \end{pmatrix}$ im $\mathbb{R}^3$ wird derjenige Punkt $P \in E$ mit $\vec{p} =$

$\begin{pmatrix} x_A \\ y_A \\ z_A \end{pmatrix} = r_A \cdot \begin{pmatrix} a \\ b \\ c \end{pmatrix} + s_A \cdot \begin{pmatrix} d \\ e \\ f \end{pmatrix}$ gesucht, der die beste Approximation einer Punktmenge

$\{P_1, ..., P_n\} \subset \mathbb{R}^3$ mit $\vec{p_i} = \begin{pmatrix} x_i \\ y_i \\ z_i \end{pmatrix}$ darstellt in dem Sinne, dass die Summe der Abstandsquadrate

$\sum_{i=1}^{n}(\vec{p} - \vec{p_i})^2$ minimal wird.

Bemerkungen

Wieder wird nicht die Abstandssumme, sondern die Summe der Abstandsquadrate minimiert. Ersteres würde für drei Punkte den so genannten Steinerpunkt beziehungsweise dessen beste Approximation liefern, führt aber wie oben auf mit Mitteln der Schulmathematik nicht mehr systematisch zu lösende Gleichungen. Auch hier kann das Problem formal als Approximationsproblem im $\mathbb{R}^{3n}$ gesehen und gelöst werden, wobei in diesem Fall die beste Approximation eines Punktes in einem zweidimensionalen Unterraum gesucht ist. Man findet die Lösung durch Bestimmen einer Orthonormalbasis und der zugehörigen Entwicklungskoeffizienten. Der gefundene Punkt mit minimaler Abstandsquadratsumme im $\mathbb{R}^3$ ist wieder der Schwerpunkt der Punktmengen (im Spezialfall, dass die gesamte Punktmenge auf der Approximationsebene liegt) beziehungsweise dessen beste Approximationen (im allgemeinen Fall).

Die gewählte Methode über formale Dimensionserweiterung und dortige Orthonormalbasen offenbart im $\mathbb{R}^3$ den zusätzlichen Vorteil, dass der für die beste Approximation einer Punktmenge auf einer Geraden gefundene Koeffizient für alle Approximationen auf Ebenen, die diese Gerade enthalten, übernommen werden kann. Die Approximation ist also in dem Sinne systematisch und effektiv, als bei Dimensionserweiterungen des Unterraums alle älteren Teilergebnisse weiter benutzt werden können.

Da der tatsächliche Hintergrund ein Mehrpunktproblem im $\mathbb{R}^3$ ist, bleibt die Dimension der Unterräume, auf denen approximiert werden soll, bei diesem Anwendungshintergrund allerdings auf höchstens zwei beschränkt. Wirklich überzeugend werden die Vorzüge der Methode, insbesondere der Möglichkeit zur systematischen, schrittweisen Verbesserung von Näherungen, erst bei drei- und mehrdimensionalen Unterräumen.

3.3 Dimensionsreduktion bei Datenmengen

Idee:

Der Spaltenvektor $\vec{p} \in \mathbb{R}^6$ (siehe unten) enthält die persönlichen Bestleistungen eines jungen Leichtathleten: der Reihe nach Kugelstoßweite, Diskuswurfweite und Speerwurfweite in m, dann Durchschnittsgeschwindigkeiten auf 100 bzw. 400 Metern in m/s, schließlich Weitsprungweite in m.

Die Frage, wie viel vom Typ eines reinen Wurfspezialisten (der überhaupt nicht laufen, dafür aber Weltrekord-verdächtig werfen kann), in diesem Leichtathleten steckt, kann dann durch Orthogonalprojektion von $\vec{p}$ auf den Prototypenvektor $\vec{b}_1$ geklärt werden.

$$\vec{p} = \begin{pmatrix} 22 \\ 69 \\ 90 \\ 7 \\ 6.5 \\ 6 \end{pmatrix} \qquad \vec{b}_1 = \begin{pmatrix} 23 \\ 75 \\ 100 \\ 0 \\ 0 \\ 0 \end{pmatrix} \qquad \vec{b}_2 = \begin{pmatrix} 0 \\ 0 \\ 0 \\ 10.3 \\ 9.3 \\ 8.9 \end{pmatrix}$$

Nimmt man den zweiten Prototyp $\vec{b}_2$ eines reinen Laufspezialisten hinzu, kann man sich zur Beschreibung des jungen Leichtathleten statt der sechs Ausgangsdaten nur die zwei Projektionskoeffizienten merken. Das bedeutet natürlich einen Informationsverlust, der bei guter Wahl der 'Prototypen' aber im Vergleich zur Datenersparnis tolerierbar sein mag. Vor allem wenn es um viele Sportler geht, bedeutet die Methode eine erhebliche Vereinfachung, zumal sich die Wertepaare als Punkte in der Ebene deuten lassen.

Problem

Zu einer Menge von Objekten seien diverse messtechnisch erfassbare und durch Zahlen auszudrückende Merkmale bekannt. Jedem Objekt sei ein n-dimensionaler Vektor zugeordnet, dessen Einträge diese Merkmale in vorgegebener Reihenfolge beschreiben. Dabei seien — wie in der Realität häufig der Fall — die Merkmale nicht notwendig unabhängig, sondern Zusammenhänge zwischen manchen der Merkmale zu erwarten. Mit den Zielen

- die Objektmenge im $\mathbb{R}^2$ visuell darzustellen,

- die Datenmenge zu reduzieren, speziell wenn umfangreichere Folgerechnungen nötig sind,

- bestimmte Merkmalsausprägungen zu erkennen,

sollen die n-dimensionalen Merkmalsvektoren auf einen geeigneten zweidimensionalen Unterraum projiziert werden. Dabei sollen Unterschiede so weit als möglich erhalten bleiben, so dass der Informationsverlust tolerierbar ist.

Bemerkungen

- Ein sehr einfaches Beispiel der hier vorgestellten Methode ist die Mittelwertbildung. Projiziert man zum Beispiel die Notenliste eines Schülers auf den vom Vektor gleicher Dimension mit lauter Einsen erzeugten Unterraum, so erhält man als Koeffizienten den Notendurchschnitt. Man bestimmt sozusagen die beste Näherung des realen Schülers durch einen 'Standardschüler', der in allen Fächern dieselbe Note hat.

- Verzichtet man auf das Ziel der unmittelbaren Visualisierung, können die Unterräume, auf die projiziert wird, auch drei- oder mehrdimensional sein. Um den Informationsverlust in Grenzen zu halten, ist dies häufig sogar unumgänglich. Eine deutliche Reduzierung der Datenmenge kann dennoch erreicht werden und auch das Erkennen von Merkmalsausprägungen wird — wenn auch nicht mehr rein visuell — erleichtert.

- Ein wesentlicher Teil des Problems ist die Auswahl geeigneter Unterräume, so dass der Informationsverlust minimiert wird, existierende Zusammenhänge erkennbar bleiben und keine künstlichen Zusammenhänge erzeugt werden. Die übergeordnete Methode hierzu, bei der ein diesbezüglich optimaler Unterraum bestimmt wird, ist die Hauptkomponentenanalyse. Diese übersteigt jedoch bei weitem die Möglichkeiten der Schulmathematik. Setzt man dagegen einen geeigneten Unterraum als bekannt voraus (weil er vorgegeben ist oder infolge der jeweiligen Anwendung als vermutlich geeignet ausgewählt werden kann), bleibt ein für die Schulmathematik geeignetes, vermittelbares Anwendungsproblem für Approximationen auf beliebig dimensionalen Unterräumen im $\mathbb{R}^n$.

Mögliche Einkleidungen

Die Objekte können Sterne sein, die Merkmale physikalische Größen wie Temperatur, Druck, Farbe (mittlere Frequenz des Emissionsspektrums), Alter und Größe. Mögliche Oberbegriffe, denen die einzelnen Sterne zugeordnet werden können, sind dann zum Beispiel 'roter Riese' oder 'weißer Zwerg'. Zahlreiche Anwendungen haben solche Analysen in der Biologie: Die Objekte sind zum Beispiel Lilien, die in Zahlenlisten ausgedrückten Merkmale Breite und Länge der Blütenblätter, Breite und Länge der Fruchtblätter und so weiter. Durch geeignete Projektionen in zweidimensionale Unterräume können dann zusammenhängende Gruppen sichtbar gemacht und als unterschiedliche Lilienarten klassifiziert werden. Weitere Anwendungen finden sich überall dort, wo Personengruppen wegen der geplanten Weiterbehandlung in bestimmte 'Schubladen' sortiert werden sollen. Das gilt insbesondere bei jeder Form der Zielgruppenbestimmung im Rahmen von Marktanalysen, aber auch bei der Untersuchung von Sportlertypen (siehe Kapitel 14, S.225), der Beitragseinstufung bei Versicherungsnehmern und vielem mehr.

3.4 Näherungen in Raum und Zeit

Vorbemerkung

Die in diesem Abschnitt vorgeschlagene Anwendung erfordert zur Vermeidung fachlicher Fehlvorstellungen eine Vorbemerkung: Auf die Frage, in welchem Kontext mehr als drei Dimensionen gebraucht werden könnten, gehört „Raum-Zeit" nach meinen Erfahrungen zu den häufigsten Schülerantworten. Und wer an Raum-Zeit denkt, denkt meist zugleich an Relativitätstheorie. Doch relativistisch sind euklidische Raum-Zeit-Normen – und mit Ihnen die im Zentrum unseres Interesses stehende Methode – ohne Bedeutung. Insofern lernen wir mit dieser 'Anwendung' nichts über relativistische Physik. Da sie jedoch von Schülern meist gebracht wird, weitgehend eigenständig erarbeitet werden kann und genetisch auf Variationen der euklidischen Norm führt, soll nicht auf sie verzichtet werden.

   Wenn dabei stets klar bleibt, dass dies nichts mit Relativitätstheorie zu tun hat, ermöglicht dies eine wertvolle Erfahrung zu den Möglichkeiten **und Grenzen** unserer Methode.

Warnung:

Wenn man an Raum-Zeit denkt, denkt man an Relativitätstheorie. Dort spielen die Lorentz-Transformationen eine wichtige Rolle: Beim Wechsel zwischen Inertialsystemen (das heißt gleichförmig gegeneinander bewegten Systemen) bleibt die Summe

$$x^2 + y^2 + z^2 - c^2 t^2 \qquad \begin{array}{l} x,\ y,\ z \text{ Ortskoordinaten} \\ t \text{ Zeitkoordinate} \\ c \text{ Lichtgeschwindigkeit} \end{array}$$

konstant. Diese Lorentz-invariante Norm ist allerdings wegen des Minus vor dem zeitabhängigen Term **keine euklidische Norm**, das heißt man kann die Methode der Approximation durch Orthogonalprojektion relativistisch gerade **nicht anwenden**.
Wenn wir im Folgenden über $x^2 + y^2 + z^2 + d^2 t^2$ festgelegte Normen mit einer Gewichtungskonstante d betrachten, taugt das zur Näherung von Ereignissen in Raum und Zeit, hat aber nichts mit Relativitätstheorie zu tun!

Wir treiben also, wenn wir der folgenden Idee nachgehen, definitiv keine korrekte Relativitätstheorie! Ansonsten aber ist sie vielversprechend und lehrreich.

Idee:

Der Spaltenvektor $\vec{p} \in \mathbb{R}^4$ (siehe unten) steht für die Kombination eines Punktes $\tilde{P}(x|y|z)$ und einer Zeitangabe T. Angenommen, es soll optimaler Weise zur Zeit T am Ort $\tilde{P}$ ein Ereignis stattfinden; die Realisierungsmöglichkeiten sind aber durch gewisse Rahmenbedingungen eingeschränkt. Dann kann die Orthogonalprojektion des Raum-Zeit-Punktes auf einen 1-, 2- oder 3-dimensionalen Unterraum des $\mathbb{R}^4$ die bestmögliche Alternative zum Optimum unter den einschränkenden Rahmenbedingungen liefern. Der Unterraum sei als Erzeugnis der Vektoren $\vec{b}_i$ gegeben.

$$\vec{p} = \begin{pmatrix} x \\ y \\ z \\ T \end{pmatrix} \qquad \vec{b}_i = \begin{pmatrix} r_{i1} \\ r_{i2} \\ r_{i3} \\ t_i \end{pmatrix} \qquad \vec{r}_i = \begin{pmatrix} r_{i1} \\ r_{i2} \\ r_{i3} \end{pmatrix} \qquad v_i = \frac{\|\vec{r}_i\|}{t_i} \quad (t_i \neq 0)$$

Die Einschränkung auf das Erzeugnis von $\vec{b}_i$ bedeutet dabei, dass man sich nur längs einer Ursprungsgeraden mit dem Richtungsvektor $\vec{r}_i$ bewegen kann, und zwar mit der festen Bahngeschwindigkeit v_i. Diese Art der Anwendung legt erstmals die Benutzung eines leicht abgewandelten Skalarprodukts nah, dass eine Gewichtung zwischen örtlicher und zeitlicher Abweichung bei der Approximation ermöglicht.

Problem

Ein Ereignis, das seinen Höhepunkt zur Zeit T am durch $\vec{p}$ gegebenen Ort erreichen wird, soll von einem Gefährt aufgenommen (oder mittels eines Gefährts simuliert) werden, das sich – zur Zeit $t = 0$ im Ursprung beginnend – mit vorgegebener, konstanter Bahngeschwindigkeit v auf der Ursprungsgeraden mit dem Richtungsvektor $\vec{r}$ bewegt:

$$\vec{p} = \begin{pmatrix} x \\ y \\ z \end{pmatrix} \qquad \vec{r} = \begin{pmatrix} r_1 \\ r_2 \\ r_3 \end{pmatrix} \qquad v = \frac{\|\vec{r}\|}{t}$$

Gesucht sind der optimale Zeitpunkt und zugehörige Ort der Aufnahme (oder der Simulation), bei dem weder die zeitliche noch die räumliche Abweichung vom Ereignishöhepunkt zu groß sind. (Das Problem kann auf mehrdimensionale Unterräume erweitert werden, dazu unten mehr.)

Mögliche Einkleidungen

Das Ereignis könnte (in ferner Zukunft) die Geburt eines Sterns, das Gefährt eine ohnehin fliegende Raumsonde sein. Oder das Ereignis ist eine Paarbildung im Teilchenbeschleuniger, das Gefährt ein Ion, welches – bei geringem zeitlichen und räumlichen Abstand – durch diese Paarbildung irgendeine Veränderung erfährt. Es kann jedoch auch um eine Explosion gehen, die im Rahmen einer Bühnenshow oder eines Actionfilms von einer auf geradliniger Schiene fahrenden Kamera aufgenommen werden soll.

Deutung im $\mathbb{R}^4$

Betrachtet man die Zeit T beziehungsweise t als weitere Dimension und führt für die Ortskoordinaten des Basisvektors einen zur Bahngeschwindigkeit passenden Vorfaktor $k = \dfrac{v}{\|\vec{r}\|}$ ein, so kann das Problem als Approximationsproblem im $\mathbb{R}^4$ gedeutet werden: Für $\vec{p}$ ist die beste Approximation $\vec{p}_{\vec{b}}$ im von $\vec{b}$ erzeugten Unterraum gesucht. Der Approximationskoeffizient ist die gesuchte Zeit t.

$$\vec{p} = \begin{pmatrix} x \\ y \\ z \\ T \end{pmatrix} \qquad \vec{b} = \begin{pmatrix} k \cdot r_1 \\ k \cdot r_2 \\ k \cdot r_3 \\ 1 \end{pmatrix}$$

Novum

Bei dieser Anwendung liegt es erstmals nahe, sich nicht auf das Standardskalarprodukt zu beschränken, das alle Vektoreinträge gleichwertig behandelt. Einen Gewichtungsfaktor d zwischen zeitlicher Komponente und räumlichen Komponenten ermöglicht man durch die Wahl eines über die Matrix M_d definierten Skalarprodukts:

$$M_d = \begin{pmatrix} 1 & 0 & 0 & 0 \\ 0 & 1 & 0 & 0 \\ 0 & 0 & 1 & 0 \\ 0 & 0 & 0 & d^2 \end{pmatrix}$$

$$(x_1 | y_1 | z_1 | T_1) \cdot \begin{pmatrix} 1 & 0 & 0 & 0 \\ 0 & 1 & 0 & 0 \\ 0 & 0 & 1 & 0 \\ 0 & 0 & 0 & d^2 \end{pmatrix} \cdot \begin{pmatrix} x_2 \\ y_2 \\ z_2 \\ T_2 \end{pmatrix} = x_1 \cdot x_2 + x_1 \cdot x_2 + y_1 \cdot y_2 + z_1 \cdot z_2 + d^2 \cdot T_1 \cdot T_2$$

Für $d = 1$, das heißt für Gleichgewichtung von Zeit- und Ortskomponenten, ist dies das Standardskalarprodukt. Für andere c liegt eine andere Gewichtung vor, aber sämtliche Eigenschaften eines Skalarprodukts (Bilinearität, Symmetrie und positive Definitheit) sind immer noch vorhanden. Damit gelten auch alle für euklidische Vektorräume charakteristischen Zusammenhänge weiter. Insbesondere kann die beste Approximation durch Entwicklung über einer Orthonormalbasis bestimmt werden, sofern man 'Abstand' und 'orthogonal' im über dieses neue Skalarprodukt festgelegten Sinne versteht. Dabei müssen natürlich auch alle Schritte des Verfahrens – Orthogonalisierung, Normierung und Projektion – konsequent auf das geänderte Skalarprodukt bezogen werden.

Lösung

Den geeigneten Vorfaktor t und damit die gesuchte beste Approximation findet man durch Orthogonalprojektion von $\vec{p}$ auf $\vec{b}$ (dabei steht $\vec{p}^T$ für die transponierte, also als Zeile geschriebene

Version des Vektors $\vec{p}$):

$$t = \frac{\vec{p}^T \cdot M_d \cdot \vec{b}}{\vec{b}^T \cdot M_d \cdot \vec{b}} = \frac{k \cdot (xr_1 + yr_2 + zr_3) + d^2 \cdot T}{k^2 \cdot (r_1^2 + r_2^2 + r_3^2) + d^2} \qquad \vec{p}_{\vec{b}} = t \cdot \vec{b}$$

Problemerweiterung auf zwei- und dreidimensionale Unterräume

Das Verfahren lässt sich auch auf mehrdimensionale Approximationsbereiche erweitern. Dann muss allerdings sowohl bei der Orthogonalisierung als auch bei der Projektion jeweils das allgemeine, über M_c definierte Skalarprodukt zugrunde gelegt werden! Wir führen das hier für das Beispiel aus dem Schülereinstieg durch: Die Vektoren $\vec{b}_1$ und $\vec{b}_2$ (S.229) sind bezüglich des Skalarprodukts der Form $x_1 \cdot x_2 + x_1 \cdot x_2 + y_1 \cdot y_2 + z_1 \cdot z_2 + d^2 \cdot T_1 \cdot T_2$ zu orthogonalisieren. Dann ist $\vec{o}_1 = \vec{b}_1$ und

$$\vec{o}_2 = \begin{pmatrix} 1 \\ -3 \\ 1.5 \\ 1 \end{pmatrix} - \frac{6+0+12+c^2}{36+0+64+c^2} \cdot \begin{pmatrix} 6 \\ 0 \\ 8 \\ 1 \end{pmatrix} = \begin{pmatrix} 1 \\ -3 \\ 1.5 \\ 1 \end{pmatrix} - \frac{18+d^2}{100+d^2} \cdot \begin{pmatrix} 6 \\ 0 \\ 8 \\ 1 \end{pmatrix}$$

Für $d = 10$ erhält man zum Beispiel $\quad \vec{o}_2 = \begin{pmatrix} 1 \\ -3 \\ 1.5 \\ 1 \end{pmatrix} - \frac{118}{200} \cdot \begin{pmatrix} 6 \\ 0 \\ 8 \\ 1 \end{pmatrix} = \begin{pmatrix} -2.54 \\ -3 \\ -3.22 \\ 0.41 \end{pmatrix}$ und

damit[4]:

$$\vec{p}_{10} = \frac{36+0+80+3 \cdot 10^2}{100+10^2} \cdot \begin{pmatrix} 6 \\ 0 \\ 8 \\ 1 \end{pmatrix} + \frac{-15.24+15-32.2+1.23 \cdot 10^2}{25.82+0.1681 \cdot 10^2} \cdot \begin{pmatrix} -2.54 \\ -3 \\ -3.22 \\ 0.41 \end{pmatrix} \approx \begin{pmatrix} 7.08 \\ -6.37 \\ 9.80 \\ 2.95 \end{pmatrix}$$

Bemerkungen

Die Einkleidung wird für zwei oder drei Dimensionen des Unterraums leider noch aufgesetzter. Man denke etwa an eine amerikanische Stadt mit gitterförmigem Straßenbahnsystem, bei dem an jeder Kreuzung von einer in die andere Bahn umgestiegen werden kann (und zwar jederzeit und ohne Zeitverlust..). Stetig und dreidimensional wird die Anwendung, wenn es sich bei den ersten Gefährten um Trägerraketen handelt, die zu jeder beliebigen Zeit Shuttle in einer anderen Raumrichtung aussenden können (und diese wiederum Raumsonden). Erweitert man hier einen zunächst eindimensionalen Unterraum auf zwei und drei Dimensionen, so wird immer deutlicher, wie sich das sukzessive Berechnen einer Orthonormalbasis mit Übernahme der bereits bekannten Koeffizienten und Teil-Approximationen gegenüber dem Berechnen immer neuer Koeffizienten in beliebigen Basen zu lohnen beginnt. Dabei muss jedoch klar sein, dass dies nichts mit Relativitätstheorie zu tun hat (siehe S.60)!

---

[4](vergleiche $\vec{p}$ von S.229)

3.5 Anpassung von Funktionen an Messreihen

Idee:

Die Spaltenvektoren $\vec{b}, \vec{p} \in \mathbb{R}^n$ (siehe unten, hier $n = 5$) sind die Wertelisten zweier Größen, wobei einander entsprechende Einträge $(b_i | p_i)$ jeweils als ein Wertepaar zusammen gehören. Projiziert man dann $\vec{p}$ orthogonal auf das lineare Erzeugnis von $\{\vec{b^0}, \vec{b^1}, \vec{b^2}, .., \vec{b^m}\}$ (siehe unten, hier m=2), so findet man diejenige ganzrationale Funktion vom Grad m, die den Messwertpaaren am besten angepasst ist (im Sinne minimaler Abweichungsquadratsumme in p-Richtung).

$$\vec{b} = \begin{pmatrix} 0.1 \\ 0.2 \\ 0.3 \\ 0.4 \\ 0.5 \end{pmatrix} \quad \vec{p} = \begin{pmatrix} 5.3 \\ 22.1 \\ 47.9 \\ 88.2 \\ 137.5 \end{pmatrix} \quad \text{und allgemein} \quad \vec{b^j} = \begin{pmatrix} (b_1)^j \\ (b_2)^j \\ (b_3)^j \\ (b_4)^j \\ (b_5)^j \end{pmatrix}$$

$$\text{also hier} \quad \vec{b^0} = \begin{pmatrix} 1 \\ 1 \\ 1 \\ 1 \\ 1 \end{pmatrix} \quad \vec{b^1} = \begin{pmatrix} 0.1 \\ 0.2 \\ 0.3 \\ 0.4 \\ 0.5 \end{pmatrix} \quad \vec{b^2} = \begin{pmatrix} 0.01 \\ 0.04 \\ 0.09 \\ 0.16 \\ 0.25 \end{pmatrix}$$

(Allerdings sind die Vektoren $\vec{b^i}$ dieses Erzeugendensystems nicht paarweise orthogonal. Um „blindlings nach Formel" projizieren zu können, muss man also zunächst orthogonalisieren.)

Anmerkung

Sowohl naturwissenschaftliche Experimente als auch Datenerhebungen aus Politik und Wirtschaft führen häufig zu Messreihen, bei denen − insbesondere für mögliche Prognosen − ein gesetzmäßiger Zusammenhang gesucht ist. In vielen Fällen ist der Ansatz einer ganzrationalen Funktion vorgegebenen Grades sinnvoll. Dabei muss ein geeignetes Maß für die zu minimierende Gesamtabweichung der Punkte von der Kurve gefunden werden. Verbreitet ist die Summe der Quadrate der Abstände zwischen Punkten und Kurve in y-Richtung.

Problem

Für $n \in \mathbb{N}$ ist eine Menge von Wertepaaren $\{(x_1 | y_1), ..., (x_n | y_n)\} \subset \mathbb{R}^2$ gegeben. Bei vorgegebenem $k \leq n - 1$ ist diejenige ganzrationale Funktion f_k vom Grad k gesucht, die diesen Messwerten am besten angepasst ist in dem Sinne, dass die Summe der Quadrate der Abweichungen in y-Richtung

$$\sum_{i=1}^{n} (y_i - f_k(x_i))^2$$

minimal ist.

Lösung mittels Interpretation als Orthogonalprojektion im $\mathbb{R}^n$:

Definiert man im $\mathbb{R}^n$ die Vektoren

$$\vec{y} = \begin{pmatrix} y_1 \\ y_2 \\ y_3 \\ .. \\ y_n \end{pmatrix} \qquad \text{und} \qquad \vec{x^i} = \begin{pmatrix} (x_1)^i \\ (x_2)^i \\ (x_3)^i \\ .. \\ (x_n)^i \end{pmatrix} \qquad \text{für} \qquad i \in \{0, 1, .., k\} \qquad ;$$

dann kann das Problem der bestmöglichen Anpassung einer ganzrationalen Funktion vom Grad k wie folgt umformuliert werden:

Im $\mathbb{R}^n$ ist die beste Approximation von $\vec{y}$ im von $\vec{x^0}, \vec{x^1}, ..., \vec{x^k}$ erzeugten Unterraum gesucht, also die Orthogonalprojektion von $\vec{y}$ auf diesen Unterraum. (Zwar ist das Abstandsmaß im $\mathbb{R}^n$ die Wurzel der oben angegebenen Quadratsumme, wird aber an derselben Stelle minimal.) Die Anpassung ganzrationaler Funktionen an Punktmengen ist demnach ein Spezialfall unserer allgemeinen Theorie. Allerdings bilden die Vektoren $\vec{x^0}, \vec{x^1}, ..., \vec{x^k}$ in aller Regel kein Orthogonalsystem. Deshalb muss zunächst ein Orthogonalsystem mit demselben Erzeugnis bestimmt werden (Gram-Schmidt), um dann per Formel projizieren zu können. Um die Lösung bezüglich der Koeffizienten der gesuchten ganzrationalen Funktion interpretieren zu können, muss man zunächst auf eine Linearkombination der Ausgangsvektoren $\vec{x^i}$ rücktransformieren.

Bemerkungen

- Für die beste Approximation $\vec{y}_\mathcal{U} = a_0\vec{x^0} + a_1\vec{x^1} + ... + a_k\vec{x^k}$ gilt entsprechend der Orthogonalitätsbedingung $\vec{x^i} \cdot (\vec{y} - \vec{y}_\mathcal{U}) = 0$ für alle $i \in \{0, .., k\}$. Dieser Ansatz führt auf dasselbe lineare Gleichungssystem für die Koeffizienten a_i wie der als Extremwertaufgabe mit partiellen Ableitungen. Der zwischenzeitliche Wechsel zu einer Orthogonalbasis ist deshalb günstiger, weil man so ein Gleichungssystem mit orthogonaler Matrix erhält, die besonders leicht zu invertieren (nämlich nur transponieren) ist. Dann kann das Gleichungssystem per Multiplikation mit der Inversen direkt gelöst werden (vergleiche auch 8 und S.18).

- Eine Erweiterung des hier behandelten Problems der Anpassung ganzrationaler Kurven an Punktmengen ist die Näherung beliebiger stetiger Funktionen durch ganzrationale. Auch dort lohnen sich zwischenzeitliche Orthogonalisierung und Rücktransformation (vergleiche 5.5).

- Die Methode ist auf beliebige Systeme von Funktionen erweiterbar, unter deren Linearkombinationen die bestangepasste Funktion zu den gegebenen Wertepaaren gesucht wird. (Bei ganzrationalen Funktionen sind es speziell die Linearkombinationen von Potenzfunktionen.) Das wird besonders bequem, wenn die durch Einsetzen der x-Werte in diese Funktionen gebildeten Vektoren bereits von allein paarweise orthogonal sind. Darin besteht ein Ausblick auf die Anwendungen der Methode innerhalb der Signalverarbeitung ab Kapitel 4.

- Generell bildet die Deutung der Vektoreinträge als aufeinanderfolgende Werte einer Funktion die wichtigste Anwendung des Verfahrens im $\mathbb{R}^n$, nämlich innerhalb der Verarbeitung von Signalen aller Art. Sie ist zunächst direkt und später in erweiterter Form (infinitesimaler Übergang von der diskreten Werteliste zur stetigen Funktion) Gegenstand der noch folgenden Kapitel dieser Arbeit.

3.6 Besonderheiten der einzelnen Beispiele *

Den vier vorgestellten Anwendungen im $\mathbb{R}^n$ ist (als notwendige Voraussetzung für die Gültigkeit des Verfahrens) gemeinsam, dass die Quadratsummen- oder 2-Norm entweder ohnehin die naheliegendste oder im Rahmen der Problemstellung jedenfalls vertretbar ist. Deshalb können gute Approximationen durch Entwicklung über Orthonormalbasen bestimmt werden, was insbesondere dann zufriedenstellend ist, wenn die gefundenen Näherungen auch bezüglich anderer Kriterien gut sind. Dass mehrere Beispiele vorgestellt werden, macht einerseits die Universalität des Verfahrens deutlich. Andererseits sind die verschiedenen Zugänge geeignet, verschiedene Charakteristika, Seitenaspekte oder Verallgemeinerungsmöglichkeiten der Methode aufzuzeigen.

Das Problem der Abstandsminimierung von Punktmengen in 3.2 lenkt den Blick am stärksten auf die Wahl der Norm: Im Rahmen von eingekleideten Extremwertaufgaben wäre die Betrags- oder 1-Norm naheliegender. Wir wählen sie dennoch nicht, weil das mit ihr verbundene Extremwertproblem nicht mittels der universellen Methode gelöst werden kann. Es führt sogar generell auf wesentlich schwierigere Problemstellungen (Kontext Steinerpunkt) und wird schon ab drei Punkten auch von Computeralgebrasystemen nur noch numerisch gelöst. Minimieren wir dagegen die Abstandsquadratsumme, können wir den optimalen Punkt durch Orthogonalprojektion und damit mittels eines gut programmierbaren Algorithmus bestimmen. Zudem hat auch der so gefundene Punkt eine besondere Bedeutung: Es handelt sich um den Schwerpunkt des Systems oder den unter der Wirkung mehrerer Federkräfte eingestellten Punkt (beziehungsweise um dessen beste Approximation in einem Unterraum).

Das Problem der Dimensionsreduktion bei Datenmengen in 3.3 macht deutlich, wie wichtig die geschickte Wahl des Unterraums und seiner Basis (hier die Menge der „Prototypen-Vektoren") ist. Rein rechentechnisch sollte die Basis nach Möglichkeit von vorne herein orthogonal gewählt werden, damit die Koeffizienten der Orthogonalprojektion voneinander unabhängig per Formel bestimmt werden können. Vor allem aber kann je nach Verteilung der Punkte im n-dimensionalen Raum die Projektion auf den einen Unterraum sehr aussagekräftig, die auf einen anderen dagegen ohne jede Aussage sein. Beim Problem der Datenreduktion hängt dies von der Frage ab, ob die unterstellten „Prototypen" tatsächlich vorkommen oder nicht. (Damit ist auch die Motivation zu Methoden wie der Hauptkomponentenanalyse als zielgerichteter Suche nach dem optimalen Unterraum gegeben.) Man kann sich die Bedeutung der Wahl des Unterraums auch durch Analogien im zwei- oder dreidimensionalen Raum klar machen:

- Über einen Teich, auf dem die Seerosen fast ausschließlich innerhalb eines Streifens von einem Ufer zum anderen verteilt sind, soll für Spaziergänger eine einzige, geradlinige Brücke gebaut werden. Dann wird man eine entlang des Streifens laufende Brücke jeder anderen vorziehen. Zur Erklärung braucht man sich nur die Orthogonalprojektionen der Seerosen-Punktmenge auf verschiedene Brückengeraden vorzustellen.

- Eine Punktmenge sei im Bereich $-1 \leq z \leq 1$ des $\mathbb{R}^3$ zufällig auf dem Mantel eines Zylinders mit Radius 1 um die z-Achse verteilt. Projiziert man diese Punktmenge auf die y-z-Ebene, so erscheint sie — mit Verdichtung an den seitlichen Rändern — als zufällig auf ein Quadrat verteilt. (Und wer in einer zum Ursprung hin geöffneten Höhle auf der x-Achse lebt, wird nie etwas anderes erfahren.) Projiziert man die Punktmenge dagegen auf die x-y-Ebene, so erblickt man eine zufällige und recht dichte Verteilung auf dem Einheitskreis.

Die Raum-Zeit-Probleme in 3.4 führen infolge der Gewichtungsfrage ganz natürlich auf eine leicht geänderte Norm. Dabei wird deutlich, dass dies nichts an der Anwendbarkeit des Verfahrens ändert, solange es sich um eine über ein Skalarprodukt definierte Norm handelt. Allerdings müssen sämtliche Schritte des Algorithmus konsequent auf dieses Skalarprodukt bezogen und sämtliche Begriffe in der entsprechender Weise gebraucht werden. Dann ist am Beispiel zu erproben, wie sich Änderungen am Skalarprodukt (und damit der Norm) auf die jeweils im zugehörigen Sinne beste Näherung auswirken. Wichtig ist, die Schüler deutlich darauf hinzuweisen, dass in der Relativitätstheorie gerade keine euklidische Norm eine Rolle spielt, sondern die gegen Lorentz-Transformationen invariante Norm $x^2 + y^2 + z^2 - d^2 t^2$. Damit ist relativistisch betrachtet unsere Näherungsmethode wertlos — eine eindeutige Grenze des Verfahrens.

Die Anpassung ganzrationaler Funktionen an Punktmengen in 3.5 kann den Blick noch einmal auf die Norm lenken, denn auch hier ist die Summe der Abweichungsquadrate in y-Richtung nicht konkurrenzlos. In natürlicher Weise führt sie außerdem auf Zusammenhänge mit Fragen der (bequemen) Lösbarkeit von Gleichungssystemen, der Vorzüge orthogonaler Matrizen und der Anzahl von Rechenschritten bei konkurrierenden Verfahren. Zudem ist die hier erstmals auftretende Interpretation der Spaltenvektoren als Wertelisten von Funktionen die bezüglich der Anwendungen mit Abstand wichtigste. Damit bildet sie eine Überleitung auf die noch folgenden Kapitel zur Verarbeitung und Analyse von Signalen.

4 Verarbeitung digitaler Signale

Die übergeordnete Idee im Zentrum dieser Arbeit ist die Bestimmung guter Approximationen durch Entwicklung über Orthonormalbasen – eine Methode, die immer dann zur Verfügung steht, wenn das zu approximierende Objekt als Element eines Vektorraums mit Skalarprodukt aufgefasst werden kann. Unter ihren Anwendungen im Vektorraum $\mathbb{R}^n$ haben wir bisher das Lotfällen im geometrischen Raum (Kapitel 2) sowie einige sinnvolle formale Übertragungen auf vier- oder mehrdimensionale Spaltenvektoren kennen gelernt, deren Einträge je nach Anwendung unterschiedliche Bedeutung hatten (Kapitel 3). Diese Beispiele waren entweder eigens zur Illustration und Vermittlung der Methode ersonnen oder vom Typ auch auf anderem Wege lösbarer Probleme mit der Erkenntnis: „So geht es auch und das ist eventuell sogar geschickter."

Gegenstand dieses Kapitels ist dagegen eine echte und (auch ökonomisch) erfolgreiche Anwendung, die für die aktuelle Bedeutung des Themas mit verantwortlich ist: Unter dem Stichwort 'Wavelets' zusammengefasste Methoden der Signal-Verarbeitung haben die Mathematik der letzten Jahrzehnte sowohl in theoretischer als auch in praktischer Hinsicht wesentlich geprägt.[1] In diesem Kapitel soll am einfachsten und ältesten Beispiel aller Wavelets gezeigt werden, was die „kleinen Wellen" mit euklidischen Vektorräumen und Orthonormalbasen zu tun haben.

Ausgangspunkt ist eine spezielle Interpretation der Spaltenvektoren, die schon in 3.5 erstmals aufgetreten ist: Die reellen Einträge eines Spaltenvektors repräsentieren aufeinander folgende Werte irgendeiner Funktion; sagen wir der Einfachheit halber an äquidistanten Stellen (denn sonst bräuchte man zusätzliche Informationen). Genauer betrachtet gibt es dann immer noch zwei verschiedene Deutungen: Es kann sich einerseits um momentane Werte einer stückweise stetigen Funktion, andererseits um Intervallwerte einer stückweise konstanten Funktion handeln (welche wiederum durch abschnittsweises Mitteln aus einer stetigen gebildet worden sein kann).

Warum aber hat diese Deutung der Spaltenvektoren als Wertelisten von Funktionen in der jüngeren Mathematik so große Bedeutung erlangt? Das liegt daran, dass Signale aller Art letztlich Funktionen sind. Dabei spricht man im Fall stetiger Funktionen von analogen Signalen, im Fall stückweise konstanter Funktionen von digitalen Signalen (welche durch 'Abtasten' eines analogen Signals entstanden sein können).

Das Computer-Zeitalter ist durch den Umgang mit unglaublichen Datenmengen geprägt. Viele davon repräsentieren so genannte eindimensionale Signale, das heißt reelle Funktionen in einer Variablen. Häufig steht diese Variable für die Zeit; das Signal kann dann zum Beispiel ein Walruf, eine Temperaturkurve zur Klimaentwicklung oder ein Börsenkurs sein. Die Variable kann aber auch für eine Entfernung oder jede andere – zum Beispiel physikalische – Größe stehen, von der abhängig eine beliebige andere Größe beschrieben wird. Den Verlauf dieser Funktionen akkurat zu analysieren, effizient zu kodieren, mit tolerierbaren Verlusten zu komprimieren, effektiv zu speichern, schnell zu übermitteln und sorgfältig zu rekonstruieren sind Ziele der Signalverarbeitung. Dabei gibt es weder für alle Signale noch für alle Teilaspekte einen universellen

---

[1](siehe [24] und [17]) Diese Tatsache wird etwas ausführlicher ganz am Ende des Kapitels unter 4.7 erläutert.

Algorithmus, sondern die jeweils gewählten Methoden hängen von der Art des Signale und dem Zweck der Verarbeitung ab.

Einiges ist jedoch immer gut: grundlegende Charakteristika nach vorne zu holen, Vernachlässigbares herauszufiltern und viele Signale aus wenigen gemeinsamen Grundbausteinen zusammen zu setzen. Dafür stellen sich Orthogonalbasen als äußerst geeignetes Mittel heraus. Wir beschränken uns erstens fast ausschließlich auf eindimensionale, digitale Signale relativ geringen Umfangs und zweitens auf eine der einfachsten für die digitale Signalverarbeitung geeigneten Orthogonalbasen. Viele wesentliche Elemente der Signalverarbeitung lassen sich unter diesen starken Vereinfachungen vermitteln, wodurch zugleich ein Fundament für Verallgemeinerungen erstens in Richtung auf andere Orthogonalbasen, zweitens in Richtung auf analoge Signal gelegt wird.

In 4.1 wird unter Bezug auf die Interpretation von Spaltenvektoren als Wertelisten der Funktionstyp vorgestellt, auf den wir uns beschränken: diskrete, auf dyadischen Teilen des Einheitsintervalls konstante Funktionen. Dabei stellt sich heraus, dass die Standard-Orthonormalbasis in diesem Anwendungskontext gar keine besonders geschickte Wahl ist. Nachdem bei allen bisherigen Beispielen die Unterraumbasen durch Rahmenbedingungen vorgegeben waren, geht es so erstmals auf die wirklich offene Suche nach einer geschickten Basis. Wie sich in 4.2 herausstellt, wird man diesbezüglich in der Mathematikgeschichte fündig, lange bevor die digitale Signalverarbeitung in deren Fokus geriet: Die – hier noch konsequent in der Darstellung über Spaltenvektoren auftretende – Haar-Basis bildet das erste und einfachste Beispiel eines Wavelet-Systems. An ihm werden grundlegende Eigenschaften und Vorteile aller Wavelets aufgezeigt.

In 4.3 wird (ebenfalls exemplarisch für die meisten Formen der Signalverarbeitung) gezeigt, dass die Koeffizienten der Haar-Darstellung statt über die Projektionsformel noch effizienter über einen Algorithmus berechnet werden können. Nachdem der Zusammenhang zwischen Algorithmus und Entwicklung aufgezeigt ist, erlaubt dies einen klareren Blick auf die gemeinsamen Vorteile. Die beiden nächsten Teilkapitel dringen tiefer in Fragen der Signalverarbeitung ein und gehören insofern nicht unmittelbar zum roten Faden der Arbeit. Allerdings wird immer wieder speziell auf das mit der Struktur euklidischer Vektorräume verbundene Verfahren Bezug genommen und gezeigt, inwiefern gerade dieses wesentliche Anforderungen jeder Form der Signalverarbeitung erfüllt.

Dabei geht es in 4.4 um so genanntes Thresholding als eine der wichtigsten Formen verlustbehafteter Datenkompression, welche letztlich die individuelle Auswahl des für das jeweilige Signal optimalen Unterraums gewährleistet. In 4.5 wird mit besonderem Blick auf die Bedeutung der Normerhaltung das Grundschema jeder Form der Signalverarbeitung vorgestellt, wobei wichtige Größen der verlustbehafteten Datenkompression zur Sprache kommen. Nach einer Einordnung unseres speziellen Verfahrens in dieses Schema führt das zu einer tieferen Einsicht in die Sonderstellung der euklidischen Norm.

Die Kapitel 4.6 und 4.7 illustrieren die Methode mitsamt ihrer Eigenschaften anhand der Bildverarbeitung als dem tatsächlichen Haupt-Anwendungsgebiet. Die Einschränkungen sind wieder enorm: Wir behandeln ausschließlich Schwarz-Weiß-Bilder mit ausgesprochen kleinen Pixelzahlen, davon zunächst sogar nur eindimensionale Ausschnitte. Dennoch (oder gerade deshalb) werden die Grundprinzipien deutlich, was einen Einblick in Bedeutung und Tragweite der Methoden innerhalb der Bildverarbeitung ermöglicht.

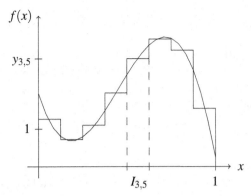

Abbildung 4.1: Analoges Signal und Digitalisierung im V_8

4.1 Digitale Signale und der $\mathbb{R}^n$

Signale werden typischer Weise in Form von Messungen gewonnen. Häufig liegen sie von vornherein in digitaler Form vor, in anderen Fällen werden zunächst analoge Signale für die Weiterverarbeitung digitalisiert. Das ist eine mit Schülern durchführbare Anwendung der Integralrechnung. Aus rechentechnischen Gründen beschränken wir uns wie allgemein üblich auf äquidistante Intervalle, deren Anzahl einer Zweierpotenz entspricht. Dies geschieht, wo immer Computer im Spiel sind, ohnehin und stellt keine wesentliche Einschränkung dar, weil sich jede natürliche Zahl als Summe von Zweierpotenzen schreiben lässt. Darüber hinaus beschränken wir uns auf Funktionen über dem Einheitsintervall, aus denen alle anderen durch Streckung oder Stauchung hervorgehen. Das erlaubt uns eine einfache Darstellung ohne die Intervallbreite berücksichtigende Vorfaktoren. Die Klasse der Funktionen, um die es in diesem Kapitel geht, führen wir wie folgt ein:

Auf dyadischen Teilen des Einheitsintervalls konstante Funktionen:
Für $j \in \mathbb{N}_0$ bezeichnen wir den Vektorraum aller Funktionen $f : [0,1[\rightarrow \mathbb{R}$, die auf $n = 2^j$ gleich breiten Teilen des Einheitsintervalls (so genannten dyadischen Intervallen) konstant sind, als

$$V_n \qquad \text{oder} \qquad K_n([0,1]) \, .$$

Die Einteilung erfolgt also durch fortgesetztes Halbieren und liefert eine Zweierpotenz äquidistanter Teilintervalle. Für $j \in \mathbb{N}_0$, $k \in \{1,..,2^j\}$ und $f \in K_n([0,1])$ führen wir folgende Bezeichnungen ein:

$$I_{j,k} \;=\; \left[\tfrac{(k-1)}{2^j} \, ; \, \tfrac{k}{2^j} \right[\qquad\qquad y_{j,k} \;=\; f(x) \, , \, x \in I_{j,k}$$

$I_{j,k}$ ist das k-te von 2^j dyadischen Intervallen der Breite 2^{-j}. $y_{j,k}$ ist der konstante Funktionswert auf diesem Intervall. Liegt ein Signal zunächst in stetiger beziehungsweise analoger Form vor, wird es häufig in einem ersten Verarbeitungsschritt digitalisiert.[2]

Digitalisierung stückweise stetiger Funktionen auf dyadischen Intervallen:
Jede auf dem Einheitsintervall stückweise stetige Funktion lässt sich mittels Integration digitalisieren. Man erhält den Wert $y_{j,k}$ über dem Intervall $I_{j,k}$ durch Mittelwertbildung per Integration der Funktion in den entsprechenden Grenzen:

$$y_{j,k} = 2^j \cdot \int_{\frac{k-1}{2^j}}^{\frac{k}{2^j}} f(x)\, \mathrm{d}x$$

Die Mittelwertbildung in dieser Form ist in später zu klärendem Sinne (vergleiche 5.4 und S.73) selbst eine Orthogonalprojektion, also ein Beispiel der im Mittelpunkt der gesamten Arbeit stehenden Methode. Diese Tatsache ist die Grundlage jeder Form der digitalen Signalverarbeitung.

Im Beispiel von Abbildung 4.1 ist $j = 3$, $n = 8$ und $k = 5$, das heißt:

$$I_{3,5} \;=\; \left[\tfrac{4}{8} \,;\, \tfrac{5}{8} \right[\qquad\qquad y_{3,5} \;=\; 8 \cdot \int_{\frac{4}{8}}^{\frac{5}{8}} f(x)\, \mathrm{d}x \approx 2.9$$

Offenbar kommt mit wachsender Intervallzahl n die Digitalisierung dem analogen Signal beliebig nah; wir können also auch stetige Funktionen gut approximieren, wenn wir nur zu hohen Dimensionen übergehen. Jede auf 8 gleich breiten Teilen des Einheitsintervalls konstante Funktion lässt sich eindeutig durch Angabe ihrer 8 Funktionswerte beschreiben:

$$
\begin{pmatrix} 1.3 \\ 0.7 \\ 1.1 \\ 2.0 \\ 2.9 \\ 3.4 \\ 3.1 \\ 1.5 \end{pmatrix}
= 1.3 \begin{pmatrix} 1 \\ 0 \\ 0 \\ 0 \\ 0 \\ 0 \\ 0 \\ 0 \end{pmatrix}
+ 0.7 \begin{pmatrix} 0 \\ 1 \\ 0 \\ 0 \\ 0 \\ 0 \\ 0 \\ 0 \end{pmatrix}
+ 1.1 \begin{pmatrix} 0 \\ 0 \\ 1 \\ 0 \\ 0 \\ 0 \\ 0 \\ 0 \end{pmatrix}
+ 2.0 \begin{pmatrix} 0 \\ 0 \\ 0 \\ 1 \\ 0 \\ 0 \\ 0 \\ 0 \end{pmatrix}
+ 2.9 \begin{pmatrix} 0 \\ 0 \\ 0 \\ 0 \\ 1 \\ 0 \\ 0 \\ 0 \end{pmatrix}
+ \ldots
$$

Der Vektorraum V_8 stimmt mit dem $\mathbb{R}^8$ überein. Zur Standard-Orthonormalbasis des $\mathbb{R}^8$ – deren Elemente wir als $\vec{e}_1$ bis $\vec{e}_8$ bezeichnen – gehört ein System sehr einfacher Funktionen, die eine Basis des V_8 bilden:

$$\varphi_{j,k} \;:\; I_{0,1} \to \mathbb{R} \;:\; x \mapsto \begin{cases} 1 & x \in I_{j,k} \\ 0 & \text{sonst} \end{cases} \qquad j \in \mathbb{N}_0,\; k \in \{1,..,2^j\}$$

---

[2] Gegenstand des Kastens ist die Digitalisierung oder „Abtastung" von Signalen. Eine weit allgemeinere Darstellung der Abtastung zeitkontinuierlicher Signale, insbesondere der Analog/Digital-Wandlung findet sich zum Beispiel in [28] (Kap.3, insbs. 3.7.2.). In dem Integral werden wir in 5.3 das Skalarprodukt der Funktion f mit der auf $I_{j,k}$ konstanten Eins-Funktion wiedererkennen.

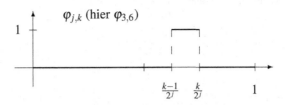

Abbildung 4.2: Standard-Basis-Funktion des V_8

Alle Funktionen des V_8 können in eindeutiger Weise aus den Funktionen $\varphi_{3,1}$ bis $\varphi_{3,8}$ zusammengesetzt werden; die Koeffizienten sind nichts anderes als die aufeinander folgenden Funktionswerte x_1 bis x_8. Die Übertragbarkeit auf wesentlich höhere Dimensionen ist offensichtlich. Da diese Basis des V_8 offensichtlich orthonormal ist, können beliebige Funktionen über ihr entwickelt werden − und die Entwicklung über dieser Basis ist nichts anderes als die Digitalisierung der Funktion.

Aus dem Blickwinkel der Signalverarbeitung bringt die Darstellung von Funktionen des V_n über dieser Basis allerdings kaum nennenswerte Vorteile: weder liefert sie brauchbare Informationen bezüglich der Analyse von Signalen, noch bereitet sie Möglichkeiten der kompakteren Darstellung vor. Sie beantwortet ausschließlich Fragen des Typs: Welchen Wert hat die Funktion wo? Komprimiert man verlustbehaftet über dieser Basis, so heißt das einfach, dass man den Funktionswert bei betragsmäßig kleinen Werten Null setzt. Kommen diese nicht vor, eröffnen sich auch keine unmittelbaren Kompressionsmöglichkeiten. Auch die Anordnung der Basis ist in Bezug auf Fragen der Signalverarbeitung willkürlich: Der Funktionswert im ersten Teilintervall ist in keiner Weise wichtiger oder grundlegender für das Gesamtsignal als jeder andere (vergleiche auch Abbildung 4.3).

Mit dem Ziel der Signalverarbeitung muss man also fragen: Welche anderen Basen kommen für Spaltenvektoren in Frage, die für Wertelisten stückweise konstanter Funktionen stehen? Welche Basen haben besondere Vorteile hinsichtlich der Analyse oder der Aufwandsersparnis? Welche Basen holen die grundlegendsten und übergeordnetsten Eigenschaften solcher Funktionen nach vorn?

4.2 Die Haar-Basis digitaler Signale

1909 führte der ungarische Mathematiker Alfred Haar (1888-1933) im Rahmen seiner Promotion bei David Hilbert eine Klasse von Funktionen ein, die sich später als grundlegend für die Verarbeitung digitaler Signale herausstellen sollten.[3] In der Darstellungsweise über Spaltenvektoren (und für ausgesprochen kurze Signale, nämlich $j = 3$, $n = 2^3 = 8$) entspricht diesen Funktionen eine Basis des $\mathbb{R}^8$, die wir als „Haar-Basis" bezeichnen[4].

---

[3]Zu den Zielen und Hintergründen von Haars Arbeit empfehlen wir den Beitrag von O'Connor und Robertson unter http://www-history.mcs.st-andrews.ac.uk/Biographies/Haar.html sowie die dort angegebene Literatur.

[4]Die Haar-Basis ist in der hier angegebenen Form noch nicht normiert. Zu Vorgehen und Nutzen der Normierung siehe S.75 und 4.4.

Die Haar-Basen stückweise stetiger Funktionen:

Für jedes $j \in \mathbb{N}_0$ ist für den Vektorraum $V_n = K_n([0,1])$ mit $n = 2^j$ die Haar-Basis vom Grad j definiert. Die Haar-Basis des V_8 (vom Grad 3) ist:

$$\left\{ \begin{pmatrix} 1 \\ 1 \\ 1 \\ 1 \\ 1 \\ 1 \\ 1 \\ 1 \end{pmatrix}, \begin{pmatrix} 1 \\ 1 \\ 1 \\ 1 \\ -1 \\ -1 \\ -1 \\ -1 \end{pmatrix}, \begin{pmatrix} 1 \\ 1 \\ -1 \\ -1 \\ 0 \\ 0 \\ 0 \\ 0 \end{pmatrix}, \begin{pmatrix} 0 \\ 0 \\ 0 \\ 0 \\ 1 \\ 1 \\ -1 \\ -1 \end{pmatrix}, \begin{pmatrix} 1 \\ -1 \\ 0 \\ 0 \\ 0 \\ 0 \\ 0 \\ 0 \end{pmatrix}, \begin{pmatrix} 0 \\ 0 \\ 1 \\ -1 \\ 0 \\ 0 \\ 0 \\ 0 \end{pmatrix}, \begin{pmatrix} 0 \\ 0 \\ 0 \\ 0 \\ 1 \\ -1 \\ 0 \\ 0 \end{pmatrix}, \begin{pmatrix} 0 \\ 0 \\ 0 \\ 0 \\ 0 \\ 0 \\ 1 \\ -1 \end{pmatrix} \right\}$$

Wie entsprechendeBasen des $\mathbb{R}^1, \mathbb{R}^2, \mathbb{R}^4, \mathbb{R}^{16}, \mathbb{R}^{32}$ und so weiter aussehen, kann in der naheliegenden Weise geschlossen werden.

Die Haar-Basis sieht zunächst etwas komplizierter aus als die Standardorthonormalbasis. Immerhin sind offensichtlich auch bei ihr die Vektoren paarweise orthogonal. Damit ist erstens sicher gestellt, dass es sich tatsächlich um eine Basis handelt. Zweitens kann die Darstellung beliebiger Vektoren über dieser Basis mittels Entwicklung nach der bekannten Formel berechnet werden. Wenn $\vec{x}$ den Vektor von S.72 und $\vec{h}_{2,1}$ den dritten Vektor der Haar-Basis des V_8 bezeichnet, rechnet man zum Beispiel

$$\frac{\vec{x} \cdot \vec{h}_{2,1}}{\vec{h}_{2,1} \cdot \vec{h}_{2,1}} = \frac{1.3 \cdot 1 + 0.7 \cdot 1 + 1.1 \cdot (-1) + 2.0 \cdot (-1) + 2.9 \cdot 0 + 3.4 \cdot 0 + 3.1 \cdot 0 + 1.5 \cdot 0}{1^2 + 1^2 + (-1)^2 + (-1)^2 + 0^2 + 0^2 + 0^2 + 0^2} = \frac{-1.1}{4} = -0.275$$

und hat damit den Koeffizienten des dritten Vektors in der Darstellung unseres Beispielvektors über der Haar-Basis bestimmt.[5] Mit allgemeinen Bezeichnungen gilt:

Das Verfahren der Entwicklung über Haar-Basen:

Bezeichnet man die Vektoren der Haar-Basis des $\mathbb{R}^8$ der Reihe nach als

$$\{\vec{h}_0, \vec{h}_{1,1}, \vec{h}_{2,1}, \vec{h}_{2,2}, \vec{h}_{3,1}, \vec{h}_{3,2}, \vec{h}_{3,3}, \vec{h}_{3,4}\} \quad ,$$

(vergleiche Seite 74) dann gilt allgemein für jedes $\vec{x} \in \mathbb{R}^8$:

$$\vec{x} = \frac{\vec{x} \cdot \vec{h}_0}{\vec{h}_0 \cdot \vec{h}_0} \cdot \vec{h}_0 + \sum_{i=1}^{3} \sum_{k=1}^{2^{i-1}} \frac{\vec{x} \cdot \vec{h}_{i,k}}{\vec{h}_{i,k} \cdot \vec{h}_{i,k}} \cdot \vec{h}_{i,k}$$

Demnach sind $\quad d_0 = \frac{\vec{x} \cdot \vec{h}_0}{\vec{h}_0 \cdot \vec{h}_0} \quad$ und $\quad d_{i,k} = \frac{\vec{x} \cdot \vec{h}_{i,k}}{\vec{h}_{i,k} \cdot \vec{h}_{i,k}} \quad$ die Entwicklungskoeffizienten.

Die Erweiterbarkeit auf beliebige Zweierpotenzen als Dimension ist offensichtlich. In der Formel ändert sich lediglich die obere Grenze der äußeren Summe von 3 auf $j = \log_2(n)$.

---

[5] Die vollständige Darstellung des gesuchten Vektors über der Haar-Basis findet sich auf S.75.

Aus Gründen, die auf S.77 deutlich werden, macht neben den bisher betrachteten, ganzzahligen Haar-Vektoren $\vec{h}_{i,k}$ die Einführung normierter Haar-Vektoren Sinn. Bezeichnet man die zur normierten Version der Haar-Basis gehörenden Vektoren als $\vec{o}_0$ bzw. $\vec{o}_{j,k}$, also zum Beispiel $\vec{o}_{3,2} = \frac{1}{\sqrt{2}} \cdot \vec{h}_{3,2}$, so wird die Formel für die Entwicklung noch etwas einfacher. Für jedes $\vec{x} \in \mathbb{R}^8$ gilt:

$$\vec{x} = (\vec{x} \cdot \vec{o}_0) \cdot \vec{o}_0 + \sum_{i=1}^{3} \sum_{k=1}^{2^{i-1}} (\vec{x} \cdot \vec{o}_{i,k}) \cdot \vec{o}_{i,k}$$

Diese Vereinfachung ist allerdings eher formaler Natur — immerhin handelt man sich an Stelle der Nenner in der oberen Formel oft irrationale Normierungsfaktoren ein. Der echte Grund für die Betrachtung der normierten Version hängt mit Fragen der Größenordnung zusammen, die in Zusammenhang mit der verlustbehafteten Kompression der Daten wichtig werden (siehe 4.4). Die Koeffizienten der normierten Version,

$$c_0 = \frac{\vec{x} \cdot \vec{h}_0}{\sqrt{\vec{h}_0 \cdot \vec{h}_0}} = \vec{x} \cdot \vec{o}_0 \quad \text{und} \quad c_{i,k} = \frac{\vec{x} \cdot \vec{h}_{i,k}}{\sqrt{\vec{h}_{i,k} \cdot \vec{h}_{i,k}}} = \vec{x} \cdot \vec{o}_{i,k} \quad ,$$

sind in Zusammenhang mit Fragen der Größenordnung unmittelbar aussagekräftig. Die Haar-Basen sind also orthogonal und leicht zu normieren. Damit bringen sie dieselben strukturellen Vorteile mit wie die Standard-Orthonormalbasen, insbesondere ist auch die Entwicklung über ihnen eine Orthogonalprojektion. Inwiefern aber ist eine Darstellung der Signale über Haar-Basen anderen Darstellungen vorzuziehen? Der auf den ersten Blick willkürlich anmutende Wechsel zur Haar-Basis hat in Zusammenhang mit der Verarbeitung digitaler Signale zwei entscheidende Vorteile:

1. Die Darstellung über einer Haar-Basis systematisiert die Approximation auf Unterräumen verschiedener Dimension.

2. Die Darstellung über einer Haar-Basis liefert bei einem großen Teil der in der Realität auftretenden Signale viele betragsmäßig kleine Koeffizienten.

Der Aspekt der Systematisierung wird vor allem im Vergleich mit der Standard-Orthonormalbasis deutlich: Bricht man die Darstellung eines Vektors über der Standard-Orthonormalbasis (Seite 72) nach einigen Komponenten ab, so erhält man eine Art Teilfunktion (siehe Abbildung 4.3). Sie stimmt in einem Abschnitt exakt mit dem Original überein und ist überall sonst Null. Das macht als Näherung des Originalsignals natürlich wenig Sinn. Anders bei der Haar-Basis:

Vorteil 1 der Haar-Darstellung: Systematisierung der Approximationsstufen

Bricht man die Haar-Darstellung eines Signals — im oben angegebenen Beispiel

$$\vec{x} = 2 \cdot \vec{h}_0 - 0.725 \cdot \vec{h}_{1,1} - 0.275 \cdot \vec{h}_{2,1} + 0.425 \cdot \vec{h}_{2,2} + 0.3 \cdot \vec{h}_{3,1} - 0.45 \cdot \vec{h}_{3,2} - 0.25 \cdot \vec{h}_{3,3} + 0.8 \cdot \vec{h}_{3,4}$$

nach einer Zweierpotenz von Komponenten ab, so erhält man unterschiedlich grobe Näherungen des Originals (siehe Abbildung 4.4).

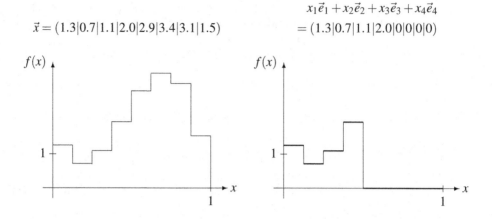

$$\vec{x} = (1.3|0.7|1.1|2.0|2.9|3.4|3.1|1.5)$$

$$x_1\vec{e}_1 + x_2\vec{e}_2 + x_3\vec{e}_3 + x_4\vec{e}_4$$
$$= (1.3|0.7|1.1|2.0|0|0|0|0)$$

Abbildung 4.3: Original-Signal und Abbruch der Standard-Darstellung

Die erste Stufe der Haar-Approximation, $d_0\vec{h}_0$, ist die − im über das Standardskalarprodukt des $\mathbb{R}^n$ definierten Sinne − beste Näherung des Signals mit nur einem einzigen zu speichernden Koeffizienten: Die konstante Funktion, deren Wert dem arithmetischen Mittel der Funktionswerte entspricht. In diesem Sinne holt die Haar-Basis eine der grundlegendsten aller Signaleigenschaften nach vorne. Die zweite Stufe, $d_0\vec{h}_0 + d_{1,1}\vec{h}_{1,1}$, entspricht auf der ersten Intervall-Hälfte dem arithmetischen Mittel der ersten vier, auf der zweiten dem der zweiten vier Funktionswerte. Die dritte (oder allgemein $(j-1)$-te) Stufe fasst jeweils Zweierpaare aufeinander folgender Werte zu einem Mittelwert zusammen und ist, außer dort wo deutliche Sprünge vorliegen, bereits eine recht gute Näherung des Signals. Enger angelehnt an die allgemeine Darstellung der übergeordneten Theorie in Kapitel 1 lässt sich der Unterschied zwischen Standard-Orthonormalbasis und Haar-Basis bei der Signalverarbeitung auch so zusammenfassen: Die Approximation digitaler Signale durch Projektion auf Unterräume, die durch Abbrechen der Standard-Orthonormalbasis erzeugt werden, macht wenig Sinn: Sie liefert sprunghafte Signale, die in manchen Intervallen exakt mit dem Original übereinstimmen, in anderen Null sind. Die Projektion auf durch Abbrechen der Haar-Basis (in der auf S.74 gegebenen Reihenfolge) erzeugte Unterräume macht dagegen sehr viel Sinn: Sie liefert auf Mittelwertbildung beruhende, unterschiedlich grobe Näherungen des Originals. Dabei kann gegebenenfalls individuell unterschieden werden, in welchen Bereichen relativ grob, in welchen feiner genähert wird (siehe 4.4).

In der Haar-Darstellung des Beispiel-Vektors auf Seite 75 fällt auf, das die meisten Entwicklungskoeffizienten betragsmäßig klein sind. Das ist kein Zufall, sondern liegt an der speziellen Form der „Haar-Vektoren": Der Zähler des sechsten Koeffizienten zum Beispiel, $\vec{x}\cdot\vec{h}_{3,2}$, ist nichts anderes als die Differenz zwischen dem dritten und dem vierten Vektoreintrag von $\vec{x}$. Generell geben alle 2^{j-1} Koeffizienten in der zweiten Hälfte einer Haar-Entwicklung Differenzen aufeinander folgender Funktionswerte an. Sehr viele der in der Realität zu verarbeitenden Signale aber verlaufen in großen Bereichen nahezu konstant und weisen nur wenige markante Sprünge auf. Für all diese Signale liefert die Darstellung über der Haar-Basis eine große Zahl vernachlässigbar kleiner Koeffizienten. Darin und in der damit verbundenen Fähigkeit, die wenigen markanten

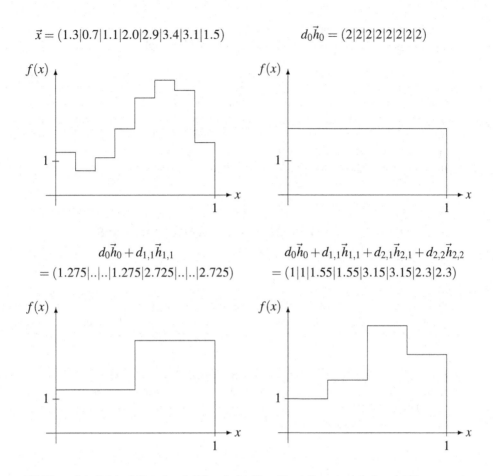

$$\vec{x} = (1.3|0.7|1.1|2.0|2.9|3.4|3.1|1.5) \qquad d_0\vec{h}_0 = (2|2|2|2|2|2|2|2)$$

$$d_0\vec{h}_0 + d_{1,1}\vec{h}_{1,1}$$
$$= (1.275|..|..|1.275|2.725|..|..|2.725)$$

$$d_0\vec{h}_0 + d_{1,1}\vec{h}_{1,1} + d_{2,1}\vec{h}_{2,1} + d_{2,2}\vec{h}_{2,2}$$
$$= (1|1|1.55|1.55|3.15|3.15|2.3|2.3)$$

Abbildung 4.4: Original-Signal und Abbruch der Haar-Darstellung nach 1, 2 und 4 Komponenten

Sprünge der Signale gezielt herauszufiltern, liegt das große Potential der Methode.

> **Vorteil 2 der Haar-Darstellung: viele kleine Koeffizienten**
> Da fast alle Koeffizienten der Haar-Darstellung den Unterschied zwischen benachbarten Funktionswerten (oder Gruppen von Funktionswerten) wiedergeben, nehmen sie in gleichmäßig verlaufenden Signal-Abschnitten betragsmäßig kleine Werte an. Für alle Signale, die in größeren Bereichen annähernd konstant bleiben und nur wenige sprunghafte Veränderungen aufweisen, liefert die Darstellung über der Haar-Basis viele vernachlässigbar kleine Koeffizienten.

Allerdings steckt hier noch ein kleiner Teufel im Detail, und zwar tritt die Bedeutung der Normierung zu Tage: In der bisherigen Form ist es gar nicht zulässig, die Koeffizienten über der Haar-Basis unmittelbar mit denen der Standardorthonormalbasis des $\mathbb{R}^8$ zu vergleichen: Die Vektoren der Haar-Basis sind nämlich nicht normiert, sondern haben die Längen $\sqrt{2}$, 2 oder $2\sqrt{2}$ und damit automatisch kleinere Vorfaktoren! Vergleichbarkeit erreicht man erst durch den Übergang zur normierten Haar-Basis. Im oben angegebenen Beispiel:

$$\vec{x} = 5.657 \cdot \vec{o}_0 - 2.051 \cdot \vec{o}_{1,1} - 0.55 \cdot \vec{o}_{2,1} + 0.85 \cdot \vec{o}_{2,2} + 0.424 \cdot \vec{o}_{3,1} - 0.636 \cdot \vec{o}_{3,2} - 0.354 \cdot \vec{o}_{3,3} + 1.131 \cdot \vec{o}_{3,4}$$

Auch von den Koeffizienten der normierten Haar-Basis sind noch viele betragsmäßig klein, bergen also die Möglichkeit der Datenersparnis mit tolerierbarem Informationsverlust. Noch deutlicher lassen sich Grundidee und Vorteile der Methode anhand des so genannten „Haar-Algorithmus" (auch Haar-Wavelet-Transformation) erklären – dem systematisch zu programmierenden Rechenverfahren, das innerhalb der Bearbeitung digitaler Signale zum Beispiel im JPEG2000-Format verwendet wird.

4.3 Transformation digitaler Signale mittels Haar-Algorithmus *

> Die Grundidee des Haar-Algorithmus besteht darin, sich anstelle aufeinander folgender Werte eines digitalen Signals deren arithmetisches Mittel und deren Differenz zu merken.

Das ist insofern eine vielversprechende Strategie, als aufeinander folgende Werte realer Signale meist dicht beieinander liegen. Wenige markante Sprünge ausgenommen sind also viele der berechneten Differenzen nahezu Null. Statt der ersten beiden Werte eines Signals, zum Beispiel $y_1 = 7$ und $y_2 = 8$, speichert man also

$$\hat{a} = \frac{y_1 + y_2}{2} = 7.5 \quad \text{und} \quad \hat{d} = y_1 - y_2 = -1 \quad .$$

Die ursprünglichen Werte lassen sich aus Mittelwert und Differenz in einfacher und eindeutiger Weise wieder berechnen, es ist:

$$y_1 = \frac{2\hat{a} + \hat{d}}{2} \quad \text{und} \quad y_2 = \frac{2\hat{a} - \hat{d}}{2}$$

Tatsächlich merkt man sich im Algorithmus nicht Mittelwert und Differenz selbst, sondern um einen Normierungsfaktor geänderte Versionen, den so genannten Approximations- und den Detailkoeffizienten:

$$a = \frac{y_1 + y_2}{\sqrt{2}} \approx 10.61 \quad \text{und} \quad d = \frac{y_1 - y_2}{\sqrt{2}} \approx -0.71$$

Das macht die Formeln für Hin- und Rücktransformation symmetrisch, denn nun gilt:

$$y_1 = \frac{a + d}{\sqrt{2}} \quad \text{und} \quad y_2 = \frac{a - d}{\sqrt{2}}$$

Eigentlich hat die Einführung der Vorfaktoren allerdings einen weit wichtigeren Grund, mit dem die Anwendbarkeit des Verfahrens steht und fällt. Er hängt mit der Normierung der Basis-Vektoren in 4.2 zusammen und wird in 4.5 näher erläutert.

Da es bei der Transformation eines Signals nicht nur um zwei, sondern um $n = 2^j$ aufein-ander folgende Werte geht, läuft das Verfahren in mehreren Schritten ab, bei denen jeweils Approximations- und Detailkoeffizienten berechnet werden. Im ersten Schritt sind die Details die (normierten) Differenzen aufeinander folgender Wertepaare. Im zweiten Schritt werden die (normierten) Mittelwerte des ersten Schrittes dem gleichen Verfahren unterzogen wie zuvor die Ausgangswerte. Es werden also (jeweils wieder normierte) Mittelwerte und Differenzen höherer Ordnung berechnet.

Das Verfahren kann so lange fortgesetzt werden, bis man sich nur noch einen globalen Mit-telwert und $n - 1$ Details merkt, welche Schritt für Schritt abgespalten wurden und im günstigen Fall größtenteils vernachlässigbar klein sind.

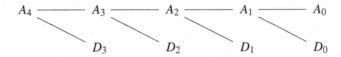

Abbildung 4.5: Schema der mehrstufigen Haar-Transformation für $n = 16$

A_4 ist das aus den 2^4 Werten $a_{4,1}$ bis $a_{4,16}$ bestehende Ausgangssignal. A_3 besteht aus den Approximationskoeffizienten $a_{3,1}$ bis $a_{3,8}$, D_3 aus den Detailkoeffizienten $d_{3,1}$ bis $d_{3,8}$ des ersten Transformationsschrittes. Entsprechend werden der Reihe nach weitere 4, 2 und 1 Detailkoeffi-zienten abgespalten, bis $A_0 = a_{0,1}$ der einzig noch behaltene, globale Mittelwert ist.

Kennt man A_0 und D_0, kann man daraus A_1 rekonstruieren; kennt man zusätzlich D_1, kann man A_2 rekonstruieren und so weiter. In der Kette D_3, D_2, D_1, D_0, A_0 steckt also die komplette Information von A_4 — allerdings in einer so transformierten Weise, dass bei einer großen Zahl von Signalen viele der 16 zu speichernden Werte vernachlässigbar klein sind.

Eine vollständige Formalisierung für beliebige Zweierpotenzen n ist nur mit Hilfe einer ver-gleichsweise komplizierten Doppelindizierung möglich. Sie wird im Folgenden (auch als Grund-lage für die tatsächliche Programmierung des Algorithmus' wie im Maple-Worksheet HWT) an-gegeben, kann aber problemlos bis zum nächsten konkreten Beispiel übersprungen werden. Im transformierten Signal stehen zuerst der Reihe nach die Detail-, dann die Approximationskoef-fizienten. Für $j = 3$ sieht die Folge aus dem Signal und seinen Transformationen zum Beispiel wie folgt aus:

Signal	$(\ a_{3,1} \mid a_{3,2} \mid a_{3,3} \mid a_{3,4} \mid a_{3,5} \mid a_{3,6} \mid a_{3,7} \mid a_{3,8} \ )$
1. Transformation	$(\ d_{3,1} \mid d_{3,2} \mid d_{3,3} \mid d_{3,4} \mid a_{2,1} \mid a_{2,2} \mid a_{2,3} \mid a_{2,4} \ )$
2. Transformation	$(\ d_{3,1} \mid d_{3,2} \mid d_{3,3} \mid d_{3,4} \mid d_{2,1} \mid d_{2,2} \mid a_{1,1} \mid a_{1,2} \ )$
3. Transformation	$(\ d_{3,1} \mid d_{3,2} \mid d_{3,3} \mid d_{3,4} \mid d_{2,1} \mid d_{2,2} \mid d_{1,1} \mid a_{0,1} \ )$

Formalismus des Haar-Algorithmus:

Sind $a_{j,i}$ für $i \in \{1,..,2^j\}$ die Werte des Ausgangssignals, dann gilt für den ersten Schritt des Haar-Algorithmus:

$$a_{j-1,i} = \frac{a_{j,2i-1} + a_{j,2i}}{\sqrt{2}} \quad \text{und} \quad d_{j,i} = \frac{a_{j,2i-1} - a_{j,2i}}{\sqrt{2}} \quad \forall i \in \{1,..,2^{j-1}\}$$

Allgemein gilt für den n-ten Schritt mit $n \in \{1,..,j\}$:

$$a_{j-n,i} = \frac{a_{j-n+1,2i-1} + a_{j-n+1,2i}}{\sqrt{2}} \quad \text{und} \quad d_{j-n+1,i} = \frac{a_{j-n+1,2i-1} - a_{j-n+1,2i}}{\sqrt{2}} \quad \forall i \in \{1,..,2^{j-n}\}$$

Dabei bezeichnet man die $a_{n,i}$ als Approximations-, die $d_{n,i}$ als Detailkoeffizienten. Jeder einzelne Schritt des Haar-Algorithmus lässt sich gemäß folgender, zu den Ausgangsformeln symmetrischer und damit ebenfalls leicht zu programmierender Formeln invertieren:

$$a_{j-n+1,2i-1} = \frac{a_{j-n,i} + d_{j-n+1,i}}{\sqrt{2}} \quad \text{und} \quad a_{j-n+1,2i} = \frac{a_{j-n,i} - d_{j-n+1,i}}{\sqrt{2}} \quad \forall i \in \{1,..,2^{j-n}\}$$

Beispiele:

Ein überschaubares Zahlenbeispiel mit exakten Werten:

Signal	(	7	|	8	|	10	|	17	|	16	|	15	|	4	|	5	)
1. Transform.	(	$-1/\sqrt{2}$	|	$-7/\sqrt{2}$	|	$1/\sqrt{2}$	|	$-1/\sqrt{2}$	|	$15/\sqrt{2}$	|	$27/\sqrt{2}$	|	$31/\sqrt{2}$	|	$9/\sqrt{2}$	)
2. Transform.	(	$-1/\sqrt{2}$	|	$-7/\sqrt{2}$	|	$1/\sqrt{2}$	|	$-1/\sqrt{2}$	|	$-12/2$	|	$22/2$	|	$42/2$	|	$40/2$	)
3. Transform.	(	$-1/\sqrt{2}$	|	$-7/\sqrt{2}$	|	$1/\sqrt{2}$	|	$-1/\sqrt{2}$	|	$-12/2$	|	$22/2$	|	$2/2\sqrt{2}$	|	$82/2\sqrt{2}$	)

Das Zahlenbeispiel aus 4.1:

Signal	(1.3 |	0.7 |	1.1 |	2.0 |	2.9 |	3.4 |	3.1 |	1.5)
1. Transformation	(0.424 |	-0.636 |	-0.354 |	1.131 |	1.414 |	2.192 |	4.455 |	3.235)
2. Transformation	(0.424 |	-0.636 |	-0.354 |	1.131 |	-0.55 |	0.85 |	2.55 |	5.45)
3. Transformation	(0.424 |	-0.636 |	-0.354 |	1.131 |	-0.55 |	0.85 |	-2.051 |	5.657)

Zusammenhang mit der Haar-Basis-Darstellung

Ein Vergleich mit der Zusammensetzung von $\tilde{x}$ auf Seite 78 zeigt, dass der Haar-Algorithmus in der letzten Stufe nichts anderes liefert als die Entwicklungs-Koeffizienten über der orthonormierten Haar-Basis; wenn auch in (aus unten erläuterten Gründen) leicht geänderter Reihenfolge. Es ist

$$c_0 = a_{0,1} \quad \text{und} \quad c_{i,k} = d_{i,k} \quad \text{für} \quad i \geq 1 \text{ und } 1 \leq k \leq 2^{i-1} \quad .$$

Der Algorithmus ist nichts anderes als eine geschickte Form der Koeffizienten-Verwaltung bei der Transformation diskreter Signale mittels Haar-Basis. Die umgekehrte Reihenfolge bei der

Koeffizientenberechnung (nämlich zuerst die $c_{3,i}$, dann die $c_{2,i}$ und erst zuletzt $c_{1,1}$ und c_0) ist aus folgendem Grund effektiver: Der in die Berechnung von $c_{1,1}$ eingehende Mittelwert der ersten vier Einträge kann aus den Mittelwerten der ersten beiden und der zweiten beiden Einträge bequemer berechnet werden als direkt; und diese benötigt man für $c_{2,1}$ ohnehin. Aus diesem Grund ist der Haar-Algorithmus dem Entwickeln über der Haar-Basis bezüglich der Anzahl der Rechenschritte vorzuziehen.

Bestimmt man die Entwicklungskoeffizienten eines Vektors über der Haar-Basis mittels der Projektionsformel, so entspricht die Anzahl der Rechenschritte der Anzahl der von Null verschiedenen Einträge in den Haar-Vektoren. Dies sind für $n = 2^3 = 8$ (vergleiche S.74)

$$2 \cdot 8 + 2 \cdot 4 + 4 \cdot 2 = 32$$

und für $n = 2^j$ allgemein

$$2 \cdot 2^j + 2 \cdot 2^{j-1} + 2^2 \cdot 2^{j-2} + \ldots + 2^{j-1} \cdot 2 = 2 \cdot 2^j + (j-1) \cdot 2^j = 2^j \cdot (j+1) = n \cdot (\log_2(n) + 1)$$

Rechenschritte. Bestimmt man die Entwicklungskoeffizienten eines Vektors über der Haar-Basis dagegen mittels des Haar-Algorithmus, erfordert dies so viele Rechenschritte, wie Approximations- beziehungsweise Detailkoeffizienten berechnet werden müssen. Das sind für $n = 2^3 = 8$ (vergleiche S.80)

$$8 + 4 + 2 = 14$$

und für $n = 2^j$ allgemein

$$2^j + 2^{j-1} + \ldots + 2^1 = \sum_{i=1}^{j} 2^i - 1 = \frac{2^{j+1} - 1}{2 - 1} - 1 = 2^{j+1} - 2 = 2n - 2$$

Rechenschritte. Demnach ist das Berechnen der Koeffizienten per Algorithmus besonders für große n dem Entwickeln mittels Projektionsformel deutlich vorzuziehen (vergleiche Abbildung 4.6).

Vergleich von Entwicklung und Algorithmus bezüglich der Rechenschritte:
Entwickelt man einen Vektor mit $n = 2^j$ Einträgen per Projektionsformel über der Haar-Basis, so erfordert das $n \cdot (\log_2(n) + 1) = 2^j \cdot (j+1)$ Rechenschritte (Komplexität $n \cdot \ln(n)$). Wendet man stattdessen den Haar-Algorithmus an, um die Entwicklungskoeffizienten zu bestimmen, erfordert das nur $2n - 2 = 2^{j+1} - 2$ Rechenschritte (Komplexität n).

Die Überlegenheit des Haar-Algorithmus bezüglich des Rechenaufwands wird im Vergleich mit der digitalen Fourier- oder der Walsh-Transformation als wichtigen Konkurrenten in der digitalen Signalverarbeitung (siehe S.125 und S.127) deutlich. Der Algorithmus ist natürlich längst nicht für alle Aspekte der Signalverarbeitung gut (zeigt zum Beispiel keine periodischen oder symmetrischen Signalverläufe auf und gibt schon quadratische Abschnitte nicht korrekt wieder, siehe dazu auch 5.1), aber im gezielten Auffinden einzelner Sprungstellen ist er unübertroffen. Das lässt sich grob auch wie folgt erklären:

Vergleichen wir für eine Funktion des $V_n = V_{2^j}$, die innerhalb ihres Definitionsbereichs $[0; 1[$ nur einen markanten Sprung aufweist, Darstellungen über der Standard-Orthonormalbasis und

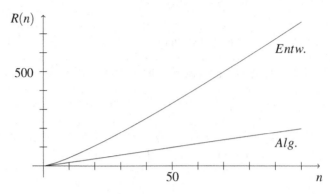

Abbildung 4.6: Vergleich des Rechenaufwands bei Haar-Wavelet-Entwicklung und Haar-Algorithmus

über der Haar-Basis hinsichtlich ihrer Fähigkeit, die fragliche Stelle herauszufiltern. Die Verwendung der Standard-Orthonormalbasis entspricht einem Vorgehen, bei dem zum Aufspüren der Sprungstelle schlicht alle 2^j Werte berechnet werden. Geht man zu einer Verfeinerung des Signals über, erhöht also j um 1, dann verdoppelt sich die Zahl der nötigen Rechenschritte.

Die Verwendung des Haar-Algorithmus läuft dagegen darauf hinaus, im ersten Schritt zu klären, ob die Sprungstelle in der linken oder rechten Intervall-Hälfte liegt. Im zweiten Schritt wird dann das fragliche Teilintervall wieder halbiert und so weiter. Mit jedem Schritt wird also der Spielraum für die fraglich Stelle halbiert. Eine Verfeinerung des Signals in Form einer Erhöhung von j um 1 macht deshalb nur einen weiteren Rechenschritt erforderlich.

Effizienz des Haar-Algorithmus beim Auffinden von Sprungstellen:
Der Aufwand zum Auffinden markanter Stellen in Signalen wächst bei der Standard-Darstellung linear mit der Anzahl der Teilintervalle n und exponentiell mit dem Grad der Verfeinerung j. Bei Verwendung des Haar-Algorithmus wächst er nur logarithmisch mit n und linear mit j.

4.4 Thresholding und verlustbehaftete Kompression

Die Entwicklung von Signalen über Haar-Basen bietet grundsätzlich zwei Möglichkeiten zur Approximation. Die eine wird durch Abbildung 4.4 nahegelegt. Sie besteht darin, die Haar-Darstellung bei einer niedrigeren Dimension 2^i als der des Originalsignals (2^j mit $j > i$) abzubrechen. In der Terminologie des Haar-Algorithmus heißt das, die Details bis zu einer gewissen Stufe geschlossen zu vernachlässigen.

Diese Art der Approximation geschieht mit vorgegebener Grobheit pauschal über das gesamte Signal hinweg. Das ist für die Signale in Abbildung 4.7 offensichtlich nicht besonders geschickt: Wie bei vielen realen Signalen ändert sich hier in manchen Bereichen kaum etwas, während in anderen plötzlich sehr viel passiert. Ein intelligenter Algorithmus sollte deshalb in den erstgenannten Bereichen ruhig sehr grob, in den anderen feiner approximieren.

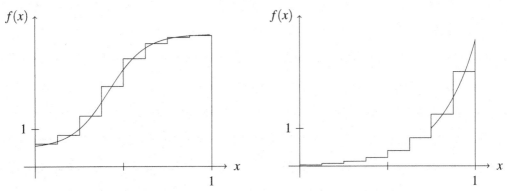

Abbildung 4.7: Signale mit stark variierendem Änderungsgrad

Dieses variable Einstellen des Approximationsgrades je nach Verlauf des Signals bereitet der Haar-Algorithmus in optimaler Weise vor: $n-1$ von n Einträgen im transformierten Signal bemessen die Unterschiede zwischen benachbarten Werten oder zusammengefassten Wertebereichen. Diese Unterschiede sind genau dort klein, wo das Signal keinen großen Änderungen unterworfen ist und man es ohne großen Informationsverlust glätten kann, indem man die Unterschiede vernachlässigt.

Das zugehörige Verfahren wird in der Datenverarbeitung als Thresholding (vom englischen „threshold" für Schwelle) bezeichnet: Man legt einen Schwellenwert ε fest und setzt alle Koeffizienten Null, die betragsmäßig kleiner sind. Für das Zahlenbeispiel aus 4.1 folgen hier Näherungen mit unterschiedlichen Schwellenwerten, die in Abbildung 4.8 graphisch dargestellt sind. Bei der Approximation mit $\varepsilon = 0.5$ erkennt man zum Beispiel, dass die Unterschiede zwischen benachbarten Werten nur im zweiten und letzten Viertel berücksichtigt werden, wo sie relativ groß sind. Im ersten und dritten Viertel wird dagegen durch den Mittelwert approximiert. Weitere Beispiele finden sich in 4.6.

$$\varepsilon = 0: \quad \vec{x} = 5.657 \cdot \vec{o}_0 - 2.051 \cdot \vec{o}_{1,1} - 0.55 \cdot \vec{o}_{2,1} + 0.85 \cdot \vec{o}_{2,2}$$
$$+ 0.424 \cdot \vec{o}_{3,1} - 0.636 \cdot \vec{o}_{3,2} - 0.354 \cdot \vec{o}_{3,3} + 1.131 \cdot \vec{o}_{3,4}$$
$$= (1.3 | 0.7 | 1.1 | 2.0 | 2.9 | 3.4 | 3.1 | 1.5)$$

$$\varepsilon = 0.5: \quad \vec{x} \approx 5.657 \cdot \vec{o}_0 - 2.051 \cdot \vec{o}_{1,1} - 0.55 \cdot \vec{o}_{2,1} + 0.85 \cdot \vec{o}_{2,2}$$
$$- 0.636 \cdot \vec{o}_{3,2} + 1.131 \cdot \vec{o}_{3,4}$$
$$= (1 | 1 | 1.1 | 2.0 | 3.15 | 3.15 | 3.1 | 1.5)$$

$$\varepsilon = 0.6: \quad \vec{x} \approx 5.657 \cdot \vec{o}_0 - 2.051 \cdot \vec{o}_{1,1} + 0.85 \cdot \vec{o}_{2,2} - 0.636 \cdot \vec{o}_{3,2} + 1.131 \cdot \vec{o}_{3,4}$$
$$= (1.275 | 1.275 | 0.825 | 1.725 | 3.15 | 3.15 | 3.1 | 1.5)$$

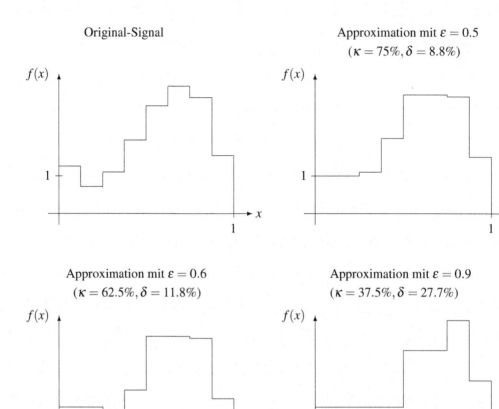

Abbildung 4.8: Original-Signal und Approximation mit verschiedenen Schwellenwerten ε

$$\varepsilon = 0.7: \qquad \vec{x} \;\approx\; 5.657 \cdot \vec{o}_0 - 2.051 \cdot \vec{o}_{1,1} + 0.85 \cdot \vec{o}_{2,2} + 1.131 \cdot \vec{o}_{3,4}$$
$$= \; (1.275|1.275|1.275|1.275|3.15|3.15|3.1|1.5)$$

$$\varepsilon = 0.9: \qquad \vec{x} \;\approx\; 5.657 \cdot \vec{o}_0 - 2.051 \cdot \vec{o}_{1,1} + 1.131 \cdot \vec{o}_{3,4}$$
$$= \; (1.275|1.275|1.275|1.275|2.725|2.725|3.525|1.925)$$

Im Haar-Algorithmus heißt das: Im transformierten Signal ersetzt man diejenigen Einträge durch Null, deren Betrag unter der vorgegebenen Schwelle liegt. Erst dann transformiert man nach den Formeln von Seite 78 mit entsprechend vielen Stufen zurück. Für das Zahlenbeispiel aus 4.1

ergibt sich:

Signal	(1.3	0.7	1.1	2.0	2.9	3.4	3.1	1.5)
1. Transformation	(0.424	−0.636	−0.354	1.131	1.414	2.192	4.455	3.235)
2. Transformation	(0.424	−0.636	−0.354	1.131	−0.55	0.85	2.55	5.45)
3. Transformation	(0.424	−0.636	−0.354	1.131	−0.55	0.85	−2.051	5.657)
Thresholding ($\varepsilon = 0.6$)	(0	−0.636	0	1.131	0	0.85	−2.051	5.657)
Rücktransformation 3.	(0	−0.636	0	1.131	0	0.85	2.55	5.45)
Rücktransformation 2.	(0	−0.636	0	1.131	1.803	1.803	4.455	3.253)
Rücktransformation 1.	(1.275	1.275	0.825	1.725	3.15	3.15	3.1	1.5)

Solche mittels Thresholding gewonnenen Approximationen gehen natürlich mit einem echten Informationsverlust einher, das heißt es handelt sich um verlustbehaftete Kompression. Allerdings sind bei Verwendung des Haar-Algorithmus die Verluste im Verhältnis zur erreichten Datenersparnis oft sehr erträglich. Um beide Phänomene quantitativ zu erfassen, werden die folgenden Größen eingeführt. In Abbildung 4.8 sind sie zu jeder Approximation mit angegeben.

Kompressionsrate und relativer Fehler einer Approximation:

Als Kompressionsrate κ einer Approximation bezeichnet man das Verhältnis der (von Null verschiedenen) Koeffizientenzahl der Approximation zu der des Original-Signals:

$$\kappa = \frac{m}{n} \qquad \text{mit } \vec{x} \in V , \ \vec{x}_A \in U , \ n = \dim(V) , \ m = \dim(U)$$

Als relativen Fehler δ einer Approximation $\vec{x}_A$ des Original-Vektors $\vec{x}$ bezeichnet man den Quotienten aus der Norm der Differenz und der Norm des Original-Vektors:

$$\delta = \frac{\|\vec{x} - \vec{x}_A\|}{\|\vec{x}\|}$$

Die Kompressionsrate einer Approximation $\vec{x}_A$ des Original-Vektors $\vec{x}$ ist mit anderen Worten der Quotient aus der Dimension des Unterraums, auf den projiziert wurde, und der Dimension des Ursprungsvektors $\vec{x}$. Von Teilen der Haar-Basis erzeugte Unterräume sind für in größeren Bereichen annähernd konstante Signale gute Unterräume. Das Thresholding gewährleistet, dass der in Bezug auf den spezifischen Signalverlauf optimale Unterraum gewählt wird. Insgesamt gilt:

Leistung des Haar-Algorithmus bezüglich des allgemeinen Verfahrens:

Im durch die Wahl von n und ε gesteckten Rahmen wird unter allen grundsätzlich geeigneten m-dimensionalen Unterräumen des V_n derjenige ausgewählt, der dem unterschiedlichen Änderungsverhalten des Signals in verschiedenen Bereichen am besten gerecht wird. In diesem wird dann die bestmögliche Approximation des Signals als Orthogonalprojektion bestimmt. Da es sich bei der Haar-Basis um eine Orthogonalbasis handelt, kann dies per Zerlegung und Projektionsformel erfolgen − oder noch effizienter mittels des Haar-Algorithmus.

Grundsätzlich geeignet sind Unterräume, bei denen die Werte auf den Teilintervallen voneinander unabhängig sind. Nur diese ermöglichen nämlich für alle Signale gleichermaßen gute Approximation. Natürlich gibt es zu jedem speziellen Signal Unterräume, in denen bessere Kompressionsraten bei geringeren Verlusten möglich sind (insbesondere den eindimensionalen, vom Signal erzeugten Unterraum mit $\kappa = 1/n$ und $\delta = 0$), aber diese sind speziell auf das Signal zugeschnitten und erlauben kein universelles Verfahren.

4.5 Grundsätzliches zu Signalverarbeitung und Normerhaltung *

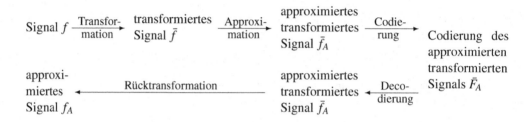

Abbildung 4.9: Grundschema der Datenkompression bei der Signalverarbeitung

---

Signalverarbeitung durch Entwicklung über Orthonormalbasen:
Beim Spezialfall der Signalverarbeitung nach unserer allgemeinen Methode besteht die Transformation stets im Wechsel zu einer geeigneten Orthogonalbasis, die Approximation in der Beschränkung auf einen (möglichst gut gewählten und dem Signaltyp angepassten) Unterraum.

Abbildung 4.9 zeigt die Grundschritte der Signalverarbeitung im Überblick. Letzter Schritt ist stets die Codierung, das heißt die Übersetzung der das Signal beschreibenden reellen Zahlen in Binärcodes. Effizientes Codieren ist eine Wissenschaft für sich (siehe zum Beispiel Schulz [35]), die eigene Algorithmen beinhaltet und mit den jeweiligen Bedingungen und Intentionen variiert.[6] Die Länge der Binärcodes hängt einerseits von der gewünschten Genauigkeit, andererseits von der Größe der Zahlen ab. Vereinfacht ausgedrückt ist ein approximiertes Signal $\bar{f}_A$ gut zu codieren, wenn es viele Nullen enthält.

Diese Nullen zu erzeugen und eine möglichst kurze Darstellung für eine möglichst gute Näherung des Ausgangs-Signals zu finden, ist Aufgabe zweier Verarbeitungsschritte, die der Codierung vorausgehen: Transformation und Approximation. Die Approximation kann einerseits

---

[6]Ein universelles 'Codierungsrezept' für alle Signale vorgeben zu wollen, schränkt in der Realität zu stark ein. Stattdessen passt man die Codierung den spezifischen Signaleigenschaften und Verarbeitungszielen an um den Preis, das jeweilige Codierungs-Logbuch mit speichern und übermitteln zu müssen.

in einer Dimensionsreduktion (dem Abbruch einer Entwicklung nach vorgegebenem Grad), andererseits im Runden und Nullsetzen (dem Weglassen einzelner Koeffizienten) bestehen. Die Transformation $\bar{f}$ des Signals sollte deshalb nach Möglichkeit so beschaffen sein, dass

1. die prägendsten und für die jeweiligen Verarbeitungsziele ausschlaggebendsten Merkmale in den vordersten Koeffizienten stecken und

2. viele Koeffizienten betragsmäßig klein sind.

Welche Art von Transformation gut ist, hängt sowohl von Typ und Eigenschaften der Signale als auch von den genauen Zielen der Verarbeitung ab. Geht es zum Beispiel nur um eindeutige Erkennbarkeit (wie bei Fingerabdrücken und Spracherkennung) oder auch um etwas wie Authentizität beziehungsweise Schönheit (wie bei einem Musikstück)? Oder soll ganz gezielt hinsichtlich einzelner Merkmale analysiert werden (wie bei einer Spektralanalyse von Sternenlicht)?

Eine Transformation, die für eine ganze Klasse von Signalen gute Chancen zur effektiven Kompression bergen soll, muss bestimmte Eigenschaften dieser Signale ausnutzen. Beim Haar-Algorithmus ist dies die Eigenschaft vieler Signale – insbesondere vieler Bilder – in großen Bereichen annähernd konstant zu bleiben und nur wenige klare Kanten aufzuweisen. Für Signale, die diese Eigenschaften nicht aufweisen (zum Beispiel so genannte Texturen, Bilder mit ständig wechselnden Farbschattierungen), bringt die Darstellung über der Haar-Basis kaum einen Vorteil. Für einen sehr großen Teil aller Bilder aber liefert sie viele betragsmäßig kleine Koeffizienten und bereitet damit eine sehr gezielte Approximation mit hohen Kompressionsraten bei geringen Qualitätsverlusten vor.

Grundsätzlich wachsen die Kompressionsmöglichkeiten eines Verfahrens erstens mit den Einschränkungen bei der Auswahl der Signale, für die es geeignet sein soll, und zweitens mit den hinsichtlich der Qualität der Approximationen eingegangenen Kompromissen. Diese drei Aspekte müssen jeweils sinnvoll gegeneinander ausgelotet werden. Anhand von Abbildung 4.9 lässt sich noch eine andere wichtige Grundvoraussetzung jedweder Signalverarbeitung erläutern: Die Approximation des transformierten Signals, das heißt der Übergang von $\bar{f}$ nach $\bar{f}_A$, ist in aller Regel verlustbehaftet. Sie geht also mit einem Fehler $\|\bar{f} - \bar{f}_A\|$ einher, dessen Spielraum zum Beispiel beim Thresholding durch die Wahl von ε vorgegeben wird.

Tatsächlich ausschlaggebend für die Qualität der Signalverarbeitung ist aber der Fehler $\|f - f_A\|$ zwischen dem Ausgangssignal und seiner Approximation als Endprodukt.

Bedeutung der Normerhaltung und Wechsel zwischen Orthonormalbasen:
Bei jeder Form der verlustbehafteten Kompression innerhalb der Signalverarbeitung muss unbedingt sicher gestellt sein, dass der Fehler $\|f - f_A\|$ durch den bewusst gemachten Fehler $\|\bar{f} - \bar{f}_A\|$ kontrollierbar bleibt; dass also aus einem kleinen Unterschied zwischen dem transformierten Signal und seiner Approximation auch nur ein kleiner Unterschied zwischen dem Ausgangssignal und dessen Approximation resultiert. Die einfachste Art der Fehlerkontrolle besteht in der Wahl einer Norm-erhaltenden Transformation. In diesem Fall sind die beiden Fehler sogar identisch, das heißt es gilt $\|f - f_A\| = \|\bar{f} - \bar{f}_A\|$. Bei jedem Wechsel von einer Orthogonalbasis zur anderen ist die euklidische Norm erhalten!

Die über das Standard-Skalarprodukt definierte euklidische Norm ist bei jeder Transformation, die im Wechsel zu einer anderen Orthonormalbasis des Vektorraums besteht, erhalten:

Sind $\{\vec{o}_1, .., \vec{o}_n\}$ und $\{\vec{p}_1, .., \vec{p}_n\}$ zwei verschiedene Orthonormalbasen des Vektorraums und c_1 bis c_n beziehungsweise d_1 bis d_n die zugehörigen Entwicklungskoeffizienten für einen bestimmten Vektor $\vec{x}$, dann gilt $\sum_{i=1}^{n} c_i \vec{o}_i = \sum_{i=1}^{n} d_i \vec{p}_i$ und somit:

$$\langle \sum_{i=1}^{n} c_i \vec{o}_i , \sum_{i=1}^{n} c_i \vec{o}_i \rangle = \langle \sum_{i=1}^{n} d_i \vec{p}_i , \sum_{i=1}^{n} d_i \vec{p}_i \rangle$$

$$\sum_{i=1}^{n} c_i^2 \langle \vec{o}_i, \vec{o}_i \rangle + 2 \sum_{i \neq j} c_i c_j \langle \vec{o}_i, \vec{o}_j \rangle = \sum_{i=1}^{n} d_i^2 \langle \vec{p}_i, \vec{p}_i \rangle + 2 \sum_{i \neq j} d_i d_j \langle \vec{p}_i, \vec{p}_j \rangle$$

$$\sum_{i=1}^{n} c_i^2 \cdot 1 + 2 \sum_{i \neq j} c_i c_j \cdot 0 = \sum_{i=1}^{n} d_i^2 \cdot 1 + 2 \sum_{i \neq j} d_i d_j \cdot 0$$

$$\sum_{i=1}^{n} c_i^2 = \sum_{i=1}^{n} d_i^2$$

Die zweite Zeile folgt aus der ersten mit der Symmetrie und Bilinearität des Skalarprodukts. In der dritten wird die Tatsache benutzt, dass es sich um Orthonormalbasen handelt. Die Summe der Quadrate aller Entwicklungskoeffizienten eines Vektors ist also über allen Orthonormalbasen des Vektorraums gleich.

Im Haar-Algorithmus ist die angestrebte Normerhaltung der tiefere Grund für die Einführung des Normierungsfaktors $\sqrt{2}$ (siehe Seite 79). Für die Summe aus dem Approximations- und Detailkoeffizienten zweier Werte y_1 und y_2 gilt nach den binomischen Formeln:

$$a^2 + d^2 = \left(\frac{y_1 + y_2}{\sqrt{2}} \right)^2 + \left(\frac{y_1 - y_2}{\sqrt{2}} \right)^2 = y_1^2 + y_2^2$$

Ersetzt man zwei Werte durch ihren Approximations- und Detailkoeffizienten, ändert sich an der Quadratsummennorm der Datenliste also nichts. Und nur das geschieht in den Transformationsschritten des Haar-Algorithmus. Der Vollständigkeit halber wird die Normerhaltung hier noch für die allgemeine Form des Algorithmus angegeben (vergleiche 4.3).

Für jeden Teilschritt jeder Stufe und damit für den gesamten Algorithmus gilt:

$$a_{j-n,i}^2 + d_{j-n+1,i}^2 = \left(\frac{a_{j-n+1,2i-1} + a_{j-n+1,2i}}{\sqrt{2}} \right)^2 + \left(\frac{a_{j-n+1,2i-1} - a_{j-n+1,2i}}{\sqrt{2}} \right)^2$$

$$= \frac{2 \cdot a_{j-n+1,2i-1}^2 + 2 \cdot a_{j-n+1,2i}^2}{2}$$

$$= a_{j-n+1,2i-1}^2 + a_{j-n+1,2i}^2$$

An sich ist die Quadratsummennorm insbesondere in der Bildverarbeitung durchaus nicht unumstritten, sondern konkurriert vor allem mit der auf den ersten Blick noch naheliegenderen Betragssummennorm. Allgemein ist zu endlich dimensionalen Räumen $\mathbb{R}^n$ für jedes p mit $1 \leq p \in \mathbb{R}$ die p-Norm wie folgt definiert:

$$\| \vec{x} \|_p = \left(\sum_{i=1}^{n} |x_i|^p \right)^{1/p}$$

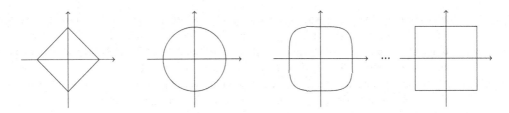

Abbildung 4.10: Äquinormlinien der 1-, 2-, 4- und ∞-Norm im $\mathbb{R}^2$

Die 1-Norm ist die Betragssummennorm, die 2-Norm die Quadratsummen- oder Euklidische Norm, die im geometrischen Raum der anschaulichen Länge entspricht, und so weiter. Für $p \to \infty$ gehen die p-Normen in die Maximumsnorm über:

$$\| \vec{x} \|_\infty = \max_{i \in \{1,..,n\}} |x_i|$$

Als Beispiel einige Normen eines Vektors aus dem $\mathbb{R}^3$:

$$\left\| \begin{pmatrix} 2 \\ -4 \\ 3 \end{pmatrix} \right\|_1 = 2+4+3 = 9$$

$$\left\| \begin{pmatrix} 2 \\ -4 \\ 3 \end{pmatrix} \right\|_2 = (2^2 + 4^2 + 3^2)^{1/2} = \sqrt{29} \approx 5.39$$

$$\left\| \begin{pmatrix} 2 \\ -4 \\ 3 \end{pmatrix} \right\|_3 = (2^3 + 4^3 + 3^3)^{1/3} = \sqrt[3]{99} \approx 4.63$$

$$\left\| \begin{pmatrix} 2 \\ -4 \\ 3 \end{pmatrix} \right\|_\infty = \max (\{2,4,3\}) = 4$$

Im $\mathbb{R}^2$ sind die Ortslinien aller Punkte mit gleicher 1-Norm Quadrate um den Ursprung, deren Ecken auf den Koordinatenachsen liegen. Die Ortslinien aller Punkte mit gleicher 2-Norm Ursprungskreise, die Ortslinien aller Punkte mit gleicher 3-Norm zu beiden Achsen symmetrische, stärker konvexe Kurven. Für weiter wachsendes p nähern sich die Ortslinien aller Punkte mit gleicher p-Norm Quadraten, welche die Ortslinien aller Punkte mit gleicher ∞- oder Maximumsnorm sind (siehe Abbildung 4.10). Im $\mathbb{R}^3$ sind die Äquinormflächen entsprechend Oktaeder (1-Norm), Kugeln (2-Norm) oder Quader (∞-Norm). Auch im $\mathbb{R}^n$ sind die Orte von Punkten mit gleicher 2-Norm Hypersphären.

Diese Zusammenhänge liefern eine ebenso einfache wie anschauliche Erklärung für die Vorzüge der 2-Norm: Jede Norm-erhaltende Transformation muss Punkte gleicher Norm aufeinander abbilden, also ein Automorphismus der entsprechenden geometrischen Orte konstanter Norm sein (das heißt eine bijektive lineare Abbildung auf sich selbst). Unter den abgebildeten Figuren hat aber einzig der Kreis (und entsprechend Kugel und Hypersphäre) unendlich viele Automorphismen! Bei 1- und ∞-Norm ist die Zahl der Automorphismen schon dadurch stark eingeschränkt, dass Ecken auf Ecken abgebildet werden müssen. Auch bei allen p-Normen mit $p \geq 3$ ist die Anzahl der Automorphismen durch die geringere Symmetrie stark eingeschränkt.

Damit gibt es für die 2-Norm entschieden mehr Norm-erhaltende Transformationen als für jede andere Norm. Eine dieser Transformationen ist die im Haar-Algorithmus umgesetzte Entwicklung über der normierten Version der Haar-Basis: Während der gesamten Hin- und Rücktransformation (siehe Zahlenbeispiel auf Seite 85) bleibt die 2-Norm des Signals erhalten. Nur beim Thresholding wird die 2-Norm um ein selbst gewähltes Maß reduziert, um das dann auch die 2-Norm der Approximation von der des Ursprungssignals abweicht.

Zu den Vorteilen der Quadratsummennorm

Die Normerhaltung ist einer der ausschlaggebenden Faktoren für die Wahl der Quadratsummennorm. Wegen ihrer Verankerung im anschaulichen Raum auch als Euklidische Norm bezeichnet, beruht diese auf einem Skalarprodukt und bringt damit die gesamte auf Orthogonalitäts- und Abstandsbegriff basierende Theorie mit sich. Vor allem aber gibt es für die 2-Norm entschieden mehr Norm-erhaltende Transformationen als für jede andere Norm. Mit etwas Glück finden sich darunter auch solche (wie die Haar-Transformation), die für bestimmte Signale gute Chancen zur deutlichen Kompression bei geringem Qualitätsverlust bergen.

4.6 Beispiele aus der Bildverarbeitung

Eine der Hauptanwendungen des Haar-Algorithmus ist die Bildverarbeitung. Bilder erfordern — wie jeder Nutzer digitaler Medien schnell merkt — ungleich größere Datenmengen als Texte, Formeln und Berechnungen: Von den importierten Abbildungen abgesehen hat diese mühsame Dissertation einen Speicherbedarf von wenigen 100KB. Mit einem einzigen Farbfoto brächte ich es locker auf 2MB, und da hätte es schon die in der Digitalkamera implementierten Kompressionsverfahren hinter sich.

Eine handelsübliche Digitalkamera liefert standardmäßig Bilder mit etwa 2000 mal 3000 Pixeln. Es gibt drei Farbkanäle (rot, blau und grün); pro Pixel und Kanal werden durchschnittlich 2 Byte benötigt. Fände keinerlei Kompression statt, hätte ein solches Farbbild einen Speicherbedarf von etwa 34MB. Das entspricht etwa 40 000 Seiten Text — fast zwanzigmal so viel, wie im „Lexikon der Mathematik" ([39]) für die Zusammenfassung des grundlegenden mathematischen Wissens unserer Zeit benötigt werden.

Tatsächlich nehmen die meisten Farbbilder schon auf der SD-Card nur noch etwa 2MB ein und können im JPEG2000-Format ohne merkliche Qualitätsverluste auf weit unter 100KB komprimiert werden. Ein kleiner Teil dessen, was im Verlauf dieser Datenersparnis von etwa 99,9% passiert, soll durch die vorliegende Arbeit beleuchtet werden. Das geschieht unter sehr starken Vereinfachungen, die jedoch den Blick auf die Grundidee möglich machen: Wir beschränken uns

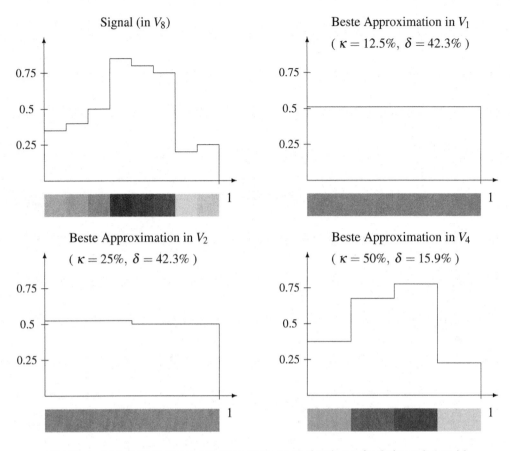

Abbildung 4.11: 8-Pixel-Signal mit seinen Haar-Approximationen der Ordnung 0, 1 und 2

erstens auf Schwarz-Weiß-Bilder, zweitens auf eindimensionale Ausschnitte (das heißt einzelne Pixel-Zeilen) und drittens auf lächerlich kleine Pixel-Zahlen.

In Abbildung 4.11 ist jedes digitale Signal als winziger Ausschnitt eines Schwarz-Weiß-Bildes interpretiert (acht benachbarte Pixel einer Zeile). Dazu wird der jeweilige Funktionswert als Grauwert aufgefasst, wobei 0 für weiß und 1 für schwarz steht. Zusätzlich zum Original-Signal sind die Haar-Approximationen der Dimension 1, 2 und 4 mitsamt der jeweiligen Kompressionsrate κ und dem Fehler δ angegeben.

Abbildung 4.12 zeigt neben dem Originalsignal die Haar-Approximationen verschiedener Ordnung nach Thresholding mit einer Schwelle von $\varepsilon=0.05$. Wieder sind die Kompressionsraten und Fehler mit angegeben. Abbildung 4.13 zeigt ein 16-Pixel-Signal, dass außen annähernd konstant ist, im Mittelteil aber relativ stark schwankt. Darunter findet man zum Vergleich die Haar-Approximation mit einem Schwellenwert von 0.015, die nur noch den halben Umfang hat.

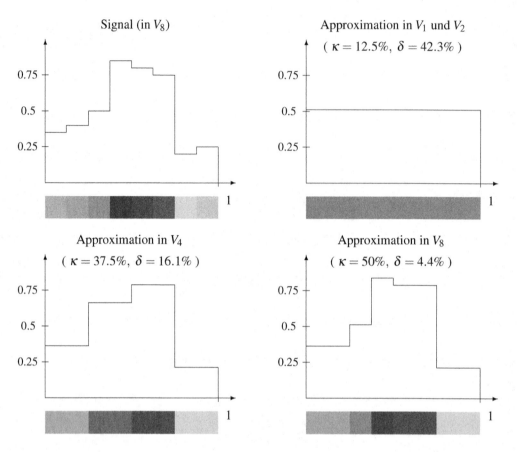

Abbildung 4.12: 8-Pixel-Signal mit seinen Haar-Approximationen zu $\varepsilon = 0.05$

4.7 Ausblick: Verarbeitung zweidimensionaler Signale *

Anhand der extrem kleinen Pixel-Zahlen in 4.6 lässt sich das Ausmaß der Kompressionsmöglich-keiten natürlich nicht wirklich vermitteln.[7] Betrachtet man aber zum Beispiel bei einem Portrait wie in Abbildung 4.15 oben links eine Zeile knapp unterhalb des Mundes, so enthält diese nur vier echte Sprünge. Anstelle der dreistelligen Pixelzahl braucht man für diese Zeile also ver-einfacht ausgedrückt nur drei Mittelwerte und vier Detailkoeffizienten zu speichern. Was dies alles in allem heißt, zeigt der Vergleich der oberen Bilder links und rechts: Das rechte Foto hat

---

[7]Einen Eindruck von deren Kompressionsmöglichkeiten im JPEG-Format verschafft die Tatsache, dass die Abbildungen in 4.15 nur einen Speicherbedarf von 23,2 bzw. 59,4 KB haben. Bilder zum Vergleich von Qualität und Kompressi-onsrate in GIF- und JPEG-Format findet man z.B. im Internet. Die Bildverarbeitung mittels Wavelets realisiert zum Beispiel die Numerische Computer-Umgebung MatLab. Bei MatLab können eigene Bilder eingespeist und Erfah-rungen mit deren Qualitätsänderung bei Kompression gesammelt werden. Dabei sind sowohl der Typ der benutzten Wavelets als auch Parameter wie die Anzahl der Zerlegungsschritte oder die Kompressionsrate variierbar. Zur erhal-tenen Approximation wird auch der relative Fehler ausgegeben.

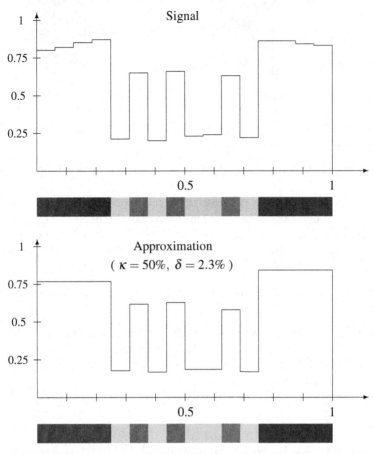

Abbildung 4.13: 16-Pixel-Signal mit seiner Haar-Approximation zu $\varepsilon = 0.015$

einen Haar-Algorithmus mit Thresholding durchlaufen, bei dem 97% aller Detailkoeffizienten weggelassen wurden. Ein Qualitätsunterschied ist dennoch nicht zu erkennen!

Hinzu kommt, dass bei zweidimensionalen Bildern in der Regel ganze Flächen einen mehr oder weniger konstanten Grauwert haben, dass also auch in vertikaler Richtung eine Menge Information gespart werden kann. Wie der Schritt von ein- auf zweidimensionale Signale vonstatten geht, soll hier noch angedeutet werden:

Die Grundbausteine der Zerlegung sind nun nicht mehr Paare, sondern Matrix-förmige Vierertupel von Pixelwerten. Im ersten Schritt des Algorithmus speichert man zu jedem solchen Tupel einen Durchschnitts- und drei Detailwerte ab.

Ausschnitt des Original-Signals:
$$\begin{pmatrix} p & q \\ r & s \end{pmatrix}$$

Abbildung 4.14: 16-Pixel-Bild: Original und Approximation ($\kappa \approx 44\%$)

Stattdessen abgespeicherte Werte:

$$a = \frac{p+q+r+s}{2} \qquad d_h = \frac{p+q-r-s}{2} \qquad d_v = \frac{p-q+r-s}{2} \qquad d_d = \frac{p-q-r+s}{2}$$

Bei dem Approximationskoeffizienten a handelt es sich um den doppelten Mittelwert der vier Pixelwerte. Die drei Detailwerte könnten Horizontal-, Vertikal- und Diagonal-Koeffizient genannt werden, weil sie nach Konstruktion jeweils dazu geeignet sind, Kanten der entsprechenden Richtung hervorzuheben. Die Nenner sind wieder so gewählt, dass die Quadratsummennorm erhalten bleibt. Es gilt $a^2 + d_h^2 + d_v^2 + d_d^2 = p^2 + q^2 + r^2 + s^2$ und für den Darstellungswechsel[8]:

$$\begin{pmatrix} p & q \\ r & s \end{pmatrix} = a \cdot \frac{1}{2} \begin{pmatrix} 1 & 1 \\ 1 & 1 \end{pmatrix} + d_h \cdot \frac{1}{2} \begin{pmatrix} 1 & 1 \\ -1 & -1 \end{pmatrix} + d_v \cdot \frac{1}{2} \begin{pmatrix} 1 & -1 \\ 1 & -1 \end{pmatrix} + d_d \cdot \frac{1}{2} \begin{pmatrix} 1 & -1 \\ -1 & 1 \end{pmatrix}$$

In weiteren Schritten verfährt man dann mit den Approximationskoeffizienten wie zuvor mit den Original-Einträgen, fasst also der Reihe nach ganze 4×4-, 8×8-, 16×16-Matrizen zusammen und so weiter. Die Formeln für die Rücktransformation sind auch im Algorithmus für den zweidimensionalen Fall wieder symmetrisch. Es gilt:

$$p = \frac{a + d_h + d_v + d_d}{2} \qquad q = \frac{a + d_h - d_v - d_d}{2} \qquad r = \frac{a - d_h + d_v - d_d}{2} \qquad s = \frac{a - d_h - d_v + d_d}{2}$$

Folgendes Zahlenbeispiel mit nur einer zunächst vertikal und dann diagonal verlaufenden klaren Kante liefert nach Thresholding mit $\varepsilon = 2$ eine Approximation mit $\kappa = 43.8\%$ Kompressionsrate und $\delta = 7.9\%$ relativem Fehler. Die zugehörigen Grauwertbilder zeigt Abbildung 4.14.

$$\left(\begin{array}{cc|cc} 8 & 8 & 9 & 0 \\ 7 & 8 & 8 & 1 \\ \hline 7 & 7 & 7 & 1 \\ 8 & 7 & 1 & 2 \end{array}\right) \rightarrow \left(\begin{array}{cc|cc} 15.5 & 9 & 0.5 & 0 \\ 14.5 & 5.5 & -0.5 & 2.5 \\ \hline -0.5 & 8 & 0.5 & 1 \\ 0.5 & 2.5 & -0.5 & 3.5 \end{array}\right) \rightarrow \left(\begin{array}{cc|cc} 22.25 & 2.25 & 0.5 & 0 \\ 7.75 & -1.15 & -0.5 & 2.5 \\ \hline -0.5 & 8 & 0.5 & 1 \\ 0.5 & 2.5 & -0.5 & 3.5 \end{array}\right)$$

$$\downarrow \text{Thresholding}$$

$$\left(\begin{array}{cc|cc} 8.06 & 8.06 & 8.19 & 0.19 \\ 8.06 & 8.06 & 8.19 & 0.19 \\ \hline 6.94 & 6.94 & 7.31 & 1.31 \\ 6.94 & 6.94 & 1.31 & 2.31 \end{array}\right) \leftarrow \left(\begin{array}{cc|cc} 16.13 & 8.38 & 0 & 0 \\ 13.88 & 6.13 & 0 & 2.5 \\ \hline 0 & 8 & 0 & 0 \\ 0 & 2.5 & 0 & 3.5 \end{array}\right) \leftarrow \left(\begin{array}{cc|cc} 22.25 & 2.25 & 0 & 0 \\ 7.75 & 0 & 0 & 2.5 \\ \hline 0 & 8 & 0 & 0 \\ 0 & 2.5 & 0 & 3.5 \end{array}\right)$$

---

[8]Die vier Matrizen auf der rechten Seite der Gleichung bilden – ebenso wie die Matrizen der Standard-Darstellung – eine Orthonormalbasis des euklidischen Vektorraums aller 2×2-Matrizen über $\mathbb{R}$, wenn man als Skalarprodukt $\langle A, B \rangle := \text{spur}(A^T \cdot B)$ definiert (gemäß der sog. Frobenius- oder Hilbert-Schmidt-Norm). Insofern passt auch der 2-dimensionale Haar-Algorithmus wieder in unsere übergeordnete Theorie.

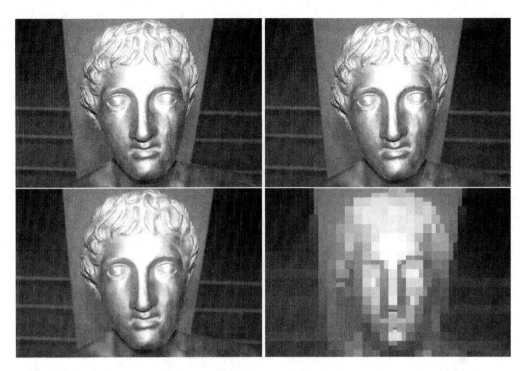

Abbildung 4.15: Portrait, Haar-Kompressionen mit 97%, 99% und 99.97% Datenersparnis

Die 1909 von Haar eingeführten Funktionen sind das erste Beispiel seit 1984 so genannter[9] „Wavelets" und gehören damit zu den Ursprüngen eines der blühendsten Zweige der Mathematik der letzten Jahrzehnte.

Wavelets sind grundlegend bei der Bildverarbeitung im JPEG2000-Format und der WSQ-Methode, nach der das FBI seine Fingerabdrücke speichert und verarbeitet. Die Zahl der bereits aktuellen oder noch angestrebten und mit hoher Geschwindigkeit weiter entwickelten Anwendungen ist enorm. Sie reicht von der geologischen Ölsuche mittels Schallwellen über die effizientere Auswertung von Satellitenbildern zur Wettervorhersage bis in die Film- und Video-Industrie.

Auch in theoretischer Hinsicht ist die Entwicklung des mit dem Begriff „Wavelets" verknüpften Teilgebietes der Mathematik in vollem Gange. Viele grundsätzliche Fragen sind noch ungeklärt und es wurde eine Vielzahl von Wavelets gefunden, die denen von Haar zum Beispiel an Geschmeidigkeit weit überlegen sind. Auch werden spezielle Wavelets entwickelt, die sich besonders dazu eignen, Unstetigkeiten längs einer Kurve aufzuspüren oder multiple Signale (wie den eines Bildes mit drei Farbwerten) zu kodieren.[10]

All dies hat Alfred Haar sicher nicht geahnt. Er untersuchte seine Funktionen vielmehr in Zusammenhang mit Konvergenzfragen der Fourier-Theorie[11], welche ein weiteres Beispiel der

---

[9]Der Begriff wurde erstmals 1984 von Grossmann und Morlet benutzt (vergleiche [24] und S.95).

[10]siehe z.B. [24]

[11]siehe z.B. [10], S.375

Entwicklung über Orthogonalbasen darstellt und deshalb in Kapitel 6 Berücksichtigung findet. Es entbehrt nicht einer gewissen Ironie des Schicksals, dass ausgerechnet von Alfred Haar nur ein Portrait von sehr geringer Qualität aufzutreiben ist. (Suchen Sie einmal im Internet.)

5 Analoge Signale und Funktionenräume

Bisher haben wir uns bei der Darstellung der zentralen Idee komplett auf den Vektorraum $\mathbb{R}^n$ und die Vorstellung von Spaltenvektoren beschränkt. Dies geschah in der Absicht, an Schulwissen aus der Linearen Algebra und Analytischen Geometrie anzuknüpfen und von dort aus so weit wie möglich zu gelangen. Durch den Übergang zu Dimensionen größer drei und die Abstraktion des Abstands- und Orthogonalitätsbegriffs führt das, wie Kapitel 4 gezeigt hat, immerhin bis auf wichtige Aspekte der modernen Signalverarbeitung.

In diesem Kapitel ist nun der Punkt erreicht, wo wir den Vektorraum $\mathbb{R}^n$ und die Vorstellung von den Spaltenvektoren endgültig verlassen müssen, um weiter zu kommen. Zur Darstellung andersartiger wichtiger Anwendungen, die einen Eindruck von der tatsächlichen Tragweite der Methode vermitteln, müssen wir uns den stetigen oder stückweise stetigen Funktionen zuwenden. Diese sind aus der Schule zwar recht gut bekannt – nicht jedoch als Elemente eines Vektorraums. (Für eine vollständige Darstellung der Theorie der Funktionenräume siehe zum Beispiel [36] oder [15].)

Schon der Übergang vom $\mathbb{R}^2$ und $\mathbb{R}^3$ zum $\mathbb{R}^n$ (Kapitel 3) ist für Schüler ein großer Schritt, weil er die geometrische Anschauung hinter sich lässt. Der nun folgende Übergang zum Stetigen und zu Vektorräumen von Funktionen ist noch bedeutend größer. Das betrifft vor allem die Einführung eines geeigneten Skalarprodukts, die allerdings durch einen ähnlichen Grenzübergang aus dem diskreten Fall extrapoliert werden kann, wie ihn Schüler bereits bei der Einführung in die Infinitesimalrechnung erlebt haben (siehe 5.2). Beispiele in 5.3 sollen helfen, mit den in Funktionenräume übertragenen Begriffen Norm und Orthogonalität ein wenig vertraut zu werden; auch wenn diese letztlich unanschaulich bleiben müssen: Sie verdanken ihre Bedeutung in der Mathematik keiner „Vorstellung" im Hintergrund, sondern der Tatsache, dass sie die gesamte zugehörige Theorie mit sich bringen und in Anwendungen auf das Wunderbarste funktionieren. Abstraktion ist eine der charakteristischen Stärken der Mathematik!

Die Motivation für den Übergang zum stetigen Fall und zu Funktionenräumen liefern vor allem der erste und fünfte Abschnitt. In 5.1 werden die Nachteile und Grenzen des Haar-Algorithmus bei der Signalverarbeitung aufgezeigt. In 5.5 erfolgt der Blick zurück. Historisch verlief die Entwicklung der Signalverarbeitung nämlich genau umgekehrt wie im hier gewählten Zugang: Zur Analyse, Synthese und Approximation stetiger Signale hatte man mit der Fourieranalysis seit Beginn des 19. Jahrhunderts hervorragende und bis in die zweite Hälfte des 20. Jahrhunderts weiter entwickelte Mittel. Es zeigt sich, dass die Fourierentwicklung nichts anderes ist als ein weiteres Beispiel der Entwicklung über Orthonormalbasen – nur eben für den stetigen Fall.

Motivation für die Entwicklung dessen, was man heute unter dem Begriff Wavelets[1] zusammenfasst, waren die Schwierigkeiten, die im Zusammenhang mit der Fourierdarstellung bei Unstetigkeitsstellen von Funktionen auftreten. Eine Zeit lang mag – wie Mackenzie in [24] vermutet

---

[1]Der mit „kleine Wellen" assoziierte Begriff wurde erstmals 1984 von Grossmann und Morlet in dieser Form benutzt (vergleiche [24] und S.95).

– die Überzeugung von der Omnipotenz der Fouriertheorie der Beschäftigung mit diskreten Darstellungen sogar im Wege gestanden haben. Bis unser digitales Zeitalter es unumgänglich machte und unter anderem die 1909 von Haar eingeführten Funktionen in neuem Licht wieder entdeckt wurden. Aber reale Signale zeichnen sich eben nicht selten durch beides aus: durch stetig verlaufende Abschnitte und klare Kanten. So wurden die Wavelets in den 1990er Jahren wieder stetig (siehe 5.4 – einer der größten Mathe-Coups des ausgehenden letzten Jahrhunderts); und tatsächlich werden heute – zum Beispiel bei der Speicherung von Musikstücken – stetige und diskrete Methoden in Kombination verwendet. Ein Bindeglied zwischen den Haar-Basen für digitale und den Fourierbasen für stetige Signale stellen die digitalen Fourierbasen dar, die aus diesem Grund in 5.7 exkursartig vorgestellt werden. In diesem Zusammenhang stehen einige grundsätzliche Bemerkungen zur Konstruktion digitaler Basen.

Der Übergang vom $\mathbb{R}^n$ zu Funktionenräumen ist nicht nur für Schüler schwierig, sondern tatsächlich theoretisch hoch komplex. Er erfolgte auch in der Mathematikgeschichte erst entsprechend spät und vorsichtig (vergleiche [14], S.241f., und [36], Preface). Wir beschränken uns jedoch konsequent auf endlich dimensionale Unterräume als Approximationsbereiche und können das Thema so unter Ausblendung von Konvergenz-Fragen fruchtbar behandeln. (Einen Ausblick Richtung Dimension Unendlich liefert nur 5.6, der aber vor allem insofern behandelt wird, als er auch auf die Auswahl der endlich-dimensionalen Unterräume ein neues Licht wirft.) Auf die Einschränkungen, die bei der Auswahl der zu approximierenden Funktionen nötig sind, um ein echtes Skalarprodukt zu definieren, wird explizit eingegangen: Wir beschränken uns auf stückweise stetige Funktionen (mit nur endlich vielen Unstetigkeitsstellen) auf dem Einheitsintervall und identifizieren Funktionen miteinander, die sich nur in endlich vielen Stellen voneinander unterscheiden (siehe 5.2).

5.1 Grenzen des Haar-Algorithmus und der diskreten Darstellbarkeit *

So vorteilhaft die in 4.3 beschriebene Transformation und Approximation von Signalen mittels Haar-Algorithmus ist, hat sie doch ihre praktischen und theoretischen Grenzen. Das Vorgehen ist dazu geschaffen, Sprünge aufzuspüren und Wertekonstanz in größeren Bereichen für die Kompression auszunutzen. Es ist dagegen wenig geeignet für den Umgang mit stetigen Entwicklungen innerhalb von Bereichen, welche aber ebenfalls ein wichtiges Merkmal vieler Signale sind.

Da der Haar-Algorithmus stets nur zwei benachbarte Werte – oder Paare von Mittelwerten – in Verbindung miteinander bringt, entgehen ihm schon lineare und quadratische Zusammenhänge. Je nach Grobheit des Thresholding merzt er sie entweder komplett aus, verunstetigt sie unnötig oder gibt sie eins zu eins wieder; dann jedoch ohne die in der Regelmäßigkeit der Entwicklung liegenden Chancen zur Kompression zu nutzen. Mit anderen Worten: Die Haar-Basis ist für viele Belange in Zusammenhang mit der Signalverarbeitung **zu** unstetig.

Es folgen zwei Beispiele für Anwendungen mit Thresholding bei $\varepsilon = 5$ beziehungsweise $\varepsilon = 25$, also jeweils etwa 5% des Signalmittelwerts, auf ein linear und ein quadratisch verlaufendes Signal. Beide gehen in auf den Intervallhälften konstante Signale über, die nur in der Mitte einmal springen (vgl. Abbildung 5.1):

Aus $(96|97|98|99|100|101|102|103)$ wird $(97.5|97.5|97.5|97.5|101.5|101.5|101.5|101.5)$.
Aus $(475|476|479|484|491|500|511|523)$
wird $(478.5|478.5|478.5|478.5|506.3|506.3|506.3|506.3)$.

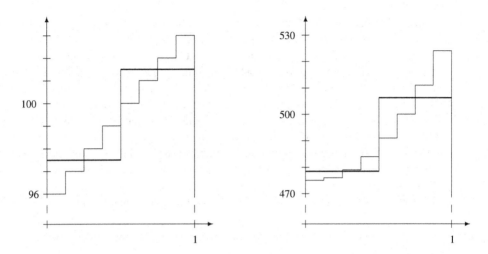

Abbildung 5.1: Haar-Wavelet-Approximation eines linearen und eines quadratischen Signals

Darüber hinaus ist die Schreibweise mittels Spaltenvektoren schon bei Dimension 8 (wie in den Beispielen von 4) recht sperrig, bei höheren Dimensionen − zum Beispiel Pixelzahlen von Bildschirmen − ist sie praktisch undenkbar. Die Interpretation des Verfahrens als eine Anwendung im Vektorraum $\mathbb{R}^n$ mit dortigem Standardskalarprodukt hat sowohl hinsichtlich der Praktikabilität als auch theoretisch ihre Grenzen.

Es zeigt sich, dass die für den Algorithmus benötigten Zerlegungs-Bausteine für beliebig hohe Dimensionen weit eleganter als Funktionen geschrieben werden können (siehe 5.4) − wie es Haar ja in seiner Arbeit von 1909 auch getan hat. Darüber hinaus wurden grundsätzliche Verbesserungen in der Approximation von Signalen − mit den Vorteilen, aber ohne die oben genannten Nachteile des Haar-Algorithmus − erst durch die Entdeckung anderer Orthonormalbasen erreicht (siehe 5.4). Deren Elemente aber müssen als (stetige) Funktionen und können nicht mehr als Vektoren des $\mathbb{R}^n$ aufgefasst werden.

Auch bleibt die Frage der 'Analog-Fans': Was ist mit originär stetigen Signalen wie es zum Beispiel akustische oder physikalisch zeitabhängige oft sind? Mittels Haar-Algorithmus können diese diskretisiert und diskret approximiert werden − aber gibt es auch stetige Zerlegungen und Approximationen, die dem Wesen dieser Signale weit besser gerecht werden? Dem ist tatsächlich so, wie historisch lange vor der diskreten Signalverarbeitung bekannt war und in 5.5 sowie Kapitel 6 zur Sprache kommt.

5.2 Funktionenräume: Übergang von diskreten zu stetigen Signalen

Ziel der folgenden Abschnitte ist es, die Theorie der Bestimmung guter Approximationen durch Entwicklung über Orthonormalbasen auf stetige und stückweise stetige Funktionen zu übertragen. Diese Theorie steht und fällt mit der Frage, ob über einem Vektorraum mit Skalarprodukt operiert wird. Also muss zunächst klar werden, dass Funktionen sich wie Elemente eines Vektorraums verhalten. Das ist ein eher formaler Schritt, der im ersten Teil dieses Abschnitts erfolgt. Dann muss für stetige Funktionen ein Skalarprodukt eingeführt werden. Das geschieht im zweiten Teil dieses Abschnitts und bedeutet − trotz der Einführung durch Grenzübergang aus dem diskreten Fall − den für Schüler wirklich neuen und schwierigen Schritt.

Im rechnerischen Umgang mit Funktionen wenden Schüler die meisten Vektorraum-Axiome intuitiv und „sorglos" an. Schwierigkeiten treten erfahrungsgemäß erst dann auf, wenn die Vektorraum-Eigenschaften wie hier explizit gemacht werden sollen. Aus diesem Grund sollten die im Folgenden recht knapp und formal zusammengefassten Eigenschaften jeweils mit Beispielen erläutert werden.

Funktionen verhalten sich im Wesentlichen wie Elemente eines Vektorraums über $\mathbb{R}$: Definiert man zu

$$f : \mathbb{R} \to \mathbb{R} : x \mapsto f(x) \quad , \quad g : \mathbb{R} \to \mathbb{R} : x \mapsto g(x) \quad \text{und} \quad r \in \mathbb{R}$$

die Summen und reellen Vielfachen von Funktionen als

$$f + g : \mathbb{R} \to \mathbb{R} : x \mapsto f(x) + g(x) \quad \text{und} \quad r \cdot f : \mathbb{R} \to \mathbb{R} : x \mapsto r \cdot f(x) \quad ,$$

dann gilt für alle Funktionen f, g, h und reellen Zahlen r, s:

$$
\begin{aligned}
f + g &= g + h & (f + g) + h &= f + (g + h) \\
(r \cdot s) \cdot f &= r \cdot (s \cdot f) & 1 \cdot f &= f \\
r \cdot (f + g) &= r \cdot f + r \cdot g & (r + s) \cdot f &= r \cdot f + s \cdot f
\end{aligned}
$$

Dasselbe gilt für alle auf einer beliebigen Teilmenge der reellen Zahlen definierten Funktionen sowie für beliebige Teilmengen aller Funktionen. Die Gültigkeit der folgenden Vektorraum-Axiome hängt dagegen von der jeweiligen Auswahl der Funktionen ab:

- Abgeschlossenheit bezüglich der Addition

- Abgeschlossenheit bezüglich der Multiplikation mit Skalaren

- Existenz des neutralen Elements bezüglich der Addition (Nullfunktion)

- Existenz des inversen Elements bezüglich der Addition

Sie gelten für die Menge aller auf einer beliebigen Teilmenge der reellen Zahlen definierten reellwertigen Funktionen, sowie darunter zum Beispiel für

- alle stetigen Funktionen,

- alle stückweise stetigen Funktionen (siehe unten),

- alle ganzrationalen Funktionen vom Grad $\leq n$,

- alle (P-)periodischen Funktionen,

- alle stückweise konstanten Funktionen.

Generell müssen die einschränkenden Eigenschaften sich linear fortpflanzen, auf die Nullfunktion und mit jeder Funktion f auch auf $-f$ zutreffen. Keine Vektorräume sind zum Beispiel

- die Menge aller surjektiven Funktionen (weil Surjektivität die Nullfunktion ausschließt und sich nicht notwendig linear fortpflanzt),

- die Menge aller Funktionen mit eingeschränktem Wertebereich (weil sie bezüglich Addition und Skalarmultiplikation nicht abgeschlossen ist),

- die Menge aller monoton steigenden Funktionen (weil für streng monoton steigende Funktionen f die additiv inverse Funktion $-f$ streng monoton fällt).

Viele Mengen von Funktionen bilden also Vektorräume und bringen alle damit verbundenen nützlichen Eigenschaften mit. Da das eigentliche Ziel in der Approximation von Funktionen besteht, braucht man in diesen Vektorräumen zusätzlich eine Norm. Während man bei den Vektorraum-Eigenschaften intuitiv bekannte und in der Anwendung vertraute Eigenschaften nur noch explizit zu machen braucht, ist die Einführung eines Normbegriffs für Funktionen Schülern in der Regel vollständig neu.

Sie wird deshalb zunächst etwas grundsätzlicher angegangen und führt dann — wegen des Ziels, den aus dem $\mathbb{R}^n$ bekannten Algorithmus zur Bestimmung guter Approximationen nutzen zu können — speziell auf die über ein Skalarprodukt definierte L^2-Norm. Darin liegt für Schüler wiederum etwas vollständig neues: Dem Integral über das Produkt zweier Funktionen wird plötzlich eine spezielle Bedeutung zugemessen, mit der einhergehend man sogar von der „Orthogonalität" oder dem „Abstand" zweier Funktionen spricht! Diesen Schwierigkeiten trägt 5.3 Rechnung, während die zugehörige Theorie am Ende dieses Abschnitts erfolgt.

Sollen stetige Abschnitte von Signalen auch stetig approximiert werden, so ist zunächst ein erneuter Blick auf grundsätzliche Fragen angebracht: Wann nennen wir eigentlich eine Näherung „gut"? Wie vergleichen wir unterschiedliche Approximationen hinsichtlich ihrer Qualität, mit welchem Maß messen wir den Unterschied zwischen Approximation und Original?

Darauf sind recht unterschiedliche Antworten möglich; und mit jeder Antwort stehen und fallen die zugehörigen Approximationsmethoden. Eine Grundsatzentscheidung betrifft zum Beispiel die Frage, ob man den Übereinstimmungsgrad von Funktionen als punktuelle Eigenschaft auffasst oder so etwas wie die mittlere Abweichung über einem Intervall gering halten will. Beispiele für einen punktuellen Ansatz sind vor allem die Maximumsnorm und die (Schülern noch am ehesten bekannte) Taylor-Entwicklung.

Die Antwort der Maximumsnorm lautet grob: Eine Approximation f_A der Funktion f auf einem kompakten Intervall I ist gut, wenn sie in keinem einzigen Punkt des Intervalls stark vom

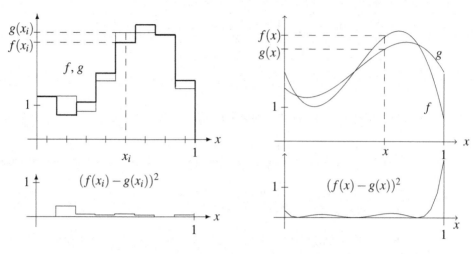

Abbildung 5.2: Diskrete und stetige Funktion mit Näherung, zugehöriges Differenzquadrat

Original abweicht. Als Maß für den Unterschied zwischen f und f_A dient der betragsmäßig größte vorkommende Abstand der Funktionsgraphen:

$$\|f_A - f\|_\infty = \max_{x \in I} |f_A(x) - f(x)|$$

So bewertet ist für die unten genannten Funktionsterme f_2 auf dem Einheitsintervall eine deutlich bessere Näherung für f als f_1. Dies ist offensichtlich nur in bestimmten Anwendungskontexten sinnvoll:

$$f(x) = x^2 \qquad f_1(x) = \begin{cases} x^2 & , \quad x \neq 0.5 \\ 5 & , \quad x = 0.5 \end{cases} \qquad f_2(x) = 0.5$$

Der Ansatz der Taylorentwicklung läuft auf die Forderung hinaus, dass die Approximation f_A dem Original f in einem Punkt (zum Beispiel der Intervallmitte) in sehr hohem Maße gleicht. Sie soll dort nicht nur denselben Funktionswert haben, sondern mit f auch in möglichst vielen Ableitungen, also bezüglich der Steigung, des Krümmungsverhaltens und so weiter übereinstimmen. Diese Art der Herangehensweise unterscheidet sich grundlegend von der hier gewählten[2].

Der Zugang über die vom anschaulichen Abstandsbegriff im geometrischen Raum abstrahierte 2-Norm im $\mathbb{R}^n$ legt für den stetigen Fall einen anderen, über das ganze Intervall mittelnden Ansatz nahe (siehe Abbildung 5.2): Wird die Einteilung bei einem diskreten Signal immer feiner, führt das im Grenzübergang einer immer größeren Anzahl immer schmalerer Teilintervalle auf eine Integration anstelle der Summation; ähnlich wie es Schülern von der Einführung in die Differential- und Integralrechnung her bekannt ist. Die logische formale Fortsetzung der 2-Norm im diskreten Fall ist für Funktionenräume die so genannte L^2- oder Quadratintegralnorm.

In der Übersicht auf S.104 sind die in Zusammenhang mit der Auffassung von Funktionen als Elemente eines Vektorraums mit Skalarprodukt auftretenden Begriffe für den diskreten und den

---

[2]Nichtsdestotrotz liefert die Taylorentwicklung in der Regel auch bezüglich anderer Normen gute Approximationen, was an einem Beispiel auf Seite 116 kurz erläutert wird.

stetigen Fall gegenüber gestellt – nach wie vor unter Beschränkung auf Funktionen über dem Einheitsintervall. Der Übergang von der Summe zum Integral ist nicht ganz trivial und macht ein paar einschränkende Bedingungen erforderlich. Erstens müssen die benötigten Integrale existieren, zweitens muss das Integral über das Produkt zweier Funktionen die definierenden Eigenschaften eines Skalarprodukts haben.

Um die Existenz aller benötigten Integrale sicher zu stellen, beschränken wir uns ab sofort auf den Vektorraum der stückweise stetigen Funktionen auf dem Einheitsintervall .

Vektorraum der stückweise stetigen Funktionen über $[0,1]$:

Die Menge
$$SC([0,1]) = \{f : [0,1] \to \mathbb{R} \mid f \text{ stückweise stetig } \}$$

aller stückweise stetigen Funktionen über dem Einheitsintervall bildet einen Vektorraum über dem Körper der reellen Zahlen.

Stückweise stetige Funktionen sind insbesondere beschränkt und quadratintegrierbar.

In einer für Schüler verständlichen Sprache gesprochen dürfen stückweise stetige Funktionen sowohl einzelne Ausreißer als auch Sprungstellen aufweisen. Dies dürfen allerdings nur endlich viele sein, und Polstellen sind nicht erlaubt (siehe Abbildung 5.3). Anders ausgedrückt dürfen für endlich viele $x_0 \in [0,1]$ die einseitigen Grenzwerte (soweit sinnvoll definiert) sowohl untereinander als auch vom Funktionswert $f(x_0)$ verschieden sein, aber sie müssen existieren[3]:

$$SC([0,1]) = \{f : [0,1] \to \mathbb{R} \mid \lim_{x \to x_0, x < x_0} f(x_0) < \infty \text{ und } \lim_{x \to x_0, x > x_0} f(x_0) < \infty \text{ für alle } x_0 \in [0,1]$$

$$\text{und } \lim_{x \to x_0, x < x_0} f(x_0) \neq \lim_{x \to x_0, x > x_0} f(x_0) \text{ für nur endlich viele } x_0 \in [0,1]\}$$

Für stückweise stetige Funktionen $f, g \in SC([0,1])$ folgt die Existenz des Integrals

$$\int_0^1 f(x)g(x)\, dx =: \langle f, g \rangle$$

wegen der Cauchy-Schwarzschen Ungleichung (siehe 5.3) automatisch mit.

Es muss allerdings noch geprüft werden, ob dieses Integral tatsächlich die Eigenschaften eines Skalarprodukts aufweist. Das Integral ist offenbar symmetrisch und bilinear, aber die positive Definitheit ist nicht mehr so trivial wie im diskreten Fall. Da einzelne Ausreißer bei der Integration keine Rolle spielen, haben außer der Nullfunktion auch alle Funktionen der Form

$$f(x) = \begin{cases} 1 & , \quad x \in \{x_1, ..., x_n\} \\ 0 & , \quad \text{sonst} \end{cases} \qquad \text{für alle } k \in \mathbb{R}$$

mit endlichen Teilmengen $\{x_1, ..., x_n\} \subset [0,1]$ des Einheitsintervalls die Norm Null[4]. Aus diesem Grund müssen alle Funktionen, die sich nur in endlich vielen Stellen unterscheiden, identifiziert werden.

---

[3]Die Definition des Vektorraums $SC[a,b]$ über einem beliebigen kompakten Intervall mit $a < b$ erfolgt analog.

[4]Sogar die Dirichlet-Funktion, die für alle rationalen x den Wert 1 annimmt, hat das Lebesgue-Integral Null.

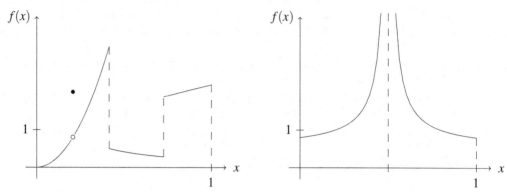

Abbildung 5.3: Links eine stückweise stetige, rechts eine nicht stückweise stetige Funktion

---

Skalarprodukte im Funktionenraum $SC([0,1])$:

	diskret			**stetig**	
$\langle f,g\rangle$	$=$	$\displaystyle\sum_{i=1}^{n} f(x_i)g(x_i)$	Skalarprodukt	$\langle f,g\rangle$	$= \displaystyle\int_0^1 f(x)g(x)\,\mathrm{d}x$
$\|f\|$	$=$	$\displaystyle\sqrt{\sum_{i=1}^{n} f^2(x_i)}$	Norm	$\|f\|$	$= \displaystyle\sqrt{\int_0^1 f^2(x)\,\mathrm{d}x}$
$\|f-g\|$	$=$	$\displaystyle\sqrt{\sum_{i=1}^{n} (f(x_i)-g(x_i))^2}$	Metrik	$\|f-g\|$	$= \displaystyle\sqrt{\int_0^1 (f(x)-g(x))^2\,\mathrm{d}x}$
$f\perp g$	$\Leftrightarrow$	$\displaystyle\sum_{i=1}^{n} f(x_i)g(x_i)=0$	Orthogonalität	$f\perp g$	$\Leftrightarrow \displaystyle\int_0^1 f(x)g(x)\,\mathrm{d}x=0$
f	mit	$\displaystyle\sqrt{\sum_{i=1}^{n} f^2(x_i)}=1$	'Einheitsfunktion'	f	mit $\displaystyle\sqrt{\int_0^1 f^2(x)\,\mathrm{d}x}=1$

Wie die 2-Norm im $\mathbb{R}^n$ ein Spezialfall der p-Normen ist, so ist auch die L^2-Norm für stückweise stetige Funktionen ein Spezialfall der L^p-Normen:

$$\|f\|_p = \sqrt[p]{\int_0^1 |f(x)|^p\,\mathrm{d}x}$$

Sie wird — insbesondere gegenüber der in manchen Anwendungen naheliegenderen L^1-Norm — vorgezogen, weil sie als einzige dieser Normen über ein Skalarprodukt definiert ist. Damit bringt sie eine Reihe sehr brauchbarer Eigenschaften mit sich, insbesondere die Möglichkeit der Bestimmung guter Approximationen durch Entwicklung über Orthonormalbasen.

5.3 Zu Norm- und Orthogonalitätsbegriff in Funktionenräumen

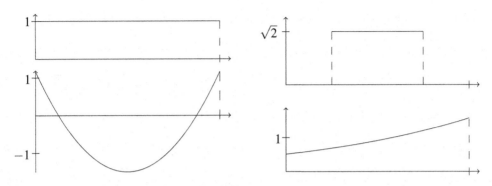

Abbildung 5.4: Vier normierte Funktionen über dem Einheitsintervall

Die mit dem Skalarprodukt für Funktionenräume verbundenen Begriffe „Norm" und „Orthogonalität" wurden gänzlich abstrakt durch eine rein formale Übertragung der im geometrischen Raum gefundenen und im $\mathbb{R}^n$ bestätigten Zusammenhänge definiert. Anders als bei einigen Anwendungen im $\mathbb{R}^n$ ist eine Veranschaulichung letztlich auch weder möglich noch intendiert. Schließlich ist die erfolgreiche Loslösung von Anschauung und Intuition eine Seite der Mathematik, die Schüler exemplarisch kennen lernen sollten.

Es ist allerdings sehr wohl möglich (und nötig), die Anwendung der Definitionen an konkreten Beispielen einzuüben und dabei einen Eindruck davon zu bekommen, wann die Norm einer Funktion groß ist und wann zwei Funktionen zueinander orthogonal genannt werden. Dies ist das Ziel des vorliegenden Abschnitts.

Graphisch steckt hinter der L^2-Norm der Funktion f der Inhalt der zwischen dem Graphen der Quadratfunktion f^2 und der x-Achse liegenden Fläche. Die Funktionen f und g sind orthogonal, wenn der Graph der Produktfunktion $f \cdot g$ oberhalb und unterhalb der x-Achse jeweils gleich große Flächen begrenzt.

Abbildung 5.4 zeigt die folgenden vier normierten Funktionen über dem Einheitsintervall:

$$f(x) = 1 \qquad\qquad f(x) = \begin{cases} \sqrt{2} & , \quad |x - 0.5| \leq 0.25 \\ 0 & , \quad , \text{ sonst} \end{cases}$$

$$f(x) = 64\sqrt{\frac{5}{181}}\left(x - \frac{1}{8}\right)\left(x - \frac{7}{8}\right) \qquad\qquad f(x) = \frac{\sqrt{2}}{\sqrt{e^2 - 1}}\, e^x$$

Dabei wurde zum Beispiel der Vorfaktor der letzten Funktion f zu $\tilde{f}$ mit $\tilde{f}(x) = e^x$ bestimmt über

$$\frac{1}{\sqrt{\langle \tilde{f}, \tilde{f} \rangle}} \quad \text{mit} \quad \langle \tilde{f}, \tilde{f} \rangle = \int_0^1 e^{2x}\, \mathrm{d}x = \frac{e^2 - 1}{2} \quad .$$

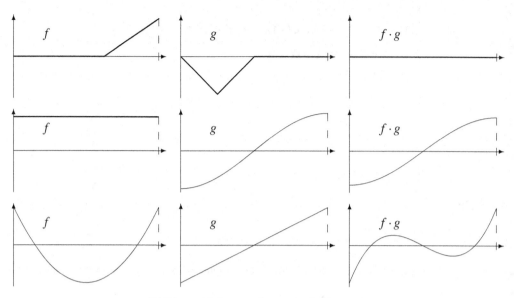

Abbildung 5.5: Paare orthogonaler Funktionen

Abbildung 5.5 zeigt drei Paare orthogonaler Funktionen jeweils zusammen mit der zugehörigen Produktfunktion. Man erkennt unter anderem, dass bezüglich der Intervallmitte achsen- und punktsymmetrische Funktionen stets orthogonal zueinander sind.

Abbildung 5.6 zeigt die Funktion f mit $f(x) = 1$ zusammen mit folgenden vier − im Sinne der Quadratintegralnorm gleich guten − Approximationen:

$$a_1(x) = 1.1 \qquad\qquad a_2(x) = \left\{ \begin{array}{ll} 1 & ,x \in [0, 0.99[\\ 2 & , \text{sonst} \end{array} \right.$$

$$a_3(x) = 1 + \frac{\sqrt{3}}{5}(x - 0.5) \qquad a_4(x) = 1 + \frac{\sqrt{2}}{10}\sin(10\pi x)$$

Angesichts der Verschiedenheit dieser „gleich guten" Approximationen (alle mit relativem Fehler $\delta = 10\%$) kommt die Frage auf, ob es überhaupt zulässig ist, in Zusammenhang mit der Quadratintegralnorm von **der** besten Näherung in einem Unterraum zu sprechen. Dass es Normen gibt, bezüglich denen die beste Approximation nicht eindeutig ist, haben wir an einfachen Beispielen schon in 1.4 gesehen.

Natürlich ist die oben angegebene Kombination von Funktionen sehr konstruiert und die beste Approximation im von ihnen erzeugten Unterraum die Funktion selbst. Aber auch in naheliegenderen Beispielen − wie dem Unterraum aller ganzrationalen Funktionen bis zu vorgegebenem Grad − ist die Frage der Eindeutigkeit der besten Approximation hinsichtlich der Quadratintegralnorm nicht trivial.

Sie ist vielmehr eine der nützlichen strukturellen Eigenschaften, die bei allen über ein Skalarprodukt definierten Normen „automatisch mit geliefert" werden. Für alle Vektorräume mit Skalarprodukt und zugehöriger Norm gilt die Dreiecksungleichung als Folge der Cauchy-Schwarz-

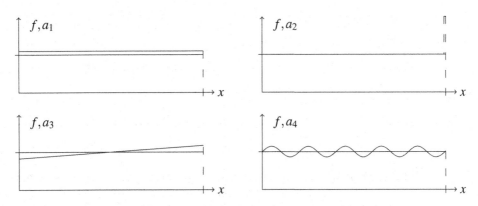

Abbildung 5.6: Vier „gleich gute" Näherungen der konstanten 1-Funktion

schen Ungleichung für linear unabhängige Vektoren in scharfer Form; und aus der Dreiecksungleichung in scharfer Form folgt die Eindeutigkeit der besten Approximation bis auf Äquivalenz-
klassen (siehe 1.4). Wir zeigen das hier für den Vektorraum $SC([0,1])$ aller stückweise stetigen
Funktionen auf dem Einheitsintervall noch einmal explizit.

Eindeutigkeit der besten Approximation in Funktionenräumen

Wegen der positiven Definitheit des Skalarprodukts gilt für beliebige linear unabhängige Funktionen $f,g \in SC([0,1])$, bei denen die Orthogonalprojektion f_g von f auf g nicht mit f identisch
ist:

$$
\begin{aligned}
0 \;&<\; \langle f - f_g, f - f_g \rangle \\[2mm]
&=\; \int_0^1 \left[f(x) - \frac{\int_0^1 f(x) \cdot g(x)\,dx}{\int_0^1 g^2(x)\,dx} \cdot g(x) \right]^2 dx \\[2mm]
&=\; \int_0^1 f^2(x)\,dx - 2 \cdot \frac{\int_0^1 f(x) \cdot g(x)\,dx}{\int_0^1 g^2(x)\,dx} \int_0^1 f(x) \cdot g(x)\,dx + \left(\frac{\int_0^1 f(x) \cdot g(x)\,dx}{\int_0^1 g^2(x)\,dx} \right)^2 \int_0^1 g^2(x)\,dx \\[2mm]
&=\; \int_0^1 f^2(x)\,dx - \frac{\left(\int_0^1 f(x) \cdot g(x)\,dx \right)^2}{\int_0^1 g^2(x)\,dx}
\end{aligned}
$$

Daraus resultiert die Cauchy-Schwarzsche Ungleichung in scharfer Form,

$$
\int_0^1 f^2(x)\,dx \cdot \int_0^1 g^2(x)\,dx \;>\; \left(\int_0^1 f(x) \cdot g(x)\,dx \right)^2,
$$

und aus ihr wiederum die Dreiecksungleichung in scharfer Form (jeweils durch Wurzelziehen):

$$\left(\sqrt{\int_0^1 (f(x)+g(x))^2\,dx}\right)^2 = \int_0^1 f^2(x)\,dx + 2\cdot\int_0^1 f(x)\cdot g(x)\,dx + \int_0^1 g^2(x)\,dx$$

$$< \int_0^1 f^2(x)\,dx + 2\cdot\sqrt{\int_0^1 f^2(x)\,dx}\cdot\sqrt{\int_0^1 g^2(x)\,dx} + \int_0^1 g^2(x)\,dx$$

$$= \left(\sqrt{\int_0^1 f^2(x)\,dx} + \sqrt{\int_0^1 g^2(x)\,dx}\right)^2$$

Mit Hilfe der Dreiecksungleichung in scharfer Form folgt schließlich die Eindeutigkeit der besten Approximation, denn es gilt: Sind a_1 und a_2 verschiedene, aber gleich gute Näherungen von f in einem Unterraum $\mathcal{U}$, der f nicht enthält, dann gilt $a_i \neq f$ und die Funktionen $(f-a_1)/2$ und $(f-a_2)/2$ sind linear unabhängig. (Denn aus der Annahme $f-a_1 = k\cdot(f-a_2)$ für ein $k \in \mathbb{R}$ folgt $(k-1)\cdot f = k\cdot a_2 - a_1$ im Widerspruch zu $f \notin \mathcal{U}$.)

Daraus aber folgt, dass die über arithmetische Mittel gebildete Funktion $\frac{a_1+a_2}{2}$ eine bessere Näherung von f ist als a_1 und a_2 selbst:

$$\sqrt{\int_0^1 \left[f(x)-\frac{a_1(x)+a_2(x)}{2}\right]^2\,dx} = \sqrt{\int_0^1 \left[\frac{f(x)-a_1(x)}{2}+\frac{f(x)-a_2(x)}{2}\right]^2\,dx}$$

$$< \sqrt{\int_0^1 \left(\frac{f(x)-a_1(x)}{2}\right)^2\,dx} + \sqrt{\int_0^1 \left(\frac{f(x)-a_2(x)}{2}\right)^2\,dx}$$

$$= \frac{1}{2}\cdot\left[\sqrt{\int_0^1 (f(x)-a_1(x))^2\,dx} + \sqrt{\int_0^1 (f(x)-a_2(x))^2\,dx}\right]$$

5.4 Haar-Wavelets als Funktionen, Wavelets höherer Ordnung *

In 5.1 wurden die – teils rein formalen, teils grundsätzlichen – Nachteile und Grenzen der durch Spaltenvektoren repräsentierten Haar-Wavelets aufgezeigt. Gegenstand dieses Abschnitts sind die Ideen, die zur Aufhebung dieser Nachteile beziehungsweise zum Überschreiten der den Haar-Wavelets gesteckten Grenzen führen. Das geschieht in zwei Schritten:

Erstens werden die Haar-Wavelets statt als Spaltenvektoren als Funktionen aufgefasst – alle durch Verschiebungen und Stauchungen aus einem einzigen Ur- oder Mutter-Wavelet hervorgehend. Das ist eleganter und beseitigt die formalen Probleme mit hohen Dimensionen. Vor allem aber erweitert es den Wirkungsbereich der Haar-Wavelets schlagartig von stückweise konstanten auf stückweise stetige Funktionen, von digitalen auf analoge Signale! Zudem wird eine wesentliche Grundlage aller digitalen Approximationsverfahren deutlich: die Tatsache, dass die Digitalisierung stetiger Signale selbst bereits eine Orthogonalprojektion ist. (Auch wie die Erweiterung vom Einheitsintervall auf die komplette reelle Achse von statten geht, ist jetzt offensichtlich.)

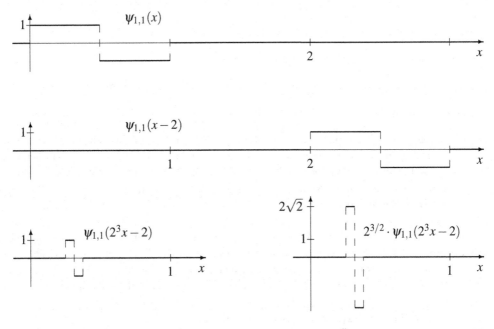

Abbildung 5.7: Ur-Haar-Wavelet $\psi_{1,1}$ und schrittweiser Übergang zu $\psi_{4,3}$

Zweitens werden mit den Daubechies-Wavelets die erst seit gut zwanzig Jahren bekannten Funktionen vorgestellt, mit deren Hilfe die Grenzen der Haar-Wavelets erstmals überwunden wurden. Die Daubechies-Wavelets sind so geschickt konstruiert, dass sie mit den Haar-Wavelets praktisch alle Vorteile gemeinsam haben: Als „kleinen Wellen" mit Fraktal-ähnlichen Eigenschaften gehen sie alle aus jeweils einem Ur-Wavelet hervor, sind orthonormiert und erzeugen als vollständiges System (vergleiche 5.6) den gesamten Vektorraum der stückweise stetigen Funktionen. Hin- und Rücktransformation sind auch bei den Daubechies-Wavelets symmetrisch und ähnlich leicht zu implementieren wie der Haar-Algorithmus. Allerdings werden jetzt nicht nur konstante, sondern auch lineare, quadratische und kubische Bereiche der Signale für die Kompression ausgenutzt und korrekt wiedergegeben (und so weiter, je nach Grad der Wavelets).[5]

Wie im letzten Abschnitt gezeigt, ist zu jeder Funktion des $SC([0,1])$ die beste Approximation in einem endlich-dimensionalen Unterraum eindeutig bestimmt. Mehr noch: Diese beste Approximation entspricht der Orthogonalprojektion von f auf den Unterraum; und ist dieser durch eine Orthonormalbasis $\{e_1, ..., e_n\}$ gegeben, so findet man die beste Approximation f_A durch Entwi-

---

[5] Anders als die Haar-Wavelets können die Daubechies-Wavelets nicht ohne weiteres von $\mathbb{R}$ auf $[0,1]$ „heruntergebrochen" werden: Wegen ihrer unscharfen Grenzen gehen an den Rändern des abgeschlossenen Intervalls Orthogonalität und Vollständigkeit des Systems verloren. Deshalb verlassen wir auf S.112 ausnahmsweise das Einheitsintervall. Weder dieser Schritt noch die mit den Wavelets zusammenhängenden Begriffe können hier ausführlich erläutert werden. Für eine ausführliche Behandlung verweisen wir auf [8] oder [4].

ckeln:

$$f_A = \sum_{i=1}^{n} \langle f, e_i \rangle \, e_i$$

$$f_A(x) = \sum_{i=1}^{n} \left(\int_0^1 f(x) \cdot e_i(x) \, \mathrm{d}x \right) \cdot e_i(x)$$

Deshalb wenden wir an dieser Stelle unseren Blick geeigneten und durch Orthonormalbasen gegebenen Unterräumen zu. Davon aber haben wir in Kapitel 4 bereits einen kennen und nutzen gelernt: Den Unterraum aller auf dyadischen Teilintervallen konstanten Funktionen mit der Haar-Basis. Letztere wurden dor allerdings noch in Form von Spaltenvektoren des $\mathbb{R}^n$ geschrieben und konnte nur auf diskrete Signale angewendet werden. Wie in 5.1 motiviert, sollen die Elemente der Haar-Basis jetzt als Funktionen eingeführt und so auch für stetige Signale nutzbar gemacht werden.

Definiert man als so genanntes Ur-Haar-Wavelet die Funktion, die im Einheitsintervall jeweils zur Hälfte die Werte $+1$ und -1 annimmt und sonst überall 0 ist, so gehen alle anderen Haar-Wavelets durch Verschieben und Stauchen in x-Richtung sowie (der Normierung wegen) Strecken in y-Richtung daraus hervor (siehe Kasten S.111 und Abbildung 5.7).

Definition der Haar-Wavelets als Funktionen:

$$\psi_{1,1}(x) = \begin{cases} 1 & , \quad x \in [0, 0.5[\\ -1 & , \quad x \in [0.5, 1[\\ 0 & , \quad \text{sonst} \end{cases}$$

$$\psi_{j,k}(x) = 2^{(j-1)/2} \cdot \psi_{1,1}\left(2^{j-1}x - (k-1)\right) \qquad\qquad j \in \mathbb{N}, \ k \in \{1,..,2^{j-1}\}$$

Nimmt man die über dem Einheitsintervall konstante Funktion ψ_0 hinzu, so bilden $\{\psi_0, \psi_{1,1}, \psi_{2,1}, ..., \psi_{j,2^j}\}$ eine Orthonormalbasis des Vektorraums V_{2^j} aller über 2^j dyadischen Teilintervallen des Einheitsintervalls konstanten Funktionen.

Die Orthogonalität verschiedener Haar-Wavelets ist nach Konstruktion offensichtlich. Mit der paarweisen Orthogonalität der Haar-Wavelets folgt die lineare Unabhängigkeit des Systems z.B. durch Widerspruchsbeweis: Wäre ein Haar-Wavelet als Linearkombination anderer darstellbar, so wäre das Produkt des Haar-Wavelets mit dieser Linearkombination einerseits dessen Normquadrat, andererseits wegen der Orthogonalität Null.

Dass die $\psi_{i,k}$ für $1 \leq i \leq j$ zusammen mit ψ_0 ein Erzeugendensystem von V_{2^j} bilden, folgt einerseits aus dem Dimensionsargument: Das System hat 2^j Elemente und das entspricht offensichtlich der Dimension von V_{2^j}. Andererseits wurde die Erzeugbarkeit jedes Elements von V_{2^j} in 4.3 konstruktiv gezeigt: Bei der Haar-Wavelet-Transformation wird die Berechnung der Wavelet-Koeffizienten aus den Werten $a_{j,k}$ des zu transformierenden Signals explizit angegeben. Abbildung 5.8 zeigt die komplette Haar-Basis des V_8.

Die Haar-Wavelets $\psi_{j,k}$ lassen sich auch direkt über die in 4.1 eingeführten dyadischen Intervalle $I_{j,k}$ und Elementarfunktionen $\varphi_{j,k}$ definieren.

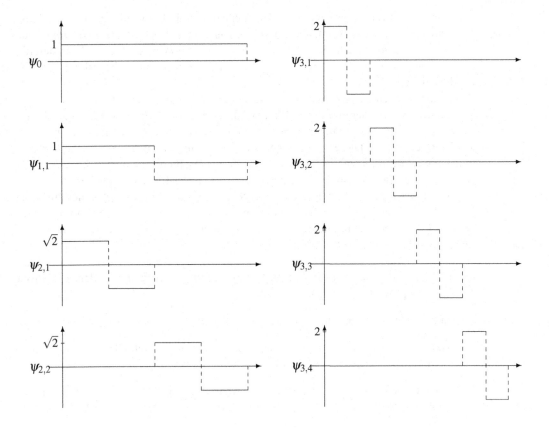

Abbildung 5.8: Die Haar-Basis des V_8

Definition der Haar-Wavelets über dyadische Intervalle:

$$I_{j,k} \;=\; \left[\tfrac{(k-1)}{2^j} \,;\, \tfrac{k}{2^j} \right[\qquad\qquad j \in \mathbb{N}_0,\, k \in \{1,..,2^j\}$$

$$\varphi_{j,k} \;:\; I_{0,1} \to \mathbb{R} : x \mapsto \begin{cases} 1 &,\quad x \in I_{j,k} \\ 0 &,\quad \text{sonst} \end{cases} \qquad\qquad j \in \mathbb{N}_0,\, k \in \{1,..,2^j\}$$

$$\psi_0 \;=\; \varphi_{0,1}$$

$$\psi_{j,k} \;=\; 2^{(j-1)/2} \cdot (\varphi_{j,2k-1} - \varphi_{j,2k}) = 2^{(j-1)/2} \cdot \begin{cases} 1 &,\quad x \in I_{j,2k-1} \\ -1 &,\quad x \in I_{j,2k} \\ 0 &,\quad \text{sonst} \end{cases} \qquad j \in \mathbb{N},\, k \in \{1,..,2^{j-1}\}$$

Für abschnittsweise konstante Funktionen entspricht die Entwicklungsformel in Funktionen-räumen (S. 110) dem Anwenden des in 4.3 beschriebenen Haar-Algorithmus. Im Gegensatz zu diesem ist sie jedoch auch auf stückweise stetige Funktionen anwendbar. Dort liefert sie Dis-kretisierungen gewünschten Grades, die je nach Bedarf noch mittels Thresholding komprimiert werden können.

Allerdings haben die unstetigen Haar-Wavelets in der Signalverarbeitung eine Reihe von Nach-teilen (siehe 5.1). In der zweiten Hälfte des 20. Jahrhunderts wurde deshalb intensiv nach steti-ge(re)n Funktionen mit ähnlichen Eigenschaften gesucht; ohne das klar gewesen wäre, ob solche überhaupt existieren. Diese Suche hatte zahlreiche praktische und theoretische Fortschritte zur Folge und führte 1989 zum Erfolg. Bevor wir darauf zu sprechen kommen soll jedoch allgemein ausgedrückt werden, worin denn die gewünschten Wavelet-Eigenschaften bestehen.

Grob gesagt bezeichnet man als (Ur-)Wavelet jede Funktion, die zusammen mit ihren ganz-zahligen Verschiebungen und deren Zweierpotenz-Stauchungen ein Orthonormalsystem bildet, das den Raum der quadratintegrierbaren Funktionen erzeugt. Für eine genauere Formulierung folgen wir Christensen ([8], S.107):

Eine Multiskalen-Analyse besteht aus einer Folge $\{T_j\}_{j\in\mathbb{Z}}$ abgeschlossener Unterräume des Raums $L^2(\mathbb{R})$ der quadratintegrierbaren Funktionen und einer Funktion (dem Ur-Wavelet) $\psi \in T_0$, für die folgende Bedingungen erfüllt sind:

- für $i < j$ ist T_i Unterraum von T_j ,

- der Abschluss der Vereinigung aller T_j ist $L^2(\mathbb{R})$, der Schnitt aller T_j enthält nur die Null-funktion,

- eine Funktion f ist genau dann aus T_j, wenn ihre Stauchung auf die Hälfte in x-Richtung aus T_{j+1} ist,

- ist eine Funktion f aus T_0, dann auch ihre ganzzahligen Verschiebungen in x-Richtung,

- die Funktion ψ bildet zusammen mit ihren ganzzahligen Verschiebungen in x-Richtung eine Basis des T_0

Für die Haar-Wavelets ist T_0 der Vektorraum aller quadratintegrierbaren Funktionen, die auf Intervallen der Länge 1/2 konstant sind (also die Fortsetzung des V_2 aus Kapitel 4 über das Einheitsintervall hinaus). T_1 ist der entsprechende Raum für Intervalle der Länge 1/4 (also die Fortsetzung des V_4 über das Einheitsintervall hinaus) und so weiter. T_{-1} ist der entsprechende Raum für Intervalle der Länge 1, zu dem die über dem Einheitsintervall konstante Funktion ψ_0 von oben gehört. Die Räume mit Index ≤ -2 braucht man bei Beschränkung auf das Einheits-intervall nicht hinzuzuziehen. Umgekehrt muss bei der Multiskalen-Analyse nach Christensen die konstante Funktion nicht explizit aufgeführt werden, weil T_i für $i \to -\infty$ in ein Intervall unendlicher Breite übergeht.

Die belgische Physikerin Ingrid Daubechies konstruierte 1988 erstmals stetige Funktionen mit diesen Eigenschaften, bekannt als Daubechies-Wavelets $D4$, $D6$, $D8$ und so weiter. Wichtige Ansatzpunkte der Konstruktion waren Symmetrie und perfekte Rekonstruierbarkeit bestimmter für die Wavelets und ihre Filter charakteristischer Polynome in $\mathbb{Z}$ − abgeschaut von den Haar-Wavelets, aber von höherem Grad. Für eine vollständige Darstellung und Klärung der Begriffe

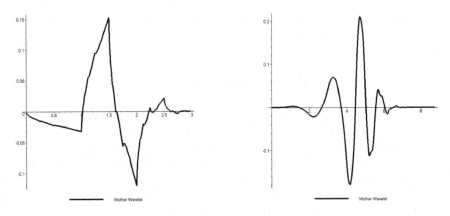

Abbildung 5.9: Daubechies-Wavelets $D4$ und $D10$

verweisen wir auf [8] und [4]. Wichtig ist, dass die Daubechies-Wavelets $D4$ neben konstanten Abschnitten der Signale auch lineare korrekt wiedergeben, die $D6$ zusätzlich quadratische und so weiter: Jedes Wavelet der Klasse Di ist orthogonal zu allen Polynomen vom Grad 0 bis $\frac{i}{2} - 1$.

Das i in Di steht für die Anzahl der Filterkoeffizienten und damit für die Länge der Filter — einer für das Wavelet charakteristischen Folge reeller Zahlen, die in der zugehörigen Wavelet-Transformation von Bedeutung sind. $\frac{i}{2}$ ist die Anzahl verschwindender Momente. Das jeweilige Ur-Wavelet nimmt auf dem Trägerintervall $[0, i-1]$ von Null verschiedene Werte an. Die Haar-Wavelets sind nichts anderes als $D2$. Sie haben 2 durch die Zahlenfolge $1, -1$ charakterisierte Filter und sind auf dem Trägerintervall $[0, 1]$ von Null verschieden. Sie sind orthogonal zu allen konstanten Funktionen, haben also ein verschwindendes Moment.

Abbildung 5.9 zeigt links das Ur-Wavelet der einfachsten von Daubechies gefundenen Form $D4$: Es hat 4 durch die Zahlenfolge[6] $0.68, 1.18, 0.32, -0.18$ charakterisierte Filter und ist auf dem Trägerintervall $[0, 3]$ von Null verschieden. Die Wavelets $D4$ sind orthogonal zu allen konstanten und linearen Funktionen, haben also 2 verschwindende Momente. In der Praxis werden je nach Anwendung meist die Wavelets $D2$ bis $D20$ verwendet, das heißt man berücksichtigt polynomiale Entwicklungen bis zum 9. Grad.

Die Daubechies-Wavelets sind zwar stetig, aber hoch kompliziert. Sie weisen Fraktal-ähnliche Eigenschaften auf und lassen sich nicht geschlossen darstellen. Sie haben sich heute in der Anwendung durchgesetzt, weil sie funktionieren und — nach Konstruktion — ähnlich einfach zu programmieren und zu nutzen sind wie Haar-Wavelets. Die Mathematiker des 19. Jahrhunderts jedoch „wären in Panik vor ihnen zurückgeschreckt" (zitiert nach [24]) — und hatten sie zur Beschreibung rein stetiger Signale auch tatsächlich nicht nötig.

Im folgenden Abschnitt kommen wir auf bedeutend einfachere stetige Funktionen zurück. Mittels des eingeführten Skalarprodukts lassen sich beliebig vorgegebene Mengen von Funktionen nach Gram-Schmidt orthonormalisieren; anschließend können andere Funktionen nach dem allgemeinen Verfahren im zugehörigen Unterraum approximiert werden. Das kann zum Beispiel bei ganzrationalen Funktionen sinnvoll sein. Bei trigonometrischen Funktionen führt es auf die

---

[6](approximierte Werte, vgl. z.B. http://de.wikipedia.org/wiki/Daubechies-Wavelets)

Fourieranalysis als (lange vor den Wavelet-Methoden bekanntes) hervorragendes Mittel zur Verarbeitung periodischer Signale.

5.5 Andere Orthonormalsysteme in Funktionenräumen

Hauptintention des folgenden Abschnitts ist die Einführung der Fourierbasen für endlich-dimensionale Räume stetiger, periodischer Signale in 5.5.2. Deren Sonderstellung ist durch ihre außergewöhnliche theoretische wie praktische Bedeutung begründet, der Kapitel 6 Rechnung trägt. Da Funktionenräume und die Umsetzung unserer Methode an sich jedoch neu und vergleichsweise schwierig sind, wird in 5.5.1 zunächst ein einfacheres Beispiel gewählt: Anhand des Vektorraums aller ganzrationalen Funktionen von vorgegebenem Grad wird das allgemeine Vorgehen verdeutlicht und hinsichtlich seiner Effektivität sowie der Qualität der Approximation mit Alternativen verglichen.

Das Erzeugnis endlich vieler, beliebig zusammengestellter Funktionen $f_1, ..., f_n$ ist ein Vektorraum. Zu ihm kann mittels des Gram-Schmidtschen Orthonormalisierungsverfahrens stets eine Orthonormalbasis gefunden werden, wobei lineare Abhängigkeit des Erzeugendensystems automatisch zu Nullvektoren führt und damit eliminiert wird. Es entsteht also eine Orthonormalbasis $\{e_1, ..., e_m\}$ desselben Vektorraums mit $m \leq n$.

5.5.1 Von Potenzfunktionen erzeugte Unterräume

Betrachten wir zum Beispiel den Vektorraum aller ganzrationalen Funktionen maximal zweiten Grades, also das lineare Erzeugnis der folgenden ganzrationalen Funktionen über dem Intervall $[0, 1]$:

$$f_1(x) = 1 \qquad\qquad f_2(x) = x \qquad\qquad f_3(x) = x^2$$

Diese Basis soll bezüglich des Skalarprodukts

$$\langle f_1, f_2 \rangle = \int_0^1 f_1(x) \cdot f_2(x) \, \mathrm{d}x$$

und der zugehörigen L^2-Norm orthonormalisiert werden. Dann bilden

$$
\begin{aligned}
o_1(x) &= f_1(x) &&= 1 \\
o_2(x) &= f_2(x) - \frac{\int_0^1 o_1(x) \cdot f_2(x) \, \mathrm{d}x}{\int_0^1 o_1^2(x) \, \mathrm{d}x} \cdot o_1(x) &&= x - \frac{1}{2} \\
o_3(x) &= f_3(x) - \frac{\int_0^1 o_1(x) \cdot f_3(x) \, \mathrm{d}x}{\int_0^1 o_1^2(x) \, \mathrm{d}x} \cdot o_1(x) - \frac{\int_0^1 o_2(x) \cdot f_3(x) \, \mathrm{d}x}{\int_0^1 o_2^2(x) \, \mathrm{d}x} \cdot o_2(x) &&= x^2 - x + \frac{1}{6}
\end{aligned}
$$

eine Orthogonalbasis und

$$e_1(x) = o_1(x) \, , \quad e_2(x) = 2\sqrt{3} \cdot o_2(x) \, , \quad e_3(x) = 6\sqrt{5} \cdot o_3(x)$$

(siehe Abbildung 5.10) die zugehörige Orthonormalbasis des Vektorraums aller ganzrationalen Funktionen bis zum zweiten Grad.

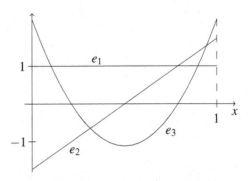

Abbildung 5.10: Eine Orthonormalbasis des Raums aller ganzrationalen Funktionen vom Grad ≤ 2

Mit Hilfe einer solchen Orthonormalbasis kann die (bezüglich der L^2-Norm) beste quadratische Approximation jeder stückweise stetigen Funktion auf dem Einheitsintervall durch Entwicklung in einfacher Weise bestimmt werden. Wir tun dies im Folgenden für $f(x) = e^x$ und vergleichen die Lösung bezüglich Vorgehen und Aufwand mit der Bestimmung der besten Näherung als Extremwertproblem.

Bestimmen der besten Approximation durch Entwicklung über einer Orthonormalbasis
Eine Orthonormalbasis des Raums aller ganzrationalen Funktionen maximal zweiten Grades wurde gerade angegeben. Als Anwendung des allgemeinen Verfahrens gilt für die beste Näherung von f mit $f(x) = e^x$ bezüglich der Quadratintegralnorm:

$$
\begin{aligned}
f_2(x) &= \left(\int_0^1 f(x) \cdot e_1(x)\, dx \right) \cdot e_1(x) + \left(\int_0^1 f(x) \cdot e_2(x)\, dx \right) \cdot e_2(x) \\
&\quad + \left(\int_0^1 f(x) \cdot e_3(x)\, dx \right) \cdot e_3(x) \\
&\approx 1.718 \cdot 1 + 1.690 \cdot \left(x - \frac{1}{2} \right) + 0.839 \cdot \left(x^2 - x + \frac{1}{6} \right) \\
&\approx 0.839 x^2 + 0.851 x + 1.013
\end{aligned}
$$

Bestimmen der besten Approximation als Extremwertproblem
Sofern partielle Ableitungen von Funktionen in mehreren Variablen bekannt sind (was bei Schülern im Allgemeinen natürlich nicht vorausgesetzt werden kann), findet man die beste quadratische Approximation einer vorgegebenen Funktion auch durch Lösung eines Extremwertproblems: Man bestimmt zunächst

$$
F(a,b,c) = \int_0^1 [e^x - (ax^2 + bx + c)]^2\, dx
$$

sowie die partiellen Ableitungen

$$
\frac{\partial F}{\partial a} = 4 + \frac{2}{3}c + \frac{1}{2}b + \frac{2}{5}a - 2e \quad , \quad \frac{\partial F}{\partial b} = -2 + \frac{1}{2}a + c + \frac{2}{3}b \quad \text{und} \quad \frac{\partial F}{\partial c} = 2 + \frac{2}{3}a + b + 2c - 2e \quad .
$$

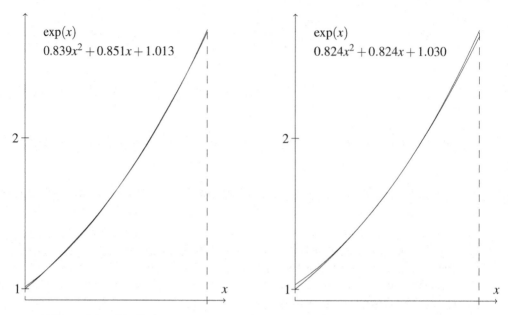

Abbildung 5.11: e^x in $[0,1]$ approximiert – per Orthogonalprojektion und per Taylorentwicklung

Infolge der notwendigen Bedingung für Extrema, dass die drei partiellen Ableitungen Null sein müssen, resultiert dann ein lineares 3×3-System, das man zu lösen hat. Im Beispiel ergibt sich $a = 210e - 570$, $b = 588 - 216e$, $c = 39e - 105$ und somit wie oben $f_2(x) \approx 0.839x^2 + 0.851x + 1.013$ als beste Approximation für $f(x) = e^x$ im Sinne der Quadratintegralnorm. (Auf den Nachweis, dass es sich tatsächlich um ein Minimum handelt, wird hier verzichtet.)

Vergleich der beiden Lösungswege
Für das konkrete Beispiel scheint der Aufwand der Lösungsmethoden vergleichbar: Bei der Entwicklung über einer Orthonormalbasis muss man diese immerhin erst bestimmen, und dazu sind eine ganze Reihe Integrationen nötig. Die Entwicklung selbst erfordert dann weitere Integrationen. Die Lösung als Extremwertproblem besteht im Wesentlichen aus einer Integration, drei partiellen Ableitungen und dem Lösen eines linearen 3×3-Sytems. Allerdings erfordert sie deutlich mehr Übersicht, birgt ein höheres Risiko für Verständnisfehler und ist schlechter programmierbar.

Andere Vorzüge des ersten Weges werden erst deutlich, wenn

1. nicht nur eine Funktion zu approximieren ist, sondern viele,

2. der Grad der ganzrationalen Approximation flexibel variierbar sein soll, um die jeweils gewünschte Approximationsqualität zu erreichen.

Die einmal bestimmte Orthonormalbasis für einen Raum ganzrationaler Funktionen kann immer wieder und für die unterschiedlichsten zu approximierenden Funktionen benutzt werden. Bei der

Lösung als Extremwertproblem ändern sich dagegen mit jeder neuen Funktion das erforderliche Integral, die partiellen Ableitungen und das Gleichungssystem komplett.

Will man – etwa zum Verbessern der Approximation – den Grad der ganzrationalen Näherung erhöhen, so kommen bei Orthonormalisierung und Entwicklung nur jeweils ein Rechenschritt hinzu: Alle bereits berechneten Basisvektoren und Entwicklungskoeffizienten bleiben richtig. Im Beispiel wird die Orthonormalbasis um

$$e_4 = 20\sqrt{7} \cdot \left(x^3 - \frac{3}{2}x^2 + \frac{3}{5}x - \frac{1}{20} \right)$$

erweitert und die beste Näherung dritten Grades ist:

$$f_3(x) \approx 1.718 \cdot 1 + 1.690 \cdot \left(x - \frac{1}{2} \right) + 0.839 \cdot \left(x^2 - x + \frac{1}{6} \right) + 0.279 \cdot \left(x^3 - \frac{3}{2}x^2 + \frac{3}{5}x - \frac{1}{20} \right)$$

Bei der Lösung als Extremwertproblem hingegen ändert sich alles: Keines der berechneten Teilergebnisse ist mehr etwas wert. Das Integral wird komplizierter und statt eines linearen $n \times n$-Systems ist ein $(n+1) \times (n+1)$ zu lösen. Vergleicht man die besten Approximationen zweiten und dritten Grades in nicht orthogonalisierter Form, bleibt kein Koeffizient erhalten:

$$\begin{aligned} f_2(x) &\approx 0.839x^2 + 0.851x + 1.013 \\ f_3(x) &\approx 0.279x^3 + 0.421x^2 + 1.018x + 0.999 \end{aligned}$$

Exkurs: Vergleich mit der Taylorentwicklung zweiten Grades um 1/2

Die beste Approximation der Exponentialfunktion durch ein quadratisches Polynom in Abbildung 5.11) links erinnert vielleicht an eine andere Methode zur Bestimmung ganzrationaler Näherungen von Funktionen: die bereits in 5.3 erwähnte Taylorreihen-Entwicklung. Diese soll für das konkrete Beispiel kurz mit der besten Approximation bezüglich der L^2-Norm verglichen werden.

Geht es um das Einheitsintervall, liegt eine Taylorentwicklung um $x = 0.5$ nahe. Sie lautet für das Beispiel der Exponentialfunktion

$$\begin{aligned} f_{2T}(x) &= \frac{f(0.5)}{0!} \cdot (x-0.5)^0 + \frac{f^{(1)}(0.5)}{1!} \cdot (x-0.5)^1 + \frac{f^{(2)}(0.5)}{2!} \cdot (x-0.5)^2 \\[2mm] &= e^{0.5} \cdot \left[1 + (x-0.5) + \tfrac{1}{2}(x-0.5)^2 \right] \\[2mm] &\approx 0.824x^2 + 0.824x + 1.030 \end{aligned}$$

und ist damit auch bezüglich der Quadratintegralnorm keine schlechte Näherung von e^x: Es ist $\|f - f_2\| \approx 2.919$ und $\|f - f_{2T}\| \approx 2.927$. Die Taylor-Approximation zweiten Grades erwächst allerdings wie in 5.3 erläutert aus einem völlig anderen Ansatz: der Übereinstimmung mit der Originalfunktion bei $x = 0.5$ in Funktionswert, erster und zweiter Ableitung – also nur in einem einzigen Punkt, dafür aber in vielfacher Hinsicht. Dass das in der Regel auch in der näheren Umgebung zu hoher Übereinstimmung führt, liegt an der Vorbestimmtheit der Weiterentwicklung durch Steigungs- und Krümmungsverhalten.

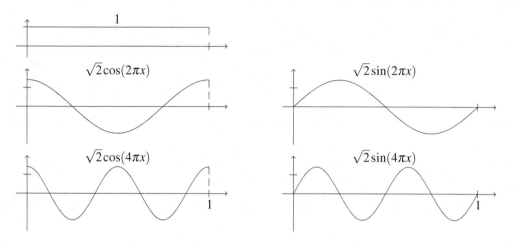

Abbildung 5.12: Die Fourierbasis des (5-dimensionalen) P_2

Entwickelt man statt um die Intervall-Mitte zum Beispiel um den linken Rand $x = 0$, so ist die Taylorentwicklung zweiten Grades ($\tilde{f}_{2T}(x) = 0.5x^2 + x + 1$) bezüglich der Quadratintegralnorm schon wesentlich schlechter: Es gilt $\|f - \tilde{f}_{2T}\| \approx 3.117$.

5.5.2 Von trigonometrischen Funktionen erzeugte Unterräume

Gibt man beliebige Funktionen als Erzeugendensystem eines Unterraums vor, so muss man in aller Regel zunächst orthogonalisieren, um per Orthogonalprojektion nach Formel approximieren und andere strukturelle Vorteile nutzen zu können. Die geschickt konstruierte Haar-Basis aus 4 und 5.4 legt jedoch die Frage nahe, ob nicht auch stetige Funktionen als Elemente eines Erzeugendensystems so gewählt werden können, dass sie von vorne herein orthogonal sind.

Dies ist tatsächlich möglich und geschah schon Anfang des 19. Jahrhunderts − freilich ohne expliziten Begriff von Funktionenräumen oder Orthogonalität: 1822 veröffentlichte Jean Baptiste Joseph Fourier die Hypothese, alle periodischen Funktionen seien als Linearkombinationen oder Reihen (das heißt so etwas wie „unendliche Linearkombinationen") einfacher Sinus- und Cosinusfunktionen darstellbar.

Daran orientiert betrachten wir hier für alle $n \in \mathbb{N}$ als Vektorraum P_n das Erzeugnis aller 1-periodischen Cosinus- und Sinusfunktionen[7] bis zur Periode $1/n$ (im Folgenden auch als Fourierbasis vom Grad n bezeichnet, vgl. Abbildung 5.12):

$$P_n = \langle\langle \cos(0), \cos(2\pi x), \cos(4\pi x), ..., \cos(2n\pi x), \sin(2\pi x), \sin(4\pi x), ..., \sin(2n\pi x) \rangle\rangle$$

Mit dem Wissen des 20. Jahrhunderts erkennt man hierin einen Spezialfall unserer universellen Methode: Die so gewählten Systeme von trigonometrischen Funktionen sind (wie unten im Detail gezeigt wird) orthogonal und leicht zu normieren. Zudem ergeben sie bei Fortsetzung für $n \to \infty$ ein vollständiges System des Vektorraums aller periodischen Funktionen − eine Aussage, die

---

[7]Da dies formal erheblich einfacher ist identifizieren wir − wenn wie hier keine Verwechslungsgefahr vorliegt − in der Schreibweise Funktionen mit ihren Funktionstermen.

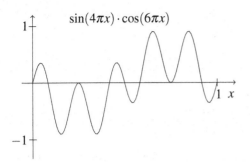

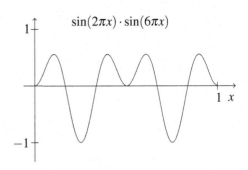

Abbildung 5.13: Zur Orthogonalität der trigonometrischen Funktionen

der Fourierhypothese entspricht, für die Eignung zu Approximations-Zwecken ausschlaggebend ist und in 5.6 näher erläutert wird. Mit der Orthogonalität des Systems folgt insbesondere die lineare Unabhängigkeit, wonach der Vektorraum P_n die Dimension $2n+1$ hat.

Die paarweise Orthogonalität der oben angegebenen trigonometrischen Funktionen (vgl. Abbildung 5.13) ist in vielen Fällen eine relativ offensichtliche Folge der Symmetrieeigenschaften. Allgemein lässt sie sich unter Nutzung der Additionstheoreme
$\sin(x) \cdot \sin(y) = \frac{1}{2} \left[\cos(x-y) - \cos(x+y) \right]$, $\cos(x) \cdot \cos(y) = \frac{1}{2} \left[\cos(x-y) + \cos(x+y) \right]$ und
$\sin(x) \cdot \cos(y) = \frac{1}{2} \left[\sin(x-y) + \sin(x+y) \right]$ beweisen. Dabei sind drei Fälle zu unterscheiden.
Für $j \neq k$ ist:

$$
\begin{aligned}
\int_0^1 \sin(2\pi kx) \cdot \sin(2\pi jx)\, dx &= \frac{1}{2} \int_0^1 \left[\cos(2\pi(k-j)x) - \cos(2\pi(k+j)x) \right]\, dx \\
&= \frac{1}{2} \left[\frac{1}{2\pi(k-j)} \sin(2\pi(k-j)x) - \frac{1}{2\pi(k+j)} \sin(2\pi(k+j)x) \right]_0^1 \\
&= 0
\end{aligned}
$$

$$
\begin{aligned}
\int_0^1 \cos(2\pi kx) \cdot \cos(2\pi jx)\, dx &= \frac{1}{2} \int_0^1 \left[\cos(2\pi(k-j)x) + \cos(2\pi(k+j)x) \right]\, dx \\
&= \frac{1}{2} \left[\frac{1}{2\pi(k-j)} \sin(2\pi(k-j)x) + \frac{1}{2\pi(k+j)} \sin(2\pi(k+j)x) \right]_0^1 \\
&= 0
\end{aligned}
$$

$$
\begin{aligned}
\int_0^1 \sin(2\pi kx) \cdot \cos(2\pi jx)\, dx &= \frac{1}{2} \int_0^1 \left[\sin(2\pi(k-j)x) + \sin(2\pi(k+j)x) \right]\, dx \\
&= \frac{1}{2} \left[\frac{1}{2\pi(k-j)} \cos(2\pi(k-j)x) - \frac{1}{2\pi(k+j)} \cos(2\pi(k+j)x) \right]_0^1 \\
&= 0
\end{aligned}
$$

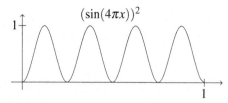
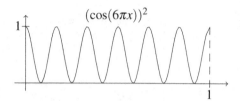

Abbildung 5.14: Zur Normierung der trigonometrischen Funktionen

Die Fourierbasen sind also für beliebiges n orthogonal. Zur Bestimmung des Normierungsfaktors verwendet man wiederum Additionstheoreme. Für $k > 0$ gilt:

$$\int_0^1 \sin^2(2\pi k x)\, dx = \frac{1}{2} \int_0^1 [\cos(0) - \cos(4\pi k x)]\, dx = \frac{1}{2} \left[x - \frac{1}{4\pi k} \sin(4\pi k x) \right]_0^1 = \frac{1}{2}$$

$$\int_0^1 \cos^2(2\pi k x)\, dx = \frac{1}{2} \int_0^1 [\cos(0) + \cos(4\pi k x)]\, dx = \frac{1}{2} \left[x + \frac{1}{4\pi k} \sin(4\pi k x) \right]_0^1 = \frac{1}{2}$$

Außer der konstanten Funktion $\cos(0) = 1$ sind also alle Elemente einer Fourierbasis mit dem Faktor $\sqrt{2}$ zu normieren (vgl. Abbildung 5.14). Abbildung 5.12 zeigt ein bereits orthonormiertes System. Demnach können alle zugehörigen strukturellen Vorteile genutzt werden, insbesondere die Approximation durch Entwicklung über einer Orthonormalbasis. (Diese ist, wie in Kapitel 6 gezeigt wird, nichts anderes als die Fourierentwicklung.) Abbildung 5.15 zeigt zwei einfache Funktionen dieses Vektorraums.

Die Fourierbasis des Vektorraums aller 1-periodischen Funktionen:

Für jedes $n \in \mathbb{N}$ bilden die 1-periodischen Sinus- und Cosinusfunktionen

$$\{ \cos(0),\ \sqrt{2}\cos(2\pi x),\ \sqrt{2}\cos(4\pi x), ...,\ \sqrt{2}\cos(2n\pi x),\ \sqrt{2}\sin(2\pi x),\ \sqrt{2}\sin(4\pi x), ...,\ \sqrt{2}\sin(2n\pi x) \}$$

eine Orthonormalbasis des Vektorraums P_n. P_n ist der Vektorraum aller 1-periodischen Funktionen mit minimaler Periodenlänge $1/n$ und hat die Dimension $(2n+1)$.

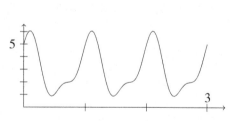

Abbildung 5.15: Zwei Funktionen des P_2

5.6 Zum Problem der Vollständigkeit *

Dieser Abschnitt bietet einen Ausblick auf unendlich-dimensionale Vektorräume, wirft aber gleichzeitig neues Licht auf die Wahl zu Approximationszwecken geeigneter Unterräume endlicher Dimension. Das liegt vor allem an einer neuen Schwierigkeit, die Vektorräume unendlicher Dimension mit sich bringen:

Hat man in einem Vektorraum der endlichen Dimension n ein System von n linear unabhängigen Vektoren gefunden, so nennt man es Basis und und kann sicher sein, dass die Vektoren den gesamten Raum aufspannen. Dann kann man − wenn es sich um einen Innenproduktraum handelt − das System getrost orthonormieren (sofern es nicht schon von vorne herein orthonormal gewählt war) und das bewährte Approximationsverfahren abspulen. Dabei kann das Erzeugendensystem geschickt oder weniger geschickt gewählt sein, aber der Algorithmus funktioniert in jedem Fall.

In Innenprodukträumen der Dimension ∞ würde man gerne das gleiche tun.[8] Hier ist die Lage allerdings erheblich komplizierter, da zu den Linearkombinationen die Reihen als „unendliche Linearkombinationen" kommen und man nicht mehr von einer Basis sprechen kann. Deshalb besteht auch die neue Gefahr, mit der Wahl des vermeintlichen Erzeugendensystems furchtbar schief zu liegen:

Hat man in einem Vektorraum der Dimension ∞ ein System von unendlich vielen linear unabhängigen Vektoren gefunden, so kann man **nicht** sicher sein, dass diese den gesamten Raum aufspannen. Tun sie es doch, spricht man von einem vollständigen System dieses Vektorraums; das heißt mit anderen Worten: Außer dem Nullvektor ist kein Vektor des Raums zum kompletten System orthogonal. Der Begriff der Vollständigkeit von Systemen ersetzt in Vektorräumen unendlicher Dimension den Begriff der Basis. In endlich-dimensionalen Vektorräumen ist ein linear unabhängiges System genau dann vollständig, wenn die Anzahl der Vektoren der Dimension des Vektorraums entspricht. In ∞-dimensionalen Vektorräumen gilt dies nicht.

Gehen wir zurück zu einem vertrauten Vektorraum endlicher Dimension, dem Erzeugnis aller 1-periodischen Cosinus- und Sinusfunktionen bis zur Periode $1/2$ (siehe Abbildung 5.12), und vergleichen es mit dem Erzeugnis aller 1-periodischen Cosinusfunktionen bis zur Periode $1/4$ (siehe Abbildung 5.16). Beide Räume sind fünfdimensional und auf den ersten Blick ähnlich. Warum also wählen wir den ersten Raum und nicht den zweiten? Im linearen Erzeugnis des ausschließlich aus Cosinus-Funktionen bestehenden Systems liegen Funktionen mit höheren Frequenzen; allerdings sind ihre Graphen samt und sonders symmetrisch zur Achse $x = 0.5$. Damit ist mit $\sin(2\pi x)$ eine eigentlich sehr ähnliche, nur eben leicht verschobene Funktion nicht enthalten. Schlimmer noch: Alle Funktionen mit zur Intervallmitte punktsymmetrischen Graphen werden in diesem Unterraum durch die Nullfunktion approximiert, da sie orthogonal zu allen Basisvektoren sind!

Beide Systeme lassen sich zu unendlichen Orthonormalsystemen im Raum aller 1-periodischen

---

[8]Einen vollständigen Vektorraum mit Skalarprodukt bezeichnet man als Hilbertraum. Vollständig heißt dabei, dass es sich um einen metrischen Raum handelt, in dem jede Cauchy-Folge von Punkten konvergiert (vgl. z.B. [11], S.7). Um Missverständnissen vorzubeugen sei betont, dass das Thema dieses Abschnitts nicht die Vollständigkeit von Vektorräumen, sondern die Vollständigkeit von (Orthonormal-)Systemen in Vektorräumen ist!

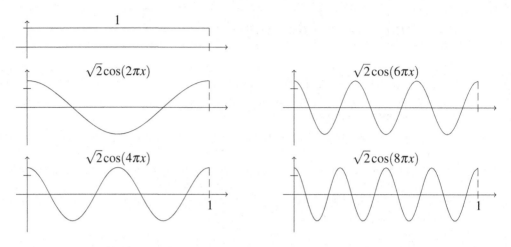

Abbildung 5.16: Die Basis eines (5-dimensionalen) Cosinus-Raums

Funktionen ergänzen. Vergleichen wir

$$\{ \cos(0), \ \sqrt{2}\cos(2\pi x), \ \sqrt{2}\cos(4\pi x), ..., \ \sqrt{2}\sin(2\pi x), \ \sqrt{2}\sin(4\pi x), ... \} \quad \text{mit}$$

$$\{ \cos(0), \ \sqrt{2}\cos(2\pi x), \ \sqrt{2}\cos(4\pi x), \ \sqrt{2}\cos(6\pi x), \ \sqrt{2}\cos(8\pi x), ... \} \quad ,$$

so gibt es jedoch einen wesentlichen Unterschied: Das erste System ist im Vektorraum aller stetigen 1-periodischen Funktionen vollständig in dem Sinne, dass keine von konstant Null verschiedene Funktion des Raums zu allen Funktionen des Systems orthogonal ist. Das zweite System ist in diesem Sinne nicht vollständig: Zum Beispiel die Funktion $\sin(2\pi x)$, die ebenfalls zum Vektorraum aller 1-periodischen Funktionen gehört, ist aus Symmetriegründen zu allen Funktionen des Systems orthogonal. Darum wird man sie bei Entwicklung über diesem Orthonormalsystem auch bei noch so hoher Dimension nie 'erwischen', sondern immer durch die Nullfunktion approximieren, was sicher nicht im Sinne des Erfinders ist.

Auf ein zweites Beispiel eines nicht vollständigen Systems kann man bei dem Versuch stoßen, eine den trigonometrischen Funktionen ähnliche und ebenfalls orthogonale, aber digitale Basis des V_{2^j} zu konstruieren (vergleiche Abbildung 5.17). Man findet zum Beispiel unter den entsprechenden Funktionen des V_8 nur sechs, die per se orthogonal sind:

$$\{\text{sign}(\cos(0\pi x)), \text{sign}(\sin(2\pi x)), \text{sign}(\cos(2\pi x)), \text{sign}(\sin(4\pi x)), \text{sign}(\cos(4\pi x)), \text{sign}(\sin(6\pi x))\}$$

Dass deren Erzeugnis keine Basis des V_8 ist, sieht man sofort an der Dimension. Dass aber auch die unendliche Fortsetzung

$$\{\text{sign}(\cos(2k\pi x))|k \in \mathbb{N}_0 \} \cup \{ \text{sign}(\sin(2k\pi x))|k \in \mathbb{N}\}$$

im V_{2^j} für $j \to \infty$ kein vollständiges System bildet, kann schon eher übersehen werden. Vollständige Ergänzungen entsprechender Systeme bilden zum Beispiel die digitalen Fourier- oder Walsh-Basen (siehe 5.7).

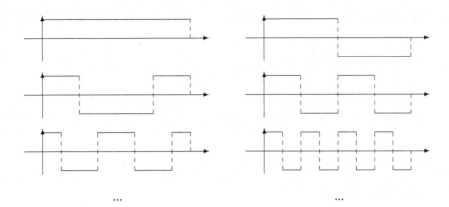

Abbildung 5.17: Ein orthogonales und verführerisches, aber nicht vollständiges System des V_{2^j}

In Rückbezug auf die Raumanschauung bedeutet die Unvollständigkeit eines Systems, dass man eine oder mehrere echt neue Raumrichtungen (also solche, die von allen bisherigen linear unabhängig sind) unberücksichtigt gelassen hat. Während man dies aber bei endlich-dimensionalen Vektorräumen anhand der Anzahl sofort merkt, kann es einem bei unendlich-dimensionalen Vektorräumen leicht entgehen.

Das für $n \to \infty$ fortgesetzte System der Haar-Wavelets ist ebenfalls vollständig; bei den Wavelets höherer Ordnung ist Vollständigkeit eine der grundlegenden Forderungen (siehe Seite 112). Das folgende − ebenfalls unendliche Orthonormalsystem von stückweise konstanten Funktionen ist dagegen unvollständig:

$$\{\, f_0(x) = 1, \ f_1(x) = \begin{cases} 1 & , x \in [0, 0.5[\\ -1 & , x \in [0.5, 1[\end{cases}, \ f_2(x) = \begin{cases} 1 & , x \in [0, 0.25[\text{ oder } x \in [0.5, 0.75[\\ -1 & , x \in [0.25, 0.5[\text{ oder } x \in [0.75, 1[\end{cases}, \dots \}$$

Dieses System entspricht sozusagen der rechteckigen Version der konstanten Funktion sowie aller Sinusfunktionen im Einheitsintervall. Orientiert man sich bei der Wahl eines Systems von Rechtecksfunktionen dagegen an den Cosinus- und Sinus-Funktionen[9], so erhält man wieder ein vollständiges System. Dieses ist zwar erstens nicht per se orthogonal und zweitens nicht besonders geschickt gewählt, erfüllt aber mit der Vollständigkeit immerhin die grundlegendste aller Anforderungen.

Grob gesagt kann man aus diesen Erkenntnissen über unendlich-dimensionale Vektorräume für die Wahl von verschachtelten endlich-dimensionalen Unterräumen zu Approximationszwecken folgendes schließen: Ein endliches System orthonormaler Vektoren ist dann gut für die Approximation von Signalen geeignet − in dem Sinne, dass man jedem Signal durch die Entwicklung auf Dauer auch beliebig nahe kommt −, wenn es bei Fortsetzung für $n \to \infty$ in ein vollständiges System übergeht.

---

[9]Dies ist bei Schülern mit Kenntnis der Fourieranalyse durchaus möglich. Deshalb werden interessierten Lesern auf Wunsch per email (S.199) Unterlagen zur Verfügung gestellt.

5.7 Exkurs: Digitale Fourierbasen, andere digitale Basen **

Digitale Fourierbasen

Ein Bindeglied zwischen den Haar-Basen für digitale Signale (Kapitel 4) und den Fourierbasen für analoge Signale (Kapitel 6) stellen so genannte digitale Fourierbasen dar. Sie sind einer der wichtigsten Konkurrenten der Haar-Basen bei der Verarbeitung digitaler Signale und sollen hier kurz vorgestellt werden. Digitale Fourierbasen sind wesentlicher Bestandteil der schnellen Fouriertransformation (siehe z.B. [28], Kap. 8/9, oder [29], Kap. 10). Für eine ausführliche und erprobte Darstellung auf Schülerniveau (einschließlich Anwendungsproblemen[10]) empfehlen wir das Buch von Schneebeli und Vollmer ([34]).[11]

Die digitale Fourierbasis des V_n:

Für gerade Zahlen $n = 2p$ mit $p \in \mathbb{N}$ und $j \in \{0, ..., n/2\}$, $k \in \{0, ..., n-1\}$ werden die k-ten Einträge der Vektoren $\vec{c}_j$ mit $0 \le j \le n/2$ und $\vec{s}_j$ mit $0 < j < n/2$ der (noch nicht normierten) digitalen Fourierbasis von V_n definiert durch:

$$c_{j,k} = \cos(2\pi j \cdot k/n) \, , \, 0 \le j \le n/2, \qquad\qquad s_{j,k} = \sin(2\pi j \cdot k/n) \, , \, 0 < j < n/2$$

Die so definierten digitalen Fourierbasen sind orthogonal.

Dann sind die Fourierbasen des V_1, V_2, V_4 und V_8 (jeweils zuerst alle $\vec{c}_k$, dann alle $\vec{s}_k$) bis auf Normierung gegeben durch:

$$\{(1)\} \qquad \left\{ \begin{pmatrix} 1 \\ 1 \end{pmatrix}, \begin{pmatrix} 1 \\ -1 \end{pmatrix} \right\} \qquad \left\{ \begin{pmatrix} 1 \\ 1 \\ 1 \\ 1 \end{pmatrix}, \begin{pmatrix} 1 \\ 0 \\ -1 \\ 0 \end{pmatrix}, \begin{pmatrix} 1 \\ -1 \\ 1 \\ -1 \end{pmatrix}, \begin{pmatrix} 0 \\ 1 \\ 0 \\ -1 \end{pmatrix} \right\}$$

$$\left\{ \begin{pmatrix} 1 \\ 1 \\ 1 \\ 1 \\ 1 \\ 1 \\ 1 \\ 1 \end{pmatrix}, \begin{pmatrix} \sqrt{2} \\ 1 \\ 0 \\ -1 \\ -\sqrt{2} \\ -1 \\ 0 \\ 1 \end{pmatrix}, \begin{pmatrix} 1 \\ 0 \\ -1 \\ 0 \\ 1 \\ 0 \\ -1 \\ 0 \end{pmatrix}, \begin{pmatrix} \sqrt{2} \\ -1 \\ 0 \\ 1 \\ -\sqrt{2} \\ 1 \\ 0 \\ -1 \end{pmatrix}, \begin{pmatrix} 1 \\ -1 \\ 1 \\ -1 \\ 1 \\ 1 \\ 1 \\ -1 \end{pmatrix}, \begin{pmatrix} 0 \\ 1 \\ \sqrt{2} \\ 1 \\ 0 \\ -1 \\ -\sqrt{2} \\ -1 \end{pmatrix}, \begin{pmatrix} 0 \\ 1 \\ 0 \\ -1 \\ 1 \\ 0 \\ -1 \end{pmatrix}, \begin{pmatrix} 0 \\ 1 \\ -\sqrt{2} \\ 1 \\ 0 \\ -1 \\ \sqrt{2} \\ -1 \end{pmatrix} \right\}$$

An den Zahlenbeispielen überzeugt man sich relativ leicht, dass die Vektoren paarweise orthogonal sind. Allgemein findet man dies unter Verwendung der Symmetrieeigenschaften der trigonometrischen Funktionen.

Abbildung 5.18 zeigt die digitale Fourierbasis des V_8 (jetzt normiert), bei der die Spaltenvektoren wie gehabt als Wertelisten digitaler Funktionen gedeutet wurden. Bei diesen digitalen

---

[10]Den Anwendungen der schnellen Fouriertransformation widmet sich [30], Kap. 9 und 14. Zum Einsatz der diskreten Fouriertransformation bei der Behandlung zyklischer Codes empfehlen wir [35], Kap. 16.

[11]Die nachfolgende Definition ist grundsätzlich auch für ungerade Zahlen umsetzbar; allerdings sind die entstehenden Systeme dann nicht orthogonal.

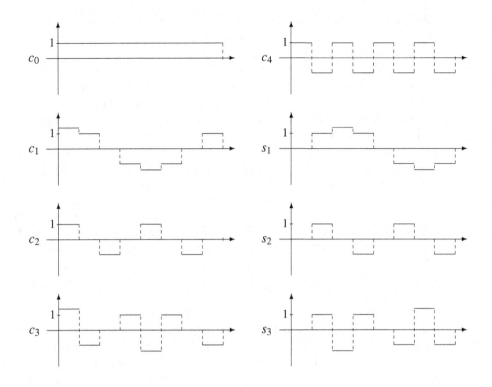

Abbildung 5.18: Die digitale Fourierbasis des V_8

Funktionen erkennt man deutlich den Zusammenhang mit den stetigen (jeweils um $1/(2n)$ nach rechts verschobenen) Cosinus- und Sinus-Funktion aufsteigender Frequenzen.

Zählt man als einfaches Maß für den Rechenaufwand bei der Transformation auf die digitale Fourierbasis die Anzahl der von Null verschiedenen Einträge, so erhält man bei n Einträgen $\frac{3}{4}n^2$ Rechenschritte. Der Aufwand wächst quadratisch mit der Dimension. Im Rahmen der schnellen Fouriertransformation FFT wird allerdings der Cooley-Tukey-Algorithmus verwendet. Cooley und Tukey gelang der Nachweis, dass für hinreichend „geschmeidige" Zahlen (mit ausreichend vielen Teilern), die Rechenzeit nur mit $n \cdot \ln(n)$ wächst (vergleiche zum Beispiel [29], Kap. 12).

Zur Entwicklung von Signalen über digitalen Fourierbasen bringen wir weder Beispiele, noch gehen wir näher auf die Approximationseigenschaften ein. Die Maple-Worksheets dFB, dFE und dFE-TH stehen für eigenständige Erkundungen zur Verfügung (siehe B). Relativ offensichtlich ist, dass die Darstellung über digitalen Fourierbasen für Funktionen mit passenden Symmetrieeigenschaften eine Reihe von Nullen liefert, und dass die auftretenden Koeffizienten Aussagen über eventuelle Periodizität der Signale und vorkommende Frequenzen erlauben.

Andere digitale Basen

Wie bereits in der Einleitung bemerkt, haben wir in dieser Arbeit die historische Reihenfolge zugunsten eines didaktischen Aufbaus nach steigendem Schwierigkeits- und Abstraktionsgrad umgekehrt: In der Geschichte der Mathematik konnte man analoge Signale bereits ausgesprochen gut verarbeiten, als man sich den diskreten zuwandte. Das Hauptmittel hierzu bildete die Fourierapproximation, deren Nachteile an Unstetigkeitsstellen die Suche nach neuen Wegen mit motivierten. Man war also mit den stetigen trigonometrischen Funktionen als Erzeugendensystem periodischer Funktionen und mit dem ungeheuren Potential dieses Ansatzes vertraut, als man auf die Suche nach Erzeugendensystemen aus diskreten Funktionen ging.

Unter diesen Voraussetzungen liegt es nah, mit dem Ziel der Verarbeitung digitaler Signale nach digitalen Versionen der trigonometrischen Funktionen zu suchen.[12] Da das zugleich die Voraussetzungen vieler Lehrer und einiger Schüler sein werden, die erstmals mit dem Problem der digitalen Signalverarbeitung in Berührung kommen (und auch meine waren), werden interessierten Lesern zur Frage, wohin die eigene Suche nach digitalen, Sinus- und Cosinus-ähnlichen Funktionen führen kann, auf Nachfrage Materialien zur Verfügung gestellt (email S.199). Das ist mit Sackgassen, Irr- und Umwegen verbunden, aber auch in mindestens zweierlei Hinsicht lehrreich: Erstens hilft es die Vorzüge der „fertig" aus der Literatur zu entnehmenden digitalen Fourier- und Walsh-Basen besser einzuordnen. Zweitens vertieft es das Verständnis der allgemeinen Methode, weil klar wird, was bei einem offenen Ansatz schief gehen kann: Bei Digitalisierung geht in der Regel die Orthogonalität verloren und − versucht man sie vorschnell zu retten − die Vollständigkeit.

Elegante und in der Anwendung heute verbreitete Lösungen des Problems der Digitalisierung trigonometrischer Funktionen sind neben den digitalen Fourierbasen so genannte Walsh-Basen. Für eine Einführung in deren Definition und Nutzung verweisen wir auf die Literatur[13]. Die Walsh-Basen sind ebenfalls orthogonal und weisen eine offenkundige Verwandtschaft mit den trigonometrischen Funktionen auf. Sie unterscheiden sich außerdem nur geringfügig von den Basen, die man selbst durch Orthonormieren „naiv" angesetzter digital-trigonometrischer Funktionen erhalten kann (Materialien auf Wunsch per email, siehe S.199).

Um einen Vergleich mit Haar-Basen, digitalen Fourierbasen und selbst konstruierten digitalen Basen zu ermöglichen, geben wir hier die Walsh-Basis des V_8 an (vergleiche auch Abbildung 5.19):

$$\left\{ \begin{pmatrix} 1 \\ 1 \\ 1 \\ 1 \\ 1 \\ 1 \\ 1 \\ 1 \end{pmatrix}, \begin{pmatrix} 1 \\ 1 \\ 1 \\ 1 \\ -1 \\ -1 \\ -1 \\ -1 \end{pmatrix}, \begin{pmatrix} 1 \\ 1 \\ -1 \\ -1 \\ -1 \\ -1 \\ 1 \\ 1 \end{pmatrix}, \begin{pmatrix} 1 \\ 1 \\ -1 \\ -1 \\ 1 \\ 1 \\ -1 \\ -1 \end{pmatrix}, \begin{pmatrix} 1 \\ -1 \\ -1 \\ 1 \\ 1 \\ -1 \\ -1 \\ 1 \end{pmatrix}, \begin{pmatrix} 1 \\ -1 \\ -1 \\ 1 \\ -1 \\ 1 \\ 1 \\ -1 \end{pmatrix}, \begin{pmatrix} 1 \\ -1 \\ 1 \\ -1 \\ -1 \\ 1 \\ -1 \\ 1 \end{pmatrix}, \begin{pmatrix} 1 \\ -1 \\ 1 \\ -1 \\ 1 \\ -1 \\ 1 \\ -1 \end{pmatrix} \right\}$$

Da die Vektoren der Walsh-Basen ausschließlich von Null verschiedene Einträge haben, wächst

---

[12]Generell ist es eine Aufgabe der Signalverarbeitung, zu bekannten Erzeugendensystemen analoger Signale passende digitale Versionen zu finden. Damit geht man den umgekehrten Weg, den die Daubechies-Wavelets genommen haben, welche ja als stetige Funktionen mit den Eigenschaften der digitalen Haar-Wavelets gesucht wurden. Gerade für die Fraktal-ähnlichen Daubechies-Wavelets ist dies jedoch wegen der unscharfen Ränder kein einfaches Unterfangen, da bei Digitalisierung zunächst einmal die Orthogonalität verloren geht.

[13](vor allem [33] sowie zum Beispiel „mathworld.wolfram.com/WalshFunction.html")

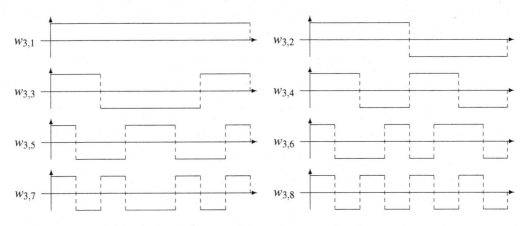

Abbildung 5.19: Die Walsh-Basis des V_8

die Rechenzeit der zugehörigen Transformation auf den ersten Blick mit dem Quadrat der Dimension n^2. Die Komplexität ist demnach höher als bei der digitalen Fourier- und erst recht bei der Haar-Transformation. Allerdings gibt es auch für die Walsh-Basen schnellere Algorithmen, die im Rahmen der schnellen Walsh-Transformation FWT eingesetzt werden (vergleiche zum Beispiel [33]). Für eine allgemeine Darstellung einschließlich der Anwendung auf die Bildverarbeitung empfehlen wir [27].

6 Analyse periodischer Signale

Gegenstand dieses Kapitels ist die bedeutendste Anwendung der ins Zentrum der Arbeit gestellten Methode auf stückweise stetige Funktionen. Die Fourieranalyse periodischer Funktionen ist ein Beispiel für die Bearbeitung von Signalen durch Entwicklung über Orthonormalbasen. So lautet die Kernaussage des gesamten Abschnitts. Dabei wird die Fouriertheorie selbst nur knapp dargestellt und insgesamt relativ zügig vorgegangen. Zum einen kann man sich hier auf ausreichend gute Literatur[1] und gewisse Vorkenntnisse der Leser verlassen. Zum anderen geht es um die Fouriertheorie als eine weitere Anwendung der Orthogonalprojektion von Vektoren auf Unterräume. Die Kenntnisse rund um diese übergeordnete Methode zu beleben, erweitern und vertiefen ist unser Hauptziel. Dabei rückt neben dem Zweck der Approximation von Signalen diesmal verstärkt auch der der Analyse in den Vordergrund.

1822 veröffentlichte Jean Baptiste Joseph Fourier die Hypothese, alle Funktionen seien beliebig gut durch Linearkombinationen einfacher Sinus- und Cosinusfunktionen approximierbar. Er war darauf in Zusammenhang mit Fragen der Wärmeausbreitung gestoßen und seine Begründungen waren intuitiv[2]. Die Hypothese musste später eingeschränkt und präzisiert werden, was die Auswahl der Funktionen angeht. Dennoch ist ihre Aussagekraft ungeheuer und hat die Geschichte der Mathematik bis heute entscheidend beeinflusst. Sowohl die Anwendungen als auch die innermathematisch-theoretischen Bezüge der Fourieranalysis suchen ihresgleichen. Wir beschränken uns diesbezüglich auf Literaturverweise: [25] liefert einen kompakten fachlichen Überblick. [12] knüpft in der Darstellung enger an Schulmathematik an. [7] listet mit besonderem Blick auf die schwingende Saite die Bedeutung in der Mathematikgeschichte auf und stellt Bezüge zum Schulstoff her. [31] stellt unter besonderer Berücksichtigung des Transformationsbegriffs Ursprünge und wichtige Anwendungen der Fouriertheorie dar.

Die Tragweite der übergeordneten Methode wird am Beispiel experimentell gestützter Erfahrungen rund um die Analyse und Synthese akustischer Signale klar. Hier stehen interessante Phänomene und Sinneswahrnehmungen im Vordergrund. In besonderem Maße wird deutlich, wie grundlegend ein Basiswechsel sein kann und auf welch unterschiedliche Weise dasselbe Signal darstellbar ist. Wie schon in 5.5 gezeigt wurde, kommen die 1-periodischen Sinus- und Cosinusfunktionen als vollständiges Orthogonalsystem für die Approximation anderer Funktionen in Frage. Wie viele Funktionen auf diese Weise dargestellt werden können und wie grundlegend gerade diese Darstellung ist, soll jetzt deutlich werden. Das geschieht durchgehend am Beispiel von Anwendungen in der Akustik, obwohl die Fouriertheorie ähnlich wichtige Anwendungen in vielen anderen Bereichen hat.[3] Große Vorteile der Akustik sind das Hinzukommen der Sinneswahrnehmung und die Tatsache, dass über die schwingende Saite ein rein mathematischer und schulnaher Zugang auf die Sonderstellung der trigonometrischen Funktionen führt.

---

[1]Für einen enger an Schulkenntnisse anknüpfenden Zugang empfehlen wir vor allem [34], Kapitel 2 und 4.

[2](siehe zum Beispiel [31], S.142, oder [8], S.58)

[3]Auf die Anwendungen in der Elektrotechnik geht zum Beispiel [23] ein.

In 6.1 werden auf experimentellem Weg wichtige Grundbegriffe und Zusammenhänge der Akustik erarbeitet. Dazu steht eine Software zur Verfügung, die zu jedem aufgenommenen Signal sowohl das Zeit-Auslenkungs-Diagramm als auch das Frequenzspektrum ausgibt. Mit diesen Mitteln wird festgestellt, dass akustische Signale in aller Regel über stückweise stetige Funktionen gegeben und damit unserer übergeordneten Methode zugänglich sind. Da diskrete, für die Verarbeitung der Unstetigkeitsstellen von Signalen geeignete Methoden bereits in 4 und 5.7 behandelt wurden[4], wenden wir uns von da an ausschließlich den stetigen Abschnitten akustischer Signale zu und stellen fest: Sofern diese zu einfachen Klängen gehören, sind sie periodisch und enthalten nur wenige Frequenzen.

Abschnitt 6.2 knüpft an die in 5 bewiesene Tatsache an, dass die 1-periodischen Sinus- und Cosinusfunktionen ein vollständiges Orthonormalsystem bilden. Hier wird konstruktiv und kreativ mit diesem trigonometrischen System umgegangen, um einen Eindruck von seinem Erzeugnis zu gewinnen. Wir versuchen zum Beispiel, experimentell gefundene Signale möglichst gut durch passende Linearkombinationen zu nähern[5], oder sehen uns an, welche besonderen Effekte beim Linearkombinieren trigonometrischer Funktionen auftreten können. Es wird deutlich, dass sehr viele, auch exotischere Funktionen in dieser Weise dargestellt werden können. Außerdem klärt sich ein Stück weit der mathematische Hintergrund des (vorher als experimentell gegeben hingenommenen) Frequenzspektrums.

In 6.3 werden endliche Fourierreihen definiert. Dadurch klärt sich vollständig, was hinter dem Frequenzspektrum steckt und was die Fouriertheorie mit der Entwicklung über Orthogonalbasen zu tun hat: Die Formeln für die Fourierkoeffizienten sind nur ein konkretes Beispiel für die Berechnung von Orthogonalprojektionen auf eindimensionale Unterräume mittels des Skalarprodukts im Raum aller stückweise stetigen Funktionen. Das konkrete Beispiel einer Fourierentwicklung zeigt, wie die Näherungsqualität mit wachsender Unterraumdimension zunimmt. Gleichzeitig lässt es erahnen, was für $n \to \infty$ passiert und wo die Schwächen der Fourierdarstellung liegen. Hinsichtlich der übergeordneten Methode wird am Fourierbeispiel besonders deutlich, wie grundlegend ein Basiswechsel sein kann.

Im Mittelpunkt von 6.4 stehen die Schwingungen einer an beiden Enden fest eingespannten Saite. An diesem Beispiel führt ein rein mathematischer, auf d'Alembert und Euler zurückgehender Ansatz in die Nähe der Fourierhypothese. Mit einem Vorlauf über Funktionen in zwei Variablen ist dieser Zugang für Schüler nachvollziehbar.[6] Unter Verweis auf die Wellengleichung werden Funktionen eingeführt, die fortlaufende eindimensionale Wellen beschreiben. Der Ansatz gegenläufiger Signale, deren Superposition in den Endpunkten der Saite Knoten liefert, führt auf Periodizität und damit auf die Bedeutung der trigonometrischen Funktionen. Durch Separation der orts- und zeitabhängigen Teile finden wir einen allgemeinen Ausdruck für die möglichen Saitenschwingungen, der der Lösung der Wellengleichung mit Randbedingungen entspricht und mit der Fourierhypothese in enger Verbindung steht.

---

[4]Komplizierte akustische Signale werden heutzutage in der Regel mittels kombinierter, diskreter und stetiger Methoden verarbeitet (siehe zum Beispiel [30] und [40]).

[5]Ein ausschließlich auf systematischem Probieren aufbauender Zugang zur Fourieranalyse mit Schülern wird in [32] vorgeschlagen.

[6]Im Rahmen des Promotionsprojekts ist eine Staatsarbeit entstanden, in der dieser Zugang kleinschrittig und behutsam an Schülerwissen anknüpfend ausgeführt wird ([18]). Für eine umfassendere Darstellung, in der auch Fragen der Energieverteilung, der Reflexion und des Luftwiderstandes berücksichtigt werden, empfehlen wir [5].

In 6.5 soll das rein mathematisch erhaltene Ergebnis mit experimentellen Befunden verglichen werden. Deshalb kommt für die schwingende Saite die Frage der Anregung ins Spiel, was für die Wellengleichung die zusätzliche Berücksichtigung von Anfangsbedingungen bedeutet. Wir beschränken uns auf diejenigen Fälle, bei denen die Anregung durch einmalige, momentane Einwirkung erfolgt und sich deshalb unmittelbar in eine mathematische Forderung an den Schwingungsterm übersetzen lässt. Dies gilt für gezupfte und angeschlagene Saiten sowie für die Anwendung der Flageolett-Technik. In all diesen Fällen werden die mittels Fourierentwicklung erhaltenen theoretischen Befunde mit dem Experiment verglichen.

6.1 Eigenschaften einfacher akustischer Signale *

Dieser Abschnitt dient der Motivation und phänomenologischen Einführung ins Thema. Durch die Aufnahme akustischer Signale werden Erfahrungen mit der Physik einfacher Klänge gesammelt, um auf experimentellem Weg Grundwissen aus dem Bereich der Akustik zu vermitteln. Mittels geeigneter Software[7] werden zu jeder Aufnahme automatisch sowohl der zeitliche Verlauf als auch das Frequenzspektrum ausgegeben. Dabei wird an dieser Stelle noch nicht näher darauf eingegangen, was das Frequenzspektrum eigentlich ist. Zu klären, was mathematisch hinter dem zweiten Diagramm steckt und wie es mit dem ersten zusammen hängt, ist das Ziel der nachfolgenden Überlegungen.

Was wir als Geräusche wahrnehmen, sind relativ starke und plötzliche Änderungen des Luftdrucks mit für das jeweilige Geräusch charakteristischem Verlauf. Nimmt man Geräusche über ein Mikrofon auf, werden die Druckschwankungen in einen Spannungsverlauf übersetzt und man kann sich mittels geeigneter Software sowohl Zeit-Auslenkungs- als auch Frequenz-Amplituden-Diagramme (also t-U- oder ν-U_ν-Diagramme) anzeigen lassen.

Werfen wir einen Blick auf die t-U-Diagramme der Worte „Klang", „Tüte" und „Pi-Pa-Po" (Abbildung 6.1), so sind das zunächst einmal recht komplizierte Signale. Bei genauerem Hinsehen kann man aber durchaus die einzelnen Silben erkennen und deutlich zwischen harten Konsonanten wie K, T, P und Vokalen beziehungsweise stimmhaften Konsonanten wie N unterscheiden. Harte Konsonanten erkennt man an kurzen unstetigen Sprüngen, Vokale an längeren, relativ gleichmäßigen Abschnitten im Signal. Mit Blick auf unsere übergeordnete Theorie halten wir schon einmal fest, dass die zeitlichen Verläufe der meisten akustischen Signale stückweise stetigen Funktionen entsprechen.[8] Die hier behandelten sind zudem periodisch, so dass ein charakteristischer Abschnitt durch einfache Transformationen in das Einheitsintervall verlegt werden kann. Deshalb können wir uns bei allen mathematischen Überlegungen auf den euklidischen Vektorraum $SC([0,1])$ beziehen.

---

[7]Für alle in Zusammenhang mit der Arbeit verwendeten Messungen und Graphiken sowie in den Schüler-Workshops zum Thema wurde das Interface „Cobra3" der Firma Phywe in Kombination mit der Software „Frequenzanalyse" verwendet.

[8]Eine Ausnahme wäre die so genannte Resonanzkatastrophe bei Rückkopplung.

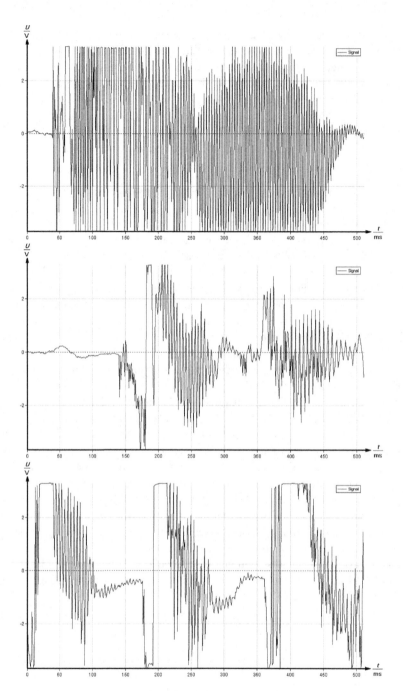

Abbildung 6.1: Zeit-Auslenkungs-Diagramme der Worte „Klang", „Tüte" und „Pi-Pa-Po"

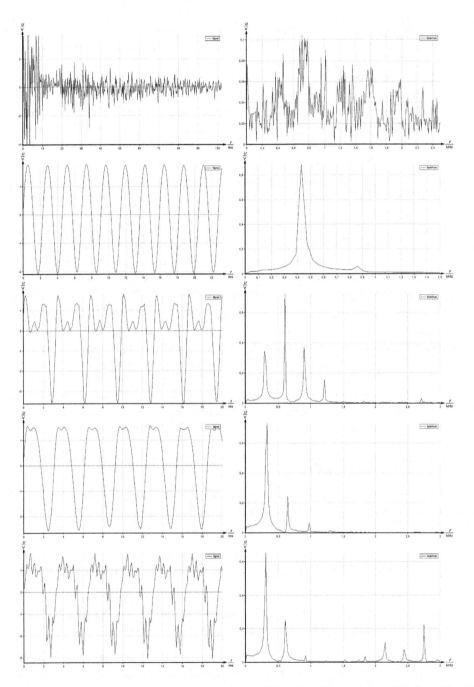

Abbildung 6.2: Zeitlicher Verlauf und Frequenzspektrum: Klatschen, Stimmgabelton, Vokale A, U und E

Betrachtet man als Extremfälle die Aufnahme eines Klatschens und eines Stimmgabeltons (Abbildung 6.2 oben), so wird deutlich: Kurze und unspezifische Geräusche wie das Klatschen zeichnen sich durch einen unregelmäßigen Verlauf der Druckschwankungen und eine Vielzahl beteiligter Frequenzen aus (sofern letztere angesichts der Kürze und Unregelmäßigkeit des Signals überhaupt messbar sind). Anhaltende und als harmonisch empfundene Klänge dagegen haben einen einfacheren und vor allem periodischen Verlauf. (Das heißt es gibt einen 'elementaren Ausschnitt' des t-U-Diagramms, der sich stets wiederholt und die gesamte Information enthält – für eine mathematische Definition siehe 6.3.) Es sind nur wenige Frequenzen beteiligt – im Falle der Stimmgabel eine einzige Frequenz und damit ein reiner Sinusverlauf.

Systematischere Versuche mit einfachen Klängen zeigen zunächst, dass die Amplitude eines Signals dessen Lautstärke, die Periodendauer dessen Höhe bestimmt (zu den Begriffen siehe Abbildung 6.3). Allerdings unterscheiden sich der Klang einer Geige und der einer Oboe – oder der Klang der Vokale O und E – auch bei gleicher Lautstärke und gleicher Tonhöhe deutlich voneinander. Worin besteht dieser Unterschied? Abbildung 6.2 zeigt im unteren Teil die zeitlichen Verläufe und Frequenzspektren der (von derselben Person und etwa in gleicher Lautstärke und Höhe) gesungenen Vokale A, U und E. Vergleichsmessungen zeigen, dass gleiche Vokale auch bei unterschiedlichen Personen stets ähnliche Verläufe haben.

Jeder Vokal hat seinen charakteristischen Verlauf; alle Zeit-Auslenkungs-Diagramme sind ausgesprochen glatt, die zugehörigen Funktionen also stetig. Alle sind periodisch; manche noch recht nah am reinen Sinus (zum Beispiel U), andere schon merklich komplizierter (zum Beispiel E). Spektral sind die Vokalklänge aus wenigen scharfen Frequenzen mit unterschiedlichen Amplituden zusammengesetzt. Dabei sind die vorkommenden Frequenzen im Diagramm stets äquidistant, das heißt es kommen nur eine Grundfrequenz v_0 und deren ganzzahlige Vielfache vor. Die spezifische Zusammensetzung des Grundtons mit diesen so genannten Obertönen macht den charakteristischen Klang einer Stimme beziehungsweise eines Instruments aus.

Physik einfacher Klänge:

- Einfache Klänge wie Vokale oder Instrumentaltöne haben einen periodischen Zeitverlauf: Es gibt eine minimale Zeitspanne T, so dass $y(t+T) = y(t)$ für alle $t \in I \subset \mathbb{R}$ gilt. Dabei steht I für das Zeitintervall, während dessen der Klang anhält.

- Die im Zeit-Auslenkungs-Diagramm als betragsmäßig größter Wert abzulesende Amplitude $\hat{U}$ ist ein Maß für die Lautstärke: Je lauter der Ton, desto größer die Amplitude.

- Die im Zeit-Auslenkungs-Diagramm als Breite eines elementaren Ausschnitts abzulesende Periodendauer T ist ein Maß für die Höhe: Je höher der Ton, desto kleiner die Periodendauer T (oder desto größer die Frequenz $v = 1/T$).

- Die spezifische Form des Zeit-Auslenkungs-Graphen oder die gewichtete Zusammensetzung aus Grund- und Obertönen im Frequenzspektrum bestimmen den charakteristischen Klang eines Instruments oder eines Vokals.

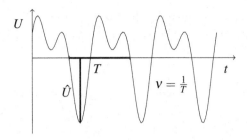

Abbildung 6.3: Amplitude, Periodendauer und Frequenz periodischer zeitabhängiger Signale

6.2 Trigonometrische Funktionen als Grundbausteine periodischer Signale

In diesem Abschnitt nähern wir uns der Fourierhypothese auf synthetische Weise: Wir sehen uns an, was beim Linearkombinieren 1-periodischer Sinus- und Cosinusfunktionen so alles passieren kann, und mit welchen akustischen Phänomenen das gegebenenfalls zusammenhängt. Dabei kommen wir in der Frage nach der Herkunft des Frequenzspektrums bereits ein ganzes Stück weiter und erkennen erste Zusammenhänge mit der Theorie der Entwicklung über Orthonormalbasen. Dass trigonometrische Funktionen der Form

$$\{ \cos(0), \cos(2\pi t), \cos(4\pi t), ..., \cos(2n\pi t), \sin(2\pi t), \sin(4\pi t), ..., \sin(2n\pi t) \}$$

im Sinne der L^2-Norm Orthogonalsysteme bilden, haben wir bereits in 5.5 gesehen. Das Erzeugnis besteht aus Funktionen der Periode $1/k$ mit $k \in \{1, .., n\}$, auf die wir uns zunächst beschränken. (Funktionen beliebiger Periodenlänge gehen durch Stauchung oder Streckung in t-Richtung aus ihnen hervor.) Um den Zusammenhang mit den experimentellen Erkenntnissen aus 6.1 herzustellen, benötigen wir noch einen kurzen mathematischen Vorlauf:

Erstens kann man durch Schall den Luftdruck nur variieren, aber nicht global oder dauerhaft ändern. (Anders ausgedrückt kann man nur auf Verteilung und Geschwindigkeit der Luftmoleküle Einfluss nehmen, nicht aber auf deren Anzahl.) Deshalb schließen die t-U-Graphen aufgenommener akustischer Signale unter- und oberhalb der t-Achse gleich große Flächen ein. Sind sie also aus Sinus- und Cosinusfunktionen zusammengesetzt, haben sie keinen konstanten Anteil. Zweitens kann man anstelle der Kombination von Sinus- und Cosinusfunktionen auch ausschließlich Sinusfunktionen nutzen, sofern man Phasenverschiebungen zulässt, denn es gilt[9]

$$a \cdot \sin(2k\pi t) + b \cdot \cos(2k\pi t) = \sqrt{a^2 + b^2} \cdot \sin(2k\pi t + \varphi_k) \quad \text{mit} \quad \varphi_k = \begin{cases} \arctan\left(\frac{b}{a}\right) & , \quad a \neq 0 \\ \operatorname{sign}(b) \cdot \frac{\pi}{2} & , \quad a = 0 \end{cases}.$$

Wir fassen zusammen:

---

[9]Das zeigt man am besten rückwärts unter Nutzung des Additionstheorems für $\sin(x+y)$ sowie der Zusammenhänge $\sin(\arctan(x)) = \frac{x}{\sqrt{1+x^2}}$ und $\cos(\arctan(x)) = \frac{1}{\sqrt{1+x^2}}$ oder mit Blick auf einen Ursprungskreis mit Radius c und unter dem Winkel φ eingezeichneten Radius (siehe Abbildung 6.10).

Akustische Signale im Erzeugnis der Fourierbasen:

Akustische Signale haben, sofern sie im Erzeugnis

$$\langle\langle\, \cos(0),\, \cos(2\pi t),\, \cos(4\pi t), ..., \cos(2n\pi t),\, \sin(2\pi t),\, \sin(4\pi t), ..., \sin(2n\pi t)\, \rangle\rangle$$

liegen, keinen konstanten Anteil und eine Darstellung der Form

$$f(x) = \sum_{k=1}^{n} c_k \cdot \sin(2k\pi t + \varphi_k) \quad \text{mit} \quad \varphi_k \in [-\frac{\pi}{2}, \frac{\pi}{2}] \quad .$$

Ein Blick auf die experimentell ermittelten Frequenzspektren der gesungenen Vokale zeigt uns, dass die zugehörigen akustischen Signale tatsächlich in Erzeugnissen dieses Typs liegen. Nur betragen die beteiligten Frequenzen einige 100 Hz (Hertz), die zugehörigen Periodendauern liegen also im Bereich von ms (Millisekunden).

Experimentelle Entdeckung:

Einfache akustische Signale (wie Vokale oder Instrumentaltöne) liegen in Erzeugnissen des Typs

$$\langle\langle\, \cos(2\pi v_0 t),\, \cos(4\pi v_0 t), ..., \cos(2n\pi v_0 t),\, \sin(2\pi v_0 t),\, \sin(4\pi v_0 t), ..., \sin(2n\pi v_0 t)\, \rangle\rangle$$

mit einer Grundfrequenz v_0 und haben Darstellungen der Form

$$f(t) = \sum_{k=1}^{n} c_k \cdot \sin(2k\pi v_0 t + \varphi_k) \quad \text{mit} \quad \varphi_k \in [-\frac{\pi}{2}, \frac{\pi}{2}] \quad .$$

Dabei sind die $c_k = \sqrt{a_k^2 + b_k^2}$ die Höhen der Peaks im Frequenzspektrum und die φ_k geben die Phasen der beteiligten Frequenzen wieder.

Approximation realer Klang-Signale durch systematisches Probieren

Die durch Linearkombination 1-periodischer Sinus- und Cosinusfunktionen gewonnenen Funktionsgraphen auf Seite 120 haben starke Ähnlichkeit mit den experimentell gefundenen Zeit-Auslenkungs-Diagrammen einfacher Klänge. Das legt den Versuch nahe, den Funktionsterm zu einem vorgegebenen Signal per 'trial and error' gezielt zu suchen. Dabei kann man unter Ausnutzung der experimentellen Ergebnisse die Koeffizienten von Grund- und Obertönen dem Frequenzspektrum entnehmen.

Der Einfachheit halber setzen wir die Grundfrequenz v_0 gleich 1 und ihre Phasenverschiebung φ_1 gleich 0 (denn offensichtlich ist der experimentelle Nullpunkt vom Zufall abhängig). Außerdem nutzen wir die Tatsache, dass es nicht auf die Absolutbeträge der Vorfaktoren zu den einzelnen Frequenzen ankommt, sondern nur auf deren Verhältnis. (Alles andere entspricht dann einer Streckung der Funktion in y-Richtung.) Dann erhalten wir zum Beispiel für den Vokal U

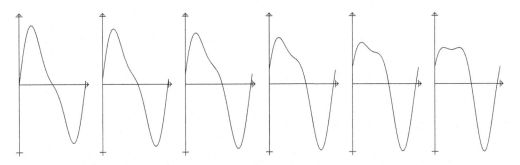

Abbildung 6.4: $f(x) = 0.75 \cdot \sin(2\pi x) + 0.25 \cdot \sin(4\pi x + k\pi)$ für $k = 0, 0.1, 0.2, 0.3, 0.4$ und 0.5

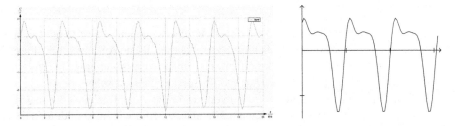

Abbildung 6.5: Signal 'O' und $f(x) = 0.75\sin(2\pi x) + 0.5\sin(4\pi x + 0.4\pi) + 0.16\sin(6\pi x + 0.7\pi)$

aus Abbildung 6.2 den Ansatz

$$f(x) \approx 0.75 \cdot \sin(2\pi x) + 0.25 \cdot \sin(4\pi x + \varphi_2)$$

mit der einzigen Unbekannten φ_2. In diesem Ansatz steckt bereits eine Approximation, da wir den zweiten Oberton vernachlässigen, der im Frequenzspektrum des realen Signals noch mit einer geringen Amplitude vertreten ist.

Systematisches Probieren zeigt, dass die Phasenverschiebung die Form des Funktionsgraphen durchaus beeinflusst (siehe Abbildung 6.4), und dass man die beste Näherung des realen Signals für $\varphi_2 = 0.5\pi$ erhält. Abbildung 6.5 zeigt eine reale Aufnahme des Vokals O zusammen mit einer Approximationsfunktion, bei der die Phasenverschiebungen ebenfalls durch systematisches Probieren ermittelt wurden.

Für einige Beispiele ist die Suche nach passenden Phasenverschiebungen durch systematisches Probieren mit geeigneten Computeralgebrasystemen durchaus reizvoll und lehrreich. Ihr Aufwand steigt jedoch mit wachsender Zahl beteiligter Obertöne erheblich, so dass zwangsläufig das Bedürfnis nach einer Gesetzmäßigkeit zur direkten Bestimmung aufkommt. Darauf wird in 6.3 näher eingegangen.

Einige besondere Effekte bei der Zusammensetzung trigonometrischer Funktionen
Um Erfahrungen mit dem Orthonormalsystem der trigonometrischen Funktionen zu sammeln und einen Eindruck von deren Erzeugnis P_n zu gewinnen, empfiehlt sich abgesehen von der Approximation realer akustischer Signale auch ein rein mathematischer, konstruktiver Zugang: Wir

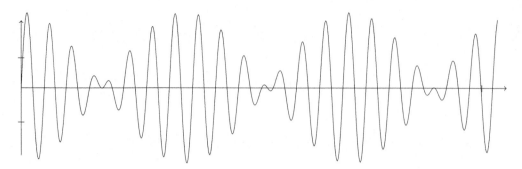

Abbildung 6.6: $f(x) = \sin(40\pi x) + \sin(46\pi x)$

wählen – willkürlich oder infolge einiger Vorüberlegungen – bestimmte Linearkombinationen aus und sehen uns an, wohin das führen kann. Dieser offene Ansatz gibt Schülern Möglichkeiten zur kreativen Erkundung, bei der erfahrungsgemäß interessante Fragen verfolgt und Entdeckungen gemacht werden. Hier seien nur zwei besondere Fälle erwähnt:

Wählt man eine Linearkombination von zwei relativ dicht beieinander liegenden Frequenzen (mit etwa gleicher Amplitude), dann ergibt sich ein Bild wie in Abbildung 6.6: Das resultierende Signal entspricht einer Sinusschwingung mit der mittleren Frequenz, die einer periodischen Amplitudenänderung unterworfen ist. Die Frequenz dieser Amplitudenänderung lässt sich entweder graphisch oder rechnerisch bestimmen; mathematischer Hintergrund der rechnerischen Bestimmung ist wiederum ein Additionstheorem:

Die Überlagerung zweier Töne mit gleicher Amplitude $\hat{y}$ und ähnlichen Frequenzen v_1 und v_2 ist gegeben durch:

$$y(t) = \hat{y} \cdot [\,\sin(2\pi \cdot v_1 \cdot t) + \sin(2\pi \cdot v_2 \cdot t)\,] = 2\hat{y} \cdot \sin\left(2\pi \cdot \frac{v_1 + v_2}{2} \cdot t\right) \cdot \cos\left(2\pi \cdot \frac{v_1 - v_2}{2} \cdot t\right)$$

Der hintere Faktor beschreibt die einhüllende Cosinuskurve mit der Frequenz $(v_1 - v_2)/2$. Ist die Differenz der beteiligten Frequenzen klein im Verhältnis zu deren Absolutbetrag, so erhält man einen deutlichen Effekt.

Diese mathematischen Zusammenhänge stecken hinter dem physikalischen Phänomen der Schwebung: Regt man zum experimentellen Vergleich gleichzeitig zwei Stimmgabeln an, von denen die eine gegenüber der anderen leicht verstimmt ist, nimmt man ein „Flattern" beziehungsweise einen Ton mit periodisch schwankender Lautstärke wahr (siehe Abbildung 6.7). Die als Schwebungsfrequenz bezeichnete Frequenz der Lautstärkeänderung ist $v_{schweb} = |v_1 - v_2|$ und die Formel kann experimentell überprüft werden. Der Effekt wird zum Beispiel von Klavierstimmern genutzt: Das Flattern setzt ein, sobald die Frequenzen so dicht beieinander liegen, dass man die zugehörigen Töne nicht mehr getrennt wahrnehmen kann. Es ist dann zunächst sehr schnell und wird um so langsamer, je näher sich die beiden Frequenzen kommen. Bei Übereinstimmung verschwindet es ganz.

Sofern die Schüler Vorerfahrungen mit Reihen haben, liegt auch die Idee nah, nach vorgegebener Gesetzmäßigkeit eine immer größere Zahl von Sinustermen zu überlagern. Abbildung 6.8

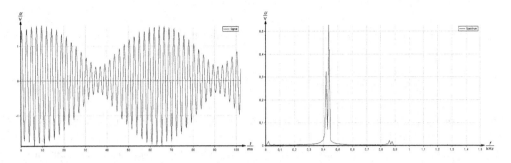

Abbildung 6.7: Experimentell aufgenommene Schwebung zweier Stimmgabeln

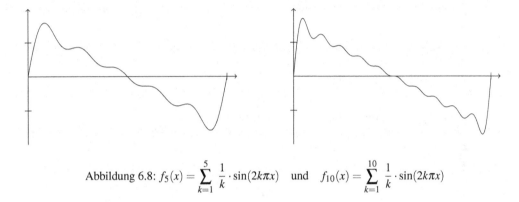

Abbildung 6.8: $f_5(x) = \sum\limits_{k=1}^{5} \frac{1}{k} \cdot \sin(2k\pi x)$ und $f_{10}(x) = \sum\limits_{k=1}^{10} \frac{1}{k} \cdot \sin(2k\pi x)$

zeigt das Beispiel

$$f(x) = 1 \cdot \sin(2\pi x) + \frac{1}{2} \cdot \sin(4\pi x) + \frac{1}{3} \cdot \sin(6\pi x) + \ldots = \sum_{k=1}^{n} \frac{1}{k} \cdot \sin(2k\pi x)$$

für $n = 5$ und $n = 10$. Es lässt erahnen, dass man mittels Überlagerung sehr vieler trigonometrischer Funktionen (das heißt in Unterräumen hoher Dimension $2n + 1$) auch „artfremdes" wie lineare Funktionen oder Funktionen mit Sprungstellen gut approximieren kann. Insgesamt gewinnen wir auf synthetischem Weg den Eindruck, dass im Erzeugnis endlicher Fourierbasen „sehr viele" Funktionen liegen.

6.3 Fourieranalyse als Entwicklung über Orthonormalbasen

Gegenstand dieses Abschnitts ist die Fourieranalyse periodischer Funktionen. Die Fourieranalyse bildet den mathematischen Hintergrund des Frequenzspektrums in seinem Zusammenhang mit dem zeitlichen Verlauf des Signals. Es wird sich vollständig klären, woher Lage und Höhe der Peaks im Frequenzspektrum einfacher Klänge kommen und wie man rechnerisch vom Zeitverlauf eines Signals zu dessen Frequenzspektrum und wieder zurück gelangt. Vor allem aber wird deutlich, dass die Fourieranalyse nichts anderes ist als die Entwicklung über einem gut gewählten, vollständigen Orthonormalsystem aller periodischen Funktionen. Die abgebrochenen Fourierreihen sind demnach die jeweils besten Approximationen in Unterräumen endlicher Dimension.

Grundsätzlich ist eine Frequenzanalyse sowohl auf rein physikalischem als auch auf mathematischem Weg möglich. Physikalisch läuft sie im Wesentlichen darauf hinaus, unter einer Reihe mechanischer oder elektrischer Oszillatoren mit vorgegebenen Grundfrequenzen zu untersuchen, welche durch das Signal mit angeregt werden. (Die vorgegebenen Oszillatoren entsprechen den 'Basisvektoren' und in diesem Sinne erfolgt auch die physikalische Fourieranalyse unter Beschränkung auf endlich dimensionale Unterräume.) Mathematisch steckt hinter der Bestimmung der beteiligten Frequenzen mit der Fourieranalyse ein sowohl theoretisch als auch bezüglich der Anwendungen bedeutendes Teilgebiet der Mathematik, dessen Anfänge bis ins 18. Jahrhundert zurückgehen.

Wir benutzen hier die wesentliche Aussage der Fourierhypothese in einer auf unsere Bedürfnisse zugeschnittenen Form, das heißt insbesondere unter Beschränkung auf 1-periodische Funktionen und endliche Reihen.

Endliche Fourierreihen 1-periodischer Funktionen

Sei $f : \mathbb{R} \to \mathbb{R}$ eine stückweise stetige, 1-periodische Funktion (das heißt es gilt $f(x+1) = f(x)$ für alle $x \in \mathbb{R}$). Dann bezeichnen wir

$$f_n(x) = \frac{a_0}{2} + \sum_{k=1}^{n} \left[\, a_k \cdot \cos(2\pi k x) + b_k \cdot \sin(2\pi k x) \, \right]$$

mit $\qquad a_k = 2 \cdot \int_0^1 f(x) \cdot \cos(2\pi k x) \, \mathrm{d}x \qquad$ und $\qquad b_k = 2 \cdot \int_0^1 f(x) \cdot \sin(2\pi k x) \, \mathrm{d}x$

als Fourierreihe (oder Fourierapproximation) vom Grad n zu f und die a_k, b_k als Fourierkoeffizienten von f. f_n ist die Orthogonalprojektion von f auf P_n (siehe 5.5).

Dies[10] ist nichts anderes als eine weitere Approximation durch Entwicklung über einer Orthonormalbasis: In 5.5 haben wir gezeigt, dass die Funktionen

$$\left\{ \, \cos(0), \; \sqrt{2}\cos(2\pi x), \; \sqrt{2}\cos(4\pi x), ..., \; \sqrt{2}\cos(2n\pi x), \; \sqrt{2}\sin(2\pi x), \; \sqrt{2}\sin(4\pi x), ..., \; \sqrt{2}\sin(2n\pi x) \, \right\}$$

bezüglich der L^2-Norm ein Orthonormalsystem bilden, dessen Erzeugnis wir P_n nennen. Wie zu Beginn von 5.4 gezeigt, berechnet man im Raum aller stückweise stetigen Funktionen $SC([0,1])$ die beste Approximation f_A einer Funktion f in einem durch die Orthonormalbasis $\{e_1, ..., e_n\}$

---

[10]Die endliche oder abgebrochene Fourierreihe einer Funktion wird auch als trigonometrisches Polynom der Funktion bezeichnet (vergleiche zum Beispiel [39] Band 2 S.117).

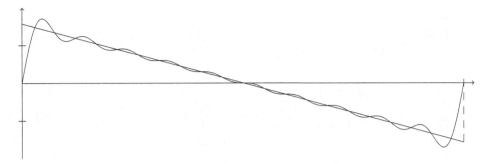

Abbildung 6.9: $g(x) = \frac{\pi}{2} - \pi x$ und $f_{10}(x) = \sum_{k=1}^{10} \frac{1}{k} \cdot \sin(2k\pi x)$

gegebenen Unterraum über:

$$f_A = \sum_{i=1}^{n} \langle f, e_i \rangle \, e_i$$

$$f_A(x) = \sum_{i=1}^{n} \left(\int_0^1 f(x) \cdot e_i(x) \, \mathrm{d}x \right) \cdot e_i(x)$$

Die Formeln der Fourierentwicklung entsprechen dem Spezialfall der oben genannten trigono-metrischen Funktionen als Unterraum-Basis. Dabei entsteht der Faktor 2 vor den Integralen als Quadrat des Normierungsfaktors $\sqrt{2}$ der Basisvektoren und man schreibt den konstanten Term in der Form $\frac{a_0}{2}$, damit die Formel für a_0 mit denen der anderen a_k übereinstimmt.

Dass man wellenartige Signale wie die der einfachen Klänge aus 6.1 in dieser Weise darstellen kann, verwundert nicht weiter. Wäre das alles, wäre die Fouriertheorie nicht von so umfassender Bedeutung. Tatsächlich kann man mit den passenden theoretischen Erweiterungen (insbesondere dem Übergang zu unendlichen Reihen) beliebige – auch aperiodische – Funktionen auf diese Weise darstellen.[11]

Beispiel

Hier soll anhand eines einfachen (aber unstetigen) periodischen Signals nur ein kleiner Einblick in die Möglichkeiten und Grenzen der Methode geliefert werden. Betrachten wir die 1-periodische Funktion $\hat{g}$, die im Einheitsintervall mit der durch $g(x) = \frac{\pi}{2} - \pi \cdot x$ gegebenen Geraden g übereinstimmt. Dann gilt für alle $k \in \mathbb{N}_0$

$$a_k = 2 \cdot \int_0^1 \left(\frac{\pi}{2} - \pi \cdot x \right) \cdot \cos(2\pi k x) \, \mathrm{d}x = \left[\frac{\pi k \cdot \sin(2\pi k x) \cdot (1 - 2x) - \cos(2\pi k x)}{2\pi k^2} \right]_0^1 = 0$$

(wie für alle zur Intervallmitte punktsymmetrischen Funktionen) und

$$b_k = 2 \cdot \int_0^1 \left(\frac{\pi}{2} - \pi \cdot x \right) \cdot \sin(2\pi k x) \, \mathrm{d}x = \left[\frac{\pi k \cos(2\pi k x) \cdot (2x - 1) - \sin(2\pi k x)}{2\pi k^2} \right]_0^1 = \frac{1}{k} \quad .$$

---

[11](siehe zum Beispiel [8], S.76ff., [25], S.337ff., oder [11], S.30ff.)

Folglich ist

$$\hat{g}(x) \approx \sum_{k=1}^{n} \frac{1}{k} \cdot \sin(2k\pi x) = 1 \cdot \sin(2\pi x) + \frac{1}{2} \cdot \sin(4\pi x) + \frac{1}{3} \cdot \sin(6\pi x) + \dots$$

und entspricht damit der bereits in 6.2 untersuchten trigonometrischen Reihe. Abbildung 6.9 zeigt den Graphen von $\hat{g}$ zusammen mit seiner bezüglich der L^2-Norm besten Approximation im (21-dimensionalen) Funktionenraum P_{10}.

Erhöht man den Grad der Fourierapproximation und damit die Dimension des Unterraums, so wird die Näherung immer besser.[12] Was allerdings nicht besser wird, ist die relativ starke Abweichung der Approximation vom Signal in der Nähe von Unstetigkeitsstellen. (Sie zeichnet sich bereits in Abbildung 6.8 ab und kann mit Hilfe von Computeralgebrasystemen noch eindringlicher erfahren werden.) Erhöht man den Grad n, so wird zwar das Intervall kleiner, in dem diese Abweichung störende Ausmaße annimmt, nicht aber die maximale Abweichung an sich. Sie beträgt in der unmittelbaren Nähe von Sprungstellen unabhängig von n etwa 9% der Sprungweite.

Dieser Effekt ist als Gibbssches Phänomen oder „Ringing" bekannt und eine Folge der Tatsache, dass die Fourierreihe in der Nähe von Unstetigkeitsstellen nicht mehr gleichmäßig, sondern nur noch punktweise konvergiert (siehe zum Beispiel [8], S.54). Ringing (engl. etwa „sich einschwingen") ist ein Problem vieler Arten der verlustbehafteten Kompression, das zum Beispiel im JPEG-Format für die Schmiereffekte an scharfen Kanten verantwortlich ist. Es kann dazu führen, dass verlustfreie Kompression (wie im png-Format) der verlustbehafteten vorzuziehen ist, weil man im zweiten Fall bis zu so hohen Frequenzen gehen müsste, dass der Speicherbedarf des verarbeiteten Signals den des Originals übersteigt.

Rückbezug auf die übergeordnete Methode

Diese Nachteile der Fourierentwicklung in der Umgebung von Unstetigkeitsstellen gehörten zu den Haupt-Motivatoren für die Fortschritte auf dem Gebiet der Wavelets. Tatsächlich werden bei der Verarbeitung akustischer (und ähnlich gearteter) Signale heute Kombinationen aus stetigen Methoden (für die „fließenden Teile" wie Klänge) und diskreten Methoden (für die „harten Kanten" wie beats) verwendet.

In Hinblick auf unser zentrales Thema erweitert die Fourierentwicklung das Verständnis insbesondere bezüglich des Transformationsbegriffs[13] grundlegend: Ob man von einer Basis des $\mathbb{R}^n$ zu einer anderen wechselt (was − wie wir gesehen haben − auch schon sehr wirkungsvoll sein kann), oder von einem Zeit-Auslenkungs-Gesetz zu einem Frequenzspektrum, ist ein enormer Unterschied. Nicht nur akustische, sondern auch optische Signale sind durch ihr Frequenzspektrum in unverwechselbarer Weise charakterisiert. Einige Autoren bezeichnen die Fourieranalyse deshalb als eine Art mathematisches Prisma. Die Spektralanalyse hat es der Menschheit ermöglicht, ein Stück weit sowohl in das Weltall als auch in das Innere der Atome zu gucken.

Die komplette Information über das Signal steckt sowohl im Zeit-Auslenkungs-Diagramm als auch im Frequenzspektrum (einschließlich Phasenverschiebungen); aber beide sind vollkommen

---

[12]Für eine genauere Darstellung, insbesondere eine Resttermabschätzung bei Abbruch nach m Summanden siehe zum Beispiel [8], S.58.

[13]Eine grundlegende und sehr hilfreiche didaktische Analyse des Transformationsbegriffs ist die von Osterloh in [31].

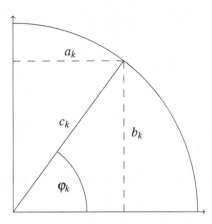

Abbildung 6.10: Zu den Umrechnungsformeln zwischen Fourier-Theorie und Experiment

wesensfremd, beschreiben und analysieren das Signal in gänzlich unterschiedlicher Hinsicht. Je nach Signal kann die eine oder die andere Darstellung die treffendere oder kompaktere sein. Zeitlich ausgedehnte oder „unscharfe" Signale wie Klänge haben besonders einfache, „scharfe" Frequenzspektren; zeitlich klar lokalisierte oder „scharfe" Signale wie ein Knall haben besonders breite oder „unscharfe" Frequenzspektren.[14] Diese Tatsache wird von vielen Autoren in Zusammenhang mit der Heisenbergschen Unschärferelation für Frequenz (bzw. Energie) und Zeit gesehen.[15]

Zusammenhang mit den experimentellen Befunden
Vergleichen wir die zusammenfassenden Formeln auf Seite 136 und 140, erschließen sich die genauen Zusammenhänge zwischen den Aussagen der Fouriertheorie und dem experimentell erhaltenen Frequenzspektrum. Zu einfachen Klängen gehören akustische Signale der Form

$$f(t) = \sum_{k=1}^{n} c_k \cdot \sin(2k\pi\nu_0 t + \varphi_k) = \sum_{k=1}^{n} a_k \cdot \cos(2k\pi\nu_0 t) + b_k \cdot \sin(2k\pi\nu_0 t)$$

$$\text{mit} \quad c_k = \sqrt{a_k^2 + b_k^2} \quad \text{und} \quad \varphi_k = \begin{cases} \arctan\left(\frac{b_k}{a_k}\right) & , \quad a_k \neq 0 \\ \text{sign}(b_k) \cdot \frac{\pi}{2} & , \quad a_k = 0 \end{cases} \quad \text{bzw.} \quad \begin{array}{l} a_k = c_k \cdot \cos(\varphi_k) \\ b_k = c_k \cdot \sin(\varphi_k) \end{array} \quad .$$

Der rechte Teil von Abbildung 6.10 illustriert die Zusammenhänge.[16] Ein Vergleich mit der Formel für die Fourierentwicklung (S.140) zeigt:

• Wegen der Zeitabhängigkeit akustischer Signale ist das x durch ein t ersetzt.

---

[14]Man beachte, dass in Abbildung 6.2 die Skalierung der Zeitachse unterschiedlich ist.

[15]Für eine allgemein verständliche Darstellung siehe zum Beispiel [17], S.72ff.

[16]Die Abbildung lässt außerdem erahnen, dass im Zusammenhang mit der Überlagerung von Schwingungen oder der Fouriertheorie komplexe Darstellungen wesentlich eleganter sind. Zudem lenkt sie im Vergleich mit Abbildung 2.11 den Blick aus anderer Richtung als in 5.2 auf Zusammenhänge zwischen den Skalarprodukten im $\mathbb{R}^2$ und im $SC([0,1])$.

- Aus den bereits auf S.135 genannten Gründen ist $a_0 = 0$.

- Es handelt sich nicht um 1-periodische, sondern um T_0-periodische Funktionen mit $T_0 = \frac{1}{v_0}$.

- Die Stellen kv_0 der Peaks im Frequenzspektrum werden als diejenigen gefunden, für die die Fourierkoeffizienten
  $$a_k = \frac{2}{l(I)} \cdot \int_I f(t) \cdot \cos(2\pi k v_0 t) \, dt \text{ und } b_k = \frac{2}{l(I)} \cdot \int_I f(t) \cdot \sin(2\pi k v_0 t) \, dt \text{ deutlich von Null}$$
  verschiedene Werte annehmen.[17]

- Die Höhen $c_k = \sqrt{a_k^2 + b_k^2}$ der Peaks im Frequenzspektrum sind die aus der Überlagerung von Sinus- und Cosinusschwingung resultierenden Amplituden.

Die Phasen φ_k kann man dem Frequenzspektrum nicht unmittelbar entnehmen, sondern nur aus der Form des Zeit-Auslenkungs-Diagramms rekonstruieren. Sie werden zwar von der Software zur Frequenzanalyse des Phywe-Interfaces in Form einer Wertetabelle mit ausgegeben, erweisen sich aber bei wiederholter Untersuchung desselben Klangs als nicht gut reproduzierbar. Eine Frage, die bei unseren Experimenten (und denen der Schüler) offen geblieben ist, betrifft den Einfluss der Phasenbeziehungen auf die Wahrnehmung einfacher Klänge: Bei den den Graphen in Abbildung 6.4 entsprechenden akustischen Signalen gehört die Phasenbeziehung zur vollständigen mathematischen Information natürlich dazu. Unser Eindruck ist jedoch, dass man Unterschiede in der Phasenbeziehung (bei sonst gleicher spektraler Zusammensetzung) zum Beispiel bei angehaltenen Vokalen nicht hört.[18] Aus der Bildverarbeitung ist bekannt, dass Reduktion auf die Phasenbeziehungen durch Gleichsetzen aller Amplituden die scharfen Kanten in einem Signal hervorhebt.

6.4 Die schwingende Saite *

Bisher haben wir uns nur um die Analyse einfacher Klänge gekümmert, jetzt wollen wir uns auch deren Entstehung und Ausbreitung zuwenden. Das bringt mathematisch neue Schwierigkeiten ins Spiel: Da der Ort des Geschehens fest war (nämlich auf der Membran des Mikrofons), ging es bei der Analyse ausschließlich um die Zeitabhängigkeit der Auslenkung, das heißt um Funktionen in einer Variablen. Bei der Entstehung und Ausbreitung akustischer Signale bekommt man es dagegen mit Funktionen in Ort und Zeit zu tun. Allerdings beziehen wir uns auf den einfachsten Fall eindimensionaler (fortlaufender oder stehender) Wellen, wo einschränkende Bedingungen und geschickte Ansätze weiter helfen. Ein rein mathematischer Ansatz zur Untersuchung der Schwingungen einer an beiden Enden fest eingespannten Saite führt auf die Sonderstellung der trigonometrischen Funktionen und damit in die Nähe der Fourierhypothese.

---

[17]Dabei steht I für das Zeitintervall, während dessen der Ton angehalten wird, und $l(I)$ für dessen Länge.

[18]Auf diese Frage haben wir auch in der Literatur keine Antwort gefunden. Die so genannte Formanten-Theorie zum Erkennen von Vokalen geht in eine andere Richtung, indem sie nicht auf feste Frequenzverhältnisse, sondern auf das Vorkommen bestimmter absoluter Frequenzbänder Bezug nimmt (vergleiche http://de.wikipedia.org/wiki/Formant).

Fortlaufende eindimensionale Wellen

Fortlaufende eindimensionale Wellen werden durch diejenige Funktionen $F : \mathbb{R} \times \mathbb{R} \to \mathbb{R}$ in Ort x und Zeit t beschrieben, die die Wellengleichung lösen:

$$\frac{\partial^2 F}{\partial x^2}(x,t) = \frac{1}{c^2} \cdot \frac{\partial^2 F}{\partial t^2}(x,t)$$

Das tun (nach d'Alembert-Ansatz) Funktionen der speziellen Form $F(x,t) = f(x \pm c \cdot t)$.

Die Wellengleichung ist eine lineare partielle Differentialgleichung zweiter Ordnung. Sie lässt sich unter Benutzung der Spannungen und Rückstellkräfte einer eingespannten Saite herleiten, wenn man ein infinitesimal kleines Saitenelement betrachtet.[19] Die zweite Ableitung nach der Zeit kommt infolge der Grundgleichung der Mechanik ins Spiel, die zweite Ableitung nach dem Ort durch infinitesimalen Übergang vom Differenzenquotienten der Steigungen an beiden Enden des Saitenelements. Die Wellengleichung stellt zu jeder Zeit einen Zusammenhang zwischen der Krümmung und der Beschleunigung der Saite in jedem Punkt her. Die Konstante c entspricht dabei der durch die Materialeigenschaften der Saite[20] festgelegten Ausbreitungsgeschwindigkeit der Welle.

Dass Funktionen der Form $F(x,t) = f(x \pm ct)$ die Wellengleichung lösen, zeigt man leicht durch Einsetzen. Bei diesen speziellen Funktionen liegt eine Kopplung zwischen den beiden Variablen x und t über die Ausbreitungsgeschwindigkeit c der Welle vor. Dies kann so gedeutet werden, dass sich der Graph der Funktion $F(x,0) = f(x)$ mit der festen Geschwindigkeit c entlang der x-Achse bewegt, und zwar für $+$ von rechts nach links, für $-$ von links nach rechts.[21] Da die Wellengleichung linear ist, wird sie auch von allen Linearkombinationen von Funktionen dieses Typs gelöst.[22]

Bei den allermeisten Musikinstrumenten geht das akustische Signal von den Schwingungen einer Saite oder einer Luftsäule aus. Da man die Schwingungen einer Saite besser sehen (oder mittels Stroboskopaufnahmen sichtbar machen) kann und Transversalwellen generell intuitiver zu verstehen sind als Longitudinalwellen, beziehen wir uns hier durchgehend auf Saiteninstrumente.[23] (Von denen ja auch die in 6.1 verwendete menschliche Stimme sehr vereinfacht gesprochen eines ist.)

Auf der Suche nach den Schwingungen, die eine an beiden Enden fest eingespannte Saite der Länge L ausführen kann, wählen wir folgendes rein mathematische Modell: Wir betrachten zwei beliebige, sich mit der Ausbreitungsgeschwindigkeit c entgegen kommende Signale f und g auf einer endlos gedachten Saite. Nach dem Superpositionsprinzip überlagern die Signale sich unabhängig, das heißt die Gesamtauslenkung entspricht zu jeder Zeit und an jedem Ort der Summe der beiden Einzelauslenkungen. Dabei kann es zu einer ganzen Reihe interessanter Erscheinungen kommen, insbesondere Nulldurchgänge (das heißt Zeitpunkte, zu denen die Auslenkung

---

[19]Eine detaillierte und weitestmöglich an Schulkenntnisse anknüpfende Darstellung findet sich bei [18], S.65-70.

[20]Es gilt $c = \sqrt{S_0/\rho}$, wobei S_0 die Grundspannung und ρ die Dichte der Saite ist.

[21]Eine behutsame Darstellung der Zusammenhänge mit zahlreichen Abbildungen und Beispielen findet sich in [18].

[22]Das zeigt man ebenfalls leicht durch Einsetzen. Für eine allgemeinere Darstellung der Theorie linearer Differentialgleichungen siehe zum Beispiel [25], Kapitel 9.

[23]Grundsätzlich ist der Ansatz auch auf schwingende Luftsäulen übertragbar, denn auch an deren Enden bilden sich Druck- beziehungsweise Geschwindigkeitsknoten.

Abbildung 6.11: Schwingende Saite als Überlagerung gegenläufiger Signale

überall Null ist) und Knoten (das heißt Orte, an denen die Auslenkung zu jeder Zeit Null ist). Überlagern sich Signale mit gleicher Frequenz und der richtigen Phasenbeziehung, können sich stehende Wellen ausbilden: Es gibt feste Knoten und alle Punkte der Saite schwingen mit unterschiedlichen Amplituden in Phase. Dies ist in der Realität häufig der Fall, weil das gegenläufige Signal durch Reflexion des ersten am festen Ende zustande kommt.[24]

Für die Schwingungen der eingespannten Saite suchen wir speziell diejenigen Fälle, in denen die Überlagerung zu Knoten in den Endpunkten der Saite führt.[25] Steht x für die Position entlang der Saite (mit $x = 0$ im linken Knoten), y für die vertikale Auslenkung und t für die Zeit, dann gilt für die Überlagerung:

$$y(x,t) = f(x - c \cdot t) + g(x + c \cdot t)$$

Sollen bei $x = 0$ und $x = L$ Knoten vorliegen, so gilt $y(0,t) = y(L,t) = 0$ für alle $t \in \mathbb{R}$ und damit

$$f(-c \cdot t) + g(c \cdot t) = 0 \quad \Leftrightarrow \quad g(c \cdot t) = -f(-c \cdot t) \qquad \qquad \text{und}$$
$$f(L - c \cdot t) + g(L + c \cdot t) = 0 \quad \Leftrightarrow \quad f(L - c \cdot t) - f(-L - c \cdot t) = 0$$
$$\Leftrightarrow \quad f(L - c \cdot t) = f(-L - c \cdot t) \qquad \text{für alle } t \in \mathbb{R}.$$

Dabei wurde in der zweiten Zeile das Ergebnis der ersten bereits eingesetzt, welches anders ausgedrückt besagt, dass $g(X) = -f(-X)$ für alle $X \in \mathbb{R}$ gilt. Damit die letzte Gleichung für alle $t \in \mathbb{R}$ erfüllt ist, muss das Signal f $2L$-periodisch sein. Das ergibt sich algebraisch durch Substitution $z = -L - c \cdot t$, denn es gilt:

$$f(L - c \cdot t) = f(-L - c \cdot t) \quad \text{für alle } t \in \mathbb{R} \qquad \Leftrightarrow \qquad f(z + 2L) = f(z) \quad \text{für alle } z \in \mathbb{R}$$

Anschaulich wird die $2L$-Periodizität von f in Abbildung 6.12 klar, wobei die Übereinstimmung der Punkte im Abstand $2L$ für jedes $t \in \mathbb{R}$ gilt. Man kann sich also vorstellen, dass der dick gedruckte Teil entlang der kompletten x-Achse gleitet, während die gemeinsame Höhe der beiden Punkte sich gemäß der jeweiligen Funktionsvorschrift ändert. Wir fassen zusammen:

---

[24]Für eine ausführliche Erläuterung der Begriffe und Phänomene einschließlich dynamischer Visualisierungen mittels Maple siehe [18].

[25]Auf die Wellengleichung bezogen heißt das, das man eine Differentialgleichung mit Randbedingungen zu lösen hat. Dabei hilft ein Separationsansatz weiter (siehe zum Beispiel [18], Kapitel 6).

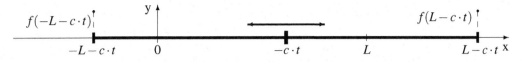

Abbildung 6.12: Zur 2L-Periodizität des Signals f

Schwingungen einer fest eingespannten Saite
Die möglichen Schwingungen einer an beiden Enden fest eingespannten Saite der Länge L,
in der sich die Signale mit der Geschwindigkeit c ausbreiten, haben die Form

$$y(x,t) = f(x - c \cdot t) - f(-x - c \cdot t) \qquad \text{, wobei } f \text{ eine 2L-periodische Funktion ist.}$$

Wir besinnen uns deshalb auf einfache 2L-periodische Funktionen die wir kennen: Die Periode
$2L$ haben alle trigonometrischen Funktionen der Form

$$f(X) = \sin\left(\frac{k \cdot \pi}{L} \cdot X\right) \qquad \text{oder eingesetzt} \qquad f(x - c \cdot t) = \sin\left(\frac{k \cdot \pi}{L} \cdot (x - c \cdot t)\right) \quad , \quad k \in \mathbb{N} \,,$$

$$f(X) = \cos\left(\frac{k \cdot \pi}{L} \cdot X\right) \qquad \text{oder eingesetzt} \qquad f(x - c \cdot t) = \cos\left(\frac{k \cdot \pi}{L} \cdot (x - c \cdot t)\right) \quad , \quad k \in \mathbb{N}_0 \,,$$

sowie deren Linearkombinationen. Diese Beispiele einfacher 2L-periodischer Funktionen setzen
wir für f in den Ausdruck $y(x,t)$ ein, der die möglichen Schwingungen einer eingespannten Saite
der Länge L beschreibt. Nun gilt nach den Additionstheoremen:[26]

$$\sin\left(\frac{k \cdot \pi}{L} \cdot (x - c \cdot t)\right) - \sin\left(\frac{k \cdot \pi}{L} \cdot (-x - c \cdot t)\right) = 2 \cdot \sin\left(\frac{k \cdot \pi}{L} \cdot x\right) \cdot \cos\left(\frac{k \cdot \pi}{L} \cdot c \cdot t\right)$$

$$\cos\left(\frac{k \cdot \pi}{L} \cdot (x - c \cdot t)\right) - \cos\left(\frac{k \cdot \pi}{L} \cdot (-x - c \cdot t)\right) = 2 \cdot \sin\left(\frac{k \cdot \pi}{L} \cdot x\right) \cdot \sin\left(\frac{k \cdot \pi}{L} \cdot c \cdot t\right)$$

Die orts- und zeitabhängigen Terme lassen sich demnach als Produkte rein ortsabhängiger und
rein zeitabhängiger Anteile schreiben. An dieser Stelle sollen die Zusammenhänge mit dem physikalischen Hintergrund kurz klar gestellt werden:

Zusammenhang mit physikalischen Größen
Die genannten Terme beschreiben Lösungen der Wellengleichung mit Randbedingung, also
auf der Saite mögliche Wellen. Die örtliche Periode $2L/k$ wird auch als Wellenlänge λ bezeichnet. Die zeitliche Periode $2L/kc$ wird auch als Schwingungsdauer T, ihr Kehrwert als
Frequenz ν bezeichnet. Zwischen beiden besteht die Beziehung $\lambda/T = c$, wobei c auch im
physikalischen Sinne die Ausbreitungsgeschwindigkeit der Welle ist.

---

[26]$\sin(a) - \sin(b) = 2\sin\left(\frac{a-b}{2}\right)\cos\left(\frac{a+b}{2}\right)$, $\cos(a) - \cos(b) = -2\sin\left(\frac{a-b}{2}\right)\sin\left(\frac{a+b}{2}\right)$, Symmetrieeigenschaften

Nach dem mathematischen Modell beschreiben alle Linearkombinationen der oben genannten Terme mögliche Schwingungen einer an beiden Enden fest eingespannten Saite. Den Fall $k = 0$ können wir wegen $\sin(0) = 0$ außer acht lassen; mit anderen Worten: weil ein konstanter Anteil der Funktion f in $f(x - c \cdot t) - f(-x - c \cdot t)$ ohnehin wegfallen würde. Das muss auch so sein, weil die Auslenkung bei $x = 0$ Null ist. Mit all diesen Linearkombinationen haben wir sehr viele mögliche Schwingungen der eingespannten Saite gefunden. Die Aussage der Fourierhypothese ist, dass dies für $n \to \infty$ sogar alle möglichen Saitenschwingungen sind.

Schwingungen einer fest eingespannten Saite

Für $\hat{a}_k$, $\hat{b}_k \in \mathbb{R}$ und $n \in \mathbb{N}$ beschreiben alle Terme der Form

$$y(x,t) = \sum_{k=1}^{n} \sin\left(\frac{k \cdot \pi}{L} \cdot x\right) \cdot \left[\hat{a}_k \cdot \cos\left(\frac{k \cdot \pi}{L} \cdot c \cdot t\right) + \hat{b}_k \cdot \sin\left(\frac{k \cdot \pi}{L} \cdot c \cdot t\right) \right]$$

mögliche Schwingungen einer an beiden Enden fest eingespannten Saite der Länge L, in der sich die Signale mit der Geschwindigkeit c ausbreiten.

Zusammenhang mit Fourierreihen und Fourierhypothese

Vergleicht man dieses Ergebnis für die möglichen Saitenschwingungen mit der Form der Fourierreihen und der Aussage der Fourierhypothese (6.3, S.140), so erkennt man auf den ersten Blick einige Übereinstimmungen. Genauer gilt:

- An einem festen Ort x_0 ist die Schwingung in Abhängigkeit von der Zeit als $y(x_0, t)$ gegeben. Der vordere Sinusterm nimmt dann für jedes k einen konstanten Wert an.

- Der Zusammenhang mit den Koeffizienten der Fourierreihe ist durch $a_k = \hat{a}_k \cdot \sin\left(\frac{k \cdot \pi}{L} \cdot x_0\right)$ und $b_k = \hat{b}_k \cdot \sin\left(\frac{k \cdot \pi}{L} \cdot x_0\right)$ gegeben.

- Wegen der Zeitabhängigkeit akustischer Signale steht als Variable das t.

- Aus den bereits auf S.135 genannten Gründen gibt es keinen konstanten Term.

- Es handelt sich nicht um 1-periodische, sondern um T-periodische Funktionen mit $T = \frac{2L}{c}$.

Genauere Beschreibung der möglichen Saitenschwingungen

Gibt man beliebige Koeffizienten $\hat{a}_k$ und $\hat{b}_k$ vor, so kann man sich die zugehörigen Saitenschwingungen ansehen. Dazu steht ein Mapleworksheet (siehe S.314) zur Verfügung, das sowohl Zeit-Auslenkungs-Diagramme für einzelne Punkte als auch Momentaufnahmen der Saite zu einzelnen Zeitpunkten, vor allem aber dynamische Graphiken ausgibt. Alle Parameter können dabei frei gewählt werden. Die Abbildungen 6.18 und 6.19 zeigen eine der einfachsten und eine schon deutlich kompliziertere Saitenschwingung. Es folgen grundsätzliche Überlegungen zum Verständnis des Terms und zu wichtigen Spezialfällen.

Die Form der Saite ändert sich mit der allen Summanden gemeinsamen zeitlichen Periode $2L/k_0c$, wobei k_0 die kleinste natürliche Zahl mit von Null verschiedenem $\hat{a}_k$ oder $\hat{b}_k$ ist. Sie ist zu charakteristischen Zeitpunkten gegeben durch:

$$y(x,0) = \sum_{k=1}^{n} \hat{a}_k \cdot \sin\left(\frac{k\cdot\pi}{L}\cdot x\right) \qquad y(x,\tfrac{L}{c}) = -\sum_{k=1}^{n} \hat{a}_k \cdot \sin\left(\frac{k\cdot\pi}{L}\cdot x\right)$$

$$y(x,\tfrac{L}{4c}) = \sum_{k=1}^{n} \frac{\hat{a}_k + \hat{b}_k}{\sqrt{2}} \cdot \sin\left(\frac{k\cdot\pi}{L}\cdot x\right) \qquad y(x,\tfrac{5L}{4c}) = -\sum_{k=1}^{n} \frac{\hat{a}_k + \hat{b}_k}{\sqrt{2}} \cdot \sin\left(\frac{k\cdot\pi}{L}\cdot x\right)$$

$$y(x,\tfrac{L}{2c}) = \sum_{k=1}^{n} \hat{b}_k \cdot \sin\left(\frac{k\cdot\pi}{L}\cdot x\right) \qquad y(x,\tfrac{3L}{2c}) = -\sum_{k=1}^{n} \hat{b}_k \cdot \sin\left(\frac{k\cdot\pi}{L}\cdot x\right)$$

$$y(x,\tfrac{3L}{4c}) = \sum_{k=1}^{n} \frac{\hat{b}_k - \hat{a}_k}{\sqrt{2}} \cdot \sin\left(\frac{k\cdot\pi}{L}\cdot x\right) \qquad y(x,\tfrac{7L}{4c}) = \sum_{k=1}^{n} \frac{\hat{a}_k - \hat{b}_k}{\sqrt{2}} \cdot \sin\left(\frac{k\cdot\pi}{L}\cdot x\right)$$

Die zeitliche Veränderung der Auslenkung an einem vorgegebenen Punkt $0 < x < L$ der Saite ist im Allgemeinen recht kompliziert. An charakteristischen Punkten ist sie gegeben durch:

$$y(0,t) \quad = \quad 0 \quad = \quad y(L,t)$$

$$y(\tfrac{L}{4},t) \quad = \quad \sum_{k=1}^{n} \sin\left(\frac{k\pi}{4}\right) \cdot \left[\hat{a}_k \cdot \cos\left(\frac{k\pi}{L}\cdot c\cdot t\right) + \hat{b}_k \cdot \sin\left(\frac{k\pi}{L}\cdot c\cdot t\right)\right]$$

$$y(\tfrac{L}{2},t) \quad = \quad \sum_{k=1}^{n} \sin\left(\frac{k\pi}{2}\right) \cdot \left[\hat{a}_k \cdot \cos\left(\frac{k\pi}{L}\cdot c\cdot t\right) + \hat{b}_k \cdot \sin\left(\frac{k\pi}{L}\cdot c\cdot t\right)\right]$$

$$\quad = \quad \sum_{k \text{ ung.}} (-1)^{\frac{k-1}{2}} \cdot \left[\hat{a}_k \cdot \cos\left(\frac{k\pi}{L}\cdot c\cdot t\right) + \hat{b}_k \cdot \sin\left(\frac{k\pi}{L}\cdot c\cdot t\right)\right]$$

$$y(\tfrac{3L}{4},t) \quad = \quad \sum_{k=1}^{n} \sin\left(\frac{3k\pi}{4}\right) \cdot \left[\hat{a}_k \cdot \cos\left(\frac{k\pi}{L}\cdot c\cdot t\right) + \hat{b}_k \cdot \sin\left(\frac{k\pi}{L}\cdot c\cdot t\right)\right]$$

In einfachen Spezialfällen lässt sich über die Form der Saite noch einiges sagen:

- Sind nur Koeffizienten $\hat{a}_k$ und $\hat{b}_k$ mit geraden Index k von Null verschieden, dann ist die Form der Saite zu jeder Zeit punktsymmetrisch zu $(\tfrac{L}{2}, 0)$ und hat damit insbesondere einen Knoten in $x_0 = \tfrac{L}{2}$, da gilt ($g_k(t)$ steht jeweils für den zeitabhängigen Term):

$$\sum_{k \text{ gerade}} \sin\left(\frac{k\cdot\pi}{L}\cdot(L-x)\right) \cdot g_k(t) = -\sum_{k \text{ gerade}} \sin\left(\frac{k\cdot\pi}{L}\cdot x\right) \cdot g_k(t)$$

- Sind nur Koeffizienten $\hat{a}_k$ und $\hat{b}_k$ mit ungeraden Index k von Null verschieden, dann ist die Form der Saite zu jeder Zeit achsensymmetrisch zu $x = \frac{L}{2}$, da gilt:

$$\sum_{k \text{ ungerade}} \sin\left(\frac{k \cdot \pi}{L} \cdot (L - x)\right) \cdot g_k(t) = \sum_{k \text{ ungerade}} \sin\left(\frac{k \cdot \pi}{L} \cdot x\right) \cdot g_k(t)$$

- Sind entweder nur Koeffizienten $\hat{a}_i$ oder nur Koeffizienten $\hat{b}_i$ von Null verschieden, dann hat die Saite Nulldurchgänge und feste Knoten. Im ersten Fall ist die Zeitabhängigkeit der Elongation aller Punkte durch reine Cosinusfunktionen gegeben, die Saite also für alle ungeraden Vielfachen von $T \cdot \frac{\pi}{4}$ entspannt, wobei $T = \frac{2L}{k_0 c}$ die gemeinsame Schwingungsdauer aller Punkte ist. Im zweiten Fall ist die Zeitabhängigkeit durch reine Sinusfunktionen gegeben, die Saite also für alle Vielfachen von $T \cdot \frac{\pi}{2}$ entspannt. Die Lage der Knoten ist durch diejenigen x_0 mit $y(x_0, t) = 0$ für alle $t \in \mathbb{R}$ und damit durch die Lösungen einer der folgenden Gleichungen gegeben:

$$\sum_{k=1}^{n} \sin\left(\frac{k \cdot \pi}{L} \cdot x_0\right) \cdot \hat{a}_k = 0 \quad \text{oder} \quad \sum_{k=1}^{n} \sin\left(\frac{k \cdot \pi}{L} \cdot x_0\right) \cdot \hat{b}_k = 0$$

Die Lage der zusätzlichen Knoten zwischen 0 und L tatsächlich zu bestimmen, d.h. diese Gleichungen konkret zu lösen, ist im Allgemeinen nur numerisch möglich. Es handelt sich um maximal $j - 1$ weitere Knoten, wenn j der höchste Index mit von Null verschiedenem Koeffizienten $\hat{a}_j$ bzw. $\hat{b}_j$ ist.

- Im allgemeinen Fall, das heißt wenn sowohl echte Koeffizienten $\hat{a}_k$ als auch echte Koeffizienten $\hat{b}_k$ und sowohl gerade als auch ungerade Indizes auftreten, schwingen die Punkte der Saite mit unterschiedlichen Amplituden und unterschiedlichen Phasen. Dann gibt es weder Nulldurchgänge der kompletten Saite noch feste Knoten außer 0 und L. Vielmehr wandern die Punkte mit Auslenkung Null entlang der x-Achse, während ihre Anzahl wie oben um eins kleiner ist als der größte Index mit nicht verschwindendem Koeffizienten.

6.5 Anregungsform und Klang *

In diesem Abschnitt wenden wir uns der Frage zu, auf welche Weise eingespannte Saiten zum Schwingen angeregt werden können und welchen Einfluss das auf den zugehörigen Klang hat. Bezüglich der Anregungsform lassen sich die Saiteninstrumente in drei Gruppen einteilen: Die Saiten werden entweder gezupft (Gitarre, Harfe), angeschlagen (Klavier) oder gestrichen (Geige, Cello). Physikalisch und mathematisch gesehen ist das Streichen hierunter mit Abstand das komplizierteste Beispiel, weil es sich dabei nicht um einmaliges Anregen handelt, sondern erzwungene Schwingungen ins Spiel kommen. Wir beschränken uns auf das Zupfen und Anschlagen, bei denen eine einmalige momentane Anregung zu Beginn der Schwingung erfolgt.

Mathematisch gesehen heißt das, es werden Lösungen der Wellengleichung mit Rand- und Anfangsbedingungen gesucht. Die Anfangsbedingungen werden durch die Form der Anregung bestimmt und führen dazu, dass unter den Lösungen der Wellengleichung mit Randbedingung

(S.147) nur noch bestimmte in Frage kommen. Erfasst man die Anfangsbedingungen mathematisch, hat das nämlich Einfluss auf die möglichen Koeffizienten $\hat{a}_k$ und $\hat{b}_k$. Die Anfangsbedingungen betreffen jeweils sowohl die durch $y(x,t)$ gegebene Form als auch die durch $v(x,t) = \frac{\partial y}{\partial t}(x,t)$ gegebene Geschwindigkeitsverteilung der Saite zum Zeitpunkt $t = 0$. Für die mathematische Untersuchung benötigen wir also jeweils folgende Terme:

$$y(x,t) = \sum_{k=1}^{n} \sin\left(\frac{k \cdot \pi}{L} \cdot x\right) \cdot \left[\hat{a}_k \cdot \cos\left(\frac{k \cdot \pi}{L} \cdot c \cdot t\right) + \hat{b}_k \cdot \sin\left(\frac{k \cdot \pi}{L} \cdot c \cdot t\right)\right]$$

$$v(x,t) = \frac{\pi \cdot c}{L} \cdot \sum_{k=1}^{n} \sin\left(\frac{k \cdot \pi}{L} \cdot x\right) \cdot \left[-k \cdot \hat{a}_k \cdot \sin\left(\frac{k \cdot \pi}{L} \cdot c \cdot t\right) + k \cdot \hat{b}_k \cdot \cos\left(\frac{k \cdot \pi}{L} \cdot c \cdot t\right)\right]$$

Zur Visualisierung der als Lösung erhaltenen Saitenschwingungen stehen Mapleworksheets zur Verfügung, bei denen zusätzlich zu den üblichen Parametern Ort und Auslenkung des Zupfens beziehungsweise Bereich und Geschwindigkeit des Anschlags eingegeben werden können (S.314). Die experimentellen Messungen erfolgten ausschließlich mit Gitarrensaiten. Diese wurden entweder gezupft oder mittels eines Kunststoffklöppels angeschlagen, wie man ihn bei Stimmgabeln benutzt. Zusätzlich wurde die so genannte Flageolett-Technik untersucht, bei der man durch Berührung unmittelbar nach dem Anschlag Schwingungsknoten in bestimmten Punkten der Saite erzwingt.

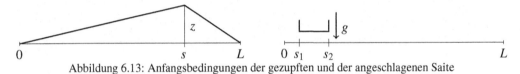

Abbildung 6.13: Anfangsbedingungen der gezupften und der angeschlagenen Saite

Die gezupfte Saite hat zur Zeit $t = 0$ eine Form wie in Abbildung 6.13 links und überall die Geschwindigkeit Null, das heißt es gilt:

$$y(x,0) = \sum_{k=1}^{n} \sin\left(\frac{k \cdot \pi}{L} \cdot x\right) \cdot \hat{a}_k = \begin{cases} \frac{z}{s} \cdot x & , \quad x \in [0,s] \\ \frac{z}{s-L} \cdot (x-L) & , \quad x \in [s,L] \end{cases}$$

$$v(x,0) = \frac{\pi \cdot c}{L} \cdot \sum_{k=1}^{n} \sin\left(\frac{k \cdot \pi}{L} \cdot x\right) \cdot k \cdot \hat{b}_k = 0$$

Aus der unteren Gleichung folgt $\hat{b}_k = 0$ für alle $k \in \mathbb{N}$. Aus der oberen Gleichung erhält man $\hat{a}_k$ durch Entwickeln entsprechend der Formel für die Fourierkoeffizienten. Es gilt:

$$\hat{a}_k = \frac{2}{L} \cdot \left[\int_0^s \frac{z}{s} \cdot x \cdot \sin\left(\frac{k \cdot \pi}{L} \cdot x\right) \, dx + \int_s^L \frac{z}{s-L} \cdot (x-L) \cdot \sin\left(\frac{k \cdot \pi}{L} \cdot x\right) \, dx\right]$$

$$= \frac{2zL^2}{sk^2\pi^2 \cdot (L-s)} \cdot \sin\left(\frac{k\pi s}{L}\right)$$

Schwingungen einer gezupften Saite

Die Schwingungen einer durch Auslenkung um z an der Stelle $x = s$ gezupften Saite der
Länge L, in der sich die Wellen mit der Geschwindigkeit c ausbreiten, haben die Form

$$y(x,t) = \frac{2zL^2}{s\pi^2 \cdot (L-s)} \cdot \sum_{k=1}^{n} \frac{1}{k^2} \cdot \sin\left(\frac{k \cdot \pi}{L} \cdot s\right) \cdot \sin\left(\frac{k \cdot \pi}{L} \cdot x\right) \cdot \cos\left(\frac{k \cdot \pi}{L} \cdot c \cdot t\right).$$

Die angeschlagene Saite hat zur Zeit $t = 0$ überall die Auslenkung Null und bekommt im
Intervall $[s_1, s_2]$ eine Anfangsgeschwindigkeit g erteilt (siehe Abbildung 6.13 rechts). Demnach
gilt:

$$y(x,0) = \sum_{k=1}^{n} \sin\left(\frac{k \cdot \pi}{L} \cdot x\right) \cdot \hat{a}_k = 0 \quad \text{für alle} \quad x \in [0,L]$$

$$v(x,0) = \frac{\pi \cdot c}{L} \cdot \sum_{k=1}^{n} \sin\left(\frac{k \cdot \pi}{L} \cdot x\right) \cdot k \cdot \hat{b}_k = \begin{cases} g & , \quad x \in [s_1, s_2] \\ 0 & , \quad \text{sonst} \end{cases}$$

Aus der oberen Gleichung folgt $\hat{a}_k = 0$ für alle $k \in \mathbb{N}$. Aus der unteren Gleichung erhält man
$\hat{b}_k$ durch Entwickeln entsprechend der Formel für die Fourierkoeffizienten. Es gilt:

$$\hat{b}_k = \frac{2}{k\pi c} \cdot \int_{s_1}^{s_2} g \cdot \sin\left(\frac{k \cdot \pi}{L} \cdot x\right) \, dx = \frac{2gL}{k^2\pi^2 c} \cdot \left[\cos\left(\frac{k\pi s_2^2}{L}\right) - \cos\left(\frac{k\pi s_1^2}{L}\right)\right]$$

Schwingungen einer angeschlagenen Saite

Die Schwingungen einer mit der Geschwindigkeit g im Intervall $[s_1, s_2]$ angeschlagenen Saite
der Länge L, in der sich die Wellen mit der Geschwindigkeit c ausbreiten, haben die Form

$$y(x,t) = \frac{2gL}{\pi^2 c} \cdot \sum_{k=1}^{n} \frac{1}{k^2} \cdot \left[\cos\left(\frac{k\pi s_2^2}{L}\right) - \cos\left(\frac{k\pi s_1^2}{L}\right)\right] \cdot \sin\left(\frac{k \cdot \pi}{L} \cdot x\right) \cdot \sin\left(\frac{k \cdot \pi}{L} \cdot c \cdot t\right).$$

Die allgemeine Form der Schwingungen einer angeschlagenen Saite findet sich im Kasten
auf der nächsten Seite oben. Die Abbildungen 6.20 und 6.21 zeigen den Schwingungsverlauf
einer gezupften und einer angeschlagenen Saite. Mit Hilfe der Mapleworksheets kann man die
Parameter variieren und sich zahlreiche weitere Schwingungen ansehen.[27] Grundsätzlich klärend
ist ein Blick auf die Formeln für die Koeffizienten $\hat{a}_k$ beziehungsweise $\hat{b}_k$. Erstens enthalten sie
in beiden Fällen den Faktor $\frac{1}{k^2}$ sowie ein k im Sinus oder Cosinus, das heißt die Spitzen des
Frequenzspektrums sollten etwa auf einer Hyperbel liegen. Zweitens gilt im Fall der gezupften
Saite: Ist $s = \frac{L}{m}$ und k ein Vielfaches von m, dann ist $\sin\left(\frac{k\pi s}{L}\right) = \sin\left(\frac{k\pi}{m}\right) = 0$ und damit $\hat{a}_k = 0$.

---

[27]Dabei sollte man auf die Achseneinteilung achten: Auch wenn man realistische Größenverhältnisse eingibt, skaliert
Maple stets so, dass man viel sieht und die Auslenkung im Verhältnis zur Länge unrealistisch groß erscheint.

Zupft man also zum Beispiel bei einem Drittel der Saitenlänge, dann kommen die Frequenzen $3v_0$, $6v_0$ und so weiter im Frequenzspektrum nicht vor. Das ist auch logisch, denn wo man zupft liegt definitiv kein Schwingungsknoten, was aber für die genannten Frequenzen der Fall sein müsste. Für angeschlagene Saiten gilt entsprechendes: In der Mitte des Anschlagintervalls liegt definitiv kein Knoten, somit fallen die entsprechenden Obertöne weg.

Saitenschwingungen bei beliebigen Anfangsbedingungen

Hat eine Saite der Länge L, in der sich die Wellen mit der Geschwindigkeit c ausbreiten, zur Zeit $t = 0$ die durch $f_y(x)$ gegebene Form und die durch $f_v(x)$ gegebene Geschwindigkeitsverteilung, dann ist ihr Schwingungsverlauf gegeben durch

$$y(x,t) = \sum_{k=1}^{n} \sin\left(\frac{k \cdot \pi}{L} \cdot x\right) \cdot \left[\hat{a}_k \cdot \cos\left(\frac{k \cdot \pi}{L} \cdot c \cdot t\right) + \hat{b}_k \cdot \sin\left(\frac{k \cdot \pi}{L} \cdot c \cdot t\right)\right]$$

mit $\quad \hat{a}_k = \dfrac{2}{L} \cdot \displaystyle\int_0^L f_y(x) \cdot \sin\left(\frac{k\pi}{L} x\right) \, \mathrm{d}x \quad$ und $\quad \hat{b}_k = \dfrac{2}{k\pi c} \cdot \displaystyle\int_0^L f_v(x) \cdot \sin\left(\frac{k\pi}{L} x\right) \, \mathrm{d}x$.

Abbildung 6.14 zeigt den Schwingungsverlauf und das Frequenzspektrum einer bei $L/7$ gezupften Gitarrensaite. Dies ist die Lage über der Öffnung des Klangkörpers, wo Gitarren gewöhnlich gezupft werden. Dabei wird nur der siebte Oberton unterdrückt, der ohnehin als erster nicht mehr in die Harmonie passt. (Es handelt sich um eine unreine Sept. Am Beispiel des Grundtons C wären die Obertöne der Reihe nach c, g, c', e', g', $\approx$b', c'', d', e'' und so weiter.) Die Amplituden der beteiligten Frequenzen fallen recht gleichmäßig ab, allerdings zunächst etwas schwächer, dann etwas stärker als mit $1/v$.

Abbildung 6.15 zeigt das Frequenzspektrum einer bei $L/3$ gezupften Saite unmittelbar nach dem Zupfen (links) und einige Sekunden später (rechts). Unmittelbar nach dem Zupfen sind entsprechend der theoretischen Voraussage der dritte und sechste Oberton vollständig unterdrückt, die anderen Frequenzverhältnisse sind ähnlich wie im Normalfall. Mit der Zeit schwingt sich die Saite jedoch offenbar ein: Der dritte Oberton taucht wieder auf und der Grundton verliert Energie zugunsten der Obertöne.

Abbildung 6.16 liefert den Vergleich einer bei $L/4$ angeschlagenen (links) mit einer an der-

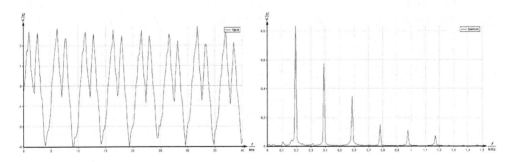

Abbildung 6.14: Schwingung und Spektrum einer bei $L/7$ gezupften Gitarrensaite

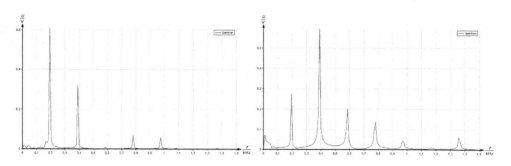

Abbildung 6.15: Spektren der bei $L/3$ gezupften Gitarrensaite direkt und später

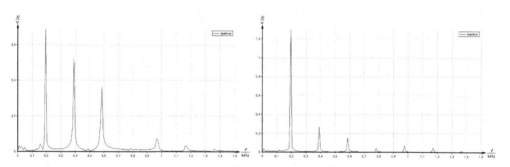

Abbildung 6.16: Spektren der bei $L/4$ angeschlagenen bzw. gezupften Gitarrensaite

selben Stelle gezupften Saite (rechts). Der vierte Oberton ist in beiden Fällen erwartungsgemäß unterdrückt. Die Anteile des zweiten und dritten Obertons sind im Fall des Anschlags deutlich höher. Tatsächlich klingt der durch Anschlagen erzeugte Ton weicher. Klaviersaiten werden in der Regel nur wenige Zentimeter vom einen Ende entfernt angeschlagen, so dass nur sehr hohe Oberschwingungen unterdrückt werden.

Abbildung 6.17 zeigt die Frequenzspektren bei $L/7$ gezupfter Saiten unter Anwendung der Flageolett-Technik: Unmittelbar nach dem Zupfen wird die Saite mit dem Finger berührt, um am entsprechenden Punkt einen Schwingungsknoten zu erzwingen. Dadurch werden bestimmte Oberschwingungen hervorgehoben, während zum Beispiel der Grundton unterdrückt wird. Im ersten Fall erfolgte der Flageolett-Griff in der Saitenmitte: Der Grundton und der zweite Oberton, die an dieser Stelle Schwingungsbäuche hätten, sind vollständig unterdrückt. Es erklingt der um eine Oktave höhere erste Oberton. Im zweiten Fall erfolgte die Berührung bei $3L/4$: Grund- und erster Oberton sind vollständig unterdrückt, es erklingt die doppelte Oktav darüber. Beim letzten Bild wurde die Flageolett-Technik bei $2L/3$ angewendet, so dass die dritte und sechste Oberschwingung (Quint in der zweiten und dritten Oktave) angeregt sind.

Im mathematischen Modell entspricht ein Flageolett-Griff bei $x_{Fl} = L/m$ mit $m \in \mathbb{N}$ der Nebenbedingung

$$y(x_{Fl}, t) = y\left(\frac{L}{m}, t\right) = \sum_{k=1}^{n} \sin\left(\frac{k \cdot \pi}{m}\right) \cdot \left[\hat{a}_k \cdot \cos\left(\frac{k \cdot \pi}{L} \cdot c \cdot t\right) + \hat{b}_k \cdot \sin\left(\frac{k \cdot \pi}{L} \cdot c \cdot t\right)\right] = 0$$

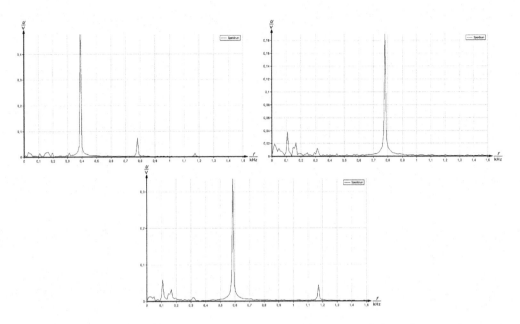

Abbildung 6.17: Spektren der Gitarrensaite mit Flageolett-Griff bei $L/2$, $3L/4$ und $2L/3$

für alle $t \in \mathbb{R}^+$. Für diejenigen Obertöne, bei denen k ein Vielfaches von m ist, wird dies dadurch gewährleistet, dass der vordere Sinusterm ohnehin Null ist. Die entsprechenden Frequenzen sind also möglich. Für alle anderen Obertöne und den Grundton muss jedoch der zeitabhängige Term in den eckigen Klammern konstant Null sein. Da dies nur für $\hat{a}_k = \hat{b}_k = 0$ möglich ist, sind der Grundton und alle entsprechenden Obertöne unterdrückt.

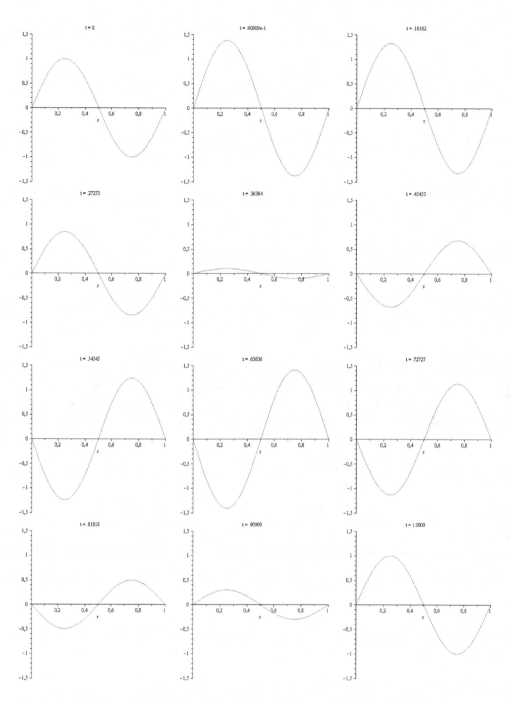

Abbildung 6.18: Einfache Saitenschwingung bei nur geraden Koeffizienten

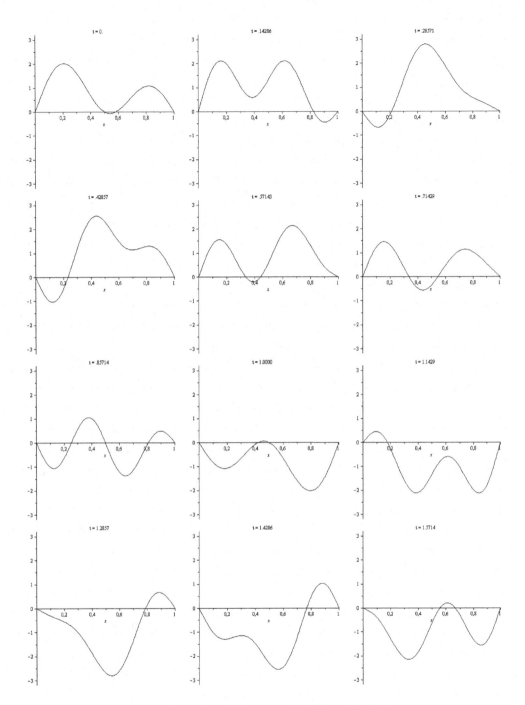

Abbildung 6.19: Saitenschwingung mit beliebigen Koeffizienten

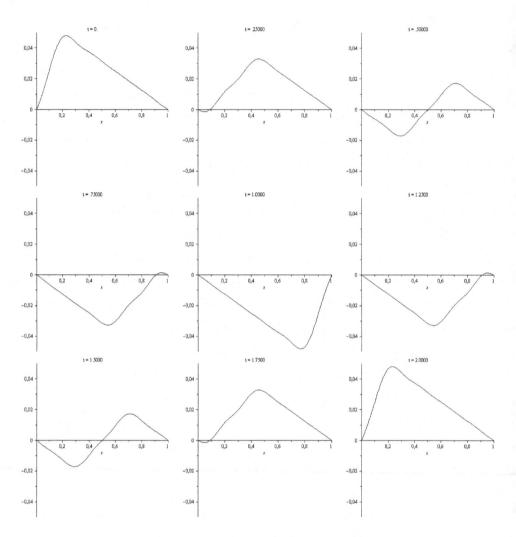

Abbildung 6.20: Schwingung einer bei $L/5$ gezupften Gitarrensaite

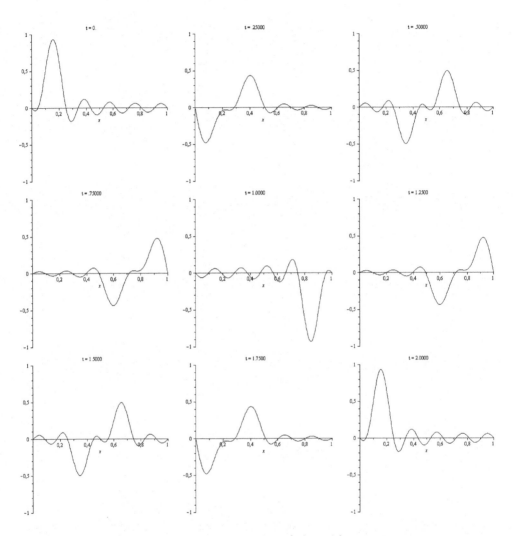

Abbildung 6.21: Schwingung einer im Intervall $[L/10, L/5]$ angeschlagenen Saite

7 Zusammenfassung

In diesem abschließenden Kapitel soll eine Zusammenfassung des inhaltlichen Kerns gegeben werden. Sie erfolgt so weit möglich in umgangssprachlicher Form und richtet den Blick noch einmal auf das Wesentliche. Leitfrage im Hintergrund ist die des Erkenntnisgewinns oder der infolge der Auseinandersetzung mit dem Thema veränderten Sicht der Dinge.

Die Zusammenfassung ist in zwei Abschnitte unterteilt: Im ersten wird der rote Faden des Ganzen überblicksartig zusammengefasst. Im zweiten werden die wichtigsten mathematischen Begriffe und Fakten noch einmal einzeln in den Blick genommen. Dies geschieht in Frage- und Antwortform und unter Einbeziehung außermathematischer Beispiele. Die dabei getroffenen Vergleiche hinken natürlich und sind recht kühn. Sie machen aber anschaulich und heben nicht selten gerade die scharfen Grenzen des mathematisch Exakten hervor.

Beide Abschnitte geben das Thema in groben Zügen und freien Worten wieder. Sie orientieren sich an Brainstormings, die am Ende der Workshops mit Schülern durchgeführt wurden, sind jedoch etwas systematischer aufgeschrieben. Leitfragen der Abschlussdiskussion waren etwa: Was ist hängengeblieben? Was war wichtig? Was weißt Du jetzt mehr oder siehst Du jetzt anders als zuvor? Wie dort soll auch hier im Zweifel lieber kühn und einprägsam als vollständig und exakt formuliert werden. Dabei werden auch Überschneidungen oder Mehrfachnennungen wichtiger Aspekte in Kauf genommen.

7.1 Das Wesentliche in groben Zügen

Euklidische Vektorräume sind Vektorräume über $\mathbb{R}$ mit einem Skalarprodukt. Ein Skalarprodukt ist eine Vorschrift, nach der jedem Paar von Vektoren in vernünftiger Weise[1] eine reelle Zahl zugeordnet wird. Mit Hilfe des Skalarprodukts kann ein Maß in den Vektorraum eingeführt werden: Jedem Vektor wird die Wurzel seines Skalarprodukts mit sich selbst als so genannte euklidische Norm zugeordnet. Bei den durch Pfeile veranschaulichten Vektoren des geometrischen Raums ist das einfach die Länge.

Es gibt auch andere Normen, aber die über ein Skalarprodukt definierten haben eine ganze Reihe von Vorteilen (siehe unten). Vor allem ist über sie zu je zwei Vektoren – unabhängig von deren „Länge" – zugleich ein Maß für den Grad der Ähnlichkeit eingeführt: Der Quotient aus ihrem Skalarprodukt und dem Produkt ihrer Normen. Dieses Ähnlichkeitsmaß entspricht im geometrischen Raum dem Cosinus des Winkels zwischen den Vektoren. Auch sonst hat es mit etwas wie der „Richtung" zu tun; einer zweiten Eigenschaft, die alle euklidischen Vektoren neben ihrer Länge mit sich bringen. Totale Ähnlichkeit (Winkel Null, Cosinus Eins) ist die Fortsetzung der Parallelität, totale Verschiedenheit (Winkel 90°, Cosinus Null) die Fortsetzung der Orthogonali-

---

[1]Das heißt es darf vertauscht und ausmultipliziert beziehungsweise ausgeklammer werden. Das Skalarprodukt eines 'echten' Vektors mit sich selbst ist positiv, nur für den Nullvektor ist es Null.

tät im anschaulichen Fall. Während man statt von Länge im allgemeinen Fall von Norm spricht, nennt man zwei Vektoren, deren Skalarprodukt Null ist, auch im allgemeinen Fall orthogonal.

Über das Skalarprodukt lassen sich nicht nur Vektor-Eigenschaften wie Länge und Richtung vom geometrischen auf den allgemeinen Fall übertragen, sondern auch Zusammenhänge und Methoden: Es gelten Aussagen, die der Dreiecksungleichung oder dem Satz des Pythagoras entsprechen; und es können darauf gründende Verfahren wie das der Orthogonalisierung oder der Projektion übertragen werden. Für unsere Belange wichtig ist:

> In euklidischen Vektorräumen liefert die Orthogonalprojektion eines Vektors auf einen Unterraum dessen beste dortige Näherung im Sinne der euklidischen Norm. Sie kann in Projektionen auf paarweise orthogonale, eindimensionale Unterräume zerlegt und deshalb durch Entwicklung über Orthonormalbasen bestimmt werden.

In Vektorräumen mit Skalarprodukt lassen sich also bequem und krisensicher gute Näherungen bestimmen. Gute Näherungen komplizierter Objekte sind aber sehr gefragt! Das von zwei- oder dreidimensionalen Spaltenvektoren bekannte Skalarprodukt kann auch auf längere Spaltenvektoren übertragen werden. Diese Zahlenlisten können für alles Mögliche stehen; und oft ist dann auch die Bestimmung von Näherungen sinnvoll. Vor allem aber können sie Wertelisten von Funktionen sein und damit zum Beispiel optische oder akustische Signale beschreiben. Das ist der wichtigste Anwendungsbereich der Approximierung.

Wenn man, wie von Ableitung und Integral bekannt, zu unendlich vielen, unendlich kleinen Stücken übergeht, findet man auch für stetige Funktionen als Vektoren ein Skalarprodukt: das Integral über f mal g. Die Funktionen haben als Vektoren nun wirklich nichts mehr mit Pfeilen zu tun. Auch holt man sich die Dimension Unendlich ins Haus und muss deshalb sehr viel besser aufpassen, was ein „Erzeugendensystem" wirklich erzeugt: An die Stelle des Basisbegriffs tritt der der Vollständigkeit von Systemen. Trotzdem funktioniert das Skalarprodukt mit allem drum und dran; vor allem mit der Bestimmung der besten Näherung durch das Entwickeln über einer Orthonormalbasis!

Die Vorteile euklidischer Vektorräume

An diesen Beispielen lernt man eine ganze Menge über Vektorräume, Skalarprodukte und die Besonderheiten der Orthogonalität. Es wird im Folgenden in Form von Listen und einigen prägnanten Fragen mit Antworten zusammengefasst.

Das bei vektorieller Schreibweise leicht zu berechnende Skalarprodukt ist gut, denn

- es liefert Längen und Abstände,

- es zeigt Orthogonalität auf,

- es zeigt Parallelität auf,

- es liefert Winkel,

- es hilft orthogonal Projizieren,

- es hilft Orthogonalisieren.

Orthogonalität ist gut, denn

- sie führt zur jeweils besten Näherung,

- sie führt von einer besten Näherung zur nächsten,

- sie sichert „totale Unabhängigkeit" (siehe unten),

- sie bringt den Satz des Pythagoras mit.

Orthogonalität ist „totale Unabhängigkeit", denn bei orthogonaler Zusammensetzung

- ist lineare Unabhängigkeit automatisch mit garantiert,

- ist das Längenquadrat des Ganzen die Summe der Längenquadrate der einzelnen Teile,

- ist die Projektion auf das Ganze die Summe der Projektionen auf die einzelnen Teile,

- ändert die Hinzunahme einer weiteren Dimension nichts an den bereits berechneten Anteilen.

Euklidische Vektorräume sind gut, weil in ihnen

- Analoga zu Längen, Abständen, Winkeln und Projektionen definiert sind,

- Dinge wie die Dreiecksungleichung in scharfer Form oder der Satz des Pythagoras gelten,

- (demzufolge) die beste Näherung eindeutig ist und mittels Orthogonalprojektion gefunden werden kann,

- Verfahren wie das der Orthogonalisierung oder der Orthogonalprojektion durch Entwicklung über Orthonormalbasen funktionieren.

Die euklidische Norm ist gut, denn

- sie bringt die ganze tolle Struktur euklidischer Vektorräume mit:

- die Dreiecksungleichung ist scharf,

- die beste Näherung ist eindeutig,

- der verallgemeinerte Pythagoras gilt,

- die Orthogonalprojektion ist die beste Näherung,

- man findet sie bequem und systematisch. Außerdem gilt:

- Zur euklidischen Norm gibt es sehr viele normerhaltende Automorphismen und damit Chancen auf besonders geschickte Darstellungen.

7.2 Fragen und Antworten zur erweiterten Sicht der Dinge

Frage	**Antwort (teils kühn, aber einprägsam)**
Was darf man sich in einem allgemeineren Sinne unter einem Vektor und einem Vektorraum vorstellen?	Ein Vektorraum über dem Körper der reellen Zahlen ist eine Menge mathematischer Objekte, die sich 'vernünftig' addieren und mit reellen Zahlen multiplizieren lassen. Als Vektor bezeichnet man jedes Element einer solchen Struktur. (Die durch Pfeile veranschaulichten Verschiebungen des geometrischen Raums sind ein gutes und Verständnis förderndes Beispiel. Aber es sind bei weitem nicht die einzigen 'Vektoren' der Mathematik.)
Was nutzt es, wenn bestimmte Objekte als Elemente eines Vektorraums aufgefasst werden können?	Vor allem kann man 'wie gewohnt' (kommutativ, assoziativ und distributiv) rechnen und dabei sicher sein: Summen und reelle Vielfache von Vektoren liegen wieder im selben Vektorraum. Bezüglich der Addition gibt es ein Neutrales Element (den sogenannten Nullvektor) und zu jedem Vektor ein Inverses. Die reellen Zahlen 0 und 1 verhalten sich im Zusammenhang mit den Vektoren so, wie man es erwarten würde.
Was ist eine Linearkombination von Vektoren?	Eine Linearkombination von Vektoren ist jede Summe reeller Vielfacher von ihnen — ein Vektor, den man aus ihnen nur mittels „Längenänderung" und Aneinanderfügen zusammensetzen kann.
Was darf man sich unter Linearer Unabhängigkeit in einem allgemeineren Sinne vorstellen?	Sind zwei Vektoren linear unabhängig, so enthält jeder von beiden ein Stück Information, dass in dem anderen nicht steckt. Ist ein System von Vektoren linear unabhängig, so enthält jeder dieser Vektoren ein Stück Information, dass in allen übrigen zusammen nicht steckt: Lässt man ihn weg, schränkt man sich weiter ein und erreicht nur einen „kleineren" Bereich als mit ihm.
Was hat man sich unter der Dimension eines Vektorraums vorzustellen?	Die Dimension ist die maximale Anzahl eines Systems von linear unabhängigen Vektoren: die Anzahl elementarer, echt verschiedener Bausteinchen, aus denen alles andere zusammengesetzt werden kann. *In sehr weitem Sinne könnte man den Raum der Farben als dreidimensional bezeichnen, weil sich alle aus rot, grün und blau mischen lassen; oder den (recht vielfältigen) Raum der Kohlenwasserstoffe als zweidimensional.*

Frage	**Antwort (teils kühn, aber einprägsam)**
Was bezeichnet man als eine Basis eines Vektorraums?	Eine Basis ist jedes linear unabhängige System von Vektoren, aus denen sich der gesamte Vektorraum linear kombinieren lässt. (Und zwar jeder Vektor auf genau eine Weise.) Derselbe Vektorraum hat viele verschiedene Basen, aber alle haben dieselbe, der Dimension des Vektorraums entsprechende Anzahl von Elementen. *Insofern hinken die Vergleiche mit den Farben oder Chemikalien schon recht deutlich.* Die Potenzfunktionen mit den Termen 1, x, und x^2 bilden eine Basis aller quadratischen Funktionen; die mit $x + 1$, $x^2 + x$ und $7x$ aber auch.
Wofür ist es gut, wenn man alle Elemente eines Vektorraums in eindeutiger Weise aus wenigen, elementaren Grundbausteinen (den Elementen einer Basis) zusammensetzen kann?	Wenn die Grundbausteine bekannt sind, reichen zur Beschreibung aller Elemente des Vektorraums eine Reihe von Zahlenwerten (den Koeffizienten). Noch dazu kann man von den Bausteinen und Koeffizienten häufig einige weglassen (zum Beispiel die Frequenzen außerhalb des Hörbereichs in der Akustik), ohne wesentliche Informationen zu verlieren. Außerdem kann die Zusammensetzung aus den Bausteinen spezifische charakteristische Merkmale eines Objekts zum Vorschein bringen. *Der Drang, vieles auf wenige Grundbausteine zu reduzieren, ist relativ verbreitet. Zum Beispiel wird in der Psychologie von nur vier echten Grundgefühlen gesprochen – Freude, Trauer, Wut und Angst – aus denen alle anderen in unterschiedlichen „Mischungsverhältnissen" zusammengesetzt seien. In diesem Sinne wäre die Gefühlswelt vierdimensional.*
Was bedeutet es / Wofür ist es gut, dass es für denselben Vektorraum ganz unterschiedliche Basen gibt?	Die Darstellungen eines Vektors über verschiedenen Basen können sehr unterschiedliche Seiten oder Charakteristika dieses Vektors zum Vorschein bringen. Manche Basen holen die in bestimmter Hinsicht wichtigsten oder am stärksten vertretenen Aspekte eines komplizierten Signals nach vorne und sind besonders zur Analyse oder Aufwandsersparnis geeignet. Viele Basen bieten viele Transformationsmöglichkeiten ohne Informationsverlust. (vergleiche auch 1.7)
Inwiefern kann die Wahl der Basis eine ganz entscheidende Frage sein?	Stehen die wichtigsten vorn? Welche Aspekte eines Signals werden hier einzeln aufgespürt, welche nicht? Werden für viele Signale viele Koeffizienten klein?

Frage	**Antwort (teils kühn, aber einprägsam)**
Was nutzt die Existenz eines Skalarprodukts mit dessen definierenden Eigenschaften in einem Vektorraum?	Mit dem Skalarprodukt werden die Objekte des Vektorraums in bestimmtem Sinne messbar. Zwei Charakteristika jedes Vektors treten hervor, die im geometrischen Fall der Länge und der Richtung entsprechen. Über die definierenden Eigenschaften des Skalarprodukts werden mit diesen Begriffen auch wichtige aus dem geometrischen Raum bekannte Sätze und Verfahren übertragbar.
Was darf man sich unter „Länge" und „Abstand" in einem allgemeineren Sinne vorstellen?	An die Stelle der Länge tritt im allgemeinen Fall die Norm eines Vektors, welche in bestimmtem Sinne dessen „Größe" oder „Ausmaß" beschreibt. An die Stelle des Abstands von (durch ihre Ortsvektoren repräsentierten) Punkten tritt im allgemeinen Fall die Metrik, ein Maß für die Unterschiede der Objekte untereinander oder vom als Bezugsgröße eingeführten Nullvektor.
Was tritt im allgemeinen Fall an die Stelle des Winkelbegriffs?	Der Zusammenhang zwischen dem Skalarprodukt zweier Vektoren und dem Cosinus des zugehörigen Winkels wird im allgemeinen Fall durch die Ungleichung von Cauchy-Schwarz ersetzt. Über diese kann – falls gewünscht – in jedem Innenproduktraum ein Analogon des geometrischen Winkels eingeführt werden, das „Richtungsunterschiede" oder „Grade von Gemeinsamkeiten" beschreibt. Allerdings ist in der Regel nur der rechte Winkel, also die Orthogonalität von Interesse.
Was darf man sich unter „Orthogonalität" in einem allgemeineren Sinne vorstellen?	Orthogonalität ist „totale" Unabhängigkeit. Sind zwei Vektoren linear unabhängig, heißt das nur, dass jeder gegenüber dem anderen einen gewissen Anteil neuer Information hineinbringt. Dieser Anteil kann aber (wie im geometrischen Fall der Winkel) sehr klein sein. Sind zwei Vektoren dagegen orthogonal, bringt jeder gegenüber dem anderen eine vollständig neue, von der anderen vollkommen unabhängige Information ins Spiel, die bisher noch nicht berücksichtigt wurde. *Auch die stochastische Unabhängigkeit von Ereignissen ist eine Form von Orthogonalität (mit der Kovarianz als Skalarprodukt). In der Informatik bezeichnet Orthogonalität die freie Kombinierbarkeit formal unabhängiger, einander also nicht überschneidender Konzepte, beispielsweise die Eigenschaften eines Mikroprozessor-Befehlssatzes; in der Nachrichtentechnik die Unabhängigkeit der Komponenten zusammengesetzter Signale voneinander.*

Frage

Antwort (teils kühn, aber einprägsam)

Inwiefern sind paarweise orthogonale Systeme linear unabhängigen überlegen?

Sie sind per se linear unabhängig und zwar in einer Weise, dass keiner die jeweils anderen beeinflusst: Die Anteile (Koeffizienten) der einzelnen Bausteine können bei Orthogonalität unabhängig voneinander berechnet werden und beeinflussen sich nicht gegenseitig. Zudem besteht bei Orthogonalität mit dem Satz des Pythagoras ein definierter Zusammenhang zwischen der Länge / Norm des Ganzen und der Länge / Norm der einzelnen Teile. *In ziemlich gewagter Analogie könnte man sagen, dass die Primärfarben rot, blau und gelb bezüglich der Farbmischung eine Orthogonalbasis des Farbspektrums bilden. Das im Farbdruck teilweise zugrunde gelegte Tripel „rot, blau, grün"' ist zwar ebenfalls linear unabhängig und somit eine Basis, doch hängt der Blauwert davon ab, wie viel grün man (wegen des Gelbanteils) nehmen muss. Oder: Die beste Approximation einer gewünschten Farbe nur aus rot und grün enthält im Allgemeinen nicht dieselbe Menge grün wie die exakte Mischung. Hat man dagegen bereits die beste Approximation der Farbe aus rot und gelb hergestellt, kann man diese durch reines Hinzufügen von blau zur gewünschten Farbe ergänzen: Der optimale „Gelb-Koeffizient"' hängt nicht von den beiden anderen ab.*

Was ist die Kernidee des Orthonormalisierungsverfahrens nach Gram-Schmidt?

Die Kernidee des Orthonormalisierungsverfahrens nach Gram-Schmidt besteht darin, in einem System von Vektoren sukzessiv alle parallelen Anteile (oder bereits enthaltenen Informationen) zu eliminieren, so dass nur noch orthogonale, also „pur neue" Information übrig bleibt. Dies lohnt sich, weil man auf diese Weise ein orthogonales Erzeugendensystem inklusive all seiner genannten Vorteile erhält.

Was darf man sich in allgemeinerem Sinne unter einer Orthogonalprojektion vorstellen?

Die Orthogonalprojektion auf einen Unterraum filtert aus einem Vektor genau diejenigen Richtungs- oder Informationsanteile heraus, die über die Möglichkeiten dieses Unterraums hinausgehen, nicht in ihm enthalten sind und nicht durch ihn beschrieben werden können. Alle übrigen, durch den Unterraum repräsentierten Richtungen bzw. Informationen lässt sie unbeschadet und führt auf diese Weise zu einer denkbar guten Näherung.

Frage	**Antwort (teils kühn, aber einprägsam)**
Inwiefern können die Wahl des Unterraums, auf den projiziert wird, und die Projektionsrichtung von ganz entscheidender Bedeutung sein?	Projektion ist Reduktion. Je nach Verteilung einer Punkt- oder Objektmenge im Vektorraum kann bei Projektion auf den einen Vektorraum praktisch alles zusammenfallen bzw. so gut wie alle Information verloren gehen, während bei Projektion auf einen anderen viele wesentliche Merkmale erhalten bleiben und zum Beispiel charakteristische Verteilungen zum Vorschein kommen (vergleiche auch 3.6).
Welche Bedeutung hat der Satz des Pythagoras in Zusammenhang mit der Theorie?	Auf die Verallgemeinerung des Satzes von Pythagoras geht letztlich die Übereinstimmung der Orthogonalprojektion mit der besten Näherung zurück.
Welche Bedeutung haben die Dreiecksungleichung und ihre Schärfe in Zusammenhang mit der Theorie?	Auf die Schärfe der Dreiecksungleichung im nicht parallelen Fall geht letztlich die Eindeutigkeit der besten Approximation zurück.
Welche Bedeutung hat die Cauchy-Schwarzsche Ungleichung innerhalb der Theorie?	Die Ungleichung von Cauchy-Schwarz ersetzt gewissermaßen den Begriff des Winkels oder „Richtungsunterschieds" und spielt damit eine Schlüsselrolle in der gesamten Theorie. Man könnte sie auch als Verallgemeinerung des Cosinussatzes bezeichnen, von dem der Satz des Pythagoras wiederum ein Spezialfall ist. Sie ist so etwas wie die Aussage, dass der Grad der Richtungsübereinstimmung zweier Vektoren (im $\mathbb{R}^3$ der Cosinus des Winkels) nur zwischen 1 und -1 liegen kann. Über die Ungleichung von Cauchy-Schwarz lässt sich die Schärfe der Dreiecksungleichung beweisen. Sie selbst wiederum geht auf die positive Definitheit des Skalarprodukts zurück.

Teil II

Zur Didaktik und Vermittlung des Themas

Vorbemerkung und Inhaltsübersicht

Im ersten und umfangreichsten Teil des Buches wurde das in reiner und angewandter Mathematik bedeutsame Thema „Orthogonalität und Approximation" inhaltlich vorgestellt und abgegrenzt. Zwar waren dort Reihenfolge, Schwerpunktsetzung und Ausgestaltung implizit bereits am Ziel der unterrichtlichen Vermittlung orientiert, doch wurde zu didaktischen und methodischen Fragen sowie zur Umsetzung in Unterrichtsform noch kaum etwas gesagt. Die Frage, warum und in welcher Form das Thema sich für die mathematische Ausbildung interessierter Schülerinnen und Schüler empfiehlt, ist Gegenstand des nun folgenden zweiten Teils.

In Kapitel 8 geht es um die didaktische Einordnung des Themas gemäß den übergeordneten Zielen der mathematischen Ausbildung und die grundlegenden didaktischen Entscheidungen bezüglich des wann und wie. Auch wird näher beleuchtet, nach welchen Kriterien und mit welchen Mitteln die Aufbereitung des Themas für den Schulunterricht im Rahmen der Dissertation umgesetzt wurden. Eine tabellarische Übersicht dient dem schnellen Auffinden geeigneter Unterrichtsmaterialien im Hauptteil nach Schlagworten.

In Kapitel 9 werden Bezüge des Themas „Orthogonalität und Approximation" zu den aktuell gültigen Mathematiklehrplänen aufgezeigt. Dies betrifft einerseits die übergeordnete Struktur, die sich vor allem für die Oberstufe anbietet und zum Verfolgen wichtiger übergeordneter Ziele des Mathematikunterrichts eignet. Anderseits werden zahlreiche Verbindungen einzelner Aspekte mit gängigen Unterrichtsthemen aufgezeigt. Diese können zum Teil schon in der Sekundarstufe I behandelt werden und eignen sich besonders zum sinnvollen Üben und Vernetzen.

Die Materialien wurden mehrfach im Rahmen von Workshops und Vortragsveranstaltungen mit Oberstufenschülern erprobt. Die dortige Umsetzung und Organisation, wichtige und größenteils auf den Regelunterricht übertragbare Erfahrungen sowie die wichtigsten Ergebnisse der begleitenden Evaluation sind Gegenstand von Kapitel 10.

Schließlich werden in Kapitel 11 „lose Fäden" und Anknüpfungspunkte weiter gehender Investitionen in das Thema aufgezählt, wie sie sich im Rahmen der Arbeit ergeben haben. Dies betrifft sowohl inhaltliche Erweiterungen als auch die Weiterentwicklung von Materialien für die unterrichtspraktische Umsetzung.

8 Didaktische Einordnung und Entscheidungen

8.1 Didaktische Einordnung

Die ins Zentrum der Arbeit gestellte mathematische Idee verbindet mit Vektorgeometrie und Analysis die beiden wichtigsten Teilgebiete der Oberstufenmathematik. Für die Umsetzung ist vor allem an Aus- und Überblicke in der Oberstufe gedacht. Einzelne Aspekte sind jedoch auch in der Mittelstufe oder im fächerübergreifenden Rahmen umsetzbar. (Eine Liste der wichtigsten Anknüpfungspunkte findet sich in Kapitel 9.) Worum es dabei vor allem geht, sei anhand zweier Lehrplanzitate erläutert: In den Lehrplänen für Mathematik an Gymnasien des Landes Sachsen werden unter den besonderen Beiträgen des Faches zur Allgemeinbildung ([45], S.2) „das vergleichsweise hohe Abstraktionsniveau, die fachspezifische Definition von Begriffen und die logische Strukturierung mathematischer Sätze" hervorgehoben. In den Lehrplänen für Mathematik in der Sekundarstufe II von Nordrhein-Westfalen heißt es:

> „Es ist ein bedeutsamer Aspekt, dass aus geometrischen Fragestellungen erwachsene mathematische Objekte wie Vektoren und Matrizen sich erfolgreich auf nicht geometrische Probleme anwenden lassen und umgekehrt. Diese Eigendynamik mathematischer Begriffsbildung ist eine typische Eigenschaft der Wissenschaft Mathematik und sollte von den Schülerinnen und Schülern entsprechend erfahren werden." ([49], S.45)

Das Thema dieser Arbeit ist in besonderem Maße geeignet, diese Charakteristika des Faches an einem aktuell relevanten und dennoch unmittelbar an gängigen Oberstufenstoff anknüpfenden Beispiel erfahren zu lassen. Die Bestimmung guter Approximationen basiert auf der Struktur euklidischer Vektorräume. Schüler lernen im Laufe der Mittel- und Oberstufe den geometrischen Raum als Beispiel einer solchen Struktur relativ gründlich kennen und darin operieren. Wenn der Begriff dann in allgemeiner Form definiert wird, ohne dass der Nutzen aufgezeigt oder auch nur ein zweites Beispiel genannt würde, befremdet sie das zu Recht. Tatsächlich zählten Existenz und Tragfähigkeit von Methoden wie der hier in den Mittelpunkt gestellten zu den Gründen für die Einführung des abstrakten Vektorraumbegriffs in der Mathematikgeschichte.

Lernen Schüler exemplarisch die Übertragung des Verfahrens auf einige andere euklidische Vektorräume kennen, erschließen sich Bedeutung und Nutzen der Abstraktion viel eher. Sonst auf die Geometrie beschränkte Begriffe wie Vektor, Linearkombination, Unterraum, Lineare Unabhängigkeit, Erzeugnis, Basis, Dimension, Skalarprodukt, Länge bzw. Norm, Abstand bzw. Metrik, Orthogonalität oder Projektion werden in einen größeren Zusammenhang gestellt und mit neuem Leben erfüllt. Nebenbei sind die mit dem Verfahren gelösten Probleme selbst interessant und die fächerübergreifende Relevanz ist offensichtlich.

Dabei kann das Abstraktionsniveau, wie die im Laufe der Arbeit behandelten Beispiele zeigen, sehr unterschiedlich hoch angesetzt und individuell abgestuft werden. Eine enorme Hilfe ist der stets mögliche Rückbezug auf den geometrischen Raum, wo die Zusammenhänge vertraut sind und das Verständnis von der Anschauung getragen wird. Dass man sich sogar die Beweisideen fast immer aus dem anschaulichen Spezialfall ableiten kann, ist eine wertvolle Erfahrung. Geht man sehr weit, werden auf diese Weise nicht nur die Kraft und das enorme Potential der Anschauung deutlich, sondern auch ihre Grenzen und die bei jeder Form der Abstraktion gebotene Vorsicht: Skalarprodukt und „Orthogonalität" in Funktionenräumen zum Beispiel müssen letztlich unanschaulich bleiben. Sie werden eingeführt, akzeptiert und benutzt, weil sie mathematisch stimmig sind und sich in Anwendungen vortrefflich bewähren. In der euklidischen Geometrie sind die Dreiecksungleichung und ihre Schärfe im nicht trivialen Fall evident. Wenn man sie deshalb auch in anderen Räumen ungeprüft voraussetzt, kann das gründlich schief gehen.

8.2 Didaktische Entscheidungen

Die Reihenfolge der Teilthemen und Beispiele ist ab Kapitel 2 konsequent nach didaktischen Gesichtspunkten gewählt: Schwierigkeitsgrad und Abstraktionsniveau wachsen so langsam wie möglich, jede hilfreiche Einschränkung wird so lange beibehalten, bis die Erweiterung für neue Erkenntnisse wirklich unumgänglich ist. Das betrifft insbesondere die Darstellung über Spaltenvektoren und sogar die Schreibweisen (vergleiche S. 8). Dabei wird wo nötig auch die historische Reihenfolge umgekehrt, und zwar einmal in grundsätzlicher Hinsicht, einmal das spezielle Thema betreffend.

In der Mathematikgeschichte erfolgte die allgemeine Einführung von Begriffen oft erst lange nach den ersten Beispielen und teils ausgesprochen erfolgreichen Anwendungen – dann nämlich, wenn übergeordnete Strukturen erkannt wurden, die verschiedenen Bereichen gemeinsam sind und vielfältige Anwendungen finden. Wenn die übergeordnete Struktur hier als Thema und im Überblick vorangestellt wird – und das wird in knapper Form auch für die Umsetzung mit Schülern empfohlen –, kehrt das die historische Reihenfolge gründlich um. Es sorgt aber für Motivation, transparente Struktur und Zielklarheit. Außerdem ist es eine der nahe liegendsten Lösungshilfen bei dem Problem, in kurzer Zeit nachvollziehen oder vermitteln zu wollen, was sich über Jahrhunderte entwickelt hat.

Auch die Reihenfolge der beiden wichtigsten Beispiele (Kapitel 4 bis 6) war historisch genau umgekehrt: Die Fourier-Theorie hat ihre Wurzeln Anfang des 19. Jahrhunderts, die Wavelet-Theorie kam erst in der zweiten Hälfte des 20. Jahrhunderts wirklich in Gang. (Für historische Überblicke seien neben [14] vor allem [31], [24] und [17] empfohlen.) Man konnte analoge Signale bereits ausgesprochen gut verarbeiten, als man sich verstärkt den digitalen zuwendete; die Nachteile analoger Methoden in der Nähe von Unstetigkeitsstellen haben die Weiterentwicklung digitaler Methoden sogar mit motiviert. Ausgehend von den Spaltenvektoren des dreidimensionalen Raums ist der Abstraktionsschritt zu stückweise konstanten Funktionen aber viel geringer als zu stückweise stetigen. Hier kann vieles Wesentliche vermittelt werden, ohne die Darstellung über Spaltenvektoren zu verlassen.

Trotz allem ist das angestrebte Abstraktionsniveau auch für Oberstufenschüler relativ hoch. Um diesbezüglich möglichst viele Hilfen zu geben, erschien es sinnvoll

- stets konkrete Beispiele anzugeben und vorzuführen,

- möglichst oft den Bezug zur Anschauung herzustellen,

- falls Begriffe unanschaulich bleiben müssen, zumindest durch Rechenbeispiele mit ihrem Verhalten vertraut zu machen,

- nach Möglichkeit den Bezug zu Schülern bekannten Abstraktionsprozessen herzustellen,

- wichtige Zusammenhänge und Beweise für die einzelnen Vektorräume, Skalarprodukte und Basen jeweils konkret neu zu formulieren, statt sich nur auf die allgemeine Form zu berufen,

- zur Einordnung und Abgrenzung vergleichend auf „benachbarte" Begriffe und Verfahren einzugehen, die Schülern eventuell bekannt sind (zum Beispiel andere Normen und die Taylor-Entwicklung).

Zur weiteren didaktischen Reduktion wurde formaler Ballast nach Möglichkeit vermieden. Das betrifft zum Beispiel die Beschränkung aller Funktionen auf das Einheitsintervall. Auch wurde, um die nötigen Voraussetzungen so gering wie möglich zu halten, auf einige Inhalte und Techniken verzichtet, die eng mit dem Thema in Verbindung stehen und mit deren Hilfe teils eine knappere und elegantere Darstellung möglich gewesen wäre. Das betrifft insbesondere Matrizen in Zusammenhang mit Fragen der bequemen Lösbarkeit linearer Gleichungssysteme durch Invertieren und die komplexe Darstellung sowie Differentialgleichungen in Zusammenhang mit der Fourier-Theorie.

8.3 Zur Umsetzung

Sofern nicht nur Exkurse zu einzelnen Anwendungen, sondern ein Stück Einsicht in die übergeordneten Zusammenhänge angestrebt werden, erscheint es wesentlich

- die übergeordneten Ziele von Anfang an transparent zu machen und die einzelnen Beispiele klar durch einen einführenden Vorlauf und eine rückblickende Zusammenfassung (siehe 7) einzurahmen,

- auch zwischendurch immer wieder Phasen der reinen Wissensdarbietung einzuschieben (sei es nun mündlich im Plenum oder schriftlich zur eigenständigen Erarbeitung).

Das Thema sollte im Wechselspiel zwischen Theorie und Anwendungen, zwischen deduktiven und experimentellen Phasen behandelt werden. Eigenständiges, auch problemlösendes und experimentelles Arbeiten bietet sich vor allem im Kontext der einzelnen Anwendungen an. Zu diesem Zweck finden sich erstens an allen geeigneten Stellen von Teil I konkrete Beispiele innerhalb des Manuskripts, zweitens wurden als Teil III konkrete Unterrichtsvorschläge entwickelt. Schon im Rahmen der Dissertation wurden eine Reihe von Materialien erarbeitet und erprobt:

- Die Unterrichtsvorschläge enthalten Aufgaben zu allen wichtigen Teilgebieten: Einführungs- und Erkundungsaufgaben, reine Übungsaufgaben sowie Theorie- und Verständnisfragen.

- Zu allen Teilgebieten wurden auf der Basis des Computeralgebrasystems Maple interaktive Arbeitsblätter (Worksheets) erstellt. Sie sind ausführlich kommentiert und unterstützen die Erarbeitung des Themas in vielerlei Hinsicht (siehe unten). Eine Übersicht findet sich im Anhang B. Die Worksheets stehen als online-Veröffentlichung der Zentralen Hochschulbibliothek der RWTH Aachen zur Verfügung unter: http://darwin.bth.rwth-aachen.de/opus3/volltexte/2010/3404/

- Für experimentelle Erfahrungen zu den Anwendungsgebieten der Bild- und Tonverarbeitung wurden verschiedene Medien erprobt. Die Bildverarbeitung mittels Wavelets realisiert zum Beispiel die Numerische Computer-Umgebung MatLab. Für die Analyse von Klängen wurde das Phywe-Interface Cobra3 mit der Software zur Frequenzanalyse benutzt, frei zugänglich ist die Software Audio Analyser. Für die Synthese bietet sich frei zugängliche Software an. In unseren Workshops wurde vor allem Audacity benutzt.

Innerhalb der Schüler-Workshops bildete die Arbeit mit den Maple-Worksheets einen Schwerpunkt. Sie hat sich als flexible Brücke zwischen der Arbeit mit Papier und Bleistift einerseits und der Nutzung fertiger Benutzeroberflächen andererseits bewährt. Der Einsatz vorbereiteter Worksheets eines Computeralgebrasystems

- dient der schnellen, gegebenenfalls auch dynamischen Visualisierung,

- erspart Kleinarbeit und ermöglicht das Betrachten vieler Beispiele in kurzer Zeit, so dass experimentelle und explorative Zugänge möglich werden,

- ist vom Aufbau her nah an der theoretischen Struktur und gut anbindbar an Übungen mit Papier und Bleistift,

- erzwingt genaues und logisch durchdachtes Arbeiten von der widerspruchsfreien Wahl der Bezeichnungen bis zur Berücksichtigung von Grenz- und Sonderfällen,

- regt zum Hinterfragen der gewählten Befehlsstruktur und zu eigenständigen Variationen der Funktionsweise an.

Eine Übertragung auf andere Computeralgebrasysteme ist in den meisten Fällen gut möglich und beschränkt sich weitgehend auf entsprechende Syntaxänderungen.

8.4 Thematische Übersicht geeigneter Unterrichtsmaterialien

Stichwort	Kapitel	Beispiel(e)	Aufgaben	Worksheets
Orthogonalität, Lot und Abstand im $\mathbb{R}^2$	2.2		S.208	(GSn, OPn)
Pythagoras, Orthogonalprojektion, Zerlegbarkeit im $\mathbb{R}^2$	2.4		S.208, 214	
Orthogonalität, Lot und Abstand im $\mathbb{R}^3$	2.3		S.214, 215	(GSn, OPn)
Pythagoras, Orthogonalprojektion, Zerlegbarkeit im $\mathbb{R}^3$	2.4	S.18, 45, 46	S.215, 215	
Lotfußpunkt, auch angewandt, im $\mathbb{R}^3$	2.3		S.212	(GSn, OPn)
Orthonormieren im $\mathbb{R}^3$ oder $\mathbb{R}^4$	1.3	S.13, 47, 232	S.212	GSn
Abstandsminimalität der Orthogonalprojektion im $\mathbb{R}^3$	1.6, 2.3		S. 281	
"mehrdimensionaler Pythagoras"	1.4, 2.4	S.49	S.215	
verallgemeinertes Skalarprodukt im $\mathbb{R}^3$ oder $\mathbb{R}^4$	1.1	S.63	S.212	GSn-A, OPn-A
Normen	1.2, 5.3	S.20, 89	S.212	
Minimale Abstandsquadratsumme von Punktmengen	3.2	S.222	S.281	MA-2, MA-3
Raum-Zeit-Probleme	3.4	S.228	S.281, 230	RZ
Anpassung ganzrationaler Funktionen an Punktmengen	3.5	S.231	S.230, 234	KA, KA-GL
Dimensionsreduktion bei Datensätzen	3.3	S.225	S.234	DR
Digitalisierung von Funktionen	4.1	S.72	S.257	Dig
Haar-Wavelets und Haar-Wavelet-Entwicklung	4.2, 5.4	S.74, 111	S.241	HWs, HWE
Haar-Wavelet-Transformation, Haar-Algorithmus	4.3	S.80, 99, 94 (2-dim.)	S.241, 247	HWT
... incl. Thresholding	4.4	S.85, 83	S.241, 247	HWE-TH, HWT-TH
Schwarz-Weiß-Bilder	S.90, 4.7	S.91ff., 94	S.247	SWA-G, SWA-TH
(Ortho-)Normierung von Funktionen	5.3	S.265, 105, 114	S.267	GS-F

Stichwort	Kapitel	Beispiel(e)	Aufgaben	Worksheets
Entwickeln über Funktionen-räumen	5.3	S.115, 106	S.267, 277	FSE
digitale Fourier-Basen	5.7			dFB, dFE, dFE-TH
Fourier-Analyse	6.3	S.141	S.277	Fou
Fourier-Synthese	6.2	S.137 ff.	S.274, 277	Schw, Freq, SZCo
Saitenschwingungen	6.4, 6.5	S.156 ff.		Sa, SaZ, SaA

9 Lehrplananbindung

Gegenstand dieses Abschnitts ist die Anbindung des Themas an aktuelle deutsche Lehrpläne. Dabei geht es zunächst um die Behandlung als Ganzes auf dem Hintergrund der in Mittel- und Oberstufe angestrebten mathematischen Grundbildung. Dann wird auf die Verbindungen einzelner Theorieteile und Anwendungsbeispiele mit gängigem Unterrichtsstoff eingegangen. Dabei ist der Blick auf die Lehrplananbindungen kein einfaches und eindeutiges Unterfangen, sondern vor allem aus zwei Gründen vielschichtig.

Erstens gibt es infolge der Länderhoheit im Bildungsbereich nicht einen Lehrplan, sondern sechzehn; und die Unterschiede sind weder in der grundsätzlichen Ausrichtung noch bezüglich der als obligatorischen oder fakultativ ausgewählten Inhalte zu vernachlässigen. Hier wurden einerseits die übergeordneten Bildungsstandards der Kultusministerkonferenz, andererseits exemplarisch die curricularen Vorgaben einzelner Bundesländer zugrunde gelegt (vor allem Nordrhein-Westfalen, Niedersachsen, Schleswig-Holstein, Bayern und Sachsen). Wegen der interdisziplinären Anwendungen des Themas wurden neben Mathematik auch die Fächer Physik und Informatik berücksichtigt.

Zweitens muss sich der Blick einerseits auf die großen Leitideen und übergeordneten Ziele des Mathematikunterrichts richten, andererseits auf die konkret vorgesehenen Inhalte im Einzelnen – und das passt nicht immer ganz reibungslos zusammen. Was die übergeordneten Intentionen und den Beitrag des Faches zur Allgemeinbildung angeht, erfüllt das Thema die formulierten Anforderungen in hohem Maße und scheint hervorragend mit den Lehrplänen zusammenzupassen. Was die konkreten inhaltlichen Voraussetzungen und Anknüpfungspunkte angeht gibt es dagegen eine ganze Reihe von Schwierigkeiten.

9.1 Das Thema als Ganzes

Zielgruppen

Das Thema wurde vor allem als Aus- und Überblicksthema in der Oberstufe konzipiert, und als solches hat es sich in Workshops und Vortragsveranstaltung bewährt. Es lässt sich in der hier vorgeschlagenen, kompletten Form problemloser in den Grenzbereich Schule-Hochschule übertragen als unterhalb der Jahrgangsstufe 12 ansiedeln. Innerhalb der Schule bietet es sich unmittelbar für Projektwochen, Arbeitsgemeinschaften oder Facharbeiten an. In größerem Rahmen könnte es für Schüler mit mathematischem Schwerpunkt innerhalb der in einigen Bundesländern geplanten Profil- oder Projektkurse zum Einsatz kommen.

Als Hintergrundwissen für Lehrer ist das Thema in jedem Fall sinnvoll. Es eignet sich im Übergangsbereich Schule-Hochschule für „Schnupperkurse" oder Schüleruniversitäten und könnte sich für Lehramts- oder Bachelor-Studenten als (Seminar-) Thema im Grundstudium bewähren, wenn Brücken zwischen den verschiedenen Teilgebieten geschlagen oder aktuelle Anwendungen aufgezeigt werden sollen.

Globale Einordnung

Kernintention der Arbeit ist die Belebung und Intensivierung der Linearen Algebra und Analytischen Geometrie in der Oberstufe. Gezeigt werden sollen deren Potential über die Grenzen der Geometrie hinaus, deren Bedeutung für aktuelle, relevante Anwendungen und deren Beziehungen zur Analysis. Die Zielrichtung liegt damit einigen rückläufigen Trends bezüglich der Obligatorik der Linearen Algebra entgegen.

Die Lineare Algebra ist nicht überall obligatorisch[1], grundlegende Begriffe wie die der linearen Abhängigkeit, Basis oder Dimension sind in allgemeiner Form oft nur in Leistungskursen vorgesehen. Ursachen mögen einerseits negative Erfahrungen mit der zeitweise übertriebenen, fast reinen Strukturmathematik, andererseits der Fokus auf Anwendungen sein, von denen zur Linearen Algebra − auch durch eine anhaltende Unterrepräsentation im Didaktikbereich − weit weniger bekannt sind als zur Analysis.

Die vorliegende Arbeit soll dagegen zeigen, dass es − auch und gerade mit Blick auf die Anwendbarkeit der Mathematik − gute Gründe und geeignete Wege gibt, die Lineare Algebra und Analytische Geometrie ausreichend im Schulunterricht zu verankern!

Übergeordnete Lernziele

Auf ein wichtiges Ziel der Linearen Algebra und Analytischen Geometrie in der Schule, zu dessen Umsetzung das Thema in hohem Maße geeignet ist, wurde bereits in Kapitel 8 eingegangen. Setzt man noch ein Stück weiter oben an, so geht es um die übergeordneten Ziele des Mathematikunterrichts insgesamt. Solche werden in den meisten Lehrplänen zu Beginn formuliert und sind in der Regel weitgehend an den vier Lernzielen des Mathematikunterrichts nach Winter in [41] orientiert (siehe zum Beispiel [43], S.10ff., [44], S.11, oder [48], S.7). In den Oberstufen-Lehrplänen von Nordrhein-Westfalen findet sich ebenfalls eine Zielerklärung (in großen Imperativen), die sowohl mit den Winterschen als auch den hier im Vorwort formulierten Zielen in Zusammenhang zu sehen ist. Hier soll anhand einzelner Ausschnitte der NRW-Lehrpläne für die Sekundarstufe II ([49], S.6) noch einmal kurz zusammengestellt werden, welche konkreten Beiträge zum Erreichen der genannten Ziele anhand des Themas geleistet werden können.

- „Die technische und wissenschaftliche Zivilisation moderner Gesellschaften beruht in hohem Maße auf Mathematik und ihren Anwendungen. Der Mathematikunterricht der gymnasialen Oberstufe hat die Aufgabe, den Schülerinnen und Schülern die kulturelle und zivilisatorische Bedeutung der Mathematik aufzuzeigen."

  Am vorliegenden Thema werden wichtige Grundideen der modernen Signalverarbeitung vermittelt, ohne die der heutige Stand der Forschung undenkbar wäre und durch deren Anwendungen in den unterschiedlichsten Medien das Leben der Schüler heute wesentlich geprägt ist.

---

[1] In Schleswig-Holstein ist alles über die Behandlung Linearer Gleichungssysteme hinaus gehende nur Wahlthema ([47], S.32), in Nordrhein-Westfalen konkurriert die Lineare Algebra als Abiturthema mit der Stochastik ([49], S.72).

- „Er hat ihnen das Besondere des mathematischen Denkens, der mathematischen Abstraktion und der verwendeten Symbolisierungsmittel deutlich zu machen, [...]"
  Hier wird gezeigt, wie erfolgreich die Abstraktion der mathematischen Struktur aus dem konkreten geometrischen Rahmen heraus sein kann. Dabei ist auch die rein formale Übertragung von Schreibweisen und Rechenvorschriften in Zusammenhang mit dem Skalarprodukt ein hilfreicher Schritt.

- „[...] und er hat vielfältige Erfahrungen beim Lösen inner- und außermathematischer Probleme zu ermöglichen, anhand derer die Mächtigkeit, Universalität und Nützlichkeit der Mathematik ersichtlich wird."
  Die Palette der in Zusammenhang mit unserem Thema angegangenen konkreten Probleme ist groß, Herangehensweise und Niveau sind dabei ausgesprochen vielfältig. Das Bestimmen guter Approximationen mittels Orthogonalprojektion ist eine universelle mathematische Methode, deren konkreter Nutzen in Anwendungen sich in den letzten Jahrzehnten als enorm herausgestellt hat.

- „Es sind zentrale Ideen herauszuarbeiten, die den Zusammenhang zwischen mathematischer und außermathematischer Kultur sichtbar machen."
  Das Thema steht in enger Verbindung mit mehreren der großen, in der Didaktik aufgeführten und in vielen Lehrplänen aufgegriffenen zentralen Ideen des Faches, insbesondere: räumliches Strukturieren, Approximation, Optimierung und Algorithmus. Die Bestimmung bester Approximationen durch Entwicklung über Orthonormalbasen verbindet mit Linearer Algebra und Analysis die beiden wichtigsten mathematischen Teilgebiete.

Inwiefern bei der konkreten Umsetzung des Themas mit Schülern auch die im Mathematikunterricht zu vermittelnden methodischen oder 'prozessbezogenen' Kompetenzen (siehe [43], S.12) gut gefördert werden können, wird anhand der Umsetzung in Workshops in Kapitel 10 deutlich.

Voraussetzungen

Zur Vermittlung des Themas als Ganzem sollte im Optimalfall auf fundierte Kenntnisse sowohl aus der Analytischen Geometrie und Linearen Algebra als auch aus der Analysis aufgebaut werden können. Die nötigen Voraussetzungen aus der Linearen Algebra und Analytischen Geometrie sind zu Beginn von Kapitel 2 im Detail genannt. In der Analysis geht es vor allem um die Kenntnis wichtiger Funktionenklassen und die Integralrechnung. Hier sollen zu beiden Themen sowie zu einzelnen kleineren Voraussetzungen exemplarisch entsprechende Themen aus den Lehrplänen aufgeführt werden.[2]

Von den am Ende der Mittelstufe in NRW vorauszusetzenden inhaltsbezogenen Kompetenzen (nach [44], S.15f.) hängen (grundlegend oder vereinzelt) mit unserem Thema zusammen:

- Themenbereich Arithmetik und Algebra: Schätzungen und Näherungsrechnungen, lineare Gleichungen und Gleichungssysteme

---

[2]Wegen der zahlreichen Zitate im Folgenden wurde in der Regel auf Anführungszeichen verzichtet. Bei welchen Abschnitte es sich um Zitate handelt, ist jeweils offensichtlich.

- Themenbereich Funktionen: Verwendung der Sinusfunktion zur Beschreibung einfacher periodischer Vorgänge

- Themenbereich Geometrie: Beschreibung ebener Figuren und Körper und ihrer Lagebeziehungen, Schätzen und Bestimmen von Winkeln und Längen, einfache Winkelsätze, Definitionen von Sinus, Cosinus und Tangens, Satz des Thales und Satz des Pythagoras, Kongruenz und Ähnlichkeit

- Themenbereich Stochastik: statistische Erhebungen, Erheben und Auswerten von Daten, Mittelwerte

Darüber hinaus mit unserem Thema verbunden sind folgende in den Bildungsstandards der Kultusministerkonferenz genannte Inhalte (nach [43], S.10-12): [Die Schülerinnen und Schüler]

- erläutern an Beispielen den Zusammenhang zwischen Rechenoperationen und deren Umkehrungen und nutzen diese Zusammenhänge,[3]

- wählen, beschreiben und bewerten Vorgehensweisen und Verfahren, denen Algorithmen bzw. Kalküle zu Grunde liegen,

- berechnen Streckenlängen und Winkelgrößen, auch unter Nutzung von trigonometrischen Beziehungen und Ähnlichkeitsbeziehungen,

- analysieren und klassifizieren geometrische Objekte der Ebene und des Raumes,

- beschreiben und begründen Eigenschaften und Beziehungen geometrischer Objekte (wie Symmetrie, Kongruenz, Ähnlichkeit, Lagebeziehungen) und nutzen diese im Rahmen des Problemlösens zur Analyse von Sachzusammenhängen,

- interpretieren lineare Gleichungssysteme graphisch,

- lösen Gleichungen und lineare Gleichungssysteme kalkülmäßig bzw. algorithmisch, auch unter Einsatz geeigneter Software, und vergleichen ggf. die Effektivität ihres Vorgehens mit anderen Lösungsverfahren,

- verwenden die Sinusfunktion zur Beschreibung von periodischen Vorgängen.

Aus den Oberstufen-Inhalten in NRW ([49]) sind für unser Thema von Bedeutung:

- Themenbereich Analysis (S.20f.): Flächenberechnung, numerische Integration (S.21, in der Regel Stufe 12)

- Themengebiet Lineare Algebra und Analytische Geometrie (S.23f.): Systematische Lösung Linearer Gleichungssysteme, unterbestimmte Gleichungssysteme, Rechnen mit Vektoren, Standard-Skalarprodukt mit Anwendungen Orthogonalität, Winkel und Länge von Vektoren, Lagebeziehung, Abstände und Winkel linearer Objekte im Raum, (ggf.) Matrizen-Schreibweise und Matrizenrechnung, nur im LK: Lineare Abhängigkeit, Basis, Dimension, Erzeugendensysteme

---

[3](im Zusammenhang mit Transformation und Rücktransformation beim Haar-Algorithmus)

Von den in Bayern ([42], Stufe 11/12) zur Linearen Algebra und Analytischen Geometrie genannten Teilbereichen betreffen unser Thema vor allem:

- Vektorraum mit Skalarprodukt und metrischer Geometrie (S.103)

- Abstandsberechnungen mit Anwendungen in Sachzusammenhängen (S.106)

In Sachsen ([45]) sind wichtige Voraussetzungen für unserer Thema wie folgt im Lehrplan verankert:

- Stufe 10: Sinusfunktion, Sinus- und Cosinussatz (S.30)

- Stufe 11: Vektoren, Geraden, Ebenen (S.35), Lineare Gleichungssysteme, im LK auch in mehr als drei Variablen (S.40)

- Stufe 12: Flächenberechnung in der Analysis, Skalar- und Vektorprodukt, Orthogonalitätsbedingungen, Schnittwinkel, Abstände (S.37), Lineare Unabhängigkeit, Basis und Dimension (S.42), im LK: Ermittlung von extremalen Entfernungen und Winkeln in Ebene und Raum (S.44)

Wichtige Begriffe

Da die Begriffe Vektorraum, Unterraum, Erzeugnis / Erzeugendensystem, lineare Abhängigkeit, Dimension und Basis von so grundlegender Bedeutung sind, soll auf sie hier noch etwas detaillierter eingegangen werden. Dabei ist zum Beispiel mit der Aussage, die Menge der ganzrationalen Funktionen sei ein Schülern bekannter Vektorraum, nicht notwendig gemeint, dass ihnen dessen Vektorraum-Eigenschaft explizit bewusst ist. Es handelt sich jedoch um Beispiele, anhand derer man den Vektorraumbegriff zu Beginn recht gut illustrieren und einüben kann. Den Schülern bekannte Vektorräume sind zum Beispiel:

- die Translationen der Ebene und des Raums, bei denen die Addition der Hintereinanderausführung entspricht,

- die durch Pfeile veranschaulichten vektoriellen Größen der Physik, bei denen sowohl die Länge als auch die Richtung eine Rolle spielen und die Addition dem kettenartigen Aneinandersetzen der Pfeile entspricht,

- geordnete, meist als Spalten geschriebene Listen von reellen Zahlen, bei denen Addition und Multiplikation mit Skalaren komponentenweise erfolgen,

- insbesondere die geometrisch begründeten Vektoren des zwei- und dreidimensionalen Raumes, aber auch

- die Menge aller Polynome bis zu einem vorgegebenen Grad.

In der Schule sind vor allem Ursprungsgeraden und -ebenen als Unterräume des $\mathbb{R}^2$ oder $\mathbb{R}^3$ bekannt, auch der Unterraum aller ganzrationalen Funktionen maximal zweiten Grades unter den Polynomen kann thematisiert werden.

Ist eine Menge von Vektoren gegeben, dann bezeichnet man jede Summe reeller Vielfacher dieser Vektoren als eine Linearkombination von diesen. Schüler kennen wiederum vor allem Ursprungsgeraden und -ebenen als das lineare Erzeugnis eines bzw. zweier ('Richtungs-' oder 'Spann-') Vektoren, die Menge aller quadratischen Funktionen kann als lineares Erzeugnis der Funktionen $y = 1$, $y = x$ und $y = x^2$ gesehen werden.

Der Begriff der linearen Abhängigkeit geht anschaulich aus den Begriffen der Kollinearität und Komplanarität hervor und kann übertragen werden in der Form: Eine Menge von Vektoren ist linear abhängig, wenn es zu ihnen einen echten (d.h. mind. ein Vorfaktor ungleich Null) geschlossenen Vektorzug gibt.

Der Begriff der Basis bleibt in der Schule in der Regel fast ausschließlich mit der Standard-Orthonormalbasis der Ebene oder des Raums verbunden. Eher implizit bestehen Erfahrungen mit den Spannvektoren einer Ursprungsebene als deren Basis, was jedoch relativ unkompliziert explizit klargemacht werden kann.

Schüler können den abstrakten Schritt von den Dimensionen zwei und drei zur Dimension n zumindest auf der formalen Ebene nachvollziehen. Mit der Dimension „Grad plus 1" für den Vektorraum aller ganzrationalen Funktionen vorgegebenen Grades bestehen aus der Bestimmung ganzrationaler Funktionen mit vorgegebenen Eigenschaften ('Steckbriefaufgaben') einige Erfahrungen.

Integrierte Wiederholung / problematische Lehrplankürzungen

Dieselben Lehrplaninhalte, die oben als Voraussetzungen der Bestimmung guter Approximationen durch Entwicklung über Orthonormalbasen genannt wurden, erfahren durch die Behandlung des Themas eine integrierte Wiederholung in sinnvollen Sachzusammenhängen. Das ist ein weiterer großer Pluspunkt von Unterrichtreihen oder Projektwochen zum Thema, zumal es bei den betroffenen Kenntnissen und Fertigkeiten neue Antworten auf die Frage liefert, wozu man das eigentlich braucht.

Von diesen Kenntnissen sollen hier nur einige derjenigen noch einmal explizit genannt werden, die − infolge der verkürzten Schulzeit − aus vielen Lehrplänen zu verschwinden drohen oder aus der Obligatorik bereits verschwunden sind: trigonometrische Funktionen mit Wirkung von Parametern und Additionstheoremen, Integrationsmethoden, die auch zu Integrationen des Typs $\int f \cdot g$ befähigen, wichtige Funktionenklassen einschließlich ihrer Eigenschaften,[4] Ungleichungen, Widerspruchsbeweise, Ortslinienbestimmung.

Die Frage der angesichts verkürzter Zeiten und erschwerter Rahmenbedingungen als am wichtigsten beizubehaltenden Inhalte ist sehr komplex und kann in diesem Rahmen sicher nicht beantwortet werden. Am Beispiel der Bestimmung guter Approximationen durch Entwicklung kann allerdings klar werden: Es sind große und theoretisch wie praktisch bedeutsame Aspekte der Mathematik, zu denen Abiturienten der unmittelbare Zugang versperrt ist, wenn diese Themen nicht im Unterricht behandelt werden.

---

[4]In diesem Sinne problematisch erscheint zum Beispiel eine Aussage wie in den Oberstufen-Lehrplänen von Schleswig-Holstein. „In Abhängigkeit vom jeweiligen Anwendungsbezug wird das Funktionenmaterial auf Exponentialfunktionen, trigonometrische Funktionen oder andere Funktionstypen erweitert. Im Vordergrund stehen dabei der Mathematisierungsprozess, wesentliche Charakteristika des Funktionentypus und nicht deren systematische Behandlung." ([47], S.37)

9.2 Teilthemen mit Lehrplanbezug

Soweit nicht große Teile der oben genannten Voraussetzungen vorliegen (das heißt die Schüler sich nicht mindestens am Anfang der gymnasialen Oberstufe befinden), ist eine Behandlung des Themas im Ganzen unrealistisch. Es gibt jedoch einzelne Aspekte, die sich gewinnbringend an verschiedenen Stellen des regulären Mathematikunterrichts einsetzen lassen und da zumeist in besonderem Maße geeignet sind, den Nutzen der erlernten Methoden erfahren zu lassen. Die wichtigsten davon werden im Folgenden jeweils mit kurzem Lehrplanbezug aufgeführt:

Elementare Geometrie (Sekundarstufe I)

Neben tragfähigen Grundvorstellungen zu Orthogonalität, Kongruenz und Symmetrie sind hier vor allem rechtwinklige Dreiecke (trigonometrische Funktionen, Satz des Pythagoras, evtl. Cosinussatz) und Geradengleichungen von Bedeutung. Ersteres ist meist in Klasse 9 angesiedelt (z.B. [45], S.6). Sachsen führt für Klasse 10 explizit das „algebraische Lösen geometrischer Probleme" auf (ebenda).

Analytische Geometrie und Lineare Algebra (Sekundarstufe II)

Die meisten Lehrplanbezüge aus diesem Bereich wurden bereits unter „Voraussetzungen" im letzten Abschnitt aufgeführt. Als recht deutlich und für unsere Zwecke passend wird hier noch der entsprechende Abschnitt aus den Bayerischen Lehrplänen für Stufe 11/12 zitiert: „In der Geometrie verbessern die Schüler ihr räumliches Vorstellungsvermögen bei der Darstellung von Punkten und Körpern im dreidimensionalen Koordinatensystem. Sie lernen dabei Vektoren als nützliches Hilfsmittel kennen, mit dem insbesondere metrische Probleme vorteilhaft gelöst werden können. Die Jugendlichen erfahren vor allem bei der Betrachtung geometrischer Körper sowie bei der analytischen Beschreibung von Geraden und Ebenen, wie ihr bisher erworbenes Wissen durch Verfahren der Vektorrechnung erweitert wird." ([42], S.102)

Spaltenvektoren der Länge n

Die Lehrplanbezüge hierzu wurden ebenfalls bereits vorne genannt. Wichtig ist, dass in den meisten Bundesländern sowohl das Lösen von Gleichungssystemen als auch das Operieren mit Vektoren (als Datenspalten zum Beispiel aus der Wirtschaft, z.B. [47], S.39-40) auch für mehr als drei Dimensionen vorgeschlagen wird. Da bei Spaltenvektoren ohne geometrischen Hintergrund die 2-Norm nicht mehr selbstverständlich ist, kommt hier gegebenenfalls die Sprache auf andere Normen. In diesem Zusammenhang ist dann die Kenntnis von Ortslinien und ihrer Bestimmung hilfreich (vgl. S.89). Sie ist in den meisten Bundesländern fakultativ bzw. nur für Leistungskurse in der Oberstufe vorgesehen.

Minimale Abstandsquadratsumme bei Punktmengen

Was die Mathematik angeht, bestehen hier Bezüge zu Extremwertproblemen, welche in aller Regel in Stufe 11 vorgesehen sind. Zur Kontrolle der mittels der universellen Methode gefundenen Lösungen sind Funktionen in zwei oder drei Variablen und partielle Ableitungen hilfreich, welche aber nur in Ausnahmefällen vorgesehen sind (z.B. im Wahlpflichtbereich in Sachsen, siehe [45], S.44). Darüber hinaus gibt es Querverbindungen mit dem Schwerpunktsbegriff in der Physik, der in der Regel in Klasse 8 und Stufe 11 behandelt wird.

Dimensionsreduktion bei Datenmengen

Grundsätzlich ist die Erhebung und Beschreibung von Daten in allen Bundesländern am Ende der Mittelstufe vorgesehen. In Schleswig-Holstein wird als Projektthema sogar ziemlich genau das vorgeschlagen, was hier in 3.3 als Anwendung einer Orthogonalprojektion vorgestellt wird: Die „Untersuchung statistischer Zusammenhänge (z.B. zwischen den Leistungen von Schülerinnen und Schülern in unterschiedlichen Fächern oder Sportarten)" ([47], S.39).

Anpassung ganzrationaler Funktionen

Mindestens die lineare Regression ist in allen Bundesländern vorgesehen, meist in Stufe 11 (z.B. [49], S.15). Sie wird häufig in Zusammenhang mit der Tabellenkalkulation behandelt und im fächerverbindenden Zusammenhang mit Anwendungen in den Naturwissenschaften gesehen. In aller Regel wird sie natürlich nicht als Anwendung einer Orthogonalprojektion von Spaltenvektoren gelöst (Ausnahme ist der Vorschlag im Schulbuch [21]). Wichtig für unsere Zwecke ist jedoch die Tatsache, dass in diesem Zusammenhang die Quadratsummennorm als Abweichungsmaß schon einmal thematisiert wurde und alternative Lösungsmöglichkeiten zur Verfügung stehen. Dann nämlich steht einer Revision der Problematik mit neuen Mitteln innerhalb der Linearen Algebra und Geometrie der Oberstufe (Spiralprinzip!) wenig entgegen. Es folgen noch zwei konkrete Lehrplanzitate zum Thema:

- In der Regressionsanalyse sollte der Schwerpunkt auf die lineare Regressionsfunktion gelegt werden, Beispiele nichtlinearer Regressionsfunktionen können behandelt werden. ([47], S. 36)

- Die Analysis umfasst die drei Lernbereiche 'Von der Änderung zum Bestand', 'Wachstumsmodelle' und 'Kurvenanpassung'. ([48], S.33)

Digitale Signale und Digitalisierung

Hier bestehen enge Bezüge zur Einführung des Integrals und zur Mittelwertbildung bzw. „Bilanzierung" durch Integration, wie sie in aller Regel in Stufe 12 vorgesehen sind. Darüber hinaus ist das Thema vor allem in Zusammenhang mit dem Fach Informatik relevant, worauf anlässlich des Haar-Algorithmus noch genauer eingegangen wird.

Haar-Algorithmus und Thresholding

Der Haar-Algorithmus lässt sich sehr gut losgelöst vom restlichen Thema innerhalb der Mathematik bzw. Informatik der späten Mittel- oder Oberstufe behandeln. Dabei können gleichzeitig wichtige ohnehin anstehende Themen vermittelt und auf die aktuellen Anwendungen insbesondere in der Bildverarbeitung eingegangen werden. Zunächst stellt algorithmisches Denken eine der zentralen Ideen der Mathematik dar. Dann kommen im Zusammenhang mit dem Algorithmus wichtige mathematische Fertigkeiten zum Tragen, die überwiegend in der Mittelstufe verankert sind. Sie werden hier nur stichwortartig aufgeführt:

- Eigenschaften und Bedeutung von Zweierpotenzen

- arithmetisches Mittel

- Umstellen und Auflösen von Gleichungen, Anwenden der binomischen Formeln (beides beim Zusammenhang zwischen Hin- und Rücktransformation sowie beim Nachweis der Normerhaltung)

Noch grundlegender als die Bezüge zum Mathematikunterricht sind die zur Informatik. Beides soll anhand repräsentativer Lehrplanauszüge deutlich werden:

- „Die Schülerinnen und Schüler erläutern an Beispielen den Zusammenhang zwischen Rechenoperationen und deren Umkehrungen, [...] wählen, beschreiben und bewerten Vorgehensweisen und Verfahren, denen Algorithmen bzw. Kalküle zu Grunde liegen." ([43], S.10)

- In Sachsen wird das Programmieren mathematischer Algorithmen schon im Wahlpflichtbereich der Klasse 8 vorgeschlagen. (vgl. [45], S.28)

- Für fächerverbindendes Arbeiten in Mathematik und Informatik werden in Schleswig-Holstein sieben Sachgebiete vorgeschlagen, darunter numerische mathematische Algorithmen und Iterationen. (vgl. [47], S.42)

- Im Oberstufenlehrplan für Informatik in Bayern heißt es:
„Darauf aufbauend lernen sie in Jahrgangsstufe 11 neue Konzepte anzuwenden, die es ihnen erlauben, größere Systeme effizienter zu modellieren. Beim weltweiten Austausch von Information spielt die Kommunikation zwischen vernetzten Rechnern eine entscheidende Rolle. Die Schüler lernen, dass es hierzu fester Regeln für das Format der auszutauschenden Daten sowie für den Ablauf des Kommunikationsvorgangs bedarf. [JPEG!] Ein wichtiges Maß für die Realisierbarkeit von Algorithmen ist die Effizienz hinsichtlich des Zeitbedarfs. Bei der Untersuchung des Laufzeitverhaltens ausgewählter Algorithmen erkennen die Jugendlichen praktische Grenzen der Berechenbarkeit. [Effiziente Programmierung und Komplexität des Haar- bzw. FFT-Algorithmus!] Daneben gewinnen sie auch Einblicke in theoretische Grenzen der Berechenbarkeit, sodass sie die Einsatzmöglichkeiten automatischer Informationsverarbeitung realistischer einschätzen können." ([42], S.107)

Funktionenräume

Der wichtigste Bezugspunkt zum Lehrplan besteht hier natürlich in der überall in Stufe 12 verankerten Integralrechnung. Zusätzlich sollten die Schüler einen Überblick über alle wichtigen Funktionsklassen haben, der im Laufe der letzten Schuljahre aufgebaut und in den meisten Lehrplänen ebenfalls explizit erwähnt wird.

Was den Begriff der (stückweise) stetigen Funktionen angeht, so wird er häufig zumindest in Grundkursen nur noch intuitiv benutzt. Als am oberen Ende anzusiedeln zitieren wir den Lehrplan von Sachsen ([45], S.34 bzw. 40): Im Grundkurs ist das „Einblick gewinnen" in den Begriff vorgesehen, im Leistungskurs das „Beherrschen des Ermittelns von Grenzwerten von Funktionen" und darunter „Stetigkeit einer Funktion an einer Stelle, in einem Intervall und im Definitionsbereich". In Schleswig-Holstein wird „eine präzise Unterscheidung der Funktionenklassen, die Integralfunktionen und Stammfunktionen besitzen" vorgesehen ([47], S.38). Abschnittsweise definierte Funktionen werden häufig anlässlich der Kurvenanpassung behandelt (z.B. [48], S.33f.).

Ein explizites Eingehen auf Vektorräume von Funktionen ist nirgends vorgesehen. Auch das Problem einer Norm für Funktionen taucht nicht auf. Wenn Erfahrungen mit der Approximation von Funktionen vorgesehen sind, dann nur zur Taylor-Entwicklung in Leistungskursen. (Vor allem vor Zentral-Abiturs-Zeiten wurde natürlich die Fourier-Entwicklung durchaus in manchen Leistungskursen als Aufbauthema behandelt, teils auch unter Einführung des Skalarprodukts von Funktionen.)

Einfache akustische Signale

Hier bestehen natürlich vor allem Bezüge zum Physikunterricht, wo die Akustik in allen Bundesländern vorgesehen ist — allerdings in sehr unterschiedlichen Altersstufen und folglich auf recht unterschiedlichem Niveau (siehe z.B. [50], S.17, [46], S.7 und 41). Da mechanische Wellen überall in der Oberstufe Thema sind, wird die Akustik meist als Beispiel behandelt, und zwar einschließlich der wichtigen Größen und Phänomene. In diesem Zusammenhang wird häufig auch auf Frequenzspektren, Grund- und Obertöne eingegangen, allerdings in den allermeisten Fällen auf rein experimenteller Ebene. (Eine Ausnahme wird unter „Fourieranalyse" genannt.)

Aus der Mathematik ist der Begriff der Periodizität von Funktionen in der Regel anlässlich der Einführung der Sinusfunktion in der oberen Mittelstufe vorgesehen, und zwar unter Bezug auf periodische Vorgänge in Natur und Technik.

Fourieranalyse

Auch hier bestehen enge Verknüpfungen mit dem Fach Physik. Explizit ist die Fourieranalyse allerdings nur bei Naturwissenschaftlich-Technischem Profil in Bayern in Klasse 10 vorgesehen ([42], S.47). Schwingungen und Wellen (als räumlich-zeitliche Phänomene und einschließlich der Wellengleichung) sind jedoch eines der wichtigsten Oberstufenthemen und vor allem im Fall der Optik ist die Spektralanalyse eine der wichtigsten Anwendungen.

Schwingende Saite

Über das bereits gesagte hinaus ist hier nur noch wichtig, dass Differentialgleichungen in mehreren Bundesländern als Erweiterungsthema für die Oberstufe vorgeschlagen werden (siehe z.B. [47], S.32 und 41, [45], S.7 und 45, [49]: S.44).

10 Erfahrungen aus der Umsetzung mit Schülergruppen

Thema und Materialien wurden bis zum Erscheinen des Buches insgesamt siebenmal mit Schülergruppen im Alter von 16 bis 19 Jahren erprobt:

- 2009 bis 2011 viermal in Form eintägiger Workshops mit je 15 bis 30 Teilnehmern (im Rahmen der durch MINT e.V. geförderten TANDEMschool, als zdi-Maßnahme mit Unterstützung der Initiative ANTalive sowie im Rahmen der RWTH Schüleruni),[1]

- 2010 und 2011 zweimal in Form viertägiger Ferienakademien Mathematik mit je etwa 15 Teilnehmern (am Science-College Overbach in Jülich),[2]

- 2011 einmal als vierstündige Vortragsveranstaltung mit 70 Hörerinnen und Hörern (als zdi-Maßnahme mit Unterstützung der Initiative ANTalive).[3]

Die Schülerinnen und Schüler kamen von Schulen in ganz Deutschland und befanden sich am Beginn der Jahrgangsstufe 11, 12 oder 13. Neben der während eigenständiger Arbeitsphasen und Unterrichtsgespräche gewonnenen Eindrücke wurden die Veranstaltungen durch Fragebögen zu Beginn und am Ende sowohl bezüglich des Lernfortschritts als auch bezüglich der individuellen Zufriedenheit evaluiert. In diesem Kapitel werden die in den Workshops gesammelten Erfahrungen mit der Umsetzung des Themas zusammengefasst.

Wegen der speziellen Voraussetzungen und Rahmenbedingungen kann aus diesen Erfahrungen nicht eins zu eins auf die Umsetzung im Schulunterricht geschlossen werden: Die Lernenden können als überdurchschnittlich an mathematisch-naturwissenschaftlichen Themen interessiert und großenteils auch im Vorfeld schon überdurchschnittlich gefördert gelten. (Es gab aber durchaus Teilnehmer mit durchschnittlicher Mathematiknote im Grundkurs.) Weitere Vorteile gegenüber dem Schulunterricht waren die Möglichkeit zur eng gebündelten Arbeit am Thema und der überdurchschnittlich gute Betreuungsschlüssel (neben der Lehrperson stand stets eine sachkundige studentische Hilfskraft für Fragen der Computernutzung und der Experimente zur Verfügung). Nachteile gegenüber dem Schulunterricht waren das Fehlen eingespielter Abläufe, die nicht bekannten und stark differierenden Vorkenntnisse und der meist relativ enge Zeitrahmen.

Dennoch lassen sich aus der Evaluation dieser Sonder-Veranstaltungen einige wichtige Lehren für den Einsatz im − regulären oder z.B. projektartigen − schulischen Mathematikunterricht ziehen. Die hier in Teil III zusammengestellten Unterrichtsmaterialien wurden schon mehrfach infolge der Erfahrungen mit dem Einsatz überarbeitet, ergänzt und verbessert.

---

[1] Information unter www.igad.rwth-aachen.de/tandemschool/mint_mathe, www.antalive.de (Angebote) bzw. www.schueleruni.mathematik.rwth-aachen.de

[2] Informationen unter www.science-college-overbach.de/component/seminar

[3] Informationen unter www.antalive.de (Angebote)

Exemplarische Ankündigung einer entsprechenden Lehrveranstaltung

**„Vom Lotfällen bis zum JPEG-Format —
eine zentrale mathematischen Idee und ihre Anwendungen**

Der Workshop startet mit einer Erkenntnis aus dem zwei- bzw. dreidimensionalen Raum: Die senkrechte Projektion eines Punktes auf eine Gerade oder Ebene liefert dessen beste dortige Näherung. Gute Näherungen allerdings sind im Zeitalter der Datenmassen weit über die Grenzen der Geometrie hinaus gefragt! Es zeigt sich, dass man durch Verallgemeinerung von Begriffen wie Vektorraum, Skalarprodukt, Orthogonalität und Abstand auch das im $\mathbb{R}^3$ gewonnene Verfahren verallgemeinern kann: Die Bestimmung guter Approximationen durch Orthogonalprojektion.

Im Workshop werden nach einer gründlichen Verankerung im geometrischen Raum zunächst Beispiele mit Spaltenvektoren höherer Dimension erarbeitet; Raum-Zeit-Probleme, die Schwerpunktsbestimmung von Punktmengen, die Anpassung ganzrationaler Funktionen an Messreihen oder die Dimensionsreduktion von Datenlisten als Bestandteil der Hauptkomponentenanalyse. Da man die Vektoreinträge auch als Wertelisten stückweise konstanter (und im Grenzübergang stetiger) Funktionen auffassen kann, erschließt sich dann ein noch viel breiteres Anwendungsgebiet: Signale aller Art sind zeit- oder ortsabhängige Funktionen. Auch sie können durch die passende Analogie zur Orthogonalprojektion approximiert werden. Durch sukzessive Dimensionserhöhung und Weglassen unbedeutender Komponenten (Thresholding) erhält man so hohe Kompressionsraten bei geringem Qualitätsverlust. Das ist angesichts der heute verarbeiteten Datenmengen von unschätzbarem Wert.

Die Verarbeitung von Bildern im JPEG-Format und von akustischen Signalen mittels Fourieranalyse sind wichtige Beispiele. All dies kann — nach einfachen Rechnungen von Hand — durch interaktives Arbeiten mit dem Computeralgebrasystem Maple selbständig erfahren und untersucht werden. Ein mechanischer Analogie-Versuch und Experimente rund um die Verarbeitung und Approximation optischer und akustischer Signale runden den Workshop ab."

10.1 Didaktische und methodische Entscheidungen, Organisation

Die erste didaktische Grundsatzentscheidung für die Workshops war, in der relativ kurzen Zeit einen Gesamtüberblick über das Thema zu geben und dessen Interessantheit aufzuzeigen, statt bei einzelnen Beispielen ins Detail zu gehen. Dabei sollte die übergeordnete Methode vorgegeben und im Laufe der Arbeit konsequent als roter Faden verfolgt werden. Die Themenanordnung erfolgte nach wachsendem Schwierigkeits- und Abstraktionsgrad, dabei methodisch möglichst abwechslungsreich und mit den interessantesten Aspekten im Vordergrund. Intendiert waren Zielklarheit und Transparenz von Anfang an, auch was für die Vermittlung „konstruierte" Beispiele oder den erforderlichen Grad der Vereinfachungen anging.

Die erste Einführung in das Thema erfolgte in Form eines Überblicksvortrags. Danach wurde die Arbeit in vier etwa gleichlange Blöcke eingeteilt, die jeweils mit Motivation und Wissensvermittlung im Plenum begannen und mit einer Abschlussdiskussion endeten. Dazwischen stand die eigenständige Arbeit der Schüler mit Papier und Bleistift oder am Computer beziehungsweise an den Experimenten. Beim Material konnte eine individuelle Auswahl bezüglich der Mediennutzung und Ausrichtung (Üben und Anwenden, Problemlösen, exploratives Arbeiten) getroffen werden; meist wurde zu zweit gearbeitet. Zum Experimentieren (optischer und akustischer Teil, in einem Nebenraum) unterbrachen reihum jeweils zwei Gruppen von drei bis fünf Teilnehmern die mathematische Arbeit.

10.2 Verlaufsplan

Der Vortrag startete mit dem mechanischen Analogieversuch (siehe S.30 f.), um dann an die Kenntnisse der Schüler aus der Analytischen Geometrie anzuknüpfen. Anschließend wurde die übergeordnete Idee in den Raum gestellt und ein Überblick über die wichtigsten Anwendungen gegeben. Vorstellung war, vor allem Interesse zu wecken und den Teilnehmern eine grobe Vorstellung davon zu vermitteln, was auf sie zu kam.

Der erste Block stand unter dem Motto „Vektorraum, Skalarprodukt, Orthogonalität und Abstand – vom $\mathbb{R}^2$ und $\mathbb{R}^3$ zum $\mathbb{R}^n$". Im gemeinsamen Vorlauf ging es vor allem um Vorkenntnisse, Veranschaulichung der Hauptaussagen und Vorführen der Rechentechnik. In der Arbeitsphase wurden Spaltenvektoren in drei und mehr Dimensionen normiert, orthogonalisiert und projiziert – rein rechentechnisch und im $\mathbb{R}^{\geq 4}$ noch ganz ohne Anwendungshintergrund. Die Abschlussrunde diente hauptsächlich dem Ergebnisvergleich und dem Klären von Fragen.

Der zweite Block hieß „Anwendungen im $\mathbb{R}^4, \mathbb{R}^5, ..., \mathbb{R}^{17}, ...$". Im Plenum wurde gesammelt, wofür die Vektoren stehen und welchen Sinn ihre Projektion oder Näherung machen könnte. Dann wurden die vier Anwendungsvorschläge genannt, zu denen jeweils einführende und anleitende Arbeitsblätter zur Verfügung standen. Die Schüler wählten je ein oder zwei der Fälle aus, um nach kleineren Rechnungen von Hand mit Maple aussagekräftigere und interessantere Beispiele zu erkunden. (Für die „Typenbestimmung" standen die persönlichen Angaben der Schüler gemäß des auf S.227 wiedergegebenen Fragebogens zur Verfügung.) Abschließend präsentierten die Gruppen ihre jeweils gelungensten Beispiele.

Titel des dritten Blocks war „Digitale Signale – Einblick in das JPEG-Format". Im Plenum wurde der Speicherbedarf von Bildern in verschiedenen Formaten thematisiert und die Haar-Basis als ein Schlüssel zur Problemlösung genannt. Dann wurde der Zusammenhang mit dem bereits gelernten hergestellt. Eigenständig konnten die Schüler sich mit den Haar-Wavelets vertraut machen, den Algorithmus durchführen und Erfahrungen mit der Wirkung auf eindimensionale Schwarz-Weiß-Listen und Fotos sammeln.[4] In der Abschlussdiskussion ging es anhand des Grundschemas der Signalverarbeitung um die Frage, worin die Vorteile des Haar-Algorithmus liegen.

Der vierte Block stand unter dem Motto „Analoge Signale – Analyse und Approximation von Klängen". Das Vorwissen zur Akustik wurde gesammelt, um dann die Frage nach dem Zusammenhang mit unserem Thema in den Mittelpunkt zu stellen. Dabei musste vor allem der „infinitesimale Übergang" (S.104) skizziert und Beispielhaft die Orthonormiertheit der trigono-

---

[4]Die Bildverarbeitung mittels Wavelets realisiert zum Beispiel die Numerische Computer-Umgebung MatLab. Dabei können eigene Bilder eingespeist und Erfahrungen mit deren Qualitätsänderung bei Kompression gesammelt werden. Sowohl der Typ der benutzten Wavelets als auch Parameter wie die Anzahl der Zerlegungsschritte oder die Kompressionsrate sind variierbar. Zur erhaltenen Approximation wird auch der relative Fehler ausgegeben.

metrischen Funktionen aufgezeigt werden. Eigenständig sammelten die Schüler dann rein mathematisch bzw. experimentell Erfahrungen mit der Analyse und Synthese periodischer Signale. In der Abschlussrunde wurden interessante Frequenzanalysen und akustische Effekte präsentiert sowie Fragen geklärt. Dann folgte die Rückschau auf das Thema im Ganzen (vgl. 7).

10.3 Wichtige Erfahrungen aus dem Verlauf der Workshops

- Die Workshops wurden von den Schülerinnen und Schülern mit viel Engagement, Neugier, Durchhaltevermögen und Eigeninitiative wahrgenommen. Abschlussdiskussion und -befragung zeigten in der Regel einen deutlichen Wissenszuwachs sowie neue Impulse bezüglich der Sicht der Mathematik. Dies wird beispielhaft in 10.4 wiedergegeben.

- Schüler mit Grundwissen in Vektorgeometrie und Integralrechnung konnten dem eingeschlagenen Weg gut folgen. In diesem Sinne haben sich sowohl die Wahl von Zugang und Reihenfolge als auch die Zielklarheit und Transparenz bewährt. Auch der Abwechslungsreichtum und die Möglichkeit zur individuellen Gestaltung der Arbeitsphasen wurden gut aufgenommen. Zugleich halfen sie, die meist großen Unterschiede im Vorwissen ein Stück zu kompensieren. Es gab sowohl begeisterte „Problemlöser mit Papier und Bleistift" als auch „Computerfreaks" und vorwiegend experimentell und explorativ arbeitende Schüler.

- Kritische theoretische Fragen wie zur Normwahl kamen kaum. Großes Interesse bestand dagegen an Hintergrundinformationen zur Mathematikgeschichte und zu den Anwendungen. Das Vorwissen – auch bezüglich entsprechender Software – war besonders im Bereich der Akustik relativ groß.

- Wirklich „happig" war das Tempo für Teilnehmer am Ende der 10. Klasse. Sie fanden zwar ausreichend geeignetes Aufgabenmaterial und konnten sowohl physikalisch als auch mit den Maple-Worksheets experimentieren, den Gesamtzusammenhang aber kaum erfassen. Sinnvolle und häufig selbst gewählte Lösungen waren hier starke Konzentration auf Anschauung und Rechnungen zu den geometrischen Kernpunkten einerseits, bereitwillige Aufnahme der Informationen und Nutzung der experimentellen Erfahrungen unter dem Glauben dass „das ganze schon irgendwie mit einander zu tun hat" andererseits.

- Wichtige und im Laufe der reflektierenden Neuplanung der Workshops zunehmend berücksichtigte Erfahrungen waren vor allem drei: Erstens war der Überblicksvortrag zwar tatsächlich motivierend, wegen seines Tempos aber auch ein wenig einschüchternd. Er wurde verkürzt und die gewonnene Zeit für ein noch gründlicheres Anknüpfen an die Vorkenntnisse genutzt. Zweitens hat der Computereinsatz zwar ausgesprochene Vor-, aber auch die typischen Nachteile. Vor allem braucht das Vertrautwerden mit Nutzung und Syntax seine Zeit und die Begeisterung für Rechenkapazität und erzeugte Grafiken sollte nicht auf Kosten der Leitgedanken im Hintergrund gehen. Drittens sollte die Abschlussbesprechung ausreichend Raum erhalten und ernst genommen werden. Bewährt hat sich das Festhalten wichtiger Schritte und Erkenntnisse in einer kurz und umgangssprachlich gehaltenen Liste, die am Schluss noch einmal durchgegangen werden kann.

10.4 Evaluationsergebnisse

Die Workshops wurden sowohl in Hinblick auf die individuelle Wahrnehmung der Lernprozesse als auch in Hinblick auf den Lernfortschritt evaluiert. Dies geschah neben der unmittelbaren Beobachtung in Still- oder Gruppenarbeits- und Diskussionsphasen durch abschließende Fragebögen, welche bezüglich des Lernfortschritts mit den Ergebnissen einer Befragungen vorab verglichen werden konnten. Die auffälligsten Ergebnisse werden hier zusammengefasst.

Individuelle Wahrnehmung der Lernprozesse

- Sehr positiv wurden die Interessantheit des Themas und die Durchführung im Ganzen bewertet. Auch war der Eindruck verbreitet, eine ganze Menge gelernt zu haben.

- Als besonders interessant wurden erwartungsgemäß die Bild- und Tonverarbeitung, aber auch in erstaunlich hohem Maße die Theorieteile genannt. Unter den mehrdimensionalen Anwendungen wurden die Dimensionsreduktion bei Datenmengen und die Raum-Zeit-Probleme als am interessantesten gesehen.

- Die unmittelbare Anwendbarkeit des Gelernten im Schulunterricht wurde eher gering eingeschätzt, was als realistisch gelten kann.

- Auffallend positive Rückmeldungen gab es zu Erklärungsstil und Anschaulichkeit. Insbesondere wurden der mechanische Einstiegsversuch und der durchgängige Rückbezug auf die geometrischen Verhältnisse als sehr klar und hilfreich hervorgehoben.

- Ebenfalls als sehr gelungen wurden der organisatorische Ablauf und methodische Abwechslungsreichtum gesehen. Das Verhältnis von reiner Wissensvermittlung und experimentellen Phasen wurde als genau richtig empfunden.

- Sehr unterschiedlich waren die Rückmeldungen zur ungewohnt eigenständigen Gestaltung der Arbeitsphasen: Während die Mehrheit der Teilnehmer die Möglichkeiten zur individuellen Schwerpunktsetzung begrüßte, hätten andere sich engere und einheitlichere Anleitung gewünscht.

- Insbesondere wurde von etwa einem Drittel der Teilnehmer der Wechsel zwischen gemeinsam Erarbeitetem und in den Übungsaufgaben Erwartetem als Hürde empfunden.

- Die häufigsten kritischen Rückmeldungen betrafen den überwiegend als hoch empfundenen Schwierigkeitsgrad und die wahrgenommene Zeitknappheit. Diese Faktoren wurden bei den Unterrichtsvorschlägen in Teil III verstärkt berücksichtigt.

- Weniger auf die Rückmeldungen der Teilnehmer als auf die eigene Reflexion der Workshop-Verläufe geht eine eher kritische Sicht bezüglich der kognitiven Aktivierung zurück: Diese gelang zunächst nur bei Einzelaspekten in hohem Maße und meist erst während der Abschlussdiskussionen in Bezug auf das große Ganze.

Lernfortschritt

Innerhalb der Workshops gab es bewusst keine Abschlusskontrolle. Vom Lernfortschritt können deshalb nur Schüleräußerungen einen Eindruck vermittelten, die entweder bei der Präsentation der Ergebnisse der eigenständigen Arbeit getroffen oder (mündlich bzw. schriftlich) auf die abschließenden Fragen geantwortet wurden: „Was ist hängen geblieben? Was weißt Du jetzt mehr oder siehst Du jetzt anders als zuvor?" Hier eine Auswahl besonders prägnanter Beispiele:

„Vektoren können alles Mögliche sein. Auch Funktionen. Sie müssen sich nur nach den Rechenregeln verhalten."

„Abstand und senkrecht gibt es auch im übertragenen Sinn. Und alles hängt dann so zusammen wie in der Geometrie."

„Orthogonalität ist etwas ganz besonderes – wegen Pythagoras und Projektion."

„Dieses komische Skalarprodukt ist ein echter Tausendsassa."

„Das Skalarprodukt ist für mich am erstaunlichsten: Du rechnest irgendetwas mit den Einträgen, und heraus kommen wichtige Informationen über die Vektoren."

„Mir ist aufgefallen: Der Pythagoras ist eine binomische Formel ohne gemischten Term."

„Hinter moderner Signalverarbeitung stecken Ideen aus dem dreidimensionalen Raum."

„Wenn man senkrecht geht, bleibt man nah dran. Das ist offensichtlich, aber extrem praktisch.'"

„Das wichtigste bei der Signalverarbeitung: die richtigen kleinen Bausteine zu finden, aus denen man alles zusammensetzt."

„Ich habe gewusst, dass der Sinus und Cosinus wichtig sind. Aber ich hab nicht gewusst, wie wichtig und warum."

„Ich überlege mir die Abstandsberechnung eigentlich lieber immer anschaulich neu. Aber wenn es nach Formel und nach Schema geht, kann es der Computer machen. Und das ist bei Datenmassen wichtig."

„Dann klingen ein Ton und die Oktaven darüber vielleicht deswegen harmonisch, weil die zugehörigen Funktionen aufeinander senkrecht sind. (?)"

„Orthogonal ist total Unabhängig! Zwei Schüler mit komplett unterschiedlichen Interessen sind in diesem Sinne senkrecht."

11 Ausblick

Wie so oft haben auch im Rahmen dieser Arbeit viele der gefundenen Antworten neue Fragen aufgeworfen und viele der ausgearbeiteten Aspekte zu neuen Anregungen geführt. Hier sollen solche 'losen Enden' bzw. lohnenswert erscheinende Ansätze für weitere Investitionen in das Thema aufgezählt werden. Sie kommen zum Beispiel für die eigene weitere Forschung und Entwicklung oder als mögliche Themenstellungen kleinerer ausgekoppelter Arbeiten in Frage.

Weiterentwicklung von Materialien

- Die Übertragung der Maple-Worksheets auf andere in Schulen verbreitete Computeralgebrasysteme könnte interessierten Lehrern die Umsetzung in ihren Lerngruppen erleichtern.

- Zur Veranschaulichung der wichtigen Erkenntnisse über euklidische Vektorräume im dreidimensionalen Raum bietet sich die zusätzliche Entwicklung von Arbeitsblättern mit Dynamische Geometrie-Software an. Wichtige Beispiele sind der Analogieversuch sowie die Vorteile der Orthogonalität (Abbildungen in 1 und 2) oder die Bedeutung der Unterraumwahl (3.6).

- Was die Bildverarbeitung betrifft, ist der Sprung zwischen den mit den Maple-Worksheets visualisierbaren Fällen und der fertigen Benutzeroberfläche in MatLab noch recht groß. Hier bietet sich die Entwicklung von Zwischenstufen an – ein erster Schritt wäre ein Worksheet zum zweidimensionalen Algorithmus (siehe 4.7) mit Visualisierung bei kleinen Pixelzahlen.

- Im Bereich der Akustik waren die Ergebnisse bei der synthetischen Approximation realer Klänge zum Teil noch unbefriedigend. Auch ermöglichte keines der benutzten Programme die gleichzeitige Ausgabe des Zeit-Auslenkungs-Diagramms zum gehörten Ton. Hier könnte noch nach besseren Möglichkeiten gesucht werden.

Mögliche inhaltliche Ergänzungen

- Auf den engen Zusammenhang zwischen den Vorteilen von Orthogonalsystemen bei Spaltenvektoren und der einfachen Invertierbarkeit orthogonaler Matrizen wurde nur am Rande eingegangen. Da Matrizen inzwischen in den meisten Oberstufenlehrplänen vorgesehen sind[1], und zwar im LK häufiger auch unter Berücksichtigung der Invertierbarkeit[2], könnte dieser Aspekt gründlicher ausgearbeitet und mit Aufgabenmaterial versehen werden.

---

[1] siehe z.B. [47], S.39-40
[2] siehe z.B. [48], S.38

- Die mit der Fouriertheorie zusammenhängenden Abschnitte eröffnen gute Einstiegsmöglichkeiten in die komplexe Darstellung einerseits, Funktionen in mehreren Variablen und einfache Differentialgleichungen andererseits. All dies sind in vielen Bundesländern für Erweiterungs- oder Profilkurse vorgeschlagene Themen. Eine Weiterentwicklung in der zweiten Richtung ist im Rahmen der Staatsarbeit [18] schon erfolgt, die zweite könnte sich ebenso lohnen.

- Bezüglich der Fourieranalyse wäre neben der hier gewählten Akustik die Berücksichtigung weiterer Anwendungen, insbesondere aus der Optik attraktiv.

- Weniger im Fach Mathematik als in Informatik könnte der Aspekt der digitalen Methoden – insbesondere geeignete Algorithmen, effiziente Programmierung und Komplexitätsfragen betreffend – gewinnbringend für die Schule ausgebaut werden.[3]

- Was den unmittelbaren Einfluss der Phasenbeziehungen der beteiligten Frequenzen auf das Hörerlebnis angeht, sind im Rahmen unserer Experimente noch Fragen offen geblieben (siehe Ende 6.3). Weitere Untersuchungen wären insbesondere für fächerverbindendes Arbeiten im Bereich Mathematik, Physik und Biologie interessant.

---

[3] Als Einstiegsliteratur kann [6] empfohlen werden. Zudem ist eine online-Veröffentlichung innerhalb der Schüler-Lehrer-Materialien der ETH Zürich angedacht.

Teil III

Unterrichtsmaterialien zum Thema

Vorbemerkung und Inhaltsübersicht

In den folgenden Abschnitten ist das Material für konkrete Unterrichtseinheiten zum Thema zusammengestellt. Die Lernabschnitte enthalten vor allem Einführungen, Beispiele und Übungsaufgaben. Bei Definitionen, Sätzen, Verfahren und Abbildungen wird zum Teil auf die entsprechenden Seiten im Hauptteil verwiesen. Wenn sich für die gedachte Zielgruppe eine deutlich abweichende Formulierung empfiehlt, ist diese explizit angegeben. Nach Möglichkeit wurden die Kapitel und Teilkapitel so gewählt, dass sie sich unabhängig voneinander erarbeiten lassen. Die Auswahl kann also je nach Vorkenntnissen, Interessen und Rahmenbedingungen individuell erfolgen. Zur besseren Orientierung sind am Anfang jedes Teilkapitels Ausgangspunkt, roter Faden und Ziel kurz beschrieben.

Kapitel 12 ist als „warm-up" gedacht und liefert einen Einstieg in das Thema, wie er sich in den Workshops und Vortragsveranstaltungen bewährt hat. In Abschnitt 13 geht es mit dem Mathematiktreiben richtig los: Je nach Vorkenntnissen vom $\mathbb{R}^2$ oder $\mathbb{R}^3$ ausgehend wird an das Schulwissen zu Geometrie und Algebra angeknüpft, um den Blick auf die Bedeutung des Skalarprodukts und die Besonderheiten der Orthogonalität zu lenken. Der Schritt zu Dimensionen $n \geq 4$ erfolgt in Kapitel 14 und wird an vier unterschiedlichen Anwendungsbeispielen erprobt. Das bietet Gelegenheit, mit dem allgemeinen Verfahren vertraut zu werden und erste Erkenntnisse über dessen Möglichkeiten und Grenzen zu gewinnen. Gegenstand von Kapitel 15 ist die Verarbeitung digitaler Signale als eine der relevantesten und erstaunlichsten Anwendungen. Hier können die theoretischen Erkenntnisse erstmals mit praktischen experimentellen Erfahrungen verknüpft werden. Abschnitt 16 ist dem Übergang zu Funktionenräumen gewidmet – so behutsam und intellektuell redlich wie möglich. In Abschnitt 17 geht es um die Fourier-Analyse periodischer Signale als zweite hoch-relevante Anwendung, die wiederum mit experimentellen Erfahrungen untermauert werden kann. Allerdings wird das weite und didaktisch recht gut erschlossene Feld ganz speziell auf die Fourier-Entwicklung als Beispiel einer Orthonormalprojektion eingeschränkt. Kapitel 18 schließlich soll einerseits abrunden, andererseits zum Weiterdenken anregen, und besteht deshalb fast ausschließlich aus offenen Aufgaben.

Da nicht allen Lerngruppen MAPLE oder ein anderes CAS mit entsprechend vorprogrammierten Arbeitsblättern zur Verfügung stehen wird, ist die Mehrzahl von Aufgaben so gehalten, dass sie auch mit Papier und Bleistift gelöst werden können. Aufgaben, die nur unter CAS-Einsatz zumutbar sind, wurden mit (CAS) gekennzeichnet. Wenn nur die anderen Aufgaben bearbeitet werden können, sollte zusätzlich betont und an Beispielen vorgemacht werden, dass man es in der Regel deutlich schneller mit krummen Teilergebnissen (insbs. Wurzeln) zu tun bekommt und dass sich die echten Vorteile des Verfahrens meist erst bei deutlich höheren Dimensionen zeigen. Wie die Lernenden wissen, sind aber weder krumme Zahlen noch große Datenmengen für Computer ein wesentliches Problem. Hauptsache, alles geht wie Orthogonalisierung und Entwicklung über Orthogonalbasen rezeptartig und ist damit programmierbar.

Kurzlösungen der Aufgaben sind bei glaubhafter Benennung des Verwendungszwecks kostenlos per email zu bestellen unter: johanna.heitzer@matha.rwth-aachen.de

12 Motivation und Vorschau

Der folgende Abschnitt ist als Grundlage einer Einführungsstunde zum Thema gedacht. Er soll vor allem motivieren und einen ersten Überblick über die Grundlagen und Möglichkeiten des behandelten Stoffs geben. Dabei wird einerseits an vertraute Begriffe und Sachverhalte angeknüpft (wie „Orthogonalität" oder „Satz des Pythagoras"), ohne diese an dieser Stelle exakt zu definieren oder zu beweisen. Andererseits fallen auch Begriffe und werden Tatsachen vorab verraten, die zu diesem Zeitpunkt noch nicht erklärt sind (wie „Euklidischer Vektorraum" und „Entwicklung über Orthonormalbasen"). Darüber sollte man sich nicht erschrecken: Auf die Dauer wird sich das meiste klären. Eine Sprache lernt man ja auch am natürlichsten durch Konfrontation, wobei man zunächst höchstens ein Drittel versteht und ein weiteres vage erahnt.

12.1 Mechanische Analogieversuche

Mechanischer Analogieversuch, Teil 1

Wir starten mit dem mechanischen Analogieversuch von S.30 und Abbildung 2.2 links: Eine Feder wird an einem Ende festgehalten. Das andere Ende, an dem sich ein Magnet befindet, wird auf einer eisenhaltigen Stange oder Platte abgesetzt und dann losgelassen. Dann stellt sich (nach einer kurzen gedämpften Schwingung oder deren Kriechfall) das Lot ein.

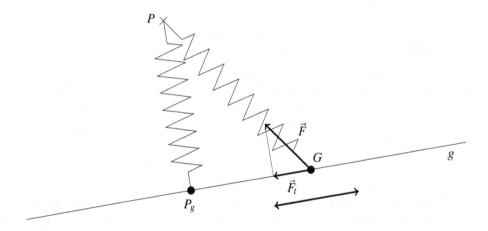

Abbildung 12.1: Skizze zum mechanischen Analogieversuch

Das Versuchsergebnis überrascht nicht weiter, illustriert aber den Kern der „Approximation durch Orthogonalprojektion" – einer grundlegenden, umfangreichen und nützlichen mathematischen Theorie, die im Mittelpunkt dieses Buches steht. Dazu werfen wir einen genaueren Blick auf die Frage, warum genau das passiert. Benutzt wird folgendes physikalische Grundwissen über die Rückstellkraft $\vec{F}$ und (Spann-) Energie W einer Feder mit Ruhelänge s_0 und Federkonstante D:

$$\text{Es ist } |\vec{F}| = D \cdot (s - s_0) \quad \text{und} \quad W = \frac{1}{2} \cdot D \cdot (s - s_0)^2 \quad \text{mit} \quad s = d(P, G) \quad .$$

Demnach können wir die Frage nach der Ruheposition P_g auf zwei Arten beantworten:[1]

1. Der Magnet kommt zur Ruhe, wenn die Rückstellkraft $\vec{F}$ keine Tangentialkomponente in Richtung der Geraden g mehr besitzt, die Federachse also senkrecht auf der Geraden steht:

$$|\vec{F_t}| = 0 \iff \overline{PP_g} \perp g$$

2. Der Magnet kommt zur Ruhe, wenn die Energie des Systems minimal ist:

$$W \text{ minimal} \iff (s - s_0) \text{ minimal} \iff d(P, P_g) \leq d(P, G) \text{ für alle } G \in g$$

Dabei steht $d(P, P_g)$ für den Abstand (englisch „distance") der Punkte P und P_g.

Die Tatsache, dass dies beides dasselbe ist, bildet den Ausgangspunkt der gesamten Theorie:

Ausgangsentdeckung:
P_g (oder P_E) hat genau dann den geringsten Abstand von P, wenn Orthogonalität vorliegt.
Mit anderen Worten:
P_g (oder P_E) ist genau dann die beste Approximation von P auf g (oder in E), wenn Orthogonalität vorliegt.

Genau genommen kommen noch ein weiterer physikalischer Analogieversuch und ein paar grundlegende mathematische Fakten hinzu.

Mechanischer Analogieversuch, Teil 2

Als zweiten Teilversuch betrachten wir Abbildung 2.2 rechts: Man gibt dem Magneten zunächst nur die Möglichkeit, sich auf einer in der Ebene liegenden Geraden g zu bewegen. Erst wenn er die dortige Ruheposition P_g eingenommen hat, befreit man ihn von der Geraden (zum Beispiel weil einem die Näherung noch nicht gut genug ist). Dann wird er sich anschließend nur noch orthogonal zu g bewegen, bis er die Ruheposition und damit beste Näherung P_E in der Ebene erreicht hat.

Das Lot spielt also wiederum eine besondere Rolle, denn es führt bei Dimensionserhöhung von einer guten Näherung zur nächsten. Darin liegt – bei immer höheren Dimensionen – eine Chance zum systematischen Vorgehen: Wenn wir zunächst die beste eindimensionale Näherung P_g bestimmen, ist das auf keinen Fall umsonst: Entweder ist uns P_g bereits gut genug, oder wir

---

[1]Beide Aussagen gelten unverändert, wenn der Magnet sich auf einer ganzen Ebene E frei bewegen kann. In diesem Fall nennen wir die Ruheposition P_E.

brauchen vom Zwischenergebnis P_g aus nur noch orthogonal weiter zu gehen. In entsprechender Weise können wir Schritt für Schritt die besten Näherungen in immer höheren Dimensionen bestimmen, wenn wir nur immer senkrecht zu allem bereits vorhandenen suchen.

Auch das Ergebnis des zweiten Teilversuchs scheint evident. Exakt Begründen lässt es sich wahlweise mit dem Satz des Pythagoras oder der Dreiecksungleichung.

12.2 Ein bisschen Mathematik dazu

Dass $\overline{P_g P_E}$ tatsächlich orthogonal zu g sein muss, begründen wir durch indirekten Beweis unter Verwendung des Satzes von Pythagoras (vgl. auch Abbildungen 2.9 und 2.10): Angenommen $\overline{P_g P_E}$ wäre nicht orthogonal zu g. Dann gäbe es einen Punkt $P_g' \neq P_g$ auf g mit $\overline{P_g' P_E} \perp g$ und es wäre $\|P_g P_E\| > \|P_g' P_E\|$ (Hypotenuse und Kathete in einem rechtwinkligen Dreieck, dessen zweite Kathete nicht Null ist). In diesem Fall wäre aber auch $\|P_g P\| > \|P_g' P\|$ (Hypotenusen zweier rechtwinkliger Dreiecke mit der gemeinsamen Kathete $\|P P_E\|$ und unterschiedlich langen zweiten Katheten). Das aber steht im Widerspruch zu der Annahme, dass P_g die beste Näherung von P auf g war. Also gilt:

> Orthogonalprojektion führt zur besten Approximation und (bei Dimensionserhöhung) von einer besten Approximation zur nächsten.

Mit diesen beiden Erkenntnissen haben wir das Rüstzeug für unsere gesamte Theorie schon fast beisammen. Um zu verstehen, warum sich diese Grunderkenntnisse zu einem allgemeinen, gut programmierbaren Algorithmus zur Bestimmung guter Näherungen ausbauen lassen, braucht man nur noch eine Zusatzinformation:

> Orthogonalprojektionen auf eindimensionale Unterräume lassen sich mittels eines relativ einfachen mathematischen Konstrukts – des so genannten Skalarprodukts – bequem per Formel berechnen.

Nebenbei kann man mittels dieses Skalarprodukts ebenso bequem und systematisch orthogonal machen, was zuvor nicht orthogonal war. Das kann sich infolge der letzten Erkenntnis lohnen: Wenn die Teile aufeinander senkrecht sind, ist die Orthogonalprojektion auf das Ganze die (vektorielle) Summe der Orthogonalprojektion auf die einzelnen Teile.

Wie wir später sehen werden, geht die Bedeutung des Skalarprodukts weit über die einer netten „Rechenhilfe" hinaus. Wenn wir zu höheren Dimensionen übergehen und damit den geometrischen Raum verlassen, können Begriffe wie „orthogonal" und „Abstand" überhaupt erst mittels eines Skalarprodukts sinnvoll definiert werden.

12.3 Das Wichtigste vorab in Kürze

Verallgemeinerung der Geometrischen Entdeckungen

- Die beste Näherung findet man, wenn man senkrecht geht.

- Von einer guten Näherung zur nächsten gelangt man ebenfalls auf dem senkrechten Weg.

- Senkrechte Wege sind mit der passenden Mathematik bequem und sicher zu berechnen.

Dies ist der aus der Geometrie gewonnene Erkenntnisstand. Da gute Näherungen total gefragt sind, wäre es wunderbar, die genannten Entdeckungen und daraus resultierenden Möglichkeiten über die Geometrie hinaus zu verallgemeinern. Dass, wie und unter welchen Bedingungen dies möglich ist, ist das Thema der folgenden Unterrichtsreihe.

Grob gesagt ist die Verallgemeinerung dann möglich, wenn sich die Objekte verhalten wie die durch Pfeile veranschaulichten Verschiebungen in der uns vertrauten, nach ihrem ersten umfassenden Beschreiber „euklidisch" genannten Geometrie. In der abstrakten mathematischen Verallgemeinerung treten an die Stelle des geometrischen Raums so genannte „Euklidische Vektorräume". Ohne dass wir diesen Begriff und alle mit ihm verbundenen Details klar fassen könnten, sollen hier schon einmal die wichtigsten Begriffe und Zusammenhänge auf den Punkt gebracht werden.

Grundbegriffe

> In euklidischen Vektorräumen findet man die beste Approximation eines Vektors in einem Unterraum durch Orthogonalprojektion. Bei paarweise orthogonalen Basisvektoren geht das bequem per Formel und schön systematisch. Das zugehörige Verfahren nennt man „Entwicklung über einer Orthogonalbasis".

Informell gesprochen ist ein **Vektorraum** über dem Körper der reellen Zahlen eine Menge mathematischer Objekte, die sich 'vernünftig' addieren und mit reellen Zahlen multiplizieren lassen. 'Vernünftig' heißt dabei, dass Summen und reelle Vielfache der Elemente wieder in der Menge liegen, dass man wie gewohnt (kommutativ, assoziativ und distributiv) rechnen kann, dass es bezüglich der Addition ein neutrales Element (den Nullvektor) und zu jedem Vektor einen inversen gibt und dass sich die reellen Zahlen 0 und 1 bei der Multiplikation mit Vektoren so verhalten, wie man das erwartet. Ein **Unterraum** ist eine in sich abgeschlossene Teilmenge, die sich ebenso verhält. Als **Basis** bezeichnet man eine kleinstmögliche Menge von Vektoren, durch deren Linearkombination man den gesamten Vektorraum erzeugen kann. Jeder Vektorraum hat sehr viele Basen, aber sie bestehen alle aus der gleichen Anzahl von Vektoren, die man als **Dimension** des Vektorraums bezeichnet.

Ein **euklidischer Vektorraum** ist ein Vektorraum mit Skalarprodukt. Ein **Skalarprodukt** ordnet jedem Paar von Vektoren eine reelle Zahl zu und ist dabei symmetrisch (d.h. es gilt das Kommutativgesetz), bilinear (d.h. es gelten Distributivgesetze in beide Richtungen) und positiv definit (d.h. das Skalarprodukt eines Vektors mit sich selbst ist nie negativ und nur für den Nullvektor 0). Wichtig ist, dass mittels des Skalarprodukts Begriffe wie „Länge", „Abstand" und „Orthogonalität" in den Vektorraum Einzug halten und vertraute Tatsachen wie die **Dreiecksungleichung** oder der **Satz des Pythagoras** gelten. Deshalb kann man definieren, was „senkrecht gehen" heißt und wann eine Näherung „gut" ist. Auch der Begriff der **Orthonormalbasis** lässt sich dann einführen: Das ist eine Basis, deren Elemente paarweise orthogonal sind und alle die Länge (oder **Norm**) 1 haben.

Euklidische Vektorräume und die in ihnen geltenden Zusammenhänge machen die Entwicklung eines allgemeinen, systematischen Näherungsverfahrens möglich, das auf sehr viele verschiedene Objekte anwendbar ist:

Bestimmung guter Approximationen durch Entwicklung über Orthonormalbasen

1. Fasse das zu approximierende Objekt als Element eines Vektorraums mit Skalarprodukt auf. Verstehe Abstands- und Normbegriff im darüber festgelegten Sinne.

2. Wähle einen geeigneten Unterraum als Approximationsbereich (falls dieser nicht ohnehin durch die Anwendung vorgegeben ist).

3. Wähle oder bestimme eine Orthonormalbasis des Unterraums (falls der Unterraum nicht ohnehin als Erzeugnis einer geschickt gewählten Orthonormalbasis festgelegt war).

4. Entwickle das Objekt über dieser Orthogonalbasis. Erhöhe die Dimension des Unterraums sukzessive bis zur gewünschten Genauigkeit.

5. Lasse gegebenenfalls weitere, für die Anwendung unbedeutende (zum Beispiel betragsmäßig kleine) Komponenten weg.

13 Entdeckungen im $\mathbb{R}^2$ und $\mathbb{R}^3$

Die hier beschriebene Unterrichtsreihe führt von curricular üblichen Kenntnissen über vektorielle Geradendarstellungen im $\mathbb{R}^2$ oder $\mathbb{R}^3$ auf die Bedeutung des Skalarprodukts im Zusammenhang mit Längen und Winkeln. Deutlicher als sonst üblich werden die Sonderstellung der Orthogonalität und der mit ihr verbundenen Sätze herausgearbeitet und die praktischen und für die Beweise verantwortlichen Eigenschaften des Skalarprodukts hervorgehoben. Zentral sind die Erkenntnisse über die Bestimmung von Orthogonalprojektionen und deren Zusammenhang mit dem kleinsten Abstand beziehungsweise der besten Näherung.

Eine Spezialisierung gegenüber schultypischen Aufgaben der metrischen Geometrie besteht darin, dass wir den Blick ausschließlich auf Ursprungsgeraden und -ebenen richten. (Weil nur diese Unterräume darstellen und die unmittelbare Berechnung von Abständen und Projektionen per Formel erlauben). Die Begriffe lineare Unabhängigkeit, Basis, Dimension, Unterraum, Orthogonalität, Abstand und Näherung werden in möglichst verallgemeinerbarer Form eingeführt. In den letzten Aufgaben wird die Übertragbarkeit der Begriffe und Zusammenhänge auf leicht abgewandelte Skalarprodukte angedeutet.

13.1 Das Standard-Skalarprodukt im $\mathbb{R}^2$

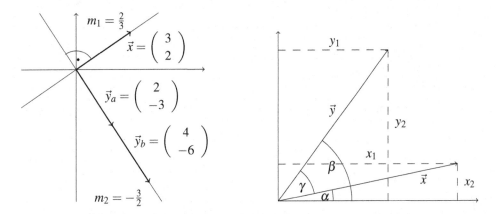

Abbildung 13.1: Orthogonale Ursprungsgeraden und Wert des Skalarprodukts

Zwei Geraden in der Ebene sind zueinander orthogonal, wenn die Steigung der einen dem negativen Kehrwert der Steigung der anderen entspricht (siehe Abbildung 13.1 links). In vektorieller Darstellung heißt das: Bei Richtungsvektoren gleicher Länge sind die Einträge vertauscht und ein Vorzeichen ist geändert. Bei beliebigem Längenverhältnis der Richtungsvektoren $\vec{x} = \begin{pmatrix} x_1 \\ x_2 \end{pmatrix}$ und $\vec{y} = \begin{pmatrix} y_1 \\ y_2 \end{pmatrix}$ erkennt man Orthogonalität am einfachsten daran, dass $x_1 \cdot y_1 + x_2 \cdot y_2 = 0$ gilt (im Beispiel mit $\vec{x}$ und $\vec{y}_b$: $3 \cdot 4 + 2 \cdot (-6) = 0$).

Diese Rechenvorschrift, nach der jedem Paar von Vektoren die Summe der Produkte einander entsprechender Komponenten − also eine reelle Zahl − zugeordnet wird, bezeichnet man als (Standard-)Skalarprodukt der Vektoren und schreibt dafür $\vec{x} \cdot \vec{y}$ oder auch $\langle \vec{x}, \vec{y} \rangle$. Das Skalarprodukt hilft nicht nur Orthogonalität auf den ersten Blick erkennen, sondern hängt unmittelbar mit weiteren Eigenschaften der Vektoren zusammen:

- Zum einen liefert das Skalarprodukt $x_1^2 + x_2^2$ eines Vektors $\vec{x} = \begin{pmatrix} x_1 \\ x_2 \end{pmatrix}$ mit sich selbst nach dem Satz des Pythagoras das Quadrat von dessen Länge (geschrieben $\|\vec{x}\|$).

- Zum anderen gilt allgemein

$$\boxed{\vec{x} \cdot \vec{y} = \|\vec{x}\| \cdot \|\vec{y}\| \cdot \cos(\gamma)} \quad ,$$

wenn $0 \leq \gamma < 2\pi$ der Winkel zwischen $\vec{x}$ und $\vec{y}$ in mathematisch positiver Richtung (d.h. gegen den Uhrzeigersinn) ist.

Auch wenn der Winkel zwischen zwei Vektoren kein rechter ist, kann er also mittels des Skalarprodukts berechnet werden. Die hierzu geeignete zweite Formel beweist man unter Benutzung des Additionstheorems für $\cos(\beta - \alpha)$ und der trigonometrischen Zusammenhänge (z.B. $\sin(\alpha) = \frac{x_2}{\|\vec{x}\|}$) mittels der Figur in Abbildung 13.1 rechts (vergleiche S.44) oder aus dem bekannten Zusammenhang $\tan(\alpha) = m$ für den Winkel α zwischen der Horizontalen und einer Geraden mit der Steigung m. Man beachte, dass die Aussagen über Orthogonalität und Länge vom Nullvektor $\vec{0} = \begin{pmatrix} 0 \\ 0 \end{pmatrix}$ verschiedener Vektoren nur Spezialfälle der Formel im Kasten (für $\gamma = \frac{\pi}{2}$ bzw. $\gamma = 0$) sind.

Aufgaben

1. Bestimmen Sie − falls möglich − im $\mathbb{R}^2$ jeweils einen Vektor, der orthogonal ist zu

    a) $\begin{pmatrix} 2 \\ 3 \end{pmatrix}$,

    b) $\begin{pmatrix} 2 \\ 3 \end{pmatrix}$ und $\begin{pmatrix} 1 \\ -4 \end{pmatrix}$.

2. Zeichnen Sie in ein gemeinsames Koordinatensystem die Ursprungsgeraden g und h mit den Richtungsvektoren $\begin{pmatrix} 5 \\ 1 \end{pmatrix}$ und $\begin{pmatrix} -2 \\ 3 \end{pmatrix}$.

    a) Zeichnen Sie die zu g orthogonale Ursprungsgerade $g_\perp$ ein und geben Sie einen Richtungsvektor dieser Geraden an.

    b) Berechnen Sie die Länge der Richtungsvektoren von g und h.

c) Berechnen Sie den Winkel zwischen g und h mittels Skalarprodukt der zugehörigen Richtungsvektoren.

3. Berechnen Sie den Winkel α und die Seitenlänge c im Dreieck $\triangle ABC$ mit den Eckpunkten $A(3|-1)$, $B(5|4)$, $C(1|2)$.

4. Beweisen Sie die umrahmte Formel für zweidimensionale Vektoren ausführlich. Nutzen Sie Abbildung 13.1 rechts.

5. Zeigen Sie, dass für $\vec{x} \neq \vec{0}$ und $\vec{y} \neq \vec{0}$ aus der umrahmten Formel sowohl $\|\vec{x}\| = \sqrt{\vec{x} \cdot \vec{x}}$ als auch $\vec{x} \cdot \vec{y} = 0 \Leftrightarrow \vec{x} \perp \vec{y}$ als Spezialfälle folgen.

13.2 Übertragung auf den $\mathbb{R}^3$

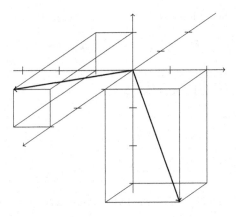

Abbildung 13.2: Zwei Ursprungsvektoren im $\mathbb{R}^3$

Im dreidimensionalen Raum kann man die Richtung von Geraden nicht mehr durch eine einzelne reelle Zahl beschreiben. Verallgemeinerbar ist hingegen die Beschreibung durch einen Richtungsvektor, wobei dieser jetzt drei Komponenten haben muss, welche für die drei Raumrichtungen stehen. Abbildung 13.2 zeigt die Repräsentanten der Vektoren

$$\vec{x} = \begin{pmatrix} 1 \\ 2 \\ -3 \end{pmatrix} \quad \text{und} \quad \vec{y} = \begin{pmatrix} 3 \\ -1 \\ 1 \end{pmatrix}.$$

Setzt man nun die Rechenvorschrift für das Skalarprodukt im $\mathbb{R}^2$ logisch fort, definiert also

$$\vec{x} \cdot \vec{y} = x_1 \cdot y_1 + x_2 \cdot y_2 + x_3 \cdot y_3$$

(im Beispiel $\vec{x} \cdot \vec{y} = 1 \cdot 3 + 2 \cdot (-1) + (-3) \cdot 0 = -2$), so gelten alle in der Formel

$$\vec{x} \cdot \vec{y} = \|\vec{x}\| \cdot \|\vec{y}\| \cdot \cos(\gamma)$$

steckenden Zusammenhänge mit Längen und Winkeln nach wie vor. Zum Beweis führen wir die Aussage im dreidimensionalen Fall auf die zweidimensionale in der durch $\vec{x}$ und $\vec{y}$ aufgespannten Ursprungsebene zurück:

Seien $\vec{x}_E$ und $\vec{y}_E$ die zweidimensionalen Darstellungen von $\vec{x}$ und $\vec{y}$ in der von ihnen aufgespannten Ebene (und einem beliebigen Koordinatensystem mit zwei orthogonalen Einheitsvektoren). Dann dürfen Längen und Winkel durch eine solche Transformation nicht verändert werden, das heißt es gilt $\|\vec{x}\| = \|\vec{x}_E\|$, $\gamma = \gamma_E$ und so weiter. Insbesondere gilt auch:

$$
\begin{array}{rcll}
\|\vec{x}+\vec{y}\|^2 & = & \|\vec{x}_E+\vec{y}_E\|^2 & \text{(Längeninv. bei Transform.)} \\
\Leftrightarrow \quad (\vec{x}+\vec{y})^2 & = & (\vec{x}_E+\vec{y}_E)^2 & \text{(Pythagoras im } \mathbb{R}^3 \text{ und } \mathbb{R}^2) \\
\Leftrightarrow \quad \vec{x}^2+2\vec{x}\cdot\vec{y}+\vec{y}^2 & = & \vec{x}_E^2+2\vec{x}_E\cdot\vec{y}_E+\vec{y}_E^2 & \text{(Symm. und Bilin. des Skalarpr.)} \\
\Leftrightarrow \quad \|\vec{x}\|^2+2\vec{x}\cdot\vec{y}+\|\vec{y}\|^2 & = & \|\vec{x}_E\|^2+2\vec{x}_E\cdot\vec{y}_E+\|\vec{y}_E\|^2 & \text{(Pythagoras im } \mathbb{R}^3 \text{ und } \mathbb{R}^2) \\
\Leftrightarrow \quad \vec{x}\cdot\vec{y} & = & \vec{x}_E\cdot\vec{y}_E & \text{(Längeninv. bei Transform., }|{:}2)
\end{array}
$$

Damit lässt sich die Gültigkeit des Zusammenhangs im $\mathbb{R}^3$ aus der im $\mathbb{R}^2$ ableiten. Es ist:

$$
\vec{x}\cdot\vec{y} = \vec{x}_E\cdot\vec{y}_E = \|\vec{x}_E\|\cdot\|\vec{y}_E\|\cdot\cos(\gamma_E) = \|\vec{x}\|\cdot\|\vec{y}\|\cdot\cos(\gamma)
$$

Auch im $\mathbb{R}^3$ lassen sich also mit Hilfe des Skalarprodukts bequem die Orthogonalität prüfen sowie Längen und Winkel berechnen.

Aufgaben

1. Bestimmen Sie die (euklidische) Länge des Vektors $\begin{pmatrix} -2 \\ 4 \\ 5 \end{pmatrix}$ und unterstreichen Sie von

   den nachfolgenden Vektoren diejenigen, die zu ihm orthogonal sind:

   $$
   \begin{pmatrix} 2 \\ 1 \\ 0 \end{pmatrix} \qquad \begin{pmatrix} 2 \\ 3 \\ -1 \end{pmatrix} \qquad \begin{pmatrix} 1 \\ 3 \\ -2 \end{pmatrix} \qquad \begin{pmatrix} 6 \\ -2 \\ 4 \end{pmatrix} \qquad \begin{pmatrix} -4 \\ 1 \\ 2 \end{pmatrix}
   $$

2. Bestimmen Sie – falls möglich – im $\mathbb{R}^3$ jeweils einen Vektor, der orthogonal ist zu

   a) $\begin{pmatrix} 2 \\ 3 \\ -1 \end{pmatrix}$,

   b) $\begin{pmatrix} 2 \\ 3 \\ -1 \end{pmatrix}$ und $\begin{pmatrix} -4 \\ 1 \\ 2 \end{pmatrix}$,

   c) $\begin{pmatrix} 2 \\ 3 \\ -1 \end{pmatrix}$ und $\begin{pmatrix} -4 \\ 1 \\ 2 \end{pmatrix}$ und $\begin{pmatrix} -2 \\ 4 \\ 5 \end{pmatrix}$.

3. Berechnen Sie den Winkel α und die Seitenlänge c im Dreieck $\triangle ABC$ mit den Eckpunkten $A(3|-1|4)$, $B(5|4|-1)$, $C(1|2|5)$.

4. Berechnen Sie den Winkel zwischen den Vektoren in Abbildung 13.2 mittels Skalarprodukt.

5. Geben Sie für $\vec{x}$ und $\vec{y}$ wie oben $\vec{x}_E$ und $\vec{y}_E$ in einem positiv orientierten orthogonalen Koordinatensystem der gemeinsamen Ebene an, deren erster Einheitsvektor die Richtung von $\vec{x}$ hat.

13.3 Orthogonalprojektionen und parallele Anteile

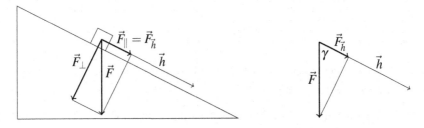

Abbildung 13.3: Hangabtriebskraft in der Physik

Bei vektoriellen Größen aus der Physik (wie zum Beispiel der Kraft) kann es erforderlich sein, diese in einen zu einer vorgegebenen Richtung parallelen und einen dazu senkrechten Teil zu zerlegen. Dasselbe hilft bei Abstands- oder Schattenbestimmungen aus der Geometrie. Aufgrund seines Zusammenhangs mit Längen und Winkeln ist das Standard-Skalarprodukt auch hierzu gut geeignet. Allgemein hat die Orthogonalprojektion $\vec{F}_{\vec{h}}$ eines Vektors $\vec{F}$ (des zu projizierenden Vektors) auf einen Vektor $\vec{h}$ (der die Richtung angibt, zu der der parallele Anteil gesucht ist) die Richtung von $\vec{h}$ und die Länge $\|\vec{F}\| \cdot \cos(\gamma)$. Demnach gilt:

$$\vec{F}_{\vec{h}} = \|\vec{F}\| \cdot \cos(\gamma) \cdot \frac{\vec{h}}{\|\vec{h}\|} = \frac{\vec{F} \cdot \vec{h}}{\|\vec{h}\|} \cdot \frac{\vec{h}}{\|\vec{h}\|} = \frac{\vec{F} \cdot \vec{h}}{\vec{h} \cdot \vec{h}} \cdot \vec{h}$$

Darin ergibt der vordere Quotient aus zwei Skalarprodukten einfach eine reelle Zahl – den passenden Vorfaktor für den Vektor $\vec{h}$. Den orthogonalen Anteil berechnet man als vektorielle Differenz zwischen dem Vektor selbst und seinem parallelen Anteil (d.h. zwischen dem Vektor selbst und seiner Orthogónalprojektion):

$$\vec{F}_\perp = \vec{F} - \vec{F}_{\vec{h}} = \vec{F} - \frac{\vec{F} \cdot \vec{h}}{\vec{h} \cdot \vec{h}} \cdot \vec{h}$$

Beispiel

Für $\vec{x} = \begin{pmatrix} 1 \\ 2 \\ -3 \end{pmatrix}$ und $\vec{y} = \begin{pmatrix} 3 \\ -1 \\ 1 \end{pmatrix}$ gilt:

$$\vec{x}_{\vec{y}} = \frac{\vec{x} \cdot \vec{y}}{\vec{y} \cdot \vec{y}} \cdot \vec{y} = \frac{\begin{pmatrix} 1 \\ 2 \\ -3 \end{pmatrix} \cdot \begin{pmatrix} 3 \\ -1 \\ 1 \end{pmatrix}}{\begin{pmatrix} 3 \\ -1 \\ 1 \end{pmatrix} \cdot \begin{pmatrix} 3 \\ -1 \\ 1 \end{pmatrix}} \cdot \begin{pmatrix} 3 \\ -1 \\ 1 \end{pmatrix} = \frac{-2}{11} \cdot \begin{pmatrix} 3 \\ -1 \\ 1 \end{pmatrix}$$

$$\vec{x}_\perp = \vec{x} - \vec{x}_{\vec{y}} = \begin{pmatrix} 1 \\ 2 \\ -3 \end{pmatrix} - \frac{-2}{11} \cdot \begin{pmatrix} 3 \\ -1 \\ 1 \end{pmatrix} = \frac{1}{11} \cdot \begin{pmatrix} 17 \\ 18 \\ -31 \end{pmatrix}$$

Aufgaben

1. Bestimmen Sie im $\mathbb{R}^2$ den Abstand des Punktes $P(-2|7)$ von der Ursprungsgeraden mit der Steigung $\frac{1}{2}$ unter Benutzung der Projektionsformel.

2. Bestimmen Sie im $\mathbb{R}^3$ den Abstand des Punktes $Q(-3|7|-5)$ von der Ursprungsebene mit den Spannvektoren $\vec{v} = \begin{pmatrix} 3 \\ 2 \\ 0 \end{pmatrix}$ und $\vec{w} = \begin{pmatrix} -1 \\ -5 \\ 3 \end{pmatrix}$, indem Sie $\vec{q}$ orthogonal auf einen Vektor projizieren, der zur Ebene orthogonal ist.

3. Im $\mathbb{R}^3$ sind der Punkt P(1|-3|-17) und die Vektoren $\vec{v} = \begin{pmatrix} 3 \\ -1 \\ 2 \end{pmatrix}$, $\vec{w} = \begin{pmatrix} 0 \\ 4 \\ -5 \end{pmatrix}$ gegeben.

   a) Berechnen Sie die Orthogonalprojektion $\vec{w}_{\vec{v}}$ von $\vec{w}$ auf $\vec{v}$ und den zu $\vec{v}$ orthogonalen Anteil $\vec{w}_\perp$ von $\vec{w}$.

   b) Überzeugen Sie sich kurz, dass $\vec{v}$ und $\vec{w}$ nicht orthogonal zueinander sind. Bestimmen Sie einen möglichst einfachen Vektor $\vec{o}$, der zu $\vec{v}$ orthogonal ist und mit $\vec{v}$ zusammen dieselbe Ebene aufspannt wie $\vec{w}$ mit $\vec{v}$.

   c) Bestimmen Sie durch Orthogonalprojektion denjenigen Punkt P_g der Ursprungsgerade g mit Richtungsvektor $\vec{v}$, der den geringsten Abstand vom Punkt P hat. Berechnen sie diesen Abstand.

4. Auf einer schiefen Ebene mit Hangrichtung $\vec{h} = \begin{pmatrix} 2 \\ -1 \\ -5 \end{pmatrix}$ wirke die durch $\vec{F} = \begin{pmatrix} 0 \\ 0 \\ -9.81 \end{pmatrix}$ gegebene Gewichtskraft (in Newton). Berechnen Sie die Hangabtriebskraft $\vec{F}_{\vec{h}}$.

5. In Schulbüchern findet sich häufig eine Formel zur Abstandsberechnung Punkt-Ebene durch Einsetzen in die Hessesche Normalenform. Stellen Sie den Zusammenhang dieser Formel mit der Projektionsformel her.

13.4 Zu den Besonderheiten der Orthogonalität

Hinführende Aufgaben

1. Sind $\triangle$ und $\square$ zwei Zahlen oder andere mathematische Objekte, so ist die Umformung

$$(\triangle + \square)^2 = \triangle^2 + \square^2$$

gewöhnlich ein Kapitalverbrechen, das Zahnschmerzen verursacht. Unter welchen Umständen kann Sie ausnahmsweise doch richtig sein?

2. Überzeugen Sie sich, dass im $\mathbb{R}^2$ für den Vektor $\vec{c} = \begin{pmatrix} 4 \\ 3 \end{pmatrix}$ und die folgenden Vektorenpaare $\vec{a}$ und $\vec{b}$ jeweils $\vec{a} + \vec{b} = \vec{c}$ gilt. Ergänzen Sie dann die Tabelle:

$\vec{a}$	$\vec{b}$	$\vec{a} \cdot \vec{b}$	$\vec{a} \cdot \vec{a}$	$\vec{b} \cdot \vec{b}$	$\vec{c} \cdot \vec{c}$
$\begin{pmatrix} 4 \\ 0 \end{pmatrix}$	$\begin{pmatrix} 0 \\ 3 \end{pmatrix}$				
$\begin{pmatrix} 2 \\ -1 \end{pmatrix}$	$\begin{pmatrix} 2 \\ 4 \end{pmatrix}$				
$\begin{pmatrix} 1/2 \\ 7/2 \end{pmatrix}$	$\begin{pmatrix} 7/2 \\ -1/2 \end{pmatrix}$				
$\begin{pmatrix} 5 \\ 2 \end{pmatrix}$	$\begin{pmatrix} -1 \\ 1 \end{pmatrix}$				
$\begin{pmatrix} 2 \\ 3 \end{pmatrix}$	$\begin{pmatrix} 2 \\ 0 \end{pmatrix}$				
$\begin{pmatrix} -1 \\ 5 \end{pmatrix}$	$\begin{pmatrix} 5 \\ -2 \end{pmatrix}$				

Suchen Sie anhand der Werteliste nach Zusammenhängen zwischen den berechneten Grössen. Formulieren Sie eine Vermutung darüber, welche beiden Aussagen über die Vektoren $\vec{a}, \vec{b}$ und $\vec{c}$ im Fall $\vec{a} + \vec{b} = \vec{c}$ äquivalent sind.

3. Bestimmen Sie jeweils die Orthogonalprojektion des Vektors $\begin{pmatrix} 2 \\ 11 \end{pmatrix}$ auf die Ursprungs-Gerade mit dem angegebenen Richtungs-Vektor. Geben Sie den Projektionsvektor als Vielfaches des Richtungsvektors an.

a) $\begin{pmatrix} 1 \\ 0 \end{pmatrix}$ b) $\begin{pmatrix} 3 \\ 4 \end{pmatrix}$

4. Stellen Sie den Vektor $\begin{pmatrix} 2 \\ 11 \end{pmatrix}$ jeweils als Linearkombination der angegebenen Vektoren dar:

a) $\begin{pmatrix} 1 \\ 0 \end{pmatrix}, \begin{pmatrix} 0 \\ 1 \end{pmatrix}$ b) $\begin{pmatrix} 3 \\ 4 \end{pmatrix}, \begin{pmatrix} 7 \\ 1 \end{pmatrix}$ c) $\begin{pmatrix} 3 \\ 4 \end{pmatrix}, \begin{pmatrix} 2 \\ 1 \end{pmatrix}$ d) $\begin{pmatrix} 3 \\ 4 \end{pmatrix}, \begin{pmatrix} -4 \\ 3 \end{pmatrix}$

5. Suchen Sie in Aufgabe 3 und 4 die Fälle heraus, bei denen der Vorfaktor eines Vektors aus dem Erzeugendensystem gleich bleibt, obwohl ein weiterer hinzukommt. Durch welche Besonderheit zeichnen sich diese Fälle aus?

6. Überzeugen Sie sich, dass im $\mathbb{R}^3$ für den Vektor $\vec{d} = \begin{pmatrix} 4 \\ -2 \\ -4 \end{pmatrix}$ und die folgenden Vektorentripel $\vec{a}, \vec{b}$ und $\vec{c}$ jeweils $\vec{a} + \vec{b} + \vec{c} = \vec{d}$ gilt. Ergänzen Sie dann die Tabelle (arbeitsteilig!):

$\vec{a}$	$\vec{b}$	$\vec{c}$	$\vec{a}\cdot\vec{b}$	$\vec{a}\cdot\vec{c}$	$\vec{b}\cdot\vec{c}$	$\vec{a}\cdot\vec{a}$	$\vec{b}\cdot\vec{b}$	$\vec{c}\cdot\vec{c}$	$\vec{d}\cdot\vec{d}$
$\begin{pmatrix} 2 \\ -1 \\ -5 \end{pmatrix}$	$\begin{pmatrix} 0 \\ 0 \\ 0 \end{pmatrix}$	$\begin{pmatrix} 2 \\ -1 \\ 1 \end{pmatrix}$							
$\begin{pmatrix} 3 \\ -3 \\ 0 \end{pmatrix}$	$\begin{pmatrix} 1 \\ 1 \\ 0 \end{pmatrix}$	$\begin{pmatrix} 0 \\ 0 \\ -4 \end{pmatrix}$							
$\begin{pmatrix} -\frac{2}{3} \\ -\frac{2}{3} \\ -\frac{2}{3} \end{pmatrix}$	$\begin{pmatrix} \frac{5}{3} \\ \frac{5}{3} \\ -\frac{10}{3} \end{pmatrix}$	$\begin{pmatrix} 3 \\ -3 \\ 0 \end{pmatrix}$							
$\begin{pmatrix} 3 \\ 0 \\ 0 \end{pmatrix}$	$\begin{pmatrix} 0 \\ 1 \\ 0 \end{pmatrix}$	$\begin{pmatrix} 1 \\ -3 \\ -4 \end{pmatrix}$							
$\begin{pmatrix} \frac{1}{\sqrt{2}} \\ -1 \\ \frac{1}{\sqrt{2}} \end{pmatrix}$	$\begin{pmatrix} 4 \\ 0 \\ -4 \end{pmatrix}$	$\begin{pmatrix} -\frac{1}{\sqrt{2}} \\ -1 \\ -\frac{1}{\sqrt{2}} \end{pmatrix}$							
$\begin{pmatrix} 1 \\ 5 \\ 3 \end{pmatrix}$	$\begin{pmatrix} 1 \\ -6 \\ -8 \end{pmatrix}$	$\begin{pmatrix} 2 \\ -1 \\ 1 \end{pmatrix}$							
$\begin{pmatrix} 2 \\ -1 \\ -1 \end{pmatrix}$	$\begin{pmatrix} 3 \\ 2 \\ 4 \end{pmatrix}$	$\begin{pmatrix} -1 \\ -3 \\ -7 \end{pmatrix}$							
$\begin{pmatrix} 1 \\ 5 \\ 3 \end{pmatrix}$	$\begin{pmatrix} 2 \\ 0 \\ 1 \end{pmatrix}$	$\begin{pmatrix} 1 \\ -7 \\ -8 \end{pmatrix}$							

Suchen Sie anhand der Werteliste nach Zusammenhängen zwischen den berechneten Grössen. Formulieren Sie eine Vermutung darüber, welche beiden Aussagen über die Vektoren $\vec{a}, \vec{b}, \vec{c}$ und $\vec{d}$ im Fall $\vec{a} + \vec{b} + \vec{c} = \vec{d}$ zusammen hängen.

7. Bestimmen Sie jeweils die Orthogonalprojektion des Vektors $\begin{pmatrix} -1 \\ -2 \\ 12 \end{pmatrix}$ auf die Ursprungs-

Gerade mit dem angegebenen Richtungs-Vektor. Geben Sie den Projektionsvektor als Vielfaches des Richtungsvektors an.

a) $\begin{pmatrix} 1 \\ 0 \\ 0 \end{pmatrix}$ b) $\begin{pmatrix} 1 \\ -2 \\ 2 \end{pmatrix}$ c) $\begin{pmatrix} -1 \\ 1 \\ 0 \end{pmatrix}$ d) $\begin{pmatrix} 2 \\ 1 \\ 0 \end{pmatrix}$

8. Bestimmen Sie jeweils die Orthogonalprojektion des Vektors $\begin{pmatrix} -1 \\ -2 \\ 12 \end{pmatrix}$ auf die von den

angegebenen Vektoren aufgespannte Ursprungs-Ebene. Geben Sie die Darstellung des Projektionsvektors als Linearkombination der Spannvektoren an.

a) $\begin{pmatrix} 1 \\ 0 \\ 0 \end{pmatrix}, \begin{pmatrix} 0 \\ 1 \\ 0 \end{pmatrix}$ b) $\begin{pmatrix} 1 \\ -2 \\ 2 \end{pmatrix}, \begin{pmatrix} -1 \\ 1 \\ 0 \end{pmatrix}$

c) $\begin{pmatrix} 1 \\ -2 \\ 2 \end{pmatrix}, \begin{pmatrix} 2 \\ 1 \\ 0 \end{pmatrix}$ d) $\begin{pmatrix} 1 \\ -2 \\ 2 \end{pmatrix}, \begin{pmatrix} 0 \\ 1 \\ 1 \end{pmatrix}$

9. Stellen Sie den Vektor $\begin{pmatrix} -1 \\ -2 \\ 12 \end{pmatrix}$ jeweils als Linearkombination der drei gegebenen Vektoren dar:

a) $\begin{pmatrix} 1 \\ -2 \\ 2 \end{pmatrix}, \begin{pmatrix} -1 \\ 1 \\ 0 \end{pmatrix}, \begin{pmatrix} -6 \\ 5 \\ 8 \end{pmatrix}$ b) $\begin{pmatrix} 1 \\ -2 \\ 2 \end{pmatrix}, \begin{pmatrix} -1 \\ 1 \\ 0 \end{pmatrix}, \begin{pmatrix} 2 \\ 2 \\ 1 \end{pmatrix}$

c) $\begin{pmatrix} 1 \\ -2 \\ 2 \end{pmatrix}, \begin{pmatrix} 2 \\ 1 \\ 0 \end{pmatrix}, \begin{pmatrix} 1 \\ 5 \\ -9 \end{pmatrix}$ d) $\begin{pmatrix} 1 \\ -2 \\ 2 \end{pmatrix}, \begin{pmatrix} 2 \\ 1 \\ 0 \end{pmatrix}, \begin{pmatrix} -2 \\ 4 \\ 5 \end{pmatrix}$

10. Suchen Sie in Aufgabe 7 bis 9 die Fälle heraus, bei denen die Vorfaktoren von Vektoren aus dem Erzeugendensystem gleich bleiben, obwohl weitere Vektoren hinzukommen. Durch welche Besonderheit zeichnen sich diese Fälle aus?

Theorie

Die in der Regel grob fahrlässige Umformung

$$(\triangle + \square)^2 = \triangle^2 + \square^2$$

stimmt für Zahlen $\triangle$ und $\square$ (aus $\mathbb{N}$, $\mathbb{Z}$, $\mathbb{Q}$, $\mathbb{R}$ oder $\mathbb{C}$) dann und nur dann, wenn mindestens eine der beiden Zahlen Null ist. Wenn man mit $\triangle$, $\square$ und den Verknüpfungen $+$ und $\cdot$ wie gewohnt rechnen darf (d.h. speziell wenn Kommutativ- und Distributivgesetze gelten), gilt

$$(\triangle + \square)^2 = \triangle^2 + 2 \cdot \triangle \cdot \square + \square^2$$

und somit

$$(\triangle + \square)^2 = \triangle^2 + \square^2 \qquad \Leftrightarrow \qquad \triangle \cdot \square = 0 \quad .$$

Die Frage lautet also: Kann $\triangle \cdot \square = 0$ gelten, obwohl weder $\triangle$ noch $\square$ dem Nullelement entsprechen? Wir wissen inzwischen: Stehen $\triangle$ und $\square$ für zueinander orthogonale Vektoren und der Malpunkt $\cdot$ für das Skalarprodukt, dann tritt genau dieser Fall ein. Daraus folgt:

> Sind $\vec{x}$, $\vec{y}$, $\vec{z}$ von $\vec{0}$ verschiedene Vektoren des $\mathbb{R}^2$ oder $\mathbb{R}^3$, dann gilt:
>
> 1. $(\vec{x} + \vec{y})^2 = \vec{x}^2 + \vec{y}^2 \quad \Leftrightarrow \quad \vec{x} \perp \vec{y}$
>
> 2. $\vec{x} \perp \vec{y} \wedge \vec{x} \perp \vec{z} \wedge \vec{y} \perp \vec{z} \quad \Rightarrow \quad (\vec{x} + \vec{y} + \vec{z})^2 = \vec{x}^2 + \vec{y}^2 + \vec{z}^2$

Mit Blick auf Abbildung 2.8 oder unter Berücksichtigung von $\vec{x}^2 = \|\vec{x}\|^2$ heißt das nichts anderes, als das die Längenberechnung nach dem Satz des Pythagoras dann in Ordnung ist, wenn die beteiligten Vektoren paarweise orthogonal sind. Im Allgemeinen kann man dagegen nicht unmittelbar von der Länge der Summanden einer Vektorsumme auf deren Länge schließen (Abbildung 2.8 rechts).

Die Aufgaben 3-5 und 7-10 sowie Abbildung 2.13 machen noch auf eine andere Besonderheit der Orthogonalität aufmerksam, welche die Orthogonalprojektionen auf mehrdimensionale Objekte betrifft:

> Genau dann, wenn zwei Ursprungsgeraden zueinander orthogonal sind, ist die Orthogonalprojektion auf das Ganze (nämlich die aufgespannte Ebene) gleich der vektoriellen Summe der Orthogonalprojektion auf die Teile (nämlich die beiden Geraden).

Aufgaben

1. Woran scheitert der Beweis der Rückrichtung des 'Pythagoras' für drei addierte Vektoren, d.h. von

$$(\vec{x} + \vec{y} + \vec{z})^2 = \vec{x}^2 + \vec{y}^2 + \vec{z}^2 \quad \Rightarrow \quad \vec{x} \perp \vec{y} \wedge \vec{x} \perp \vec{z} \wedge \vec{y} \perp \vec{z} \; ?$$

Finden Sie selbst ein Gegenbeispiel?

2. a) Zeigen Sie, dass für nachfolgende Vektoren sowohl $\vec{p} = \vec{a} + \vec{b} + \vec{c}$ als auch $\|\vec{p}\|^2 = \|\vec{a}\|^2 + \|\vec{b}\|^2 + \|\vec{c}\|^2$ gilt, obwohl unter $\vec{a}, \vec{b}$ und $\vec{c}$ nicht einmal ein orthogonales Paar ist:

$$\vec{a} = \begin{pmatrix} 1 \\ -1 \\ 1 \end{pmatrix} \qquad \vec{b} = \begin{pmatrix} 2 \\ -1 \\ 4 \end{pmatrix} \qquad \vec{c} = \begin{pmatrix} -2 \\ 3 \\ 1 \end{pmatrix} \qquad \vec{p} = \begin{pmatrix} 1 \\ 1 \\ 6 \end{pmatrix}$$

   b) Skizzieren Sie den von $\vec{a}, \vec{b}$ und $\vec{c}$ aufgespannten Spat im $\mathbb{R}^3$.

3. Im $\mathbb{R}^3$ sind der Punkt P(1|-3|-17) und die Vektoren $\vec{v} = \begin{pmatrix} 3 \\ -1 \\ 2 \end{pmatrix}, \vec{w} = \begin{pmatrix} 0 \\ 4 \\ -5 \end{pmatrix}$ gegeben.

   a) Bestimmen Sie denjenigen Punkt P_g der Ursprungsgerade g mit Richtungsvektor $\vec{v}$, der den geringsten Abstand vom Punkt P hat. Berechnen sie diesen Abstand.

   b) Bestimmen Sie denjenigen Punkt P_E der Ursprungsebene E mit Spannvektoren $\vec{v}$ und $\vec{w}$, der den geringsten Abstand vom Punkt P hat. Berechnen sie diesen Abstand.

   c) Beschreiben Sie in beiden Fällen das Vorgehen.

   d) Gibt es einen Zusammenhang zwischen den beiden Ergebnissen?

4. Im $\mathbb{R}^3$ sind der Punkt P(2|-5|7) und die Vektoren $\vec{v} = \begin{pmatrix} 2 \\ 0 \\ 3 \end{pmatrix}, \vec{w} = \begin{pmatrix} 1 \\ -1 \\ 2 \end{pmatrix}$ gegeben.

   Bestimmen Sie denjenigen Punkt P_E der Ursprungsebene E mit Spannvektoren $\vec{v}$ und $\vec{w}$, der den geringsten Abstand vom Punkt P hat,

   a) wie gewohnt,

   b) indem Sie eine Orthonormalbasis von E bestimmen und über dieser entwickeln.

   c) Vergleichen Sie den Aufwand der beiden Rechnungen.

   d) Bearbeiten Sie Teil b) mit Hilfe des Maple-Worksheets OPn noch einmal.

5. Die Abbildung zeigt die Draufsicht eines Bungalows mit dem zugehörigen Telefonmasten. Die Hausecken befinden sich in 2.5m, die Ecken des Walmdachs in 4m Höhe über dem Erdboden; der Telefonmast ist 6m hoch. Ein Kabel soll auf dem kürzesten Wege vom Endpunkt des Telefonmasten auf die benachbarte Dachseite führen.

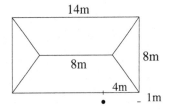

   Bestimmen Sie den Punkt, in dem das Kabel am Dach befestigt werden muss, indem Sie

   a) ein Koordinatensystem wählen, in dem die Dachfläche Teil einer Ursprungsebene ist,

   b) in diesem Koordinatensystem die Koordinaten des Telefonmast-Endpunktes und eine Basis der Ebene angeben, in der die Dachseite liegt,

c) mit Hilfe des Maple-Worksheets OPn die entsprechende Orthogonalprojektion durchführen.

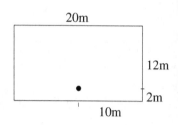

6. Die Abbildung zeigt die Draufsicht eines Fabrikdaches mit der Spitze eines Edelstahlrohrs für die Abluft. Es handelt sich um ein zur unteren Längsseite hin schräg abfallendes Pultdach, dessen obere Ecken wie auch der Endpunkt des Abluftrohrs 2m höher liegen als die unteren.

Untersuchen Sie mit Hilfe der neu erlernten Methoden (wahlweise im zwei- oder dreidimensionalen Raum), ob zwischen dem Ende des Abluftrohres und der Dachschräge ein Sicherheitsabstand von mindestens 1.5m eingehalten wurde.

7. Im $\mathbb{R}^3$ sind der Punkt P(9|-1|7) und die Vektoren $\vec{v} = \begin{pmatrix} 2 \\ 0 \\ 3 \end{pmatrix}$, $\vec{w} = \begin{pmatrix} 1 \\ 1 \\ 8 \end{pmatrix}$ gegeben.

Bestimmen Sie denjenigen Punkt P_E der Ursprungsebene E mit Spannvektoren $\vec{v}$ und $\vec{w}$, der den geringsten Abstand vom Punkt P hat.

14 Anwendungen im $\mathbb{R}^n$ mit $n \geq 4$

In diesem Kapitel beginnt die Abstraktion der im geometrischen Raum gewonnenen Ideen: Wir lassen Spaltenvektoren mit mehr als drei Koordinaten zu, ansonsten aber alles beim Alten. Die Rechenvorschrift für das Standardskalarprodukt übertragen wir auf mehr als drei Koordinaten und beginnen so in n-dimensionalen Vektorräumen zu operieren. Dabei bleiben die charakteristischen Eigenschaften eines Skalarprodukts erhalten; und mit ihnen alle Zusammenhänge und Verfahren. Das heißt: Sofern wir Begriffe wie „Länge", „Abstand" und „Orthogonalität" nach geometrischem Vorbild über ihren Zusammenhang mit dem Skalarprodukt definieren, können gute Näherungen nach bewährtem Schema mittels Orthogonalprojektion bestimmt werden.

Zunächst werden wir uns an das Rechnen mit längeren Spaltenvektoren einschließlich Längenbestimmung, Orthogonalisierung und Projektion gewöhnen. Dann wenden wir uns der Frage zu, welchen Sinn das Ganze haben kann: Wofür können Spaltenvektoren mit mehr als drei Einträgen stehen? Aus welchen Gründen können Näherungen von ihnen gesucht sein? Ist die Summe der Abweichungsquadrate der einzelnen Koordinaten ein sinnvolles Maß für den „Abstand" oder Unterschied? (Denn sonst dürften wir ja gar nicht nach geometrischem Vorbild verfahren!) Und was heißt hier „senkrecht"? Ist das wirklich nur noch über die rechnerische Nullprobe definiert, oder kann man sich darunter noch irgendetwas vorstellen?

All das werden wir an vier Anwendungsbeispielen sehen. Bei den meisten davon gibt es nahe liegende Alternativen zur Lösung durch Orthogonalprojektion. Dadurch ergeben sich „Proben": Wir können uns von der Richtigkeit und den Besonderheiten unserer neuen Methode überzeugen. Abschließend folgt eine Zusammenfassung, in der insbesondere auf die Erweiterungsmöglichkeiten und Grenzen des Verfahrens eingegangen wird.

14.1 Spaltenvektoren der Länge n

Gemeinsamer Ausgangspunkt der folgenden Beispiele ist die Idee, die Rechenvorschrift für das Standard-Skalarprodukt im $\mathbb{R}^2$ und $\mathbb{R}^3$ auf höhere Dimensionen zu übertragen. Die Begriffe der Orthogonalität und der Länge oder Norm übertragen wir gleich mit, wenn sie auch keine unmittelbare anschauliche Grundlage mehr haben:

$$\text{Wir definieren} \quad \left\langle \begin{pmatrix} 2 \\ -4 \\ 1 \\ 5 \end{pmatrix}, \begin{pmatrix} 3 \\ 0 \\ -2 \\ -1 \end{pmatrix} \right\rangle := 2 \cdot 3 + (-4) \cdot 0 + 1 \cdot (-2) + 5 \cdot (-1) = -1 \quad ,$$

nennen $\begin{pmatrix} 2 \\ -1 \\ 3 \\ 5 \end{pmatrix}$ und $\begin{pmatrix} -1 \\ -4 \\ 1 \\ -1 \end{pmatrix}$ zueinander orthogonal ($\perp$) , weil ihr Skalarprodukt 0 ist,

und bezeichnen $\sqrt{39} \approx 6.24$ als Länge des ersten Vektors, weil $\langle \begin{pmatrix} 2 \\ -1 \\ 3 \\ 5 \end{pmatrix}, \begin{pmatrix} 2 \\ -1 \\ 3 \\ 5 \end{pmatrix} \rangle = 39$ gilt.

Aufgaben

1. Berechnen Sie $\langle \begin{pmatrix} -2 \\ 1 \\ 3 \\ -5 \end{pmatrix}, \begin{pmatrix} 4 \\ -2 \\ 0 \\ -1 \end{pmatrix} \rangle$ und $\langle \begin{pmatrix} 1 \\ 2 \\ -3 \\ 4 \end{pmatrix}, \begin{pmatrix} 0 \\ 1 \\ -1 \\ 2 \end{pmatrix} \rangle$.

2. Berechnen Sie die (euklidische) „Länge" von $\begin{pmatrix} -2 \\ 1 \\ 3 \\ -4 \end{pmatrix}$ und unterstreichen Sie von den

nachfolgenden Vektoren diejenigen, die zu ihm „orthogonal" sind:

$\begin{pmatrix} 2 \\ 1 \\ 0 \\ -1 \end{pmatrix}$ $\begin{pmatrix} 2 \\ 3 \\ -1 \\ -1 \end{pmatrix}$ $\begin{pmatrix} 1 \\ 3 \\ -2 \\ 0 \end{pmatrix}$ $\begin{pmatrix} 6 \\ -2 \\ 4 \\ -0.5 \end{pmatrix}$ $\begin{pmatrix} 1 \\ 0 \\ 2 \\ 1 \end{pmatrix}$

3. Bestimmen Sie – falls möglich – im $\mathbb{R}^4$ jeweils einen Vektor, der orthogonal ist zu

a) $\begin{pmatrix} 2 \\ 3 \\ -1 \\ 1 \end{pmatrix}$,

b) $\begin{pmatrix} 2 \\ 3 \\ -1 \\ 1 \end{pmatrix}$ und $\begin{pmatrix} -4 \\ 1 \\ 2 \\ 0 \end{pmatrix}$ (geschickt 'basteln' oder Gleichungssystem) ,

c) $\begin{pmatrix} 2 \\ 3 \\ -1 \\ 1 \end{pmatrix}$ und $\begin{pmatrix} -4 \\ 1 \\ 2 \\ 0 \end{pmatrix}$ und $\begin{pmatrix} 0 \\ 5 \\ 2 \\ -1 \end{pmatrix}$ (vergleiche b).

4. a) Welche zwei der Vektoren $\begin{pmatrix} 2 \\ 3 \\ -1 \\ 1 \end{pmatrix}$, $\begin{pmatrix} 3 \\ 2 \\ 0 \\ 3 \end{pmatrix}$, $\begin{pmatrix} 1 \\ -1 \\ 1 \\ 2 \end{pmatrix}$ sind orthogonal zueinander?

   b) Zeigen Sie, dass der dritte Vektor der Summe der beiden orthogonalen entspricht.

   c) Berechnen Sie die euklidischen Längen der drei Vektoren (exakt, nicht dezimal nähern).

   d) Was fällt auf? Woran liegt das?

5. a) Zeigen Sie, dass die Vektoren $\vec{v}_1 = \begin{pmatrix} 1 \\ -1 \\ -1 \\ 1 \\ 1 \end{pmatrix}$ und $\vec{v}_2 = \begin{pmatrix} 2 \\ 5 \\ 4 \\ -2 \\ -1 \end{pmatrix}$ nicht orthogonal zueinander sind.

   b) Berechnen Sie die Orthogonalprojektion von $\vec{v}_2$ auf $\vec{v}_1$.

   c) Bestimmen Sie einen Vektor $\vec{o}_2$, der orthogonal zu $\vec{v}_1$ und zugleich eine Linearkombination von $\vec{v}_1$ und $\vec{v}_2$ ist (also mit $\vec{v}_1$ zusammen denselben Unterraum erzeugt wie $\vec{v}_2$ mit $\vec{v}_1$).

   d) Bestimmen Sie die beste Näherung des Vektors $\vec{p} = \begin{pmatrix} 5 \\ -1 \\ 5 \\ 6 \\ 3 \end{pmatrix}$ im von $\vec{v}_1$ und $\vec{v}_2$ (oder $\vec{v}_1$ und $\vec{o}_2$) erzeugten Unterraum.

6. Im $\mathbb{R}^4$ ist der von den Vektoren $\vec{v}_1 = \begin{pmatrix} 2 \\ 0 \\ -1 \\ 4 \end{pmatrix}$, $\vec{v}_2 = \begin{pmatrix} 1 \\ 1 \\ 1 \\ 1 \end{pmatrix}$, $\vec{v}_3 = \begin{pmatrix} -2 \\ 3 \\ 0 \\ 2 \end{pmatrix}$ erzeugte

Unterraum $\mathcal{U}$ gegeben. Bestimmen Sie eine Orthogonalbasis $\{\vec{v}_1, \vec{o}_2, \vec{o}_3\}$ von $\mathcal{U}$. Überzeugen Sie sich von der Orthogonalität des erhaltenen Systems.

14.2 Mögliche Bedeutung von Spaltenvektoren

Bei über das Skalarprodukt definiertem Orthogonalitäts- und Abstandsbegriff ist die Orthogonalprojektion eines Spaltenvektors mit $n \geq 4$ Einträgen auf einen Unterraum dessen beste dortige Näherung. Sie kann systematisch durch Entwicklung über einer Orthogonalbasis bestimmt werden. Die Frage ist, welchen Sinn das – jenseits der Raumanschauung – machen und wohin es führen kann. Antworten findet man überall dort, wo die Summe der Quadrate der Differenzen einander entsprechender Einträge ein geeignetes Maß für den Abstand oder Unterschied zweier geordneter Listen reeller Zahlen ist. Das gilt zum Beispiel für

- die Bestimmung oder Approximation des Schwerpunkts einer Punktmenge,

- die Anpassung ganzrationaler Funktionen an Punktmengen,

- die Dimensionsreduktion bei Datenmengen als Bestandteil der Hauptkomponentenanalyse

und bedingt für

- Approximationsprobleme in der Raum-Zeit. (Diese Anwendung ist allerdings unbedingt mit Vorsicht zu genießen: Man muss sich klar sein, was eine Näherung nach dem Quadratsummenmaß hier bedeutet und dass sie nichts mit Relativitätstheorie zu tun hat! Dazu im entsprechenden Kapitel mehr.)

Diese Beispiele werden im Folgenden näher beleuchtet und anhand von Beispielaufgaben und Verständnisfragen erschlossen.

14.3 Minimale Abstandsquadratsumme bei Punktmengen

Problem

Zu den drei Punkten $A(2|5), B(6|10), C(14|9)$ in der Ebene sei derjenige Punkt M gesucht, für den die Summe der Quadrate der Abstände von A, B und C am kleinsten ist. Sind partielle Ableitungen bekannt, kann man dieses Extremwertproblem durch Nullsetzen der Ableitungen angehen: Für $M(m_1|m_2)$ ist die Summe der Abstandsquadrate

$$s(m_1, m_2) = \left[\begin{pmatrix} 2 \\ 5 \end{pmatrix} - \begin{pmatrix} m_1 \\ m_2 \end{pmatrix} \right]^2 + \left[\begin{pmatrix} 6 \\ 10 \end{pmatrix} - \begin{pmatrix} m_1 \\ m_2 \end{pmatrix} \right]^2 + \left[\begin{pmatrix} 14 \\ 9 \end{pmatrix} - \begin{pmatrix} m_1 \\ m_2 \end{pmatrix} \right]^2.$$

Wird dies ausmultipliziert und einmal nach m_1, einmal nach m_2 abgeleitet, so erhält man als notwendige Bedingungen für die partiellen Ableitungen $6m_1 - 44 = 0$ und $6m_2 - 48 = 0$ und somit $M(\frac{22}{3}|8)$.

Man kann das Problem jedoch auch als Orthogonalprojektion im 6-dimensionalen Raum auffassen: Die Summe der Abstandsquadrate ist:

$$s(m_1, m_2) = \left[\begin{pmatrix} 2 \\ 5 \\ 6 \\ 10 \\ 14 \\ 9 \end{pmatrix} - \begin{pmatrix} m_1 \\ m_2 \\ m_1 \\ m_2 \\ m_1 \\ m_2 \end{pmatrix} \right]^2 = \left[\begin{pmatrix} 2 \\ 5 \\ 6 \\ 10 \\ 14 \\ 9 \end{pmatrix} - m_1 \begin{pmatrix} 1 \\ 0 \\ 1 \\ 0 \\ 1 \\ 0 \end{pmatrix} - m_2 \begin{pmatrix} 0 \\ 1 \\ 0 \\ 1 \\ 0 \\ 1 \end{pmatrix} \right]^2$$

$$=: \left[\vec{p} - m_1 \cdot \vec{o_1} - m_2 \cdot \vec{o_2} \right]^2$$

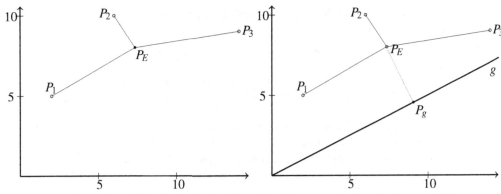

Abbildung 14.1: Punkt mit minimaler Abstandsquadratsumme in E und auf $g: y = 0.5 \cdot x$

Da $\vec{o}_1$ und $\vec{o}_2$ ein Orthogonalsystem bilden, kann die beste Näherung (zunächst 6-dimensional geschrieben) jetzt durch Orthogonalprojektion bestimmt werden:

$$\vec{m} = \vec{p}_E = \frac{\langle \vec{o}_1, \vec{p} \rangle}{\langle \vec{o}_1, \vec{o}_1 \rangle} \cdot \vec{o}_1 + \frac{\langle \vec{o}_2, \vec{p} \rangle}{\langle \vec{o}_2, \vec{o}_2 \rangle} \cdot \vec{o}_2 = \frac{22}{3} \cdot \vec{o}_1 + \frac{24}{3} \cdot \vec{o}_2$$

Damit ist $M(\frac{22}{3}|8)$ der gesuchte Punkt im $\mathbb{R}^2$. Die Rechnung zeigt, dass koordinatenweise die arithmetischen Mittel gebildet werden, es sich bei dem Punkt mit kleinster Abstandsquadratsumme also um den Schwerpunkt der Punktmenge handelt. Abbildung 14.1 zeigt zu den drei Punkten des Einstiegsproblems den Punkt mit minimaler Abstandsquadratsumme in der Ebene (also den Schwerpunkt des Systems) sowie auf der Geraden g mit der Gleichung $y = 0.5 \cdot x$. Man beachte, dass P_g zugleich die Orthogonalprojektion von P_E auf g, also die beste Approximation des Schwerpunkts auf der Geraden ist.

Aufgaben

1. Berechnen Sie zu den Punkten $P(1|9), Q(3|2), R(-2|5), S(-4|-1)$

   a) den Punkt M der Ebene mit minimaler Abstandsquadratsumme,
   (Tipp: benutzen Sie die Vektoren $(1|9|3|2|-2|5|-4|-1)$ sowie $(1|0|1|0|1|0|1|0)$ und $(0|1|0|1|0|1|0|1)$)

   b) den Punkt M_g auf der Ursprungsgerade mit Steigung $\frac{1}{2}$ mit minimaler Abstandsquadratsumme.
   (Tipp: benutzen Sie die Vektoren $(1|9|3|2|-2|5|-4|-1)$ und $(2|1|2|1|2|1|2|1)$)

   c) Zeichnen Sie alle Punkte und die Gerade in ein gemeinsames Koordinatensystem.

   d) Zeigen Sie, dass es sich bei M um den Schwerpunkt der Punktmenge und bei M_g um dessen Orthogonalprojektion auf die Gerade handelt.

2. a) Gehen Sie zum Vergleich mit dem oben genannten Beispiel folgendes Problem an:
   Zu den drei Punkten $P(2|5), Q(6|10), R(14|9)$ in der Ebene sei derjenige Punkt N gesucht, für den die Summe der Abstände von P, Q und R am kleinsten ist.

b) Begründen Sie, dass dies schwieriger und nicht formal auf ein Projektionsproblem im $\mathbb{R}^6$ transformierbar ist.

c) Was sagt Ihnen übrigens der Begriff Steiner-Punkt?

3. Untersuchen Sie der Einfachheit halber Punktmengen, die komplett auf einer Geraden liegen: Wo liegen da die Punkte mit minimaler Abstands- bzw. Abstandsquadratsumme?

4. (CAS) Lösen Sie mit Hilfe der Maple-Worksheets MA-2 und MA-3 weitere selbstgewählte Beispiele zur minimalen Abstandsquadratsumme von Punktmengen. Wählen Sie sowohl Fälle ohne als auch Fälle mit Beschränkung auf Unterräume. Untersuchen Sie auch Spezialfälle, in denen z.B. alle Punkte der Menge auf einer Geraden liegen.

14.4 Dimensionsreduktion bei Datenmengen

Zu einer Menge von Objekten seien diverse messtechnisch erfassbare und durch Zahlen auszudrückende Merkmale bekannt. Jedem Objekt sei ein n-dimensionaler Vektor zugeordnet, dessen Einträge diese Merkmale in vorgegebener Reihenfolge beschreiben. Dabei seien − wie in der Realität häufig der Fall − die Merkmale nicht notwendig stochastisch unabhängig, sondern Zusammenhänge zwischen manchen der Merkmale zu erwarten. Mit den Zielen

- die Objektmenge im $\mathbb{R}^2$ visuell darzustellen,

- die Datenmenge zu reduzieren, insbesondere wenn umfangreichere Folgerechnungen nötig sind, oder

- bestimmte Merkmalsausprägungen zu erkennen,

sollen die n-dimensionalen Merkmalsvektoren auf einen geeigneten zweidimensionalen Unterraum projiziert werden. Dabei sollen Unterschiede so weit als möglich erhalten bleiben, und natürlich sollen durch die Projektion keine vorher nicht vorhandenen Schein-Ballungen entstehen bzw. Zusammenhänge suggeriert werden.

Mögliche Einkleidungen

Die Objekte können Sterne sein, die Merkmale physikalische Größen wie Temperatur, Druck, Farbe (mittlere Frequenz des Emissionsspektrums), Alter und Größe. Mögliche Oberbegriffe, denen die einzelnen Sterne zugeordnet werden können, sind dann z.B. 'roter Riese' oder 'weißer Zwerg'.

Zahlreiche Anwendungen haben solche Analysen in der Biologie: Die Objekte sind z.B. Lilien, die in Zahlenlisten ausgedrückten Merkmale Breite und Länge der Blütenblätter, Breite und Länge der Fruchtblätter usw. Durch geeignete Projektionen in zweidimensionale Unterräume können dann zusammenhängende Gruppen sichtbar gemacht und als unterschiedliche Lilienarten klassifiziert werden.

Weitere Anwendungen finden sich überall dort, wo Personengruppen wegen der geplanten Weiterbehandlung in bestimmte 'Schubladen' sortiert werden sollen. Das gilt insbesondere bei jeder Form der Zielgruppenbestimmung im Rahmen von Marktanalysen, aber auch bei der Untersuchung von Sportlertypen, der Beitragseinstufung bei Versicherungsnehmern und vielem mehr.

Problem

Zu einer Gruppe von jungen Leichtathleten seien die folgenden Daten gegeben:

	S1	S2	S3	S4	S5	S6	S7	S8	S9	S10
Kugelstoßweite (m)	20	22	16	14	23	19	21	15	19	17
Diskuswurfweite (m)	65	69	51	45	72	68	71	53	70	58
Speerwurfweite (m)	90	90	70	70	93	85	88	62	91	65
100m-Geschw. (m/s)	9.5	7	9.8	7	8	9.2	7.3	10.1	9.5	10.3
400m-Geschw. (m/s)	8.5	6.5	9	6	7.8	8.8	7	9.1	8.9	9
Weitsprungweite (m)	8.5	6	8.7	5	6.7	8.0	7	8.8	8.3	8.9

Für die weitere Förderung soll nun entschieden werden, welche der Sportler sich eher auf Lauf-, welche auf Wurfdisziplinen spezialisieren sollten. Dazu werden alle Merkmalsvektoren auf einen zweidimensionalen Unterraum projiziert, dessen Basisvektoren so gewählt sind, dass sie

- einen reinen Werfer- und einen reinen Läufertypen repräsentieren (die also weltrekordverdächtig werfen aber keinen Zentimeter laufen können oder umgekehrt) und

- die Verhältnisse zwischen den einzelnen Werten grob richtig widerspiegeln.

$$\vec{b}_1 = \begin{pmatrix} 23 \\ 75 \\ 100 \\ 0 \\ 0 \\ 0 \end{pmatrix} \qquad \vec{b}_2 = \begin{pmatrix} 0 \\ 0 \\ 0 \\ 10.3 \\ 9.3 \\ 8.9 \end{pmatrix}$$

Berechnet man die Koeffizienten der Sportlerdaten bei Projektion auf diesen zweidimensionalen Unterraum, so ergibt sich folgendes Bild:

	S1	S2	S3	S4	S5	S6	S7	S8	S9	S10
Wurfkoeff.	0.887	0.909	0.693	0.662	0.943	0.869	0.904	0.661	0.915	0.696
Laufkoeff.	0.929	0.684	0.964	0.634	0.789	0.912	0.745	0.982	0.936	0.990

Eine Darstellung dieser reduzierten Sportlerdaten als Punkte in der Ebene macht deutlich, dass die Sportler S2, S5 und S7 sich auf Wurfdisziplinen spezialisieren sollten. Den Sportlern S3, S8 und S10 sind Läuferkarrieren zu empfehlen; die Sportler S1, S6 und S9 haben gute Aussichten im Zehnkampf und der Sportler S4 sollte eventuell ganz von der Leichtathletik absehen. Natürlich werden Notwendigkeit und Nutzen der Methode bei größeren Mengen von Objekten und umfangreicheren Datenlisten mit weniger offensichtlichen Abhängigkeiten erst richtig deutlich.[1]

---

[1] Bei der Umsetzung mit Schülern wurde die Sache dadurch besonders attraktiv, dass im Vorfeld statistische Erhebungen zum Beispiel zu deren Konsum- oder Freizeitverhalten durchgeführt wurden. So konnten die Schüler ihre eigene Gruppe zum Beispiel auf Klischees wie 'typisch Junge' oder 'typisch Mädchen' hin untersuchen.

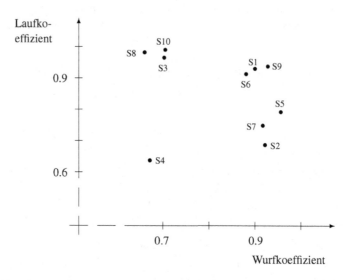

Abbildung 14.2: Graphik zu den Sportlerdaten im zweidimensionalen Unterraum

Aufgaben

1. Nachfolgende Tabelle gebe die Punkte eines realen Oberstufenschülers in den genannten Fächern an. In den Zeilen darunter stehen (Vorsicht: Klischee! Regen Sie sich ruhig auf oder schreiben ein Pamphlet gegen Schubladendenken.) die Daten eines „Fleiß-" und eines „Begabungs-Prototypen". Bestimmen Sie den Fleiß- und den Begabungskoeffizienten des realen Schülers.

Typ	Mathe	Biologie	Geschichte	Kunst	Japanisch	Sport
real	12	6	5	13	3	14
„Fleiß pur"	0	12	12	0	14	0
„Begabung pur"	13	0	0	14	0	14

2. Begründen Sie, dass es sich bei der Bildung des arithmetischen Mittels von n Werten (z.B. des Notendurchschnitts) um eine Orthogonalprojektion auf einen eindimensionalen Unterraum des $\mathbb{R}^n$ handelt. Auf welchen?

3. (CAS) Projizieren Sie einige der vier mittels der Tabelle auf der nächsten Seite erhobenen Datensätze GA, N, VL und B mit Hilfe des Maple-Worksheets DR auf zweidimensionale Unterräume. Wählen Sie dazu jeweils möglichst per se orthogonale Basisvektoren, die Ihren (hier ruhig einmal kühnen oder auch Klischee-haften) Vermutungen nach typische Zusammenhänge repräsentieren. Wählen Sie für die Zeichnungen dazu passende Achsenbezeichnungen. **Vorschläge für Basisvektoren** (hier als Zeilen geschrieben): „Größe" (175|22|40|0|0|0), „Alter" (0|0|0|216|12|1), „hochbegabt, aber fau'" (14|13|0|0|0|0|0|0|14| „talentfrei, aber sehr fleißig" (0|0|12|10|10|10|12|12|0|0), „typisch Frau..." (10|0|8|10|0|10|

„typisch Mann..." (0|10|0|0|10|0|10|10), „Typ Sicherheit" (1|0|0|1|0|1|1|0), „Typ Abenteuer" (0|1|1|0|1|0|0|1)

Zur Person		Ich mag ... (Skala von 0 bis 10)	
Körpergröße in cm		Mode	
Spannweite Hand in cm		Bier	
Schuhgröße		Pferde	
Alter in Monaten		Kosmetik	
Klasse		High-Tech-Geräte	
Anzahl Workshops bisher		Telefonieren	
		Autos	
Durchschnittsnote (z.B. 2.3)		Fußball	
Mathematik			
Physik / Chemie		Mir ist wichtig ... (s. o.)	
Biologie		Sicherheit	
Deutsch		Erfolg	
Englisch		Abwechslung	
Französisch / Latein		Gemeinschaft	
Geschichte		Unabhängigkeit	
Politik / Sozialkunde		Beständigkeit	
Kunst / Musik		Familie	
Sport		Abenteuer	

14.5 Näherungen in Raum und Zeit

Warnung:

Wenn man an Raum-Zeit denkt, denkt man an Relativitätstheorie. Dort spielen die Lorentz-Transformationen eine wichtige Rolle: Beim Wechsel zwischen Inertialsystemen (das heißt gleichförmig gegeneinander bewegten Systemen) bleibt die Summe

$$x^2 + y^2 + z^2 - c^2 t^2$$

x, y, z Ortskoordinaten

t Zeitkoordinate

c Lichtgeschwindigkeit

konstant. Diese Lorentz-invariante Norm ist allerdings wegen des Minus vor dem zeitabhängigen Term **keine euklidische Norm**, das heißt man kann die Methode der Approximation durch Orthogonalprojektion relativistisch gerade **nicht anwenden**.

Wenn wir im Folgenden über $x^2 + y^2 + z^2 + d^2 t^2$ festgelegte Normen mit einer Gewichtungskonstante d betrachten, taugt das zur Näherung von Ereignissen in Raum und Zeit, hat aber nichts mit Relativitätstheorie zu tun!

Vorbemerkung

Die in diesem Abschnitt vorgeschlagene Anwendung erfordert zur Vermeidung fachlicher Fehlvorstellungen eine Vorbemerkung: Auf die Frage, in welchem Kontext mehr als drei Dimensionen gebraucht werden könnten, gehört „Raum-Zeit" nach meinen Erfahrungen zu den häufigsten
Schülerantworten. Und wer an Raum-Zeit denkt, denkt meist zugleich an Relativitätstheorie.
Doch relativistisch sind euklidische Raum-Zeit-Normen – und mit Ihnen die im Zentrum unseres Interesses stehende Methode – ohne Bedeutung. Insofern lernen wir mit dieser 'Anwendung'
nichts über relativistische Physik!

„Die Truman Show"'

Vielleicht kennen Sie den Kinofilm „Die Truman Show"'. In dieser Satire auf eine von Medien
geprägte Welt findet das komplette Leben eines jungen Mannes (Jim Carrey) ohne dessen Wissen
in einer vollkommen künstlichen Welt statt und wird ununterbrochen live im Fernsehen übertragen: Nicht nur sind all seine Mitmenschen instruierte Schauspieler und Statisten, auch lebt er
unter einer riesigen Kuppel, in der Wetter, Sternenhimmel, Sonne und Mond simuliert werden.

   Nehmen wir für eine solche simulierte Welt Folgendes an: Anlässlich der ersten nächtlichen
Begegnung des Helden mit der als 'Erste große Liebe' vorgesehenen Schauspielerin soll eine
Sternschnuppe simuliert werden – sagen wir optimaler Weise zur Zeit T (23:00 Uhr) im Punkt
$\tilde{P}$ (Ortsvektor $\vec{p}$). Wie alle ungewöhnlichen Himmelsereignisse werden Sternschnuppen mittels
einer Art Gondel ausgelöst, die täglich um 20:00 Uhr mit fester Geschwindigkeit v_1 längs einer
festen Himmels-Geraden (Richtungsvektor $\vec{r}_1$) vom Ursprung aus startet. Diese wiederum kann
in vorgegebener Raumrichtung ($\vec{r}_2$) jederzeit Leuchtkörper abschießen, die mit fester Geschwindigkeit v_2 fliegen und zu beliebiger Zeit gezündet werden können. Gesucht wird nun die beste
auf diese Weise erreichbare Näherung des gewünschten Ereignisses in dem Sinne, dass weder die
zeitliche noch die räumliche Abweichung vom Optimalfall zu groß werden. Ein Zahlenbeispiel:

$$T = 3 \qquad v_1 = 10 \qquad v_2 = 3.5 \qquad \vec{p} = \begin{pmatrix} 6 \\ -5 \\ 10 \end{pmatrix} \qquad \vec{r}_1 = \begin{pmatrix} 3 \\ 0 \\ 4 \end{pmatrix} \qquad \vec{r}_2 = \begin{pmatrix} 2 \\ -6 \\ 3 \end{pmatrix}$$

(Zeit in Stunden ab 20:00 Uhr, Geschwindigkeiten in km/h, Ortskoordinaten in km)

   Das Problem kann mathematisch als Raum-Zeit-Problem im $\mathbb{R}^4$ aufgefasst werden, bei dem
die ersten drei Koordinaten den Raumkoordinaten entsprechen (in geeigneten Längeneinheiten)
und die vierte Koordinate der Zeit entspricht (in geeigneten Zeiteinheiten). Der optimale Raum-
Zeit-Punkt $\vec{p}$ muss dann aufgrund der beschriebenen Nebenbedingungen in einem zweidimensionalen Unterraum mit den Basisvektoren $\vec{b}_1$ und $\vec{b}_2$ approximiert werden.

$$\vec{p} = \begin{pmatrix} p_1 \\ p_2 \\ p_3 \\ T \end{pmatrix} \qquad \vec{b}_1 = \begin{pmatrix} k_1 \cdot r_{11} \\ k_1 \cdot r_{12} \\ k_1 \cdot r_{13} \\ 1 \end{pmatrix} \qquad \vec{b}_2 = \begin{pmatrix} k_2 \cdot r_{21} \\ k_2 \cdot r_{22} \\ k_2 \cdot r_{23} \\ 1 \end{pmatrix} \qquad \text{mit} \qquad k_i = \frac{v_i}{\|\vec{r}_i\|}$$

Im Beispiel:

$$\vec{p} = \begin{pmatrix} 6 \\ -5 \\ 10 \\ 3 \end{pmatrix} \qquad \vec{b}_1 = \begin{pmatrix} 6 \\ 0 \\ 8 \\ 1 \end{pmatrix} \qquad \vec{b}_2 = \begin{pmatrix} 1 \\ -3 \\ 1.5 \\ 1 \end{pmatrix}$$

Wenn wir wie sonst das Standardskalarprodukt zu Grunde legen, heißt das, wir nehmen die Zeit ebenso wichtig, wie jede einzelne Raumkomponente. Das ist aber in diesem Fall nicht unbedingt gewünscht oder sinnvoll. Durch eine leichte Variation können wir eine Gewichtung der Zeitkomponente gegenüber den Ortskomponenten einbauen, ohne dabei die Eigenschaften eines Skalarprodukt und damit die Theorie der Approximation durch Orthogonalprojektion aufgeben zu müssen: Ein geeignetes Skalarprodukt mit frei wählbarem Gewichtungsfaktor c als Maß für das Verhältnis zeitlicher gegenüber räumlichen Abweichungen ist:

$$\vec{p} \cdot \vec{b}_1 = 6 \cdot 6 + (-5) \cdot 0 + 10 \cdot 8 + c^2 \cdot 3 \cdot 1$$

Um die Orthogonalprojektion zerlegen und per Formel bestimmen zu können, muss man zu $\{\vec{b}_1, \vec{b}_2\}$ zunächst ein Orthogonalsystem bestimmen. Dabei ist darauf zu achten, dass man auch im Gram-Schmidtschen Verfahren das neue Skalarprodukt verwendet. Im Beispiel erhält man für die Werte 1, 3, 10 und 100 von c^2 die besten Approximationen:

$$\vec{p}_1 \approx \begin{pmatrix} 6.85 \\ -5.15 \\ 9.42 \\ 2.57 \end{pmatrix} \qquad \vec{p}_{\sqrt{3}} \approx \begin{pmatrix} 6.88 \\ -5.34 \\ 9.48 \\ 2.63 \end{pmatrix} \qquad \vec{p}_{\sqrt{10}} \approx \begin{pmatrix} 6.96 \\ -5.72 \\ 9.60 \\ 2.75 \end{pmatrix} \qquad \vec{p}_{10} \approx \begin{pmatrix} 7.08 \\ -6.37 \\ 9.80 \\ 2.95 \end{pmatrix}$$

Man sieht, wie die zeitliche Näherung mit wachsendem c auf Kosten der räumlichen immer besser wird:

Gewichtungsfaktor c	1	1.73	3.16	10
zeitlicher Fehler	26 min	22 min	15 min	3 min
relativ	14.4%	12.2%	8.3%	1.7%
räumlicher Fehler	1.04 km	1.08 km	1.26 km	1.76 km
relativ	8.2%	8.5%	9.9%	13.9%

Aufgaben

1. (CAS) Lösen Sie das Truman-Problem für die nachfolgenden Werte mit Hilfe des Maple-Worksheets RZ. Untersuchen Sie wiederum die Abhängigkeit des Approximations-Vektors vom Gewichtungsfaktor c.

$$T = 2 \qquad v_1 = 8 \qquad v_2 = 5 \qquad \vec{p} = \begin{pmatrix} 5 \\ -8 \\ 6 \end{pmatrix} \qquad \vec{r}_1 = \begin{pmatrix} 4 \\ -4 \\ 2 \end{pmatrix} \qquad \vec{r}_2 = \begin{pmatrix} -2 \\ 1 \\ 2 \end{pmatrix}$$

2. Zur Zeit $t_0 = 52.3$ wird am Ort $P(17|-5|8)$ des Universums ein besonderes astronomisches Ereignis erwartet. Eine Raumsonde, die Aufnahmen machen könnte, ist ohnehin in der Nähe unterwegs. Sie fliegt mit fester Geschwindigkeit auf einer geradlinigen Bahn. Ihre Raum-Zeit-Koordinaten sind zu jeder Zeit t gegeben durch:

$$\vec{x} = t \cdot \begin{pmatrix} 3 \\ -1 \\ 2 \\ 9 \end{pmatrix}$$

Für welche Zeit sollte die Sonde auf Aufnahmen programmiert werden?
Spielen Sie verschiedene Gewichtungsfaktoren c zwischen Orts- und Zeitkoordinaten durch. Beobachten Sie in Abhängigkeit davon die Entwicklung der jeweils besten Näherung.

3. Diskutieren Sie die Frage, inwieweit das Quadratmaß in Zusammenhang mit der Zeit je nach Anwendung problematischer ist als bei den Ortskoordinaten.

4. Zeige, dass eine Verknüpfung der Form

$$l : \mathbb{R}^4 \times \mathbb{R}^4 \to \mathbb{R} : \langle \begin{pmatrix} x_1 \\ y_1 \\ z_1 \\ t_1 \end{pmatrix}, \begin{pmatrix} x_2 \\ y_2 \\ z_2 \\ t_2 \end{pmatrix} \rangle := x_1 \cdot x_2 + y_1 \cdot y_2 + z_1 \cdot z_2 - c^2 \cdot t_1 \cdot t_2 \quad \text{für ein } c \in \mathbb{R},$$

wie sie als Erhaltungsgröße bei Lorentztransformationen in der Relativitätstheorie eine Rolle spielt, kein Skalarprodukt darstellt. Welche der Bedingungen (Symmetrie, Bilinearität, positive Definitheit) ist oder sind verletzt?

14.6 Anpassung von Funktionen an Messreihen

Sowohl naturwissenschaftliche Experimente als auch Datenerhebungen aus Politik und Wirtschaft führen häufig zu Messreihen, bei denen − insbesondere für mögliche Prognosen − ein gesetzmäßiger Zusammenhang gesucht ist. In vielen Fällen ist der Ansatz einer ganzrationalen Funktion vorgegebenen Grades sinnvoll. Dabei muss ein geeignetes Maß für die zu minimierende Gesamtabweichung der Punkte von der Kurve gefunden werden. Verbreitet ist die Summe der Quadrate der Abstände zwischen Punkten und Kurve in y-Richtung:

Ist $P_1(x_1|y_1), P_2(x_2|y_2), ..., P_n(x_n|y_n)$ eine Menge von Punkten im $\mathbb{R}^2$ und f_k mit $f_k(x) = a_0 + a_1 x + ... + a_k x^k$ eine ganzrationale Funktion vom Grad k, dann ist

$$d(P_i, f_k) = (y_1 - f_k(x_1))^2 + (y_2 - f_k(x_2))^2 + ... + (y_n - f_k(x_n))^2$$

ein Maß für die Abweichung der Punktmenge vom Funktionsgraphen. Bei vorgegebenem Grad k besteht das Problem darin, die Koeffizienten a_i des Polynoms so zu bestimmen, dass $d(P_i, f_k)$ minimal wird.

Zwischenaufgabe 1

Zu den Wertepaaren $P_1(1|3), P_2(2|11), P_3(3|25), P_4(4|50)$ ist die ganzrationale Funktion zweiten Grades gesucht, für die die Summe der Abweichungsquadrate in y-Richtung minimal ist. Zeigen Sie, dass der Ansatz, den Ausdruck für die Summe der Abweichungsquadrate partiell nach jedem a_i abzuleiten, auf ein Lineares 3x3-System führt.

Definiert man im $\mathbb{R}^n$ die Vektoren

$$\vec{y} = \begin{pmatrix} y_1 \\ y_2 \\ y_3 \\ .. \\ y_n \end{pmatrix} \qquad \text{und} \qquad \vec{x}^i = \begin{pmatrix} x_1^i \\ x_2^i \\ x_3^i \\ .. \\ x_n^i \end{pmatrix} \qquad \text{für} \qquad i \in \{0, 1, .., k\} \quad ;$$

dann kann das Problem der bestmöglichen Anpassung einer ganzrationalen Funktion vom Grad k wie folgt umformuliert werden: Im $\mathbb{R}^n$ ist die beste Approximation von $\vec{y}$ im von $\vec{x}^0, \vec{x}^1, ..., \vec{x}^k$ erzeugten Unterraum, also die Orthogonalprojektion von $\vec{y}$ auf diesen Unterraum, gesucht.

Zwischenaufgabe 2

Für die beste Approximation $\vec{y_A} = a_0\vec{x}^0 + a_1\vec{x}^1 + ... + a_k\vec{x}^k$ gilt also $\vec{x}^i \cdot (\vec{y} - \vec{y_A}) = 0$ für alle $i \in \{0, .., k\}$. Zeigen Sie oder überzeugen Sie sich an dem oben genannten Beispiel, dass dieser Ansatz auf dasselbe lineare Gleichungssystem für die Koeffizienten a_i führt wie der als Extremwertaufgabe in Zwischenaufgabe 1.

Die Anpassung ganzrationaler Funktionen an Punktmengen ist demnach ein Spezialfall unserer allgemeinen Theorie. Allerdings bilden die Vektoren $\vec{x}^0, \vec{x}^1, ..., \vec{x}^k$ in aller Regel kein Orthogonalsystem.

Problem

Zu den Wertepaaren $P_1(1|3), P_2(2|11), P_3(3|25), P_4(4|50)$ ist diejenige quadratische Funktion gesucht, für die die Summe der Abweichungsquadrate in y-Richtung minimal ist.

Lösungsansätze

Für eine beliebige quadratische Funktion f_2 mit $f_2(x) = a_0 + a_1x + a_2x^2$ hat die Summe der Abweichungsquadrate in y-Richtung die Form:

$$\begin{aligned} A(a_0, a_1, a_2) &= (3 - f_2(1))^2 + (2 - f_2(2))^2 + (25 - f_2(3))^2 + (50 - f_2(4))^2 \\ &= 14a_0^2 + 20a_1^2 + 354a_2^2 + 20a_0a_1 + 60a_0a_2 + 200a_1a_2 - 178a_0 \\ &\quad -600a_1 - 2144a_2 + 3255 \end{aligned}$$

Diese Funktion ist in Abhängigkeit von den drei Koeffizienten a_0, a_1, a_2 zu minimieren. (Dies geschieht durch Nullsetzen dreier so genannter partieller Ableitungen, führt also auf ein lineares 3×3-System.)

Man kann das Problem jedoch auch in vektorieller Form aufschreiben. Dazu schreibt man zunächst die ein wenig ergänzte Wertetabelle der Funktion auf (links) und findet dann mit deren

Spalten einen vektoriellen Ausdruck für den zu minimierenden Term (rechts):

x	y	x^0	x^2
1	3	1	1
2	11	1	4
3	25	1	9
4	50	1	16

$$A(a_0, a_1, a_2) = \left[\begin{pmatrix} 3 \\ 11 \\ 25 \\ 50 \end{pmatrix} - a_0 \begin{pmatrix} 1 \\ 1 \\ 1 \\ 1 \end{pmatrix} - a_1 \begin{pmatrix} 1 \\ 2 \\ 3 \\ 4 \end{pmatrix} - a_2 \begin{pmatrix} 1 \\ 4 \\ 9 \\ 16 \end{pmatrix} \right]^2$$

Anders ausgedrückt heißt das: Unter den Linearkombinationen der drei rechten Vektoren $\vec{x^0}, \vec{x^1}, \vec{x^2}$ ist diejenige gesucht, deren Abstandsquadratsumme vom linken Vektor $\vec{y}$ minimal ist. Oder: Im von den drei rechten Vektoren erzeugten Unterraum ist die beste Approximation des linken Vektors gesucht. Das aber ist nichts anderes als die Orthogonalprojektion, und die bestimmen wir durch Entwickeln über einer Orthogonalbasis!

Allerdings sind die durch Potenzieren der x-Werte gewonnenen Vektoren nicht von selbst orthogonal. Wir bestimmen also zunächst nach dem Gram-Schmidtschen Verfahren ein Orthonormalsystem mit demselben Erzeugnis:

$$\vec{o^0} = \vec{b^0} = \begin{pmatrix} 1 \\ 1 \\ 1 \\ 1 \end{pmatrix}$$

$$\vec{o^1} = \vec{b^1} - \frac{\vec{b^1} \cdot \vec{o^0}}{\vec{o^0} \cdot \vec{o^0}} \cdot \vec{o^0} = \begin{pmatrix} 1 \\ 2 \\ 3 \\ 4 \end{pmatrix} - \frac{10}{4} \begin{pmatrix} 1 \\ 1 \\ 1 \\ 1 \end{pmatrix} = \begin{pmatrix} -1.5 \\ -0.5 \\ 0.5 \\ 1.5 \end{pmatrix}$$

$$\vec{o^2} = \vec{b^2} - \frac{\vec{b^2} \cdot \vec{o^0}}{\vec{o^0} \cdot \vec{o^0}} \cdot \vec{o^0} - \frac{\vec{b^2} \cdot \vec{o^1}}{\vec{o^1} \cdot \vec{o^1}} \cdot \vec{o^1} = \begin{pmatrix} 1 \\ 4 \\ 9 \\ 16 \end{pmatrix} - \frac{30}{4} \begin{pmatrix} 1 \\ 1 \\ 1 \\ 1 \end{pmatrix} - \frac{25}{5} \begin{pmatrix} -1.5 \\ -0.5 \\ 0.5 \\ 1.5 \end{pmatrix} = \begin{pmatrix} 1 \\ -1 \\ -1 \\ 1 \end{pmatrix}$$

Dann entwickeln wir den Vektor der y-Werte über dieser Basis, um die Orthogonalprojektion $\vec{y_u}$ zu erhalten:

$$\vec{y_u} = \frac{\vec{y} \cdot \vec{o^0}}{\vec{o^0} \cdot \vec{o^0}} \cdot \vec{o^0} + \frac{\vec{y} \cdot \vec{o^1}}{\vec{o^1} \cdot \vec{o^1}} \cdot \vec{o^1} + \frac{\vec{y} \cdot \vec{o^2}}{\vec{o^2} \cdot \vec{o^2}} \cdot \vec{o^2} = \frac{89}{4} \begin{pmatrix} 1 \\ 1 \\ 1 \\ 1 \end{pmatrix} + \frac{77.5}{5} \begin{pmatrix} -1.5 \\ -0.5 \\ 0.5 \\ 1.5 \end{pmatrix} + \frac{17}{4} \begin{pmatrix} 1 \\ -1 \\ -1 \\ 1 \end{pmatrix} = \begin{pmatrix} 3.25 \\ 10.25 \\ 25.75 \\ 49.75 \end{pmatrix}$$

Allerdings interessieren uns die Einträge in den Vektoren gar nicht, sondern wir müssen zur

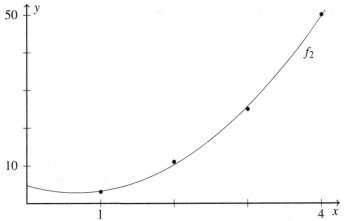

Abbildung 14.3: Punktmenge mit bester quadratischer Approximation

Beantwortung unserer eigentlichen Frage zurück transformieren:

$$
\begin{aligned}
\vec{y}_{u} &= \frac{89}{4} \cdot \vec{o^0} + \frac{31}{2} \cdot \vec{o^1} + \frac{17}{4} \cdot \vec{o^2} \\
&= \frac{89}{4} \cdot \vec{b^0} + \frac{31}{2} \cdot \left(\vec{b^1} - \frac{5}{2}\vec{b^0} \right) + \frac{17}{4} \cdot \left(\vec{b^2} - \frac{15}{2}\vec{b^0} - 5(\vec{b^1} - \frac{5}{2}\vec{b^0}) \right) \\
&= 4.75 \cdot \vec{b^0} - 5.75 \cdot \vec{b^1} + 4.25 \cdot \vec{b^2}
\end{aligned}
$$

Dies sind die Koeffizienten der gesuchten quadratischen Funktion. Die beste quadratische Näherung der vier Messwertpaare ist also f_2 mit

$$
f_2(x) = 4.75 - 5.75\, x + 4.25\, x^2 \; .
$$

Abbildung 14.3 zeigt die Punktmenge zusammen mit dem Graphen dieser Funktion. Da man alle Rechenschritte sehr gut programmieren kann, kann man die Methode per Computer auch für realistischere (und damit oft krumme) Daten, höhere Zahlen von Messwertpaaren (d.h. längere Spaltenvektoren) und höhere Grade rationaler Funktionen (d.h. mehr Vektoren im Erzeugendensystem) benutzen. Besonders was den letzten Punkt angeht, wächst der Rechenaufwand mit wachsendem Grad hier deutlich geringer, als er das bei der Lösung mittels Ableitungen und Gleichungssystem ($n \times n$ statt 3×3) täte.

Aufgaben

1. Bestimmen Sie diejenige quadratische Funktion, durch die die nachfolgenden Messwerte (im Sinne der euklidischen Norm) am besten angenähert werden. Zeichnen Sie die Messpunkte und den Funktionsgraph in ein gemeinsames Koordinatensystem.

x	0	1	2	4
y	6	3	1	4

2. Orthogonalisieren Sie das System der $\vec{x}^i$ aus Zwischenaufgabe 1. Halten Sie für die orthogonalen Vektoren $\vec{o}_i$ die zugehörige Linearkombination der $\vec{x}^i$ fest, aus der sie resultieren.

3. Entwickeln Sie $\vec{y}$ über dem Orthogonalsystem der $\vec{o}_i$. Schließen Sie von den erhaltenen Entwicklungskoeffizienten auf die Koeffizienten a_i der quadratischen Funktion zurück.

4. Zeichnen Sie die Punkte P_i mit dem Graphen der gefundenen quadratischen Funktion in ein Koordinatensystem.

5. (CAS) Die Maple-Worksheets KA-GL und KA lösen das entsprechende Problem für beliebige Punktmengen und Funktionsgrade – einmal durch Lösen des Linearen Gleichungssystems, einmal durch Entwicklung über Orthonormalbasis mit Rücktransformation. Rechnen Sie mit ihrer Hilfe zunächst das von Hand untersuchte Beispiel nach.

6. Die folgende Tabelle gibt die Entwicklung der Weltbevölkerung bis zur vierten Milliarde wieder.

Jahr	1804	1927	1960	1974
Weltbevölkerung in Milliarden	1	2	3	4

   a) Bestimmen Sie die beste ganzrationale Approximation zweiten (und falls ein CAS zur Verfügung steht auch dritten) Grades. Lesen Sie eine Prognose darüber ab, wann die Weltbevölkerung demzufolge die 5-Milliarden-Grenze hätte überschreiten müssen und wie groß sie 2011 hätte sein müssen.

   b) Tatsächlich überstieg die Weltbevölkerung 1987 erstmals 5 und 2011 erstmals 7 Milliarden. Vergleichen und diskutieren Sie.

7. Die folgende Tabelle gibt die Entwicklung der durchschnittlichen Oberflächentemperatur der Erde wieder. Bestimmen Sie die beste ganzrationale Approximation zweiten (und ggf. auch dritten) Grades. Lesen Sie jeweils eine Prognose darüber ab, welche Oberflächentemperatur im Jahr 2050 zu erwarten wäre und wann sie erstmals 20°C überstiege.

Jahr	1860	1900	1940	2000
Temperatur in °C	13,5	13,8	14,0	14,5

8. Die folgende Tabelle gibt die Körpergröße eines durchschnittlichen Neugeborenen in den ersten vier Jahren wieder. Bestimmen Sie die beste ganzrationale Approximation zweiten (und ggf. auch dritten) Grades. Lesen Sie jeweils eine Prognose für die Körpergröße mit 6 Jahren und das Überschreiten der 2m-Grenze ab.)

Alter in Jahren	0	1	2	3	4
Liegelänge in cm	50	76	88	97	105

9. Welche der Prognosen aus den letzten drei Aufgaben halten Sie am ehesten für realistisch, welche gar nicht? Woran liegt das?

10. Diskutieren Sie die Möglichkeiten, das Verfahren auch auf die Approximation von Punktmengen durch andere Funktionstypen (z.B. Exponentialfunktionen) zu übertragen.

14.7 Rückblickende Zusammenfassung

Den vier vorgestellten Anwendungen im $\mathbb{R}^n$ ist (als notwendige Voraussetzung für die Richtigkeit des Verfahrens) gemeinsam, dass die Quadratsummen- oder 2-Norm entweder ohnehin die naheliegendste oder im Rahmen der Problemstellung jedenfalls vertretbar ist. Deshalb können gute Approximationen durch Entwicklung über Orthonormalbasen bestimmt werden, was insbesondere dann zufriedenstellend ist, wenn die gefundenen Näherungen auch bezüglich anderer Kriterien gut sind. Die Vielzahl der vorgestellten Beispiele macht die Universalität des Verfahrens deutlich. Außerdem sind die verschiedenen Zugänge geeignet, verschiedene Charakteristika, Seitenaspekte oder Verallgemeinerungsmöglichkeiten der Methode aufzuzeigen.

Das Problem der Abstandsminimierung von Punktmengen in 14.3 lenkt den Blick am stärksten auf die Wahl der Norm: Im Rahmen von eingekleideten Extremwertaufgaben wäre die Betrags- oder 1-Norm naheliegender. Wir wählen sie dennoch nicht, weil das mit ihr verbundene Extremwertproblem nicht mittels der universellen Methode gelöst werden kann. Es führt sogar generell auf wesentlich schwierigere Problemstellungen (Kontext Steinerpunkt) und wird schon ab drei Punkten auch von Computeralgebrasystemen nur noch numerisch gelöst. Minimieren wir dagegen die Abstandsquadratsumme, können wir den optimalen Punkt durch Orthogonalprojektion und damit mittels eines gut programmierbaren Algorithmus bestimmen. Zudem hat auch der so gefundene Punkt eine besondere Bedeutung: Es handelt sich um den Schwerpunkt des Systems oder den unter der Wirkung mehrerer Federkräfte eingestellten Punkt (beziehungsweise um dessen beste Approximation in einem Unterraum).

Das Problem der Dimensionsreduktion bei Datenmengen in 14.4 macht deutlich, wie wichtig die geschickte Wahl des Unterraums und seiner Basis (hier die Menge der „Prototypen-Vektoren") ist. Rein rechentechnisch sollte die Basis nach Möglichkeit von vorne herein orthogonal gewählt werden, damit die Koeffizienten der Orthogonalprojektion voneinander unabhängig per Formel bestimmt werden können. Vor allem aber kann je nach Verteilung der Punkte im n-dimensionalen Raum die Projektion auf den einen Unterraum sehr aussagekräftig, die auf einen anderen dagegen ohne jede Aussage sein. Beim Problem der Datenreduktion hängt dies von der Frage ab, ob die unterstellten „Prototypen" tatsächlich vorkommen oder nicht. Man kann sich die Bedeutung der Wahl des Unterraums auch durch Analogien im zwei- oder dreidimensionalen Raum klar machen:

- Über einen Teich, auf dem die Seerosen fast ausschließlich innerhalb eines Streifens vom einen Ufer zum anderen verteilt sind, soll für Spaziergänger eine einzige, geradlinige Brücke gebaut werden. Dann wird man eine entlang des Streifens laufende Brücke jeder anderen vorziehen. Zur Erklärung braucht man sich nur die Orthogonalprojektionen der Seerosen-Punktmenge auf verschiedene Brückengeraden vorzustellen.

- Eine Punktmenge sei im Bereich $-1 \leq z \leq 1$ des $\mathbb{R}^3$ zufällig auf dem Mantel eines Zylinders mit Radius 1 um die z-Achse verteilt. Projiziert man diese Punktmenge auf die y-z-Ebene, so erscheint sie — mit Verdichtung an den seitlichen Rändern — als zufällig auf ein Quadrat verteilt. (Und wer in einer zum Ursprung hin geöffneten Höhle auf der x-Achse lebt, wird nie etwas anderes erfahren.) Projiziert man die Punktmenge dagegen auf die x-y-Ebene, so erblickt man eine zufällige und recht dichte Verteilung auf dem Einheitskreis.

Die Raum-Zeit-Probleme in 14.5 führen infolge der Gewichtungsfrage ganz natürlich auf eine leicht geänderte Norm. Dabei wird deutlich, dass dies nichts an der Anwendbarkeit des Verfahrens ändert, solange es sich um eine über ein Skalarprodukt definierte Norm handelt. Allerdings müssen sämtliche Schritte des Algorithmus konsequent auf dieses Skalarprodukt bezogen und sämtliche Begriffe in der entsprechender Weise gebraucht werden. Dann ist am Beispiel zu erproben, wie sich Änderungen am Skalarprodukt (und damit der Norm) auf die jeweils im zugehörigen Sinne beste Näherung auswirken. Unbedingt klar sein muss, dass in der Relativitätstheorie gerade keine euklidische Norm eine Rolle spielt, sondern die gegen Lorentz-Transformationen invariante Norm $x^2 + y^2 + z^2 - c^2 t^2$. Damit ist relativistisch betrachtet unsere Näherungsmethode wertlos — eine eindeutige Grenze des Verfahrens.

Die Anpassung ganzrationaler Funktionen an Punktmengen in 14.6 kann den Blick noch einmal auf die Norm lenken, denn auch hier ist die Summe der Abweichungsquadrate in y-Richtung nicht konkurrenzlos. In natürlicher Weise führt sie außerdem auf Zusammenhänge mit Fragen der (bequemen) Lösbarkeit von Gleichungssystemen, der Vorzüge orthogonaler Matrizen und der Anzahl von Rechenschritten bei konkurrierenden Verfahren. Zudem ist die hier erstmals auftretende Interpretation der Spaltenvektoren als Wertelisten von Funktionen die bezüglich der Anwendungen mit Abstand wichtigste. Damit bildet sie eine Überleitung auf die noch folgenden Kapitel zur Verarbeitung und Analyse von Signalen.

15 Verarbeitung digitaler Signale

Zu den aktuell relevantesten Anwendungen unserer übergeordneten Theorie zählt eine der Grundideen moderner Signalverarbeitung. Dieser Zusammenhang wird im folgenden Lernabschnitt unter Beschränkung auf eindimensionale, digitale Signale relativ geringen Umfangs und eine der einfachsten für die digitale Signalverarbeitung geeigneten Basen vermittelt: Hinter dem unter anderem im JPEG- und MP3-Format verwendeten Haar-Algorithmus steckt nichts anderes als die Approximation mittels Entwicklung über einer speziellen Orthogonalbasis. Die „Haar-Basis" ist ebenso schlicht wie genial konstruiert und bildet den Ausgangspunkt unserer Überlegungen.

Dabei stehen Spaltenvektoren ab sofort ausschließlich für die Wertelisten stückweise konstanter Funktionen. Zunächst machen wir uns mit deren Darstellung und systematischer Approximation über der Haar-Basis vertraut. Dann kommt das so genannte Thresholding hinzu: eine Methode des „Hinwegfegens" unwichtiger (weil kleiner) Details, für die das Signal in der Haar-Darstellung optimal vorbereitet ist. Thresholding erfordert in Form der Normerhaltung einen neuen formalen Schritt und automatisiert die Wahl des optimalen Unterraums. Auch sonst erfährt man am Beispiel der Haar-Approximation eine ganze Menge über Signalverarbeitung im Allgemeinen und die Frage „guter" Basen im Besonderen.

In Abschnitt 15.3 wird der eigentliche Haar-Algorithmus vorgestellt und in Zusammenhang mit der Haar-Basis gebracht. Dazu gehört auch die Frage, wie und in welchem Maße hier zusätzlich Rechenaufwand gespart wird. Das Potential dieser rein rechnerischen Erkenntnisse wird anschließend am Beispiel der Bildverarbeitung mit der optischen Wahrnehmung verknüpft, wozu die Erweiterung auf zweidimensionale Signale erläutert wird. Abschließend gehen wir auf die Haar-Wavelets als Funktionen und einfachstes Beispiel der „kleinen Wellen" ein, welche die Signalverarbeitung revolutioniert haben und ein in den letzten Jahrzehnten mit Hochdruck weiter verfolgtes Kapitel Mathematik darstellen.

15.1 Spaltenvektoren, digitale Signale und die Haar-Basis

In diesem Abschnitt werden die Spaltenvektoren auf eine einzige, besonders wichtige Bedeutung reduziert: Ab sofort steht ein Spaltenvektor mit 2^n Einträgen für die diskrete, stückweise konstante Funktion, die auf 2^n gleich breiten (äquidistanten) Intervallen des Einheitsintervalls $[0, 1[$ der Reihe nach die durch die Vektoreinträge gegebenen Werte annimmt und sonst überall Null ist (siehe Abbildung 15.1). Die Beschränkung auf Zweierpotenzen als Dimension hat praktische Gründe, die wenig später klar werden. Sie bedeutet keine wesentliche Einschränkung, weil man durch Strecken oder Stauchen und Zusammensetzen alle auf beschränkten Teilintervallen von $\mathbb{R}$ äquidistant stückweise konstanten Funktionen erhalten kann.

Warum hat diese Deutung der Spaltenvektoren als Wertelisten stückweise konstanter Funktionen in der jüngeren Mathematik so große Bedeutung erlangt? Das liegt daran, dass Signale aller

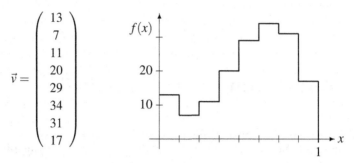

$$\vec{v} = \begin{pmatrix} 13 \\ 7 \\ 11 \\ 20 \\ 29 \\ 34 \\ 31 \\ 17 \end{pmatrix}$$

Abbildung 15.1: Zweierpotenz-Spaltenvektor und zugehörige Funktion über $[0, 1[$

Art letztlich Funktionen sind. Reelle Funktionen in einer Variablen repräsentieren eindimensionale Signale. Diese liegen entweder von vorn herein in diskreter Form vor oder wurden durch abschnittsweises Mitteln vorab diskretisiert. Den Verlauf dieser Funktionen akkurat zu analysieren, effizient zu kodieren, mit tolerierbaren Verlusten zu komprimieren, effektiv zu speichern, schnell zu übermitteln und sorgfältig zu rekonstruieren sind Ziele der Signalverarbeitung.

Ein Spaltenvektor der Länge acht kann für ein kurzes digitales Signal stehen. Dabei steckt hinter der üblichen Schreibweise nichts anderes als die Entwicklung über der Standard-Orthonormalbasis:

$$\begin{pmatrix} 1.3 \\ 0.7 \\ 1.1 \\ 2.0 \\ 2.9 \\ 3.4 \\ 3.1 \\ 1.5 \end{pmatrix} = 1.3 \begin{pmatrix} 1 \\ 0 \\ 0 \\ 0 \\ 0 \\ 0 \\ 0 \\ 0 \end{pmatrix} + 0.7 \begin{pmatrix} 0 \\ 1 \\ 0 \\ 0 \\ 0 \\ 0 \\ 0 \\ 0 \end{pmatrix} + 1.1 \begin{pmatrix} 0 \\ 0 \\ 1 \\ 0 \\ 0 \\ 0 \\ 0 \\ 0 \end{pmatrix} + 2.0 \begin{pmatrix} 0 \\ 0 \\ 0 \\ 1 \\ 0 \\ 0 \\ 0 \\ 0 \end{pmatrix} + 2.9 \begin{pmatrix} 0 \\ 0 \\ 0 \\ 0 \\ 1 \\ 0 \\ 0 \\ 0 \end{pmatrix} + \dots$$

Mit Blick auf das Ziel, den Speicherbedarf eines in dieser Weise beschriebenen (und in der Realität in aller Regel ungleich umfangreicheren) Signals zu reduzieren, gibt es im Wesentlichen zwei Möglichkeiten: Um etwa die Hälfte der Daten zu sparen, könnte man sich einerseits nur die ersten vier, andererseits nur die größten vier Komponenten merken. Das führt zu den Näherungen

$$\begin{pmatrix} 1.3 \\ 0.7 \\ 1.1 \\ 2.0 \\ 2.9 \\ 3.4 \\ 3.1 \\ 1.5 \end{pmatrix} \approx \begin{pmatrix} 1.3 \\ 0.7 \\ 1.1 \\ 2.0 \\ 0 \\ 0 \\ 0 \\ 0 \end{pmatrix} \quad \text{bzw.} \quad \begin{pmatrix} 1.3 \\ 0.7 \\ 1.1 \\ 2.0 \\ 2.9 \\ 3.4 \\ 3.1 \\ 1.5 \end{pmatrix} \approx \begin{pmatrix} 0 \\ 0 \\ 0 \\ 2.0 \\ 2.9 \\ 3.4 \\ 3.1 \\ 0 \end{pmatrix} \quad ,$$

die beide offensichtlich kaum einen Wert haben. Das heißt: Unter dem Gesichtspunkt der Datenersparnis ist die sonst elegante Standard-Orthonormalbasis wenig hilfreich.

Die Frage, welche Basen sich als hilfreicher erweisen könnten, ist historisch längst beantwortet und wird an dieser Stelle „verraten". Über die hinter der Antwort steckende Grundidee ist in Abschnitt 15.3 mehr zu erfahren.

Haar-Basis (un-normiert):

1909 führte der ungarische Mathematiker Alfred Haar (1888-1933) im Rahmen seiner Promotion bei David Hilbert eine Klasse von Funktionen ein, die sich später als grundlegend für die Verarbeitung digitaler Signale herausstellen sollten. In der Darstellungsweise über Spaltenvektoren (und für ausgesprochen kurze Signale, nämlich $j = 3$, $n = 2^3 = 8$) entspricht diesen Funktionen eine Basis des $\mathbb{R}^8$, die wir als „Haar-Basis" bezeichnen. Die Haar-Basis des $\mathbb{R}^8$ ist:

$$\left\{ \begin{pmatrix} 1 \\ 1 \\ 1 \\ 1 \\ 1 \\ 1 \\ 1 \\ 1 \end{pmatrix}, \begin{pmatrix} 1 \\ 1 \\ 1 \\ 1 \\ -1 \\ -1 \\ -1 \\ -1 \end{pmatrix}, \begin{pmatrix} 1 \\ 1 \\ -1 \\ -1 \\ 0 \\ 0 \\ 0 \\ 0 \end{pmatrix}, \begin{pmatrix} 0 \\ 0 \\ 0 \\ 0 \\ 1 \\ 1 \\ -1 \\ -1 \end{pmatrix}, \begin{pmatrix} 1 \\ -1 \\ 0 \\ 0 \\ 0 \\ 0 \\ 0 \\ 0 \end{pmatrix}, \begin{pmatrix} 0 \\ 0 \\ 1 \\ -1 \\ 0 \\ 0 \\ 0 \\ 0 \end{pmatrix}, \begin{pmatrix} 0 \\ 0 \\ 0 \\ 0 \\ 1 \\ -1 \\ 0 \\ 0 \end{pmatrix}, \begin{pmatrix} 0 \\ 0 \\ 0 \\ 0 \\ 0 \\ 0 \\ 1 \\ -1 \end{pmatrix} \right\}$$

Man erkennt schnell, dass die Haar-Vektoren paarweise orthogonal sind. Damit ist erstens sichergestellt, dass es sich tatsächlich um ein linear unabhängiges System (und damit wegen der Dimension um eine Basis) handelt, zweitens kann man die Entwicklungskoeffizienten nach der bekannten Formel für Orthogonalprojektionen auf eindimensionale Unterräume erhalten. Führt man dies für unseren Vektor von oben durch, ergibt sich:

$$\begin{pmatrix} 1.3 \\ 0.7 \\ 1.1 \\ 2.0 \\ 2.9 \\ 3.4 \\ 3.1 \\ 1.5 \end{pmatrix} = 2 \begin{pmatrix} 1 \\ 1 \\ 1 \\ 1 \\ 1 \\ 1 \\ 1 \\ 1 \end{pmatrix} - 0.725 \begin{pmatrix} 1 \\ 1 \\ 1 \\ 1 \\ -1 \\ -1 \\ -1 \\ -1 \end{pmatrix} - 0.275 \begin{pmatrix} 1 \\ 1 \\ -1 \\ -1 \\ 0 \\ 0 \\ 0 \\ 0 \end{pmatrix} + 0.425 \begin{pmatrix} 0 \\ 0 \\ 0 \\ 0 \\ 1 \\ 1 \\ -1 \\ -1 \end{pmatrix} + 0.3 \begin{pmatrix} 1 \\ -1 \\ 0 \\ 0 \\ 0 \\ 0 \\ 0 \\ 0 \end{pmatrix} + \ldots$$

Die Koeffizienten der letzten drei Vektoren sind -0.45, -0.25 und 0.8. Was sich ergibt, wenn man diesen Vektor durch Abbrechen nach der ersten Hälfte der Komponenten approximieren, ist auf der nächsten Seite berechnet. Abbildung 15.2 zeigt das Signal zusammen mit den drei bisher berechneten halb so umfangreichen Näherungen. Man erkennt unschwer, dass die letzte davon

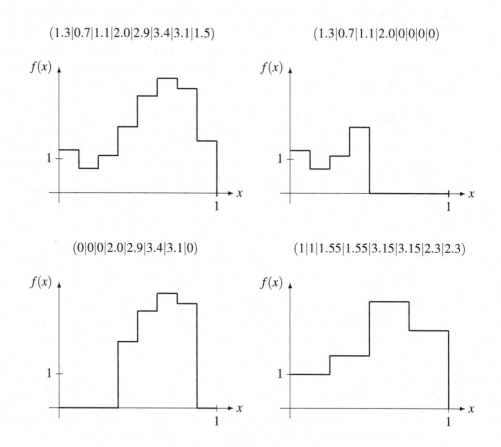

Abbildung 15.2: Originalsignal und drei Näherungen halben Speicherbedarfs

mit Abstand die brauchbarste ist.

$$
\begin{pmatrix} 1.3 \\ 0.7 \\ 1.1 \\ 2.0 \\ 2.9 \\ 3.4 \\ 3.1 \\ 1.5 \end{pmatrix} \approx 2 \begin{pmatrix} 1 \\ 1 \\ 1 \\ 1 \\ 1 \\ 1 \\ 1 \\ 1 \end{pmatrix} - 0.725 \begin{pmatrix} 1 \\ 1 \\ 1 \\ 1 \\ -1 \\ -1 \\ -1 \\ -1 \end{pmatrix} - 0.275 \begin{pmatrix} 1 \\ 1 \\ -1 \\ -1 \\ 0 \\ 0 \\ 0 \\ 0 \end{pmatrix} + 0.425 \begin{pmatrix} 0 \\ 0 \\ 0 \\ 0 \\ 1 \\ 1 \\ -1 \\ -1 \end{pmatrix} = \begin{pmatrix} 1 \\ 1 \\ 1.55 \\ 1.55 \\ 3.15 \\ 3.15 \\ 2.3 \\ 2.3 \end{pmatrix}
$$

Genau genommen gibt es noch eine bessere: Die Näherung über der Haar-Basis mit den vier betragsmäßig größten Komponenten. Für diese sind jedoch einige Zusatzüberlegungen nötig, denen wir den nächsten Abschnitt widmen wollen. Zuvor soll das bisher Gesagte geübt werden.

Aufgaben

1. Skizzieren Sie die Graphen der durch nachfolgende, hier waagerecht geschriebene Zweierpotenz-Vektoren beschriebenen Funktionen auf dem Einheitsintervall:

   a) $(2,5)$

   b) $(9,3,-5,-6)$

   c) $(1,2,2,3,17,17,16,5)$

   d) $(20,19,17,5,4,6,7,-3,-1,0,2,13,14,15,10,9)$

2. Geben Sie die passenden Spaltenvektoren zu den skizzierten Funktionsgraphen an:

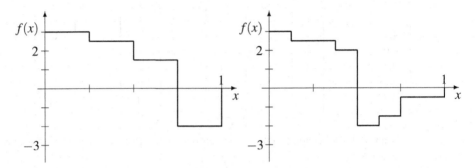

3. Zeigen Sie, dass die Vektoren des nachfolgenden Systems linear unabhängig und paarweise orthogonal, aber nicht normiert sind (d.h. nicht die Länge 1 haben).

$$\begin{pmatrix} 1 \\ 1 \\ 1 \\ 1 \end{pmatrix} \quad , \quad \begin{pmatrix} 1 \\ 1 \\ -1 \\ -1 \end{pmatrix} \quad , \quad \begin{pmatrix} 1 \\ -1 \\ 0 \\ 0 \end{pmatrix} \quad , \quad \begin{pmatrix} 0 \\ 0 \\ 1 \\ -1 \end{pmatrix}$$

4. Stellen Sie nachfolgenden Vektor als Linearkombination der oben angegebenen vier dar:

$$\begin{pmatrix} 9 \\ 3 \\ -5 \\ -6 \end{pmatrix}$$

5. Zeichnen Sie das durch den Vektor der letzten Aufgabe beschriebene Signal zusammen mit den zugehörigen Näherungen halben Speicherbedarfs über der Standard- und über der Haar-Basis.

6. Berechnen Sie die ersten vier Koeffizienten in der Haar-Darstellung des Vektors aus 1.c) und damit seine durch Abbruch nach vier Komponenten erzeugte Näherung.

15.2 Thresholding oder die Wahl optimaler Unterräume

Bei der Standard-Orthogonalbasis sind wir auf zwei naheliegende Möglichkeiten der Näherung mit halber Speicherkapazität eingegangen: Die letzten vier oder die betragsmäßig kleineren vier wegzulassen. Im Fall der Haar-Basis haben wir zur zweiten Möglichkeit noch nichts gesagt – warum nicht? Da die Vektoren der Haar-Basis in der oben angegebenen Form nicht die gleiche Länge haben, wäre es gar nicht fair, die Koeffizienten der zugehörigen Darstellung unmittelbar miteinander zu vergleichen: Die vorderen Koeffizienten werden tendenziell kleiner sein, weil die zugehörigen Vektoren selbst länger sind, die hinteren entsprechend kleiner.

Aus diesem Grund muss man vor dem Koeffizienten-Vergleich normieren. Man erhält auf Hundertstel gerundet (Koeffizient-Nenner der fehlenden letzten Teile: -0.64, -0.35, 1.13)

$$
\begin{pmatrix} 1.3 \\ 0.7 \\ 1.1 \\ 2.0 \\ 2.9 \\ 3.4 \\ 3.1 \\ 1.5 \end{pmatrix} = \frac{5.66}{2\sqrt{2}} \begin{pmatrix} 1 \\ 1 \\ 1 \\ 1 \\ 1 \\ 1 \\ 1 \\ 1 \end{pmatrix} - \frac{2.05}{2\sqrt{2}} \begin{pmatrix} 1 \\ 1 \\ 1 \\ 1 \\ -1 \\ -1 \\ -1 \\ -1 \end{pmatrix} - \frac{0.55}{2} \begin{pmatrix} 1 \\ 1 \\ -1 \\ -1 \\ 0 \\ 0 \\ 0 \\ 0 \end{pmatrix} + \frac{0.85}{2} \begin{pmatrix} 0 \\ 0 \\ 0 \\ 0 \\ 1 \\ 1 \\ -1 \\ -1 \end{pmatrix} + \frac{0.42}{\sqrt{2}} \begin{pmatrix} 1 \\ -1 \\ 0 \\ 0 \\ 0 \\ 0 \\ 0 \\ 0 \end{pmatrix} + \ldots
$$

und damit als Näherung mit halber Datenmenge wie in Abbildung 15.3 veranschaulicht:

$$
\begin{pmatrix} 1.3 \\ 0.7 \\ 1.1 \\ 2.0 \\ 2.9 \\ 3.4 \\ 3.1 \\ 1.5 \end{pmatrix} \approx \frac{5.66}{2\sqrt{2}} \begin{pmatrix} 1 \\ 1 \\ 1 \\ 1 \\ 1 \\ 1 \\ 1 \\ 1 \end{pmatrix} - \frac{2.05}{2\sqrt{2}} \begin{pmatrix} 1 \\ 1 \\ 1 \\ 1 \\ -1 \\ -1 \\ -1 \\ -1 \end{pmatrix} + \frac{0.85}{2} \begin{pmatrix} 0 \\ 0 \\ 0 \\ 0 \\ 1 \\ 1 \\ -1 \\ -1 \end{pmatrix} + \frac{1.13}{\sqrt{2}} \begin{pmatrix} 0 \\ 0 \\ 0 \\ 0 \\ 0 \\ 0 \\ 1 \\ -1 \end{pmatrix} = \begin{pmatrix} 1.275 \\ 1.275 \\ 1.275 \\ 1.275 \\ 3.15 \\ 3.15 \\ 3.1 \\ 1.5 \end{pmatrix}
$$

Was ist hier geschehen? Durch die Entscheidung, die betragsmäßig kleinere Hälfte der Koeffizienten wegzulassen, wurde von allen über die Haar-Basis erhaltbaren vierdimensionalen Unterräumen derjenige ausgesucht, der zur besten Approximation des gegebenen Signals führt. Dieser teilt das Einheitsintervall in die Abschnitte $[0, 0.5[$, $[0.5, 0.75[$, $[0.75, 0.875[$ und $[0.875, 1[$.

> **Thresholding, Schwellenwert und Kompressionsrate:**
> Als Thresholding (etwa „Schwellenfegen") bezeichnet man in der Signalverarbeitung das Nullsetzen aller Koeffizienten, deren Betrag unter einem Schwellenwert ε liegen. Damit dies sinnvoll ist, müssen sich die Koeffizienten auf eine normierte Orthogonalbasis (Orthonormalbasis) beziehen. ε wird entweder vorgegeben oder ergibt sich indirekt aus der gewünschten Kompressionsrate, das heißt dem relativen Anteil der nicht vernachlässigten Koeffizienten. Alternativ kann auch die „Zahl der Nullen" direkt angegeben sein.

In unserem Beispiel von Seite 242 ist die gewählte Kompressionsrate 0.5, die Zahl der Nullen vier und es ergibt sich ein Schwellenwert aus dem Intervall $]0.64, 0.85]$. In Abbildung 4.8 findet

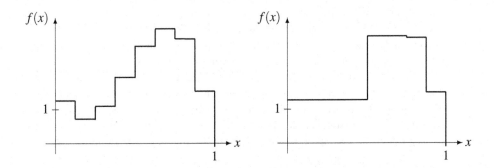

Abbildung 15.3: Originalsignal und beste Haar-Näherungen halben Speicherbedarfs

man weitere Näherungen desselben Signals mit unterschiedlichen anderen Schwellenwerten.

Aufgaben

1. Normieren Sie die Haar-Basis von Aufgabe 3 auf Seite 241.

2. Berechnen Sie zum Vektor aus Aufgabe 4 (S. 241) die Entwicklungskoeffizienten zur normierten Haar-Basis und führen dann Thresholdings mit den Schwellenwerten $\varepsilon = 0.6$, $\varepsilon = 1$ und $\varepsilon = 7$ aus. Berechnen Sie die resultierenden Näherungen.

3. Zeichnen Sie das Originalsignal von Aufgabe 4 (S.241) und die drei gerade berechneten Näherungen. Geben Sie zu jeder Näherung die Kompressionsrate an.

4. Bestimmen Sie zum Signal von Seite 242 die Näherungen und zugehörigen Kompressionsraten der Schwellenwerte $\varepsilon = 0.5$, $\varepsilon = 1$ und $\varepsilon = 1.5$. Wie muss man den Schwellenwert wählen, um eine Kompressionsrate von 0.25 zu erreichen?

15.3 Haar-Algorithmus und Reduktion von Rechenaufwand

Einstiegsaufgaben

1. Karl merkt sich die Nummer seines Fahrradschlosses so: Sie ist zusammengesetzt aus zwei zweistelligen Zahlen. Deren Mittelwert ist 50 und die erste ist um 30 größer als die zweite. Wie lautet die Nummer von Karls Fahrradschloss?

2. Geben Sie allgemein Terme zur Berechnung zweier Zahlen a und b an, deren arithmetisches Mittel m und deren Differenz $d = a - b$ gegeben sind.

Die in den Einstiegsaufgaben steckende Idee bildet den Kern des Haar-Algorithmus und damit eines der erfolgreichsten Kompressionsverfahren der heutigen Zeit: „Merke Dir anstelle zweier Zahlen deren Mittelwert und deren Differenz." In diesem Abschnitt geht es um die Frage, worin das Erfolgsrezept dieser schlichten Idee besteht, wie man sie systematisieren und programmieren kann und wie dabei Speicher- und Rechenkapazität gespart werden.

Zunächst ist keine Verbesserung auszumachen: Merke ich mir statt 21 und 27 den Mittelwert 24 und die Differenz -6, sind das nach wie vor zwei Zahlen! Allerdings wird die Differenz klein sein, wann immer die ursprünglichen Werte nah beieinander liegen — und das ist für aufeinander folgende Werte von Signalen ausgesprochen häufig der Fall. Zudem kann man für längere Ketten von Zahlen den Vorgang systematisch wiederholen, indem man mit aufeinander folgenden Mittelwerten wieder genauso verfährt: Das Ausgangssignal (21, 27, 40, 38) ersetzt man im ersten Schritt durch zwei sogenannte „Approximationskoeffizienten" 24 und 39 (das sind die Mittelwerte) und zwei „Detailkoeffizienten" -6 und 2 (das sind die Differenzen). Im zweiten Schritt ersetzt man die beiden Approximationskoeffizienten 24 und 39 wiederum durch den Approximationskoeffizient 31.5 und den Detailkoeffizient -15 und so weiter.

Dabei gibt es einen großen Vorteil und ein kleineres Problem. Der Vorteil: Man kann sicher sein, dass Mittelwerte von Mittelwerten zugleich Mittelwerte des Ganzen sind, das heißt 31.5 ist zugleich das arithmetische Mittel von 21, 27, 40 und 38. Durch Ausnutzen der bereits berechneten Teil-Mittel wurde es nur effektiver berechnet. Das Problem: Die Quadrat-Norm ist nicht erhalten, es ist zum Beispiel $21^2 + 27^2 > 24^2 + 6^2$. Normerhaltung ist jedoch wegen der Fehlerkontrolle wichtig: Es muss sichergestellt sein, dass eine kleine Veränderung des transformierten Signals auch nur eine kleine Veränderung des Ursprungssignals zur Folge hat. Beim Thresholding heißt das insbesondere, dass der Vergleich der „auszumistenden" Koeffizienten fair sein muss. (Für eine ausführliche Darstellung vergleiche Abschnitt 4.5.)

Wir gucken uns deshalb die Quadratsumme von arithmetischem Mittel und Differenz genauer an: Es ist

$$\left(\frac{a+b}{2}\right)^2 + (a-b)^2 = \left(\frac{a^2+2ab+b^2}{4}\right) + \left(a^2-2ab+b^2\right) \quad ,$$

das heißt es „stört", dass der gemischte Term nicht wegfällt. Dieser würde wegfallen, wenn der erste Summand verdoppelt und den zweite halbiert würde. Es ist

$$\left(\frac{a^2+2ab+b^2}{4}\right) \cdot 2 + \left(a^2-2ab+b^2\right) \cdot \frac{1}{2} = a^2+b^2 \quad ,$$

das heißt mit den Korrekturfaktoren 2 und $\frac{1}{2}$ sorgt man genau für Normerhaltung. Nun muss man nur noch auf die Korrekturfaktoren der quadrierten Ausgangsdaten zurück schließen und findet

$$\left[\frac{a+b}{2} \cdot \sqrt{2}\right]^2 + \left[(a-b) \cdot \frac{1}{\sqrt{2}}\right]^2 = \left(\frac{a+b}{\sqrt{2}}\right)^2 + \left(\frac{a-b}{\sqrt{2}}\right)^2 = a^2+b^2 \quad .$$

Damit haben wir das gesamte Rüstzeug des Haar-Algorithmus beisammen und brauchen nur noch ein wenig Systematik, die hier am Beispiel vorgemacht wird:

Signal	(	7		8		10		17		16		15		4		5	)
1. Transform.	(	$-1/\sqrt{2}$		$-7/\sqrt{2}$		$1/\sqrt{2}$		$-1/\sqrt{2}$		$15/\sqrt{2}$		$27/\sqrt{2}$		$31/\sqrt{2}$		$9/\sqrt{2}$	)
2. Transform.	(	$-1/\sqrt{2}$		$-7/\sqrt{2}$		$1/\sqrt{2}$		$-1/\sqrt{2}$		$-12/2$		$22/2$		$42/2$		$40/2$	)
3. Transform.	(	$-1/\sqrt{2}$		$-7/\sqrt{2}$		$1/\sqrt{2}$		$-1/\sqrt{2}$		$-12/2$		$22/2$		$2/2\sqrt{2}$		$82/2\sqrt{2}$	)

Im ersten Schritt werden die acht Koeffizienten des Ausgangssignals durch vier Detailkoeffizienten (Eintrag 1 bis 4) und vier Approximationskoeffizienten (Eintrag 5 bis 8) ersetzt (Differenzen und Mittelwerte, jeweils mit Korrekturfaktoren zur Normerhaltung). Im zweiten Schritt bleiben die Detailkoeffizienten stehen, die vier Approximationskoeffizienten werden durch zwei Detailkoeffizienten (Eintrag 5 und 6) und zwei Approximationskoeffizienten zweiter Ordnung (Eintrag 7 und 8) ersetzt. Im dritten (und bei $2^3 = 8$ Einträgen letzten) Schritt werden schon nur noch die beiden Approximationskoeffizienten verändert. Für das Zahlenbeispiel aus den letzten beiden Abschnitten ergibt sich (auf Hundertstel gerundet):

Signal	(1.3	0.7	1.1	2.0	2.9	3.4	3.1	1.5)
1. Transformation	(0.42	−0.64	−0.35	1.13	1.41	2.19	4.46	3.24)
2. Transformation	(0.42	−0.64	−0.35	1.13	−0.55	0.85	2.55	5.45)
3. Transformation	(0.42	−0.64	−0.35	1.13	−0.55	0.85	−2.05	5.66)

Dies sind, in etwas anderer Reihenfolge, exakt die Entwicklungskoeffizienten, die wir für die normierte Variante der Haar-Basis gefunden haben (vergleiche Seite 242). Sie wurden allerdings mit reduziertem Rechenaufwand bestimmt: Während dort acht scheinbar unabhängige Terme der aus der Projektionsformel stammenden Form

$$\frac{\vec{v} \cdot \vec{e}}{\vec{e} \cdot \vec{e}}$$

mit achtdimensionalen Vektoren zu berechnen waren, wird hier die Tatsache genutzt, dass man zum Beispiele die Mittelwerte von je zwei beziehungsweise vier Teilwerten schon berechnet hat und weiterverwenden kann, wenn der Mittelwert von allen achten zu berechnen ist. Insofern ist der Algorithmus nichts anderes als eine geschickte Form der Koeffizienten-Verwaltung bei der Transformation diskreter Signale mittels Haar-Basis. Die Entwicklung über der Haar-Basis kostet so viele Rechenschritte, wie die Haar-Vektoren insgesamt von Null verschiedene Einträge haben. Bei Dimension 8 sind dies $8 + 2 \cdot 4 + 4 \cdot 2 = 32$ und für $n = 2^j$ allgemein

$$n \cdot (\log_2(n) + 1)$$

Rechenschritte (vergleiche Aufgabe 10 auf Seite 247). Bestimmt man die Entwicklungskoeffizienten eines Vektors über der Haar-Basis dagegen mittels des Haar-Algorithmus, erfordert dies so viele Rechenschritte, wie Approximations- und Detail-Koeffizienten berechnet werden müssen. Das sind bei Dimension 8 $8 + 4 + 2 = 14$ und allgemein bei Dimension n

$$2n - 2$$

Rechenschritte (vergleiche Aufgabe 9 auf Seite 247). Demnach ist das Berechnen der Koeffizienten per Algorithmus besonders für große n dem Entwickeln mittels Projektionsformel deutlich vorzuziehen (vergleiche Abbildung 15.4). Der Haar-Algorithmus ist also bezüglich des Rechenaufwands deutlich überlegen. Er ist zwar längst nicht für alle Aspekte der Signalverarbeitung gut, aber im gezielten Auffinden einzelner Sprungstellen ist er unübertroffen. Das lässt sich grob auch wie folgt erklären:

Vergleich von Entwicklung und Algorithmus bezüglich der Rechenschritte:
Entwickelt man einen Vektor mit $n = 2^j$ Einträgen per Projektionsformel über der Haar-Basis, so erfordert das $n \cdot (\log_2(n) + 1) = 2^j \cdot (j+1)$ Rechenschritte (Komplexität $n \cdot \ln(n)$). Wendet man stattdessen den Haar-Algorithmus an, um die Entwicklungskoeffizienten zu bestimmen, erfordert das nur $2n - 2 = 2^{j+1} - 2$ Rechenschritte (Komplexität n).

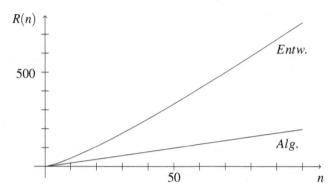

Abbildung 15.4: Vergleich des Rechenaufwands bei Haar-Basis-Entwicklung und Haar-Algorithmus

Vergleichen wir für eine diskrete Funktion mit $n = 2^j$ Werten, die innerhalb ihres Definitionsbereichs $[0; 1[$ nur einen markanten Sprung aufweist, Darstellungen über der Standard-Orthonormalbasis und über der Haar-Basis hinsichtlich ihrer Fähigkeit, die fragliche Stelle herauszufiltern. Die Verwendung der Standard-Orthonormalbasis entspricht einem Vorgehen, bei dem zum Aufspüren der Sprungstelle schlicht alle 2^j Werte berechnet werden. Geht man zu einer Verfeinerung des Signals über, erhöht also j um 1, dann verdoppelt sich die Zahl der nötigen Rechenschritte.

Die Verwendung des Haar-Algorithmus läuft dagegen darauf hinaus, im ersten Schritt zu klären, ob die Sprungstelle in der linken oder rechten Intervall-Hälfte liegt. Im zweiten Schritt wird dann das fragliche Teilintervall wieder halbiert und so weiter. Mit jedem Schritt wird also der Spielraum für die fragliche Stelle halbiert. Eine Verfeinerung des Signals in Form einer Erhöhung von j um 1 macht deshalb nur einen weiteren Rechenschritt erforderlich.

Effizienz des Haar-Algorithmus beim Auffinden von Sprungstellen:
Der Aufwand zum Auffinden markanter Stellen in Signalen wächst bei der Standard-Darstellung linear mit der Anzahl der Teilintervalle n und exponentiell mit dem Grad der Verfeinerung j. Bei Verwendung des Haar-Algorithmus wächst er nur logarithmisch mit n und linear mit j.

Aufgaben

1. Führen Sie für die folgenden Wertelisten den Haar-Algorithmus von Hand durch:

   a) $(2,5)$ b) $(9, 3, -5, -6)$

2. (CAS) Führen Sie für die folgende Werteliste den Haar-Algorithmus mittels des Maple-Worksheets HWT-TH durch:
$(1,2,2,3,17,17,16,5)$

3. (CAS) Erproben Sie den Haar-Algorithmus mit Hilfe des Maple-Worksheets an selbstgewählten Beispielen mit 16 oder 32 Werten.

4. Überprüfen Sie anhand der Beispiele aus Aufgabe 1 die Normerhaltung, das heißt die Tatsache, dass die Summe der Quadrate der Einträge in jedem Schritt der Transformation gleich ist.

5. Führen Sie den Haar-Algorithmus aus den Aufgaben 1 und 2 einschließlich Thresholding (mit selbstgewählter Schwelle) und Rücktransformation durch. (Ein Beispiel findet sich auf Seite 85.) Bestimmen Sie jeweils die Kompressionsrate und sehen sich den Unterschied zwischen Signal und Approximation an.

6. Zeigen Sie allgemein:
$$\left(\frac{a+b}{\sqrt{2}}\right)^2 + \left(\frac{a-b}{\sqrt{2}}\right)^2 = a^2 + b^2$$

7. Stellen Sie für
$$c = \left(\frac{a+b}{\sqrt{2}}\right)^2 \quad \text{und} \quad d = \left(\frac{a-b}{\sqrt{2}}\right)^2$$
die Terme zur Rückberechnung von a und b aus c und d auf.

8. Wo findet man in der letzten Stufe des Haar-Algorithmus vom Signal aus Aufgabe 1.b) die Koeffizienten der Entwicklung über der normierten Haar-Basis aus Aufgabe 2 von Seite 2 wieder?

9. Bei Dimension $n = 2^j$ erfordert der Haar-Algorithmus $n + \frac{n}{2} + \frac{n}{2^2} + \ldots + \frac{n}{2^{j-1}}$ Schritte. Schreiben Sie diesen Term mit Hilfe des Summenzeichens kürzer und berechnen die Summe unter Ausnutzung des Zusammenhangs zwischen n und j.

10. Die Haar-Basis der Dimension $n = 2^j$ hat $n + 2 \cdot \frac{n}{2} + 2^2 \cdot \frac{n}{2^2} + \ldots + 2^{j-1} \cdot \frac{n}{2^{j-1}}$ von Null verschiedene Einträge. Schreiben Sie diesen Term mit Hilfe des Summenzeichens kürzer und berechnen die Summe unter Ausnutzung des Zusammenhangs zwischen n und j.

11. Setze die Tabelle fort:

Exponent j	0	1	2	...
Dimension $n = 2^j$	1	2	4	...
Schritte der Haar-Basis-Entwicklung $(n \cdot j)$	0	2	8	...
Schritte des Haar-Algorithmus $(2n - 2)$	0	2	6	...

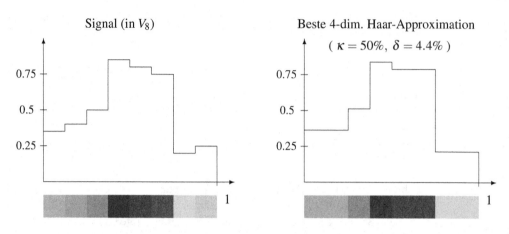

Abbildung 15.5: 8-Pixel-Signal mit seiner Haar-Approximationen zu $\varepsilon = 0.05$

15.4 Digitale Bildverarbeitung

Eine der Hauptanwendungen des Haar-Algorithmus ist die Bildverarbeitung. Bilder erfordern ungleich größere Datenmengen als Texte: Von den importierten Abbildungen abgesehen hat die Datei zu diesem Buch einen Speicherbedarf von wenigen 100KB. Ein einziges Farbfoto nimmt dagegen etwa 2MB auf der Speicherkarte einer Digitalkamera ein; und da haben die ersten, implementierten Kompressionsverfahren schon stattgefunden (vergleiche Aufgabe 1 auf Seite 250).

Im JPEG2000-Format können die meisten Farbbilder ohne merkliche Qualitätsverluste von diesen 2MB auf zweistellige KB-Zahlen komprimiert werden. Wesentlichen Anteil an dieser Reduktion auf etwa 2% hat die Anwendung des Haar-Algorithmus, der hierzu allerdings noch auf zweidimensionale Signale erweitert werden muss. Diesen Vorgang wollen wir uns im Folgenden an sehr einfachen Beispielen klar machen: Wir beschränken uns erstens auf Schwarz-Weiß-Bilder, zweitens auf lächerlich kleine Pixel-Zahlen wie etwa $4 \cdot 4 = 16$.

In Abbildung 15.5 ist ein eindimensionales digitales Signal als winziger Ausschnitt eines Bildes interpretiert (acht benachbarte Pixel einer Zeile). Rechts daneben ist die beste vierdimensionale Näherung dargestellt, die durch Haar-Approximationen dritter Ordnung und Thresholding mit einer Schwelle von ε=0.05 entsteht. Kompressionsrate und Fehler sind mit angegeben.

Verarbeitung zweidimensionaler Signale

Anhand der extrem kleinen Pixel-Zahlen, mit denen hier gerechnet wird, lässt sich das Ausmaß der Kompressionsmöglichkeiten natürlich nicht wirklich vermitteln. Stattdessen sei auf die verarbeiteten Schwarz-Weiß-Bilder am Ende des Abschnitts hingewiesen. Betrachtet man zum Beispiel die alleroberste Zeile des Bildes in Abbildung 4.15, so enthält diese nur zwei echte Sprünge. Anstelle der dreistelligen Pixelzahl braucht man für diese Zeile also vereinfacht ausgedrückt nur zwei Mittelwerte und zwei Detailkoeffizienten zu speichern.

Hinzu kommt, dass bei zweidimensionalen Bildern in der Regel ganze Flächen einen mehr oder weniger konstanten Grauwert haben, dass also auch in vertikaler Richtung eine Menge Information gespart werden kann. Dazu muss der Haar-Algorithmus so ausgebaut werden, dass er auf zweidimensionale digitale Signale angewendet werden kann und Veränderungen in zweierlei Raumrichtungen in den Blick nimmt. Die Idee dazu ist folgende:

Grundbausteine der Zerlegung sind nun nicht mehr Paare, sondern Matrix-förmige Vierertupel von Pixelwerten. Im ersten Schritt des Algorithmus speichert man zu jedem solchen Tupel einen Durchschnitts- und drei Detailwerte ab. Ist der Ausschnitt des Original-Signals

$$\begin{pmatrix} p & q \\ r & s \end{pmatrix},$$

so speichert man stattdessen folgende Werte ab:

$$a = \frac{p+q+r+s}{2} \qquad d_h = \frac{p+q-r-s}{2} \qquad d_v = \frac{p-q+r-s}{2} \qquad d_d = \frac{p-q-r+s}{2}$$

Bei dem Approximationskoeffizienten a handelt es sich um den doppelten Mittelwert der vier Pixelwerte. Die drei Detailwerte könnten Horizontal-, Vertikal- und Diagonal-Koeffizient genannt werden, weil sie nach Konstruktion jeweils dazu geeignet sind, Kanten der entsprechenden Richtung hervorzuheben. Die Nenner sind wieder so gewählt, dass die Quadratsummennorm erhalten bleibt. Es gilt $a^2 + d_h^2 + d_v^2 + d_d^2 = p^2 + q^2 + r^2 + s^2$ und für den Darstellungswechsel:

$$\begin{pmatrix} p & q \\ r & s \end{pmatrix} = a \cdot \frac{1}{2} \begin{pmatrix} 1 & 1 \\ 1 & 1 \end{pmatrix} + d_h \cdot \frac{1}{2} \begin{pmatrix} 1 & 1 \\ -1 & -1 \end{pmatrix} + d_v \cdot \frac{1}{2} \begin{pmatrix} 1 & -1 \\ 1 & -1 \end{pmatrix} + d_d \cdot \frac{1}{2} \begin{pmatrix} 1 & -1 \\ -1 & 1 \end{pmatrix}$$

In weiteren Schritten verfährt man dann mit den Approximationskoeffizienten wie zuvor mit den Original-Einträgen, fasst also der Reihe nach ganze 4×4-, 8×8-, 16×16-Matrizen zusammen und so weiter. Die Formeln für die Rücktransformation sind auch im Algorithmus für den zweidimensionalen Fall wieder symmetrisch (vergleiche Aufgabe 2 auf Seite 250).

Folgendes Zahlenbeispiel mit nur einer zunächst vertikal und dann diagonal verlaufenden klaren Kante liefert nach Thresholding mit $\varepsilon = 2$ eine Approximation mit $\kappa = 43.8\%$ Kompressionsrate und $\delta = 7.9\%$ relativem Fehler. Die zugehörigen Grauwertbilder zeigt Abbildung 15.6.

$$\left(\begin{array}{cc|cc} 8 & 8 & 9 & 0 \\ 7 & 8 & 8 & 1 \\ \hline 7 & 7 & 7 & 1 \\ 8 & 7 & 1 & 2 \end{array}\right) \rightarrow \left(\begin{array}{cc|cc} 15.5 & 9 & 0.5 & 0 \\ 14.5 & 5.5 & -0.5 & 2.5 \\ \hline -0.5 & 8 & 0.5 & 1 \\ 0.5 & 2.5 & -0.5 & 3.5 \end{array}\right) \rightarrow \left(\begin{array}{cc|cc} 22.25 & 2.25 & 0.5 & 0 \\ 7.75 & -1.15 & -0.5 & 2.5 \\ \hline -0.5 & 8 & 0.5 & 1 \\ 0.5 & 2.5 & -0.5 & 3.5 \end{array}\right)$$

$$\downarrow \text{Thresholding}$$

$$\left(\begin{array}{cc|cc} 8.06 & 8.06 & 8.19 & 0.19 \\ 8.06 & 8.06 & 8.19 & 0.19 \\ \hline 6.94 & 6.94 & 7.31 & 1.31 \\ 6.94 & 6.94 & 1.31 & 2.31 \end{array}\right) \leftarrow \left(\begin{array}{cc|cc} 16.13 & 8.38 & 0 & 0 \\ 13.88 & 6.13 & 0 & 2.5 \\ \hline 0 & 8 & 0 & 0 \\ 0 & 2.5 & 0 & 3.5 \end{array}\right) \leftarrow \left(\begin{array}{cc|cc} 22.25 & 2.25 & 0 & 0 \\ 7.75 & 0 & 0 & 2.5 \\ \hline 0 & 8 & 0 & 0 \\ 0 & 2.5 & 0 & 3.5 \end{array}\right)$$

Die Bilder auf Seite 252 und 253 wurden mit der Numerischen Computer-Umgebung MatLab bearbeitet. Dort können eigene Bilder eingespeist und Erfahrungen mit deren Qualitätsänderung

Abbildung 15.6: 16-Pixel-Bild: Original und Approximation ($\kappa \approx 44\%$)

bei Kompression gesammelt werden. Dabei sind sowohl der Typ der Näherung als auch Parameter wie die Anzahl der Zerlegungsschritte oder die Kompressionsrate variierbar. Zur erhaltenen Approximation wird auch der relative Fehler ausgegeben.

Aufgaben

1. Eine handelsübliche Digitalkamera liefert standardmäßig Bilder mit etwa 2000 mal 3000 Pixeln. Es gibt drei Farbkanäle (rot, blau und grün); pro Pixel und Kanal werden durchschnittlich 2 Byte benötigt. Überschlagen Sie den Speicherbedarf eines solchen Bildes, wenn keinerlei Kompression stattfindet. Vergleichen Sie ihn mit dem des Bibeltextes. (Eine Seite Text braucht knapp 1KB.)

2. Überprüfen Sie für die Koeffizienten aus dem zweidimensionalen Haar-Algorithmus auf Seite 249 die Normerhaltung $a^2 + d_h^2 + d_v^2 + d_d^2 = p^2 + q^2 + r^2 + s^2$.

3. Geben Sie für die Koeffizienten aus dem zweidimensionalen Haar-Algorithmus auf Seite 249 an, wie man aus a und den d_i auf p zurückrechnet.

4. Führen Sie für die nachfolgenden Grau-Wert-Matrizen einen beziehungsweise zwei Schritte des zweidimensionalen Haar-Algorithmus von Hand durch. Nehmen Sie dann ein Thresholding mit $\varepsilon = 1.8$ vor und rechnen zurück (Rückrechnungsformeln siehe Seite 94).

$$
\text{a)} \quad \begin{pmatrix} 7 & 8 \\ 2 & 1 \end{pmatrix} \qquad \text{b)} \quad \begin{pmatrix} 7 & 8 & 8 & 1 \\ 8 & 8 & 9 & 0 \\ 7 & 7 & 1 & 0 \\ 6 & 2 & 1 & 1 \end{pmatrix}
$$

5. (CAS) Sehen Sie sich mit Hilfe der Maple-Worksheets SWA-G und SWA-TH die Haar-Approximationen verschiedener einfachster Schwarz-Weiß-Bilder an — einmal abhängig vom Entwicklungsgrad des Algorithmus, einmal mit Thresholding.

6. Abbildung 15.8 auf Seite 252 zeigt das Hauptgebäude der RWTH Aachen vierfach, jeweils bereits per Haar-Algorithmus einschließlich Thresholding Approximiert. Der Reihe nach wurden die 96%, 99%, ... betragsmäßig kleinsten Werte weggelassen. Diskutieren Sie Qualität und Merkmale der Approximationen.

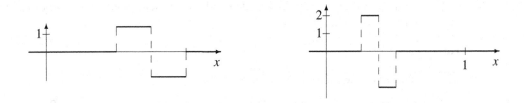

Abbildung 15.7: Funktionen $\psi_{2,2}$ und $\psi_{3,2}$ zu Haar-Vektoren

7. Abbildung 15.9 auf Seite 15.5 wurde auf ähnliche Weise erzeugt. Diskutieren Sie Qualität und Merkmale der Approximationen. Diskutieren Sie außerdem die beiden 99%-Versionen im Vergleich. Welche Abbildung ist Ihrer Meinung nach weniger gut zu komprimieren?

15.5 Alfred Haar und die ersten „kleinen Wellen"

Vielleicht haben Sie schon einmal von „Wavelets" gehört und davon, dass diese einen wichtigen und ausgesprochen erfolgreichen Teil moderner Mathematik ausmachen[1]. „Wavelets" kann man etwa mit "kleine Wellen" übersetzen. Der Begriff wurde erst in den 1980er Jahren in die Mathematik eingeführt; und doch hat Alfred Haar schon 1909 die ersten, einfachsten und bis heute relevanten dieser „kleinen Wellen" beschrieben.

In diesem Teilkapitel wird in aller Kürze die Frage beantwortet, inwiefern die Haar-Vektoren von Seite 239 den Namen „kleine Wellen" verdient haben. Das verschafft erstens einen kleinen Einblick, worum sich die Mathematik von heute unter anderem kümmert, zweitens bedeutet es eine Vorbereitung auf die noch ausstehende erneute Erweiterung unserer übergeordneten Methode der Approximation durch Orthogonalprojektion auf Funktionen.

Im ganzen Kapitel stand ein (hier in Zeilenform geschriebener) Vektor wie $(13|7|11|20|29|34|31|17)$ für die Funktion, die auf $\frac{1}{8}$-Intervallen in $[0,1[$ der Reihe nach die Werte $13, 7, 11, \ldots$ und sonst überall den Wert 0 annimmt. Wofür stehen dann Haar-Vektoren wie $2 \cdot (0|0|1|-1|0|0|0|0)$ oder $\sqrt{2} \cdot (0|0|0|0|1|1|-1|-1)$? (Die Vorfaktoren nehmen wir im Augenblick einfach zur Kenntnis, ihre Eignung wird im nächsten Kapitel klar.)

Abbildung 15.7 zeigt die zu den angegebenen Haar-Vektoren gehörenden Funktionen, die wir mit $\psi_{2,2}$ und $\psi_{3,2}$ bezeichnen. Allgemein meint $\psi_{j,k}$ mit $k \in \{1, 2, \ldots, 2^{j-1}\}$ diejenige Funktion, die nur auf dem k-ten von 2^{j-1} gleich breiten Teilen des Einheitsintervalls von Null verschiedene Werte annimmt, und zwar dort je zur Hälfte $2^{\frac{j-1}{2}}$ und $-2^{\frac{j-1}{2}}$. Mit dieser Schreib- und Bezeichnungsweise sollen Sie sich in den abschließenden Aufgaben vertraut machen.

Der Graph von $\psi_{j,k}$ ist eine eckige, aus Berg und Tal zusammengesetzte „kleine Welle" im Einheitsintervall. Je größer j, desto schmaler und höher ist diese Welle, und je größer k, desto weiter rechts liegt sie. Alle $\psi_{j,k}$ gehen durch Stauchungen und Verschiebungen in x-Richtung sowie Streckungen in y-Richtung aus einer „Mutterwelle" hervor, dem so genannten Ur-Wavelet. Die Wavelets von heute sind komplizierter geformt und weniger scharf abgegrenzt, aber der

---

[1]Zur Bedeutung der Wavelets für die angewandte und reine Mathematik siehe Seite 95.

Grundverlauf, eine Reihe von Eigenschaften und die Existenz eines Mutter- oder Ur-Wavelets sind dieselben (vergleiche Abbildung 5.9).

Aufgaben

1. Zeichnen Sie die Haar-Wavelets $\psi_{3,4}$ und $\psi_{4,3}$.

2. Benennen Sie das abgebildete Haar-Wavelet und ergänzen Sie in der Beschriftung den passenden y-Wert:

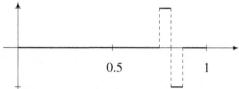

3. Geben Sie die Intervalle an, in denen $\psi_{4,7}$ die Werte 0, k, und $-k$ hat.

4. (CAS) Sehen Sie sich mit Hilfe des Maple-Worksheets HWs Haar-Wavelets verschiedener Grade an, um sich mit deren Verlauf und der Bedeutung der Indizierungen vertraut zu machen.

Abbildung 15.8: Gebäude mit 96%, 99%, 99.94% und 99.97% Datenersparnis

Abbildung 15.9: Baumbild mit 96%, 99%, 99.92% und 99.97% Datenersparnis

16 Analoge Signale und Funktionenräume

Bisher haben wir uns bei der Darstellung der zentralen Idee komplett auf den Vektorraum $\mathbb{R}^n$ und die Vorstellung von Spaltenvektoren (einschließlich deren Interpretation als diskrete Funktionen) beschränkt. In diesem Kapitel verlassen wir den Vektorraum $\mathbb{R}^n$ und die Vorstellung von den Spaltenvektoren; denn viele Signale liegen nicht in digitaler, sondern in analoger Form vor und sollten auch in dieser Weise analysiert und genähert werden. Deshalb wenden wir uns den stetigen oder stückweise stetigen Funktionen zu. Diese sind Ihnen aus der Schule zwar recht gut bekannt – nicht jedoch als Elemente eines Vektorraums.

Der Übergang vom Diskreten zum Stetigen und von Spaltenvektoren zu Vektorräumen von Funktionen bedeutet einen großen und abstrakten Schritt. Die Grundidee ist Ihnen allerdings schon bei den Einführungen in die Differential- und Integralrechnung begegnet: Wir gehen zu immer mehr, immer schmaleren Teilintervallen über und schauen uns an, was im Grenzübergang passiert. Dies führt auf ein geeignetes Skalarprodukt und damit auf eine „Norm" für Funktionen und ihre Unterschiede. Sogar von der „Orthogonalität" zweier Funktionen wird gesprochen und man kann sich ein Stück weit damit vertraut machen, was dies heißt. Vor allem aber kann man das Verfahren der Approximation durch Orthogonalprojektion anwenden und so gute Näherungen von analogen Signalen erhalten.

In theoretischer Hinsicht macht der Übergang zu Vektorräumen stetiger Funktionen zahlreiche Zusatzüberlegungen nötig. Einige davon sind eher formal und wir nehmen sie auf: Skalarprodukt und Norm sind über Integrale definiert und wir schränken uns auf Funktionen ein, zu denen diese Integrale existieren. Auch identifizieren wir ganze Klassen von Funktionen, damit ausschließlich das Null-Element die Norm Null hat. Grundsätzlicher sind mit der Dimension zusammenhängende Fragen: „Die meisten" Funktionenräume haben die Dimension Unendlich. Eine erschöpfende Behandlung müsste den Begriff des Hilbertraums[1] einschließen. Dieser Problematik gehen wir gezielt aus dem Weg, indem wir uns in den Anwendungen stets auf endliche Teilräume beschränken. Nichtsdestotrotz sieht man den endlichen Basen an, wie es weiterginge und welche Schwierigkeiten beim unendlichen Übergang auftauchen könnten.

16.1 Analog statt digital, stetig statt diskret

Im letzten Kapitel wurden Spaltenvektoren als Wertelisten diskreter Funktionen aufgefasst und über der Haar-Basis dargestellt. Die Bedeutung dieses Vorgehens liegt darin, dass diskrete Funktionen unter anderem digitale Signale repräsentieren und die Haar-Basis eine Orthogonalbasis ist, durch die viele Signale in optimaler Weise auf die Kompression mit geringem Qualitätsverlust vorbereitet werden.

---

[1] Hilberträume sind euklidische Vektorräume unendlicher Dimension, die auch die Grenzwerte aller in ihnen definierten Cauchy-Folgen enthalten.

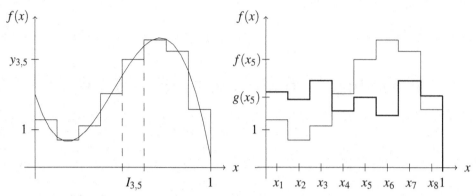

Abbildung 16.1: L: Stetige Funktion und dyad. Digitalisierung (Grad 3), R: Zwei diskrete Funktionen

Nun sind aber nicht alle Signale digital, sondern auch viele analog. Digitalisierung ist dann zwar möglich, kann aber ein uneffektiver Umweg oder − wenn es bei Signalart und Verarbeitung gerade auf die analogen Eigenschaften ankommt − gar ein unangemessener Gewaltakt sein. Bei akustischen Signalen zum Beispiel haben Sie womöglich schon davon gehört, dass es ausgesprochene „Analog-Fans" gibt. Analoge Signale werden durch stetige Funktionen repräsentiert.

Aus diesen Gründen ist es erstrebenswert, die Methode der Approximation durch Orthogonalprojektion auf stetige Funktionen zu erweitern. Das wollen wir in diesem Kapitel erreichen und dazu im ersten Schritt einen Blick auf die Zusammenhänge zwischen diskreten und stetigen Funktionen werfen. Mit Blick auf die über dem Einheitsintervall stückweise konstanten Funktionen (Abbildung 15.1) ist zunächst klar: Legt man statt eines 8-dimensionalen zum Beispiel einen 256- oder 1024-dimensionalen Vektor zugrunde und teilt damit das Einheitsintervall in entsprechend viele Abschnitte, ist der zugehörige diskrete Funktionsgraph von einem stetigen kaum mehr zu unterscheiden. (Wer einen graphikfähigen Taschenrechner benutzt, hat entsprechende Bilder schon oft gesehen.)

Umgekehrt kann man zu jeder stetigen Funktion eine brauchbare diskrete Näherung bestimmen, wenn man ihre Werte auf hinreichend vielen, hinreichend kleinen Teilabschnitten durch geeignete Konstanten ersetzt. Diese Konstanten können den minimalen oder maximalen Werten im Intervall entsprechen wie bei der Unter- und Obersumme zur Einführung des Integrals. Geeignet sind jedoch auch Mittelwerte, die man bei Kenntnis der Stammfunktion durch Integration bestimmen kann. In Abbildung 16.1 links ist zum Beispiel $y_{3,5} = 8 \cdot \int_{\frac{1}{2}}^{\frac{5}{8}} f(x)\,dx$.

Aufgaben

1. Berechnen Sie jeweils den Mittelwert auf dem Einheitsintervall

   a) einer diskreten Funktion, die auf Achteln des Einheitsintervalls der Reihe nach die Werte 3, 5, 6, 2, −1, −2, 0 und 1 annimmt, und

   b) der durch $f(x) = 50 \cdot x \cdot (x - 0.3) \cdot (x - 0.8) + 2$ gegebenen Funktion.

2. Berechnen Sie zur durch $f(x) = x^2$ gegebenen Funktion die Mittelwerte auf den vier Vier-

teln des Einheitsintervalls.

3. (CAS) Sehen Sie sich mit Hilfe des Maple-Worksheets **Dig** die Digitalisierung unterschiedlicher Funktionen an. Dazu können beliebige Funktionsterme eingegeben und der Grade (Exponent der Zweierpotenz) der Zerlegung frei gewählt werden.

16.2 Funktionen als Vektoren – Vektorräume von Funktionen

Unser aktuelles Ziel ist, die Theorie der Bestimmung guter Approximationen durch Entwicklung über Orthonormalbasen auf stetige und stückweise stetige Funktionen zu übertragen, um damit in der Verarbeitung analoger Signale weiter zu kommen. Notwendige Voraussetzung dafür wäre allerdings, dass wir die stetigen Funktionen als Elemente eines Vektorraums mit Skalarprodukt betrachten können (denn sonst wäre nicht einmal definiert, was „orthogonal" heißt oder wann eine Näherung „gut" ist).

Zur Frage des Skalarprodukts kommen wir erst in Abschnitt 16.3. Dass sich aber große Klassen von Funktionen nach den Gesetzen eines Vektorraums über $\mathbb{R}$ addieren und skalarmultiplizieren lassen, sehen wir uns schon jetzt an. Vermutlich haben Sie im rechnerischen Umgang mit Funktionen die meisten Vektorraum-Axiome schon längst einmal benutzt, ohne darüber nachzudenken. Um präsent zu haben, was in einem Vektorraum über $\mathbb{R}$ so alles gelten muss, wiederholen wir hier die grobe Beschreibung von Seite 12.3: Wenn Funktionen Elemente eines Vektorraums über $\mathbb{R}$ sein sollen,

- müssen sie sich addieren und mit reellen Zahlen multiplizieren lassen, wobei die Ergebnisse wieder Funktionen sind,

- müssen für die Addition und Skalarmultiplikation Kommutativ-, Assoziativ- und Distributivgesetze gelten,

- muss es eine bezüglich der Addition neutrale („wirkungslose") Funktion f_{Null} geben und zu jeder Funktion f eine inverse Funktion $-f$, so dass $f + (-f) = f_{Null}$ gilt,

- muss das 0-fache jeder Funktion die neutrale Funktion und das 1-fache jeder Funktion die Funktion selbst sein.

Um all dies untersuchen zu können, definieren wir zunächst in der naheliegendsten Weise, wie Funktionen addiert und mit reellen Zahlen multipliziert werden: Zu zwei Funktionen f und g und einer reellen Zahl r,

$$f : \mathbb{R} \to \mathbb{R} : x \mapsto f(x) \quad , \quad g : \mathbb{R} \to \mathbb{R} : x \mapsto g(x) \quad \text{und} \quad r \in \mathbb{R} \quad ,$$

sind die Summen und reellen Vielfachen definiert als

$$f + g : \mathbb{R} \to \mathbb{R} : x \mapsto f(x) + g(x) \quad \text{und} \quad r \cdot f : \mathbb{R} \to \mathbb{R} : x \mapsto r \cdot f(x) \quad .$$

Am Beispiel

$$f : \mathbb{R} \to \mathbb{R} : x \mapsto x^2 - 3 \quad , \quad g : \mathbb{R} \to \mathbb{R} : x \mapsto \sin(x) \quad \text{und} \quad r = 4$$

heißt das

$$f+g : \mathbb{R} \to \mathbb{R} : x \mapsto x^2 - 3 + \sin(x) \qquad \text{und} \qquad 4 \cdot f : \mathbb{R} \to \mathbb{R} : x \mapsto 4 \cdot (x^2 - 3)$$

oder in abkürzender Schreibweise

$$(f+g)(x) = x^2 - 3 + \sin(x) \qquad \text{und} \qquad (4 \cdot f)(x) = 4 \cdot (x^2 - 3) = 4x^2 - 12 \quad .$$

Aufgaben

1. Geben Sie zu den Funktionen f, g, h mit $f(x) = 3^x$, $g(x) = 2\cos(x + \pi)$ und $h(x) = (x-1)^3$ und den reellen Zahlen $r = -2$, $s = \sqrt{3}$ die Terme der folgenden Funktionen an:
   a) $f + h$ b) $h - g$ c) $s \cdot h$ d) $(r + s) \cdot f$ e) $r \cdot (f - 2 \cdot h)$

2. Schreiben Sie jeweils ein konkretes Beispiel für die folgenden sechs Vektorraum-Axiome mit Funktionen f, g, h und reellen Zahlen r, s auf:

$$\begin{aligned}
f + g &= g + f & (f + g) + h &= f + (g + h) \\
(r \cdot s) \cdot f &= r \cdot (s \cdot f) & 1 \cdot f &= f \\
r \cdot (f + g) &= r \cdot f + r \cdot g & (r + s) \cdot f &= r \cdot f + s \cdot f
\end{aligned}$$

Bisher sind wir davon ausgegangen und haben auch die Beispiele so gewählt, dass alle beteiligten Funktionen auf ganz $\mathbb{R}$ definiert sind. Vielleicht haben Sie bei den Beispielen zu Aufgabe 2 auch Funktionen mit eingeschränktem Definitionsbereich benutzt. Das ist jedoch kein grundsätzliches Problem: Man muss nur beachten, dass die Definitionsmenge einer Funktionssumme $f + g$ als Schnittmenge der Definitionsmengen von f und g gegeben ist.

Mit dieser Einschränkung gelten die sechs Vektorraum-Axiome aus Aufgabe 2 „ohne weiteres" für auf beliebigen (aber gleichen) Teilmengen der reellen Zahlen definierte Funktionen ebenso wie für beliebige Teilmengen aller Funktionen. Bei den übrigen vier Vektorraum-Axiomen muss man genauer hinsehen und einzeln prüfen; denn sie hängen von der jeweiligen Auswahl der Funktionen ab. Dies sind:

- Abgeschlossenheit bezüglich der Addition: Ist die Summe zweier Funktionen einer Klasse sicher eine Funktion derselben Klasse?

- Abgeschlossenheit bezüglich der Multiplikation mit Skalaren: Gehört jedes Vielfache jeder Funktion immer noch zur gleichen Klasse von Funktionen?

- Existenz des neutralen Elements bezüglich der Addition (Nullfunktion): Gehört zur Klasse der Funktionen auch die Nullfunktion f_{Null} mit $f_{Null}(x) = 0$ für alle x aus dem Definitionsbereich?

- Existenz des inversen Elements bezüglich der Addition: Gehört mit jeder Funktion f auch die additive Inverse $-f$ zur selben Funktionenklasse?

Zusammenfassend lässt sich sagen: Damit es sich bei einer Klasse von Funktionen um einen Vektorraum handelt, müssen die einschränkenden Eigenschaften sich linear fortpflanzen, auf die Nullfunktion und mit jeder Funktion f auch auf $-f$ zutreffen. Sobald eine dieser Aussagen nicht gilt, handelt es sich nicht um einen Vektorraum.

Beispiele

(A) Die Menge aller auf $\mathbb{R}^{>0}$ definierten, stetigen Funktionen bildet einen Vektorraum; denn

- die Summe solcher Funktionen ist ebenfalls auf $\mathbb{R}^{>0}$ definiert und dort stetig,

- reelle Vielfache solcher Funktionen sind ebenfalls auf $\mathbb{R}^{>0}$ definiert und dort stetig,

- die durch $f(x) = 0$ gegebene Nullfunktion ist auf $\mathbb{R}^{>0}$ (sogar auf ganz $\mathbb{R}$) definiert und dort stetig,

- wenn f auf $\mathbb{R}^{>0}$ definiert und dort stetig ist, gilt dies auch für $-f$.

(B) Die Menge aller surjektiven Funktionen bildet keinen Vektorraum; denn:

- Die Nullfunktion ist nicht surjektiv, so dass das neutrale Element bezüglich der Addition fehlt.

- Die Summe zweier surjektiver Funktionen ist nicht notwendig surjektiv (Beispiel: $f(x) = x$ und $g(x) = -x$).

Bisher haben wir noch nichts über die Dimension von Funktionenräumen gesagt. Das tun wir auch nicht in vollem Umfang, sondern beschränken uns konsequent und konstruktiv auf die Erzeugnisse endlich vieler Funktionen. (Das heißt nicht, dass man den endlich vielen Erzeugenden-Funktionen nicht − wie ja auch der Haar-Basis − ansehen könnte, wie das System abzählbar unendlich fortzusetzen wäre.)

Lineares Erzeugnis, lineare Unabhängigkeit und Dimension bei Funktionenräumen

- Als lineares Erzeugnis $\langle\langle f_1, f_2, \ldots, f_n \rangle\rangle$ eines Systems von Funktionen $f_1, f_2, \ldots, f_n$ bezeichnen wir die Menge aller Funktionen f, die sich als Linearkombination

$$f = r_1 \cdot f_1 + r_2 \cdot f_2 + \ldots + r_n \cdot f_n \qquad \text{mit} \qquad n \in \mathbb{N} \text{ und } r_i \in \mathbb{R}$$

darstellen lassen.

- Ein System von Funktionen $f_1, f_2, \ldots, f_n$ heißt linear unabhängig, wenn gilt:

$$r_1 \cdot f_1 + r_2 \cdot f_2 + \ldots + r_n \cdot f_n = f_{Null} \quad \Leftrightarrow \quad r_1 = r_2 = \ldots = r_n = 0$$

Andernfalls heißt es linear abhängig.

- Ein linear unabhängiges System von Funktionen $f_1, f_2, \ldots, f_m$ ist eine Basis des von ihm erzeugten Vektorraums $\langle\langle f_1, f_2, \ldots, f_m \rangle\rangle$ und m dessen Dimension.

Beispiele

(A) Das Erzeugnis der Potenzfunktionen $\langle\langle p_0,\ p_1,\ p_2,\ p_3\rangle\rangle$ mit $p_i(x) = x^i$ ist der vierdimensionale Vektorraum aller ganzrationalen Funktionen bis zum dritten Grad.

(B) Die Funktion f mit $f(x) = 3^{x+1} - 2x^2 + 10$ liegt im linearen Erzeugnis der Funktionen g und h mit $g(x) = 3^x$ und $h(x) = x^2 - 5$; denn es ist $f = 3 \cdot g - 2 \cdot h$.

(C) Die Funktion d mit $d(x) = 4^x + x^2$ liegt nicht im linearen Erzeugnis der Funktionen g und h; denn es gibt keine reellen Zahlen r und s mit $r \cdot g + s \cdot h = d$.

(D) Das System der Funktionen p_0, p_1, p_2, h ist linear abhängig, denn es gilt:

$$5 \cdot p_0 - p_2 + h = f_{Null}$$

Aufgaben

1. Begründen Sie, dass folgende Mengen von Funktionen Vektorräume bilden:
   - alle stückweise stetigen Funktionen,
   - alle ganzrationalen Funktionen vom Grad $\leq n$,
   - alle (P-)periodischen Funktionen,
   - alle stückweise konstanten Funktionen.

2. Begründen Sie, dass folgende Mengen von Funktionen keine Vektorräume bilden. Geben Sie jeweils mindestens ein Vektorraum-Axiom an, das nicht erfüllt ist:
   - die Menge aller Funktionen mit dem Wertebereich $[2; \infty[$,
   - die Menge aller monoton steigenden Funktionen.

3. a) Nennen Sie drei verschiedene Funktionen aus dem linearen Erzeugnis $\langle\langle\ f,\ g,\ h\ \rangle\rangle$ mit $f(x) = 1$, $g(x) = \frac{1}{x}$, $h(x) = x$.

   b) Welche Dimension hat der Funktionenraum aus a)?

   c) Liegt l mit $l(x) = \frac{5+x}{x}$ in dem Erzeugnis aus a)?

4. a) Nennen Sie drei verschiedene Funktionen aus dem linearen Erzeugnis $\langle\langle\ f,\ g,\ h\rangle\rangle$ mit $f(x) = 0$, $g(x) = x$, $h(x) = e^x$.

   b) Welche Dimension hat der Funktionenraum aus a)?

   c) Liegt l mit $l(x) = x \cdot e^x$ in dem Erzeugnis aus a)?

5. Zeigen Sie jeweils, dass das System der Funktionen f, g, h linear abhängig ist:
   a) $f(x) = 0$, $g(x) = \sin(x)$, $h(x) = \ln(x)$

   b) $f(x) = x^2$, $g(x) = x$, $h(x) = x \cdot (5 - x)$

16.3 Ein Skalarprodukt für Funktionen?!

In Abschnitt 16.2 haben wir uns damit vertraut gemacht, dass zahlreiche Klassen von Funktionen sich wie Vektorräume über dem Körper der reellen Zahlen verhalten. Um unsere Theorie der Approximation durch Orthogonalprojektion anwenden zu können, brauchen wir aber noch mehr: Es müssen **euklidische** Vektorräume sein, in denen ein Skalarprodukt definiert ist! Erst in Verbindung mit diesem Skalarprodukt kann man überhaupt von „Orthogonalität" und „Abstand" reden, Sätze wie den verallgemeinerten Pythagoras oder die Dreiecksungleichung voraussetzen und Methoden wie die der Orthogonalprojektion anwenden.

Folglich geht es in diesem Abschnitt um die Frage, was das geeignete Skalarprodukt zweier Funktionen sein könnte. Der Einfachheit halber und passend zur bisherigen Theorie beschränken wir uns auf über dem Einheitsintervall definierte Funktionen und das dortige Skalarprodukt. Dort gehen wir einen nahe liegenden und Ihnen von der Einführung des Integrals bereits vertrauten Weg: Wir gehen vom bekannten Skalarprodukt für diskrete Funktionen aus und sehen uns an, was daraus im stetigen Übergang mittels extrem vieler, extrem schmaler Intervalle werden könnte.

Für zwei über $2^3 = 8$ dyadischen Teilen des Einheitsintervalls stückweise konstante Funktionen f und g war (vergleiche Abbildung 16.1 rechts):

$$\langle f, g \rangle = \langle \begin{pmatrix} f(x_1) \\ f(x_2) \\ f(x_3) \\ f(x_4) \\ f(x_5) \\ f(x_6) \\ f(x_7) \\ f(x_8) \end{pmatrix}, \begin{pmatrix} g(x_1) \\ g(x_2) \\ g(x_3) \\ g(x_4) \\ g(x_5) \\ g(x_6) \\ g(x_7) \\ g(x_8) \end{pmatrix} \rangle := \sum_{i=1}^{8} f(x_i)g(x_i) \quad \cdots_{i \to \infty, \, \Delta x_i \to 0} \cdots \quad \int_0^1 f(x)g(x) \, dx$$

Aus dieser Summe der Produkte entsprechender Funktionswerte wird für beliebig hohe Zweier Potenzen beliebig schmaler Teilintervalle das rechts stehende Integral; und dies ist unser Kandidat für das neue Skalarprodukt stetiger Funktionen über dem Einheitsintervall. Hat es die nötigen Eigenschaften eines Skalarprodukts?

- Das Integral ordnet − sofern es existiert − je zwei Funktionen eine reelle Zahl zu. Um die Existenz des Integrals zu sichern, beschränken wir uns ab sofort auf stückweise stetige Funktionen mit nur endlich vielen Unstetigkeitsstellen (vergleiche Abbildung 5.3).

- Das Skalarprodukt ist symmetrisch und bilinear, denn es gilt

$$\int_0^1 f(x)g(x) \, dx = \int_0^1 g(x)f(x) \, dx \ ,$$

$$\int_0^1 f(x)\,(g(x) + h(x)) \, dx = \int_0^1 f(x)g(x) \, dx + \int_0^1 f(x)h(x) \, dx$$

(und entsprechend).

- Das Skalarprodukt ist so gut wie positiv definit, denn es gilt

$$\int_0^1 f(x)f(x)\,dx = \int_0^1 f^2(x)\,dx \geq 0 \quad \text{und in aller Regel} \quad \int_0^1 f^2(x)\,dx = 0 \;\Rightarrow\; f = f_{Null} \;.$$

Die Ausnahme bilden Funktionen, deren Werte nur an endlich vielen einzelnen Stellen von Null abweichen. Um die positive Definitheit zu gewährleisten, identifizieren wir ab sofort Funktionen, die sich nur in endlich vielen einzelnen Stellen voneinander unterscheiden.

Diese Eigenschaften des Skalarprodukts erlauben einen sinnvollen Orthogonalitäts- und Abstandsbegriff. Darüber hinaus stellen sie die Gültigkeit der aus dem geometrischen Raum vertrauten Sätze und die Funktionalität der dort entwickelten Verfahren sicher. Bevor wir dies jedoch in vollem Umfang nutzen, wollen wir uns ein Stück weit an das neue Skalarprodukt sowie die damit verbundenen Begriffe der „Orthogonalität" oder des „Abstands" zweier Funktionen vertraut machen.

Beispiele

(A) Das Skalarprodukt der Funktionen f und g mit $f(x) = x^2$ und $g(x) = 0.2 \cdot x$ (über dem Einheitsintervall) ist:

$$\langle f, g \rangle = \int_0^1 f(x)g(x)\,dx = 0.2 \cdot \int_0^1 x^3\,dx = 0.2 \left[\frac{1}{4}x^4 \right]_0^1 = 0.05 \cdot (1-0) = 0.05$$

(B) Das Skalarprodukt der Funktionen f und g mit $f(x) = x$ und $g(x) = \sin(x)$ ist:

$$\langle f, g \rangle = \int_0^1 f(x)g(x)\,dx = \int_0^1 x \cdot \sin(x)\,dx = [-x \cdot \cos(x) + \sin(x)]_0^1 = \sin(1) - \cos(1)$$

(Dabei wurde partiell integriert, was beim Skalarprodukt von Funktionen offenbar relativ häufig nötig ist. Gelingt auch partiell keine geschlossene Integration mehr, kann man sich mittels des Graphen der Produktfunktion $f \cdot g$ oder numerisch weiterhelfen.)

Aufgaben

1. Skizzieren Sie jeweils die Graphen von $f, g, f \cdot g$ im Einheitsintervall und berechnen $\langle f, g \rangle$.
   a) $f(x) = \frac{x}{2}$, $g(x) = x + 1$ b) $f(x) = x$, $g(x) = e^x$
   c) $f(x) = -3$, $g(x) = \cos(2\pi x)$ d) $f(x) = \left(x - \frac{1}{2}\right)^3$, $g(x) = x^2 - x$

2. Skizzieren Sie jeweils den Graph von $f \cdot g$ im Einheitsintervall und schätzen Sie $\langle f, g \rangle$.
   a) $f(x) = \frac{1}{2} - x$, $g(x) = \ln(x+1)$ b) $f(x) = \cos(x)$, $g(x) = e^x$
   c) $f(x) = \sin(\pi x)$, $g(x) = \cos(\pi x)$ d) $f(x) = \frac{1}{x+1}$, $g(x) = e^x$

16.4 Euklidische Norm und „Orthogonalität" von Funktionen

An das mittels Grenzübergang aus dem diskreten Fall abgeleitete Skalarprodukt für stetige Funktionen sind wie dort eine Norm (das ist ein Maß für die „Größe" stetiger Funktionen und ihre „Unterschiede") sowie ein Orthogonalitätsbegriff für Paare von Funktionen gekoppelt. Im nachfolgenden Kasten sind jeweils diskrete und stetige Version der Begriffe gegenüber gestellt.

Skalarprodukte im Funktionenraum $SC([0,1])$**:**

diskret			stetig	
$\langle f,g \rangle = \displaystyle\sum_{i=1}^{n} f(x_i)g(x_i)$	Skalarprodukt	$\langle f,g \rangle = \displaystyle\int_0^1 f(x)g(x)\,\mathrm{d}x$	
$\|f\| = \sqrt{\displaystyle\sum_{i=1}^{n} f^2(x_i)}$	Norm	$\|f\| = \sqrt{\displaystyle\int_0^1 f^2(x)\,\mathrm{d}x}$	
$\|f-g\| = \sqrt{\displaystyle\sum_{i=1}^{n} (f(x_i)-g(x_i))^2}$	Metrik	$\|f-g\| = \sqrt{\displaystyle\int_0^1 (f(x)-g(x))^2\,\mathrm{d}x}$	
$f \perp g \Leftrightarrow \displaystyle\sum_{i=1}^{n} f(x_i)g(x_i) = 0$	Orthogonalität	$f \perp g \Leftrightarrow \displaystyle\int_0^1 f(x)g(x)\,\mathrm{d}x = 0$	
f mit $\sqrt{\displaystyle\sum_{i=1}^{n} f^2(x_i)} = 1$	'Einheitsfunktion'	f mit $\sqrt{\displaystyle\int_0^1 f^2(x)\,\mathrm{d}x} = 1$	

Abbildung 16.2 veranschaulicht den Begriff des „Unterschiedes" zweier Funktionen, der hinter allen folgenden Approximationen steht: Eine Funktion heißt durch eine andere „gut" approximiert, wenn der so definierte Unterschied klein ist. Die im Kasten genannte Norm wird als Quadratintegral- oder L^2- oder euklidische Norm bezeichnet. Sie ist durchaus nicht konkurrenzlos (wer dazu mehr erfahren möchte, vergleiche Abschnitt 5.3), hat aber allen anderen gegenüber den entscheidenden Vorteil, an ein Skalarprodukt gekoppelt zu sein. Somit können alle Eigenschaften euklidischer Vektorräume vorausgesetzt und genutzt werden.

An die euklidische Norm, vor allem aber an den daran gekoppelten Begriff der Orthogonalität zweier Funktionen gewöhnt man sich am besten durch Beispiele. Mit der Zeit kommt dann zwar ein gewisses Gefühl für die Begriffe, letztlich jedoch bleibt es dabei, dass $\|f\|$ und $f \perp g$ rein rechnerisch zu prüfende Eigenschaften sind.

Beispiele

(A) Für $f(x) = x^2$ ist

$$\|f\| = \sqrt{\int_0^1 x^4\,\mathrm{d}x} = \sqrt{\left[\frac{x^5}{5}\right]_0^1} = \sqrt{\frac{1}{5}} \approx 0.447\,.$$

(B) Für $f(x) = x$ und $g(x) = \sin(x)$ ist

$$\|f-g\| = \sqrt{\int_0^1 (x-\sin(x))^2\,\mathrm{d}x} = \sqrt{\int_0^1 \left(x^2 - 2x\sin(x) + \sin^2(x)\right)\,\mathrm{d}x}$$

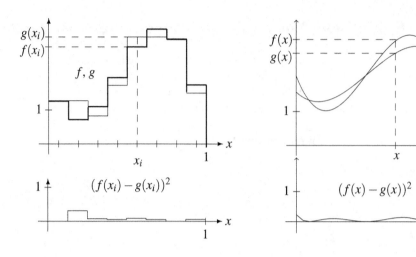

Abbildung 16.2: Diskrete und stetige Funktion mit Näherung, Differenzquadrat dazu

$$= \sqrt{\left[\frac{x^3}{3} + 2 \cdot (x\cos(x) - \sin(x)) + \frac{1}{2} \cdot (x - \sin(x)\cos(x)) \right]_0^1} \approx 0.0037$$

(C) Die Funktionen f und g mit $f(x) = \frac{1}{2} - x$ und $g(x) = x^2 - x$ sind zueinander orthogonal:

$$\int_0^1 f(x)g(x)\,dx = \int_0^1 \left(-x^3 + \frac{3}{2}x^2 - \frac{1}{2}x \right)\,dx = \left[-\frac{x^4}{4} + \frac{x^2}{2} - \frac{x^2}{4} \right]_0^1 = 0$$

Aufgaben

1. Skizzieren Sie zu Beispiel (B) die Graphen von $f, g, f - g$ und $(f - g)^2$ über dem Einheitsintervall.

2. Skizzieren Sie zu Beispiel (c) die Graphen von f, g und $f \cdot g$ über dem Einheitsintervall. Begründen Sie anschaulich, dass $f \perp g$ gilt.

3. Geben Sie jeweils mindestens eine Funktionen an, die im Einheitsintervall zur Funktion mit dem angegebenen Term orthogonal ist. Überprüfen Sie Ihre Annahme per Integration.

   a) $f(x) = 0$ b) $f(x) = 1$ c) $f(x) = x - \frac{1}{2}$ d) $g(x) = \left| x - \frac{1}{2} \right|$

4. Berechnen Sie für die Funktionen mit nachfolgenden Termen das Quadrat-Integral-Maß auf dem Einheitsintervall:

   a) $f(x) = 4$ b) $f(x) = 3x$ c) $f(x) = 2^x$ d) $f(x) = \ln(x + 1)$

5. Zeigen Sie, dass das angegebene Paar von Funktionen jeweils auf dem angegebenen Intervall orthogonal zueinander ist:

   a) $f(x) = x^3$ und $g(x) = x^2$ auf $[-1; 1]$

   b) $f(x) = \sin(x)$ und $g(x) = \cos(x)$ auf $[0, 2\pi]$

6. Geben Sie die Intervalle an, in denen $\psi_{4,7}$ die Werte 0, k, und $-k$ hat. Welchen Betrag muss k haben, damit das Haar-Wavelet normiert ist, also gilt:

$$\int_0^1 (\psi_{4,7}(x))^2 \, dx = 1$$

7. Begründen Sie, dass

   a) alle Haar-Wavelets orthogonal zur konstanten Funktion sind und

   b) verschiedene Haar-Wavelets stets zueinander orthogonal sind.

16.5 Orthogonalisieren und Projizieren bei Funktionen

Mit den Begriffen und Sätzen euklidischer Vektorräume lassen sich auch die Verfahren der Orthogonalisierung nach Gram-Schmidt und der Orthogonalprojektion zur Bestimmung guter Näherungen auf stetige Funktionen übertragen. Zu einer gegebenen Funktion erhält man so bei einem vorgegebenen „Baukastensystem" (der Basis des Untervektorraums stetiger Funktionen, in dem approximiert wird) die beste Näherung in dem Sinne, dass die Quadratintegralnorm minimiert wird.

Hiermit macht man sich am besten an Beispielen vertraut. Wir wählen als Untervektorraum die Menge aller ganzrationalen Funktionen höchstens zweiten Grades und nähern damit die Exponentialfunktion. (ACHTUNG: Womöglich haben Sie die Exponentialfunktion schon einmal mittels einer quadratischen Funktion approximiert; dann aber sicher mittels der Taylor-Entwicklung. Dies ist allerdings definitiv etwas anderes und hat nichts mit Orthogonalprojektionen zu tun. Man erkennt das schon daran, dass um einen Punkt statt innerhalb eines Intervalls genähert wird. Ein ausführlicherer Vergleich findet sich in Abschnitt 5.5.1.)

Betrachten wir also als Beispiel den Vektorraum aller ganzrationalen Funktionen maximal zweiten Grades, also das lineare Erzeugnis der folgenden ganzrationalen Funktionen über dem Intervall $[0, 1]$:

$$f_1(x) = 1 \qquad\qquad f_2(x) = x \qquad\qquad f_3(x) = x^2$$

Diese Basis soll bezüglich des Skalarprodukts

$$\langle f_1, f_2 \rangle = \int_0^1 f_1(x) \cdot f_2(x) \, dx$$

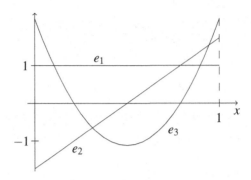

Abbildung 16.3: Eine Orthonormalbasis des Raums aller ganzrationalen Funktionen vom Grad ≤ 2

und der zugehörigen L^2-Norm orthonormalisiert werden. Dann bilden

$$
\begin{aligned}
o_1(x) &= f_1(x) & &= 1 \\
o_2(x) &= f_2(x) - \frac{\int_0^1 o_1(x)\cdot f_2(x)\,\mathrm{d}x}{\int_0^1 o_1^2(x)\,\mathrm{d}x}\cdot o_1(x) & &= x - \frac{1}{2} \\
o_3(x) &= f_3(x) - \frac{\int_0^1 o_1(x)\cdot f_3(x)\,\mathrm{d}x}{\int_0^1 o_1^2(x)\,\mathrm{d}x}\cdot o_1(x) - \frac{\int_0^1 o_2(x)\cdot f_3(x)\,\mathrm{d}x}{\int_0^1 o_2^2(x)\,\mathrm{d}x}\cdot o_2(x) & &= x^2 - x + \frac{1}{6}
\end{aligned}
$$

eine Orthogonalbasis und

$$
e_1(x) = o_1(x)\ ,\ \ e_2(x) = 2\sqrt{3}\cdot o_2(x)\ ,\ \ e_3(x) = 6\sqrt{5}\cdot o_3(x)
$$

(siehe Abbildung 16.3) die zugehörige Orthonormalbasis des Vektorraums aller ganzrationalen Funktionen bis zum zweiten Grad.

Mit Hilfe einer solchen Orthonormalbasis kann die (bezüglich der L^2-Norm) beste quadratische Approximation jeder stückweise stetigen Funktion auf dem Einheitsintervall durch Entwicklung in einfacher Weise bestimmt werden. Wir tun dies im Folgenden für $f(x) = \mathrm{e}^x$.

Bestimmen der besten Approximation durch Entwicklung über einer Orthonormalbasis
Eine Orthonormalbasis des Raums aller ganzrationalen Funktionen maximal zweiten Grades wurde gerade angegeben. Als Anwendung des allgemeinen Verfahrens gilt für die beste Näherung von f mit $f(x) = \mathrm{e}^x$ bezüglich der Quadratintegralnorm:

$$
\begin{aligned}
f_2(x) &= \left(\int_0^1 f(x)\cdot e_1(x)\,\mathrm{d}x\right)\cdot e_1(x) + \left(\int_0^1 f(x)\cdot e_2(x)\,\mathrm{d}x\right)\cdot e_2(x) \\
&\quad + \left(\int_0^1 f(x)\cdot e_3(x)\,\mathrm{d}x\right)\cdot e_3(x) \\
&\approx 1.718\cdot 1 + 1.690\cdot\left(x - \frac{1}{2}\right) + 0.839\cdot\left(x^2 - x + \frac{1}{6}\right) \\
&\approx 0.839x^2 + 0.851x + 1.013
\end{aligned}
$$

Wie gut die so erhaltene Näherung der Exponentialfunktion durch eine quadratische Funktion im Einheitsintervall tatsächlich ist, ist Abbildung 5.11 zu entnehmen.

Aufgaben

1. Begründen Sie, dass das Bilden des Mittelwertes einer integrierbaren Funktion auf dem Einheitsintervall einer Orthogonalprojektion auf die Konstante 1-Funktion gleichkommt.

2. Bestimmen Sie für das Einheitsintervall jeweils den Term einer zweiten Funktion o, die orthogonal zu f ist, aber mit f zusammen denselben Funktionenraum erzeugt wie g:

   a) $f(x) = 1$ und $g(x) = e^x$

   b) $f(x) = 1$ und $g(x) = x^2$

3. Bestimmen Sie die beste quadratische Näherung der Funktion f mit $f(x) = \sin(\pi x)$ im Intervall $[0,1]$. Zeichnen Sie die beiden Funktionsgraphen in ein gemeinsames Koordinatensystem und berechnen den Unterschied im Sinne der Quadratintegralnorm.
   (Tipp: Benutzen Sie die Orthogonalbasis aller quadratischen Funktionen auf dem Einheitsintervall von S.266.)

17 Analyse periodischer Signale

Mit der Übertragung unserer Theorie auf Vektorräume (stückweise) stetiger Funktionen sind wir vorbereitet, eine weitere besonders wichtige Anwendung der Approximation durch Orthogonalprojektion kennenzulernen: Die Fourierentwicklung periodischer Signale ist nichts anderes als die Entwicklung über einer speziellen Orthonormalbasis: Alle Sinus- und Cosinusfunktionen mit einer Grundfrequenz und deren Vielfachen sind zueinander orthogonal. Zudem lassen sich alle periodischen Funktionen entsprechender Frequenz beliebig gut durch trigonometrische approximieren, was nichts anderes ist als die Kernaussage der Fouriertheorie.

Vielleicht ist Ihnen diese Tatsache aus dem Physikunterricht bekannt und Sie haben − zum Beispiel in der Akustik − experimentelle Erfahrungen dazu gesammelt. Auch hier nehmen wir die Akustik und die Verarbeitung von Klängen als Beispiel und beginnen mit experimentellen Erfahrungen dazu. Die Aussagen und Verfahren gelten aber für andere periodische Signale ebenso, und diese gibt es in den Naturwissenschaften in großer Zahl. Neben der Approximation steht bei diesen Signalen erstmals noch ein anderer Aspekt deutlich im Vordergrund: die Analyse. Entwickelt man periodische Signale über der Fourierbasis, kommt man ihren spezifischen Eigenschaften auf die Spur und entdeckt die in ihnen verborgenen Bestandteile. Umgekehrt liefert das Fourier-System einen durchaus überschaubaren Grundbaukasten, aus dem sich die unterschiedlichsten periodischen Signale zusammensetzen lassen.

Zur Fouriertheorie selbst gibt es eine ganze Reihe geeigneter Hochschul- und älterer Schul-Materialien. Deshalb konzentrieren wir uns hier ganz auf die Fourierentwicklung **als Spezialfall einer Approximation durch Orthogonalprojektion**.[1] Wir fassen zunächst die wichtigsten experimentellen Entdeckungen über einfache Klänge zusammen und üben mit den Parametern periodischer Signale umzugehen. Dann überzeugen wir uns gründlich, dass das Fourier-System orthogonal ist, und üben, Signale über ihm zu entwickeln. Zur durchaus schwierigeren Frage, ob das Fourier-System tatsächlich alle periodischen Funktionen erzeugt (also ein so genanntes vollständiges System ist), findet sich einiges in Abschnitt 18.4.

Eingerahmt werden sollte der Lernabschnitt von experimentellen Erfahrungen vorab mit der Analyse und abschließend mit der näherungsweisen Synthese von Klängen. Denn wie bei der praktischen Bildverarbeitung lassen sich hier die theoretisch-mathematischen Erkenntnisse mit Sinneswahrnehmungen verknüpfen: Welches spezifische Frequenzspektrum macht den Klang eines bestimmten Instruments aus? Wie gut wird umgekehrt der Klang des Instruments simuliert, wenn man sich zur Näherung auf einen kleinen Teil der Frequenzen beschränkt und nur diese synthetisch kombiniert?

---

[1]Auch eine Herleitung und das tragfähige Feld der schwingenden Saite werden hier ausgespart. Interessierte finden zu beidem jedoch eine ausführliche Darstellung bzw. Literaturverweise im Hauptteil.

17.1 Einfache akustische Signale

In diesem Kapitel gehen wir von physikalischen Erkenntnissen über akustische Signale aus. Diese erhält man, wenn man die zeitabhängigen Druckschwankungen der Luft bei Geräuschen aufnimmt und (zum Beispiel in eine elektrische Spannung übersetzt) als Zeit-Auslenkungs-Graphen sichtbar macht. Zusätzlich kann man (vorzugsweise mittels Resonanz) die in den akustischen Schwingungen enthaltenen Frequenzen messen.[2]

Dabei sollte man zunächst einen Blick auf die Extreme werfen: Harte und diffuse Geräusche wie ein Knall, Klatschen oder Rascheln haben ein zeitlich wenig ausgedehntes Zeit-Auslenkungs-Diagramm ohne jede erkennbare Regelmäßigkeit. Ebenso unregelmäßig ist das Frequenzspektrum: Es liegt eine breite und zufällig erscheinende Mischung der verschiedensten Frequenzen vor. Das andere Extrem bildet der Ton einer Stimmgabel: das Signal ist ein zeitlich stark ausgedehnter reiner Sinus, das Frequenzdiagramm hat einen einzigen klaren Peak.

Untersucht man dann einfache Klänge wie Instrumententöne oder gesungene Vokale − und dazu sollten Lernende ausreichend Gelegenheit bekommen − entdeckt man die im Kasten wiedergegebenen Zusammenhänge. Beispiele zum Zeit-Auslenkungs-Diagramm einfacher Klänge zeigt Abbildung 17.1, ein Beispiel eines zugehörigen Frequenzspektrums findet sich auf Seite 277.

Physik einfacher Klänge:

- Einfache Klänge wie Vokale oder Instrumentaltöne haben einen periodischen Zeitverlauf: Es gibt eine minimale Zeitspanne T, so dass $y(t+T) = y(t)$ für alle $t \in I \subset \mathbb{R}$ gilt. Dabei steht I für das Zeitintervall, während dessen der Klang anhält.

- Die im Zeit-Auslenkungs-Diagramm als betragsmäßig größter Wert abzulesende Amplitude $\hat{U}$ ist ein Maß für die Lautstärke: Je lauter der Ton, desto größer die Amplitude.

- Die im Zeit-Auslenkungs-Diagramm als Breite eines elementaren Ausschnitts abzulesende Periodendauer T ist ein Maß für die Tonhöhe: Je höher der Ton, desto kleiner die Periodendauer T (oder desto größer die Frequenz $v = 1/T$).

- Einfache Klänge enthalten keine beliebigen Frequenzverhältnisse, sondern sind stets aus einer Grundfrequenz und deren ganzzahligen Vielfachen zusammengesetzt. Man spricht von Grundton und Obertönen.

- Die spezifische Form des Zeit-Auslenkungs-Graphen oder die gewichtete Zusammensetzung aus Grund- und Obertönen im Frequenzspektrum bestimmen den charakteristischen Klang eines Instruments oder eines Vokals.

---

[2]Alle hier zugrunde gelegten und in den Workshops durchgeführten Messungen erfolgten mit dem Interface „Cobra3" der Firma Phywe in Kombination mit der Software „Frequenzanalyse".

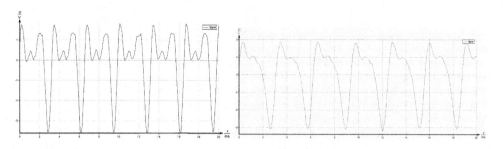

Abbildung 17.1: Zeit-Auslenkungs-Diagramme einfacher Klänge

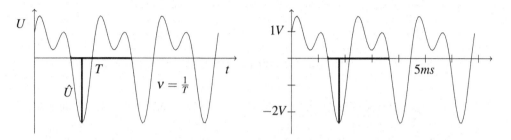

Abbildung 17.2: links: periodisch zeitabhängiges Signal, rechts: mit vorgegebenen Daten

Beispiele

(A) Das Signal in Abbildung 17.1 links hat eine Amplitude $\hat{U}$ von etwa 3.6 V, eine Perioden-dauer T von etwa $\frac{1}{5} \cdot (19.5 - 2.8)$ ms = 3.34 ms und damit eine Frequenz $v = \frac{1}{T}$ von etwa 299 s^{-1} = 299 Hz.

(B) Um ein periodisches Signal mit $\hat{U} = 2.4$ V und $v = 440$ Hz zu zeichnen, berechnet man zunächst die Periodendauer $T = \frac{1}{v} \approx 2.27$ ms. Die Phase und den detaillierteren Verlauf kann man bei diesen Vorgaben frei wählen (Abbildung 17.2 rechts).

Aufgaben

1. Bestimmen Sie Amplitude, Periodendauer und Frequenz des Signals in Abbildung 17.1 rechts.

2. Skizzieren Sie ein periodisches Signal mit $\hat{U} = 4$ V und $v = 250$ Hz.

17.2 Orthogonalsysteme aus trigonometrischen Funktionen

Die experimentellen Ergebnisse zeigen uns: Einfache Klänge sind aus einfachen Schwingungen zusammen gesetzt, deren Frequenzen in einfachem ganzzahligen Verhältnis zueinander stehen.

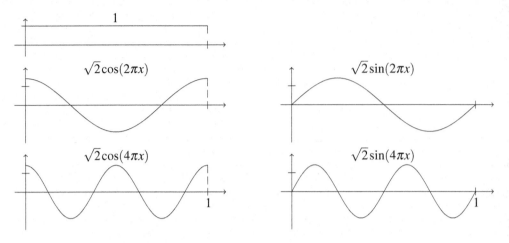

Abbildung 17.3: Die Fourierbasis des (5-dimensionalen) P_2

Heißt das nicht: Alle periodischen Funktionen sind Linearkombinationen einfacher Sinus- und Cosinus-Funktionen?

Dies ist in ganz groben Worten der physikalische Zugang zur Fourier-Hypothese. In diesem Abschnitt wollen wir uns der Sache jedoch rein mathematisch nähern: Wir entdecken, dass einfache Sinus- und Cosinus-Funktionen ein Orthonormalsystem bilden und experimentieren ein wenig mit deren Zusammensetzungen über Linearkombination.

Das erfolgreiche Beispiel der Haar-Basis für diskrete Funktionen legt die Frage nah, ob nicht auch stetige Funktionen als Elemente eines Erzeugendensystems so gewählt werden können, dass sie von vorne herein orthogonal sind. Dies ist tatsächlich möglich und geschah schon Anfang des 19. Jahrhunderts − freilich ohne expliziten Begriff von Funktionenräumen oder Orthogonalität: 1822 veröffentlichte Jean Baptiste Joseph Fourier die Hypothese, alle periodischen Funktionen seien als Linearkombinationen oder Reihen (das heißt so etwas wie „unendliche Linearkombinationen") einfacher Sinus- und Cosinusfunktionen darstellbar.

Gibt man beliebige Funktionen als Erzeugendensystem eines Unterraums vor, so muss man in aller Regel zunächst orthogonalisieren, um per Orthogonalprojektion nach Formel approximieren und andere strukturelle Vorteile nutzen zu können. Die nun vorgestellte Fourier-Basis ist aber − wie im diskreten Fall die Haar-Basis − von vorne herein orthogonal und leicht normierbar.

Wir betrachten hier für alle $n \in \mathbb{N}$ als Vektorraum P_n das Erzeugnis aller 1-periodischen Cosinus- und Sinusfunktionen bis zur Periode $1/n$ (im Folgenden auch als Fourierbasis vom Grad n bezeichnet, vgl. Abbildung 17.3):

$$P_n = \langle\langle \ \cos(0), \ \cos(2\pi x), \ \cos(4\pi x), ..., \ \cos(2n\pi x), \ \sin(2\pi x), \ \sin(4\pi x), ..., \ \sin(2n\pi x) \ \rangle\rangle$$

Die trigonometrischen Funktionen der Fourier-Basen sind paarweise orthogonal. Das ist zum Teil eine relativ unmittelbare Folge der Symmetrieeigenschaften und kann stets grob durch Skizzieren der Produktfunktionen überprüft werden (vgl. Abbildung 17.4). Allgemein lässt es sich unter Nutzung der Additionstheoreme

$$\sin(x) \cdot \sin(y) = \tfrac{1}{2} \left[\cos(x-y) - \cos(x+y) \right], \ \cos(x) \cdot \cos(y) = \tfrac{1}{2} \left[\cos(x-y) + \cos(x+y) \right] \ \text{und}$$

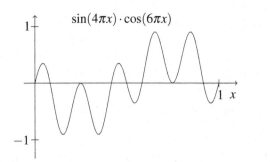

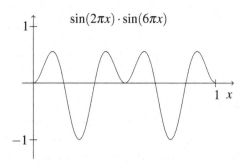

Abbildung 17.4: Zur Orthogonalität der trigonometrischen Funktionen

$\sin(x) \cdot \cos(y) = \frac{1}{2} [\sin(x - y) + \sin(x + y)]$ beweisen. Dabei sind drei Fälle zu unterscheiden. Für $j \neq k$ ist:

$$
\begin{aligned}
\int_0^1 \sin(2\pi kx) \cdot \sin(2\pi jx)\, dx &= \frac{1}{2} \int_0^1 [\cos(2\pi(k-j)x) - \cos(2\pi(k+j)x)]\, dx \\
&= \frac{1}{2} \left[\frac{1}{2\pi(k-j)} \sin(2\pi(k-j)x) - \frac{1}{2\pi(k+j)} \sin(2\pi(k+j)x) \right]_0^1 \\
&= 0
\end{aligned}
$$

$$
\begin{aligned}
\int_0^1 \cos(2\pi kx) \cdot \cos(2\pi jx)\, dx &= \frac{1}{2} \int_0^1 [\cos(2\pi(k-j)x) + \cos(2\pi(k+j)x)]\, dx \\
&= \frac{1}{2} \left[\frac{1}{2\pi(k-j)} \sin(2\pi(k-j)x) + \frac{1}{2\pi(k+j)} \sin(2\pi(k+j)x) \right]_0^1 \\
&= 0
\end{aligned}
$$

$$
\begin{aligned}
\int_0^1 \sin(2\pi kx) \cdot \cos(2\pi jx)\, dx &= \frac{1}{2} \int_0^1 [\sin(2\pi(k-j)x) + \sin(2\pi(k+j)x)]\, dx \\
&= \frac{1}{2} \left[\frac{1}{2\pi(k-j)} \cos(2\pi(k-j)x) - \frac{1}{2\pi(k+j)} \cos(2\pi(k+j)x) \right]_0^1 \\
&= 0
\end{aligned}
$$

Die Fourierbasen sind also für beliebiges n orthogonal. Zur Bestimmung des Normierungsfaktors verwendet man wiederum Additionstheoreme. Für $k > 0$ gilt:

$$
\int_0^1 \sin^2(2\pi kx)\, dx = \frac{1}{2} \int_0^1 [\cos(0) - \cos(4\pi kx)]\, dx = \frac{1}{2} \left[x - \frac{1}{4\pi k} \sin(4\pi kx) \right]_0^1 = \frac{1}{2}
$$

$$
\int_0^1 \cos^2(2\pi kx)\, dx = \frac{1}{2} \int_0^1 [\cos(0) + \cos(4\pi kx)]\, dx = \frac{1}{2} \left[x + \frac{1}{4\pi k} \sin(4\pi kx) \right]_0^1 = \frac{1}{2}
$$

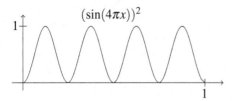
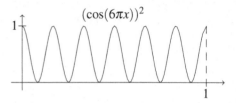

Abbildung 17.5: Zur Normierung der trigonometrischen Funktionen

Außer der konstanten Funktion $\cos(0) = 1$ sind also alle Elemente einer Fourierbasis mit dem Faktor $\sqrt{2}$ zu normieren (vgl. Abbildung 17.5). Abbildung 17.3 zeigt ein bereits orthonormiertes System. Demnach können alle zugehörigen strukturellen Vorteile genutzt werden, insbesondere die Approximation durch Entwicklung über Orthonormalbasis. Abbildung 17.6 zeigt zwei einfache Funktionen dieses Vektorraums.

Die Fourierbasis des Vektorraums aller 1-periodischen Funktionen:
Für jedes $n \in \mathbb{N}$ bilden die 1-periodischen Sinus- und Cosinusfunktionen

$$\{ \cos(0), \ \sqrt{2}\cos(2\pi x), \ \sqrt{2}\cos(4\pi x), ..., \ \sqrt{2}\cos(2n\pi x), \ \sqrt{2}\sin(2\pi x), \ \sqrt{2}\sin(4\pi x), ..., \ \sqrt{2}\sin(2n\pi x) \}$$

eine Orthonormalbasis des Vektorraums P_n. P_n ist der Vektorraum aller 1-periodischen Funktionen mit minimaler Periodenlänge $1/n$ und hat die Dimension $(2n+1)$.

Aufgaben

1. Skizzieren Sie den Graphen der Funktion h mit $h(x) = 3 \cdot \cos(\frac{\pi}{25}x + \frac{\pi}{5})$.

2. Skizzieren Sie den Graphen der Funktion f mit $f(x) = \sqrt{2}\cos(6\pi x)$. Skizzieren Sie auch den Graphen von f^2 und zeigen Sie, dass f normiert ist.

3. Skizzieren Sie zu f wie oben und g mit $g(x) = \sqrt{2}\sin(4\pi x)$ die Graphen von f, g und $f \cdot g$. Zeigen Sie, dass $f \perp g$ gilt.

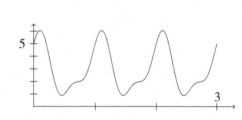

Abbildung 17.6: Zwei Funktionen des P_2

4. a) Welche Symmetrieeigenschaften haben alle Funktionen s_k der Form $\sin(2k\pi x)$, welche die Funktionen c_k der Form $\cos(2k\pi x)$ in Bezug auf die Mitte des Einheitsintervalls?

    b) Begründen Sie: Zwei Funktionen s_k und c_j sind schon aus Symmetriegründen stets zueinander orthogonal.

5. (CAS) Skizzieren Sie den Graphen von f mit $f(x) = 2\cos(2\pi x) + \sin(4\pi x)$ und unter Nutzung eines Computeralgebrasystems den Graphen von g mit $g(x) = \sum_{k=1}^{4} \frac{\sin(2\pi kx)}{k}$.

6. (CAS) Skizzieren Sie Graphen der Form f mit $f(x) = \sin(2k_1\pi x) + \sin(2k_2\pi x)$, wobei Sie systematisch Zahlenpaare (k_1, k_2) variieren, deren Differenz im Verhältnis zu ihren Beträgen klein ist. Was fällt an den Funktionsgraphen auf? Wie wirkt sich die Variation auf die Graphen aus? (Das akustische Phänomen, das zu solchen Zeit-Auslenkungs-Diagrammen gehört, wird als Schwebung bezeichnet, tritt bei ganz leicht gegeneinander verstimmten Instrumenten auf und kann zu deren Stimmung benutzt werden.)

7. a) Skizzieren Sie im ersten Quadranten das Viertel des Kreises mit Radius $c =$5cm um den Ursprung. Zeichnen Sie unter einem Winkel von $\varphi = 55°$ den Radius ein und markieren Sie in der Skizze auch die Abszisse a und die Ordinate b des Radius. Berechnen Sie die Länge von a und b.

    b) Weisen Sie die nachfolgende Übereinstimmung nach.
    (Tipp: $\sin(x+y) = \sin(x) \cdot \cos(y) + \cos(x) \cdot \sin(y)$)

    $$2 \cdot \sin(4\pi x + \frac{\pi}{3}) = \sin(4\pi x) + \sqrt{3} \cdot \cos(4\pi x)$$

17.3 Fourier-Entwicklung als Beispiel einer Orthogonalprojektion

Die Fourier-Basen bilden Orthogonalsysteme und ihre Linearkombinationen sind periodische Signale sehr vielfältiger Art. Manche Kombinationen führen auf interessante Effekte und systematisch ins Unendliche fortsetzbare Kombinationen nach fester Bildungsvorschrift lassen ahnen, dass mit den Fourier-Basen auch scheinbar artfremde Funktionen wie der Sägezahn beliebig gut angenähert werden können.

Fourier-Entwicklung (oder auch Fourier-Analyse) ist der umgekehrte Weg, und er kann als Beispiel unserer übergeordneten Methode ebenfalls beschritten werden: Gegeben ist eine beliebige 1-periodische Funktion. Dann kann man durch ihre Orthogonalprojektion auf das Erzeugnis von Fourier-Basen wachsenden Grades gute Näherungen dieser Funktion in Form von Linearkombinationen trigonometrischer Funktionen bestimmen. Ohne explizit auf gewisse Einschränkungen und Schwierigkeiten insbesondere an Sprungstellen einzugehen (Stichworte: passende Wertwahl und Gibbssches Phänomen), soll dies hier an kleinen Beispielen geübt werden.

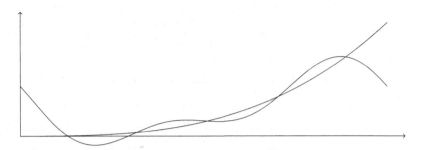

Abbildung 17.7: Kubische Funktion mit Fourier-Approximation niedrigen Grades

Beispiel

(A) Die periodische fortgesetzte Funktion f mit $f(x) = x^3$ für $0 \leq x \leq 1$ (Periodenlänge 1) soll durch eine Linearkombination trigonometrischer Funktionen mit gemeinsamer Grundfrequenz 1 approximiert, das heißt orthogonal auf deren Erzeugnis

$$\langle\langle\, \cos(0),\ \cos(2\pi x),\ \cos(4\pi x),\ \sin(2\pi x),\ \sin(4\pi x)\, \rangle\rangle$$

projiziert werden. Dazu werden die Koeffizienten mittels des Skalarprodukts berechnet. (Dabei ergeben sich die unteren Integrale jeweils durch dreimalige partielle Integration.)

$$\int_0^1 x^3 \cdot \cos(0)\, dx = \left[\frac{x^4}{4}\right]_0^1 = \frac{1}{4}$$

$$2 \cdot \int_0^1 x^3 \cdot \cos(2\pi kx)\, dx = \frac{3}{2(k\pi)^2} \quad \text{für alle} \quad k \in \mathbb{N}$$

$$2 \cdot \int_0^1 x^3 \cdot \sin(2\pi kx)\, dx = -\frac{1}{k\pi} + \frac{3}{2(k\pi)^3} \quad \text{für alle} \quad k \in \mathbb{N}$$

Demnach gilt:

$$x^3 \approx \frac{1}{4} + \frac{3}{2\pi^2}\, \cos(2\pi x) + \frac{3}{8\pi^2}\, \cos(4\pi x) + \left(\frac{3}{2\pi^3} - \frac{1}{\pi}\right)\sin(2\pi x) + \left(\frac{3}{16\pi^3} - \frac{1}{2\pi}\right)\sin(4\pi x)$$

Abbildung 17.7 zeigt den Graphen von f zusammen mit dem dieser Näherung. Sie ist im Inneren des Intervalls einigermaßen brauchbar, weicht an den Rändern — wo die periodisch fortgesetzte Funktion Sprungstellen aufweist — jedoch stark von der Ursprungsfunktion ab. Dieser als „Überschwingung" oder Gibbssches Phänomen bezeichnete Effekt bleibt auch bei stark erhöhtem Approximationsgrad prinzipiell erhalten (siehe dazu Abschnitt 6.3). In stetigen Bereichen wird die Fourier-Approximation jedoch sehr gut, wovon man sich am besten überzeugt, indem man mit Hilfe eines Computeralgebrasystems zu immer höheren Graden übergeht (siehe Aufgabe 3).

Aufgaben

1. (CAS) Sehen Sie sich mit Hilfe eines Computeralgebrasystems die Graphen selbst zusammengestellter Linearkombinationen von trigonometrischen Funktionen mit gemeinsamer Grundfrequenz an.

2. (CAS) Erfinden Sie regelmäßige Funktionen-Summen wie zum Beispiel $f = \sum_{k=0}^{n} \frac{1}{k} f_k$ mit $f_k(x) = \cos(2\pi k x)$. Sehen Sie sich mit Hilfe eines Computeralgebrasystems die zugehörigen Funktionsgraphen an, wobei Sie n sukzessive immer größer werden lassen.

3. (CAS) Sehen Sie sich mit Hilfe eines Computeralgebrasystems zur kubischen Funktion aus Beispiel (A) die Fourier-Approximationen vom Grad 10, 15 und 20 an.

4. Zeigen Sie $4 \cdot \int_{0}^{1} (x - x^2) \cdot \cos(2k\pi x)\, dx = -\dfrac{2}{(k\pi)^2}$ und $4 \cdot \int_{0}^{1} (x - x^2) \cdot \sin(2k\pi x)\, dx = 0$ für alle $k \in \mathbb{N}$.

5. Projizieren Sie die periodisch fortgesetzte Funktion f mit $f(x) = 4 \cdot (x - x^2)$ für $0 \leq x \leq 1$ (Periodenlänge 1) orthogonal auf:

$$\langle\langle\, \cos(0),\ \cos(2\pi x),\ \cos(4\pi x),\ \sin(2\pi x),\ \sin(4\pi x)\, \rangle\rangle$$

6. (CAS) Zeichnen Sie die Graphen der Funktion aus der letzten Aufgabe und ihrer Orthogonalprojektion in ein gemeinsames Koordinatensystem.

7. (CAS) Bestimmen und zeichnen Sie mit dem Maple-Worksheet **Fou** endliche Teile der Fourier-Entwicklungen verschiedener selbst gewählter 1-periodischer Funktionen. Variieren Sie jeweils den Entwicklungsgrad und sehen sich die Unterschiede an.

17.4 Synthetische Approximation von Klängen

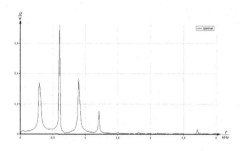

Abbildung 17.8: Frequenzspektrum des gesungenen Vokals 'A'

Hat man durch Fourier-Analyse (mathematisch oder experimentell) das Frequenzspektrum eines vorgegebenen Klanges herausgefunden, kann man diesen (zum Beispiel zwecks Reduktion des Speicherbedarfs) approximieren, indem man schwach auftretende Frequenzen vernachlässigt. Abbildung 17.8 zeigt das Frequenzspektrum eines gesungenen 'A'. Sichtlich ist hier die vierte Oberschwingung nur schwach, die neunte extrem schwach vertreten. Systematisch approximieren hieße also zum Beispiel, alle Frequenzen mit einem Koeffizienten unterhalb der Schwelle 0.2 wegzulassen. Abbildung 17.9 zeigt das aufgenommene Zeit-Auslenkungs-Diagramm eines gesungenen 'O' zusammen mit einer Näherung, in der nur die drei betragsmäßig stärksten Frequenzen berücksichtigt wurden.

Sofern die experimentellen Mittel zur Verfügung stehen, sollte man diese mathematischen Erkenntnisse unbedingt noch mit Sinneswahrnehmungen aus akustischen Experimenten verknüpfen. Mit frei zugänglicher Software wie zum Beispiel „Audacity" kann man zu analysierten Klängen unterschiedliche Näherungen synthetisch erklingen lassen und sich einen Eindruck verschaffen, wie gut diese tatsächlich sind.

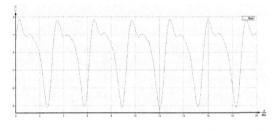
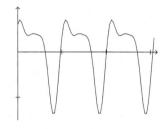

Abbildung 17.9: Signal 'O' und $f(x) = 0.75\sin(2\pi x) + 0.5\sin(4\pi x + 0.4\pi) + 0.16\sin(6\pi x + 0.7\pi)$

18 Über- und Ausblick: Euklidische Vektorräume

In diesem abschließenden Kapitel soll einerseits das Wichtigste zusammengefasst, andererseits ein wenig links und rechts über den Tellerrand beziehungsweise tiefer auf den Grund geguckt werden.

- Wann genau darf mittels der Formel für Orthogonalprojektionen approximiert werden? Auf welche Eigenschaften euklidischer Vektorräume gehen die Sätze und Verfahren zurück, die wir verwenden?

- Wann ist die Quadratsummen- beziehungsweise Quadratintegral-Norm passend; wann zumindest vertretbar? Mit welchen anderen Normen konkurriert sie?

- Warum ist Norm-Erhaltung bei der Datentransformation ein so wichtiges Kriterium?

- Wo liegen die Vorteile von Orthogonalbasen? Welche sonstigen Eigenschaften machen eine Basis zu einer guten Basis? Welche Irrwege und Fehler sind möglich, wenn man selbst gute Basen zu entwerfen sucht?

- Welche Eigenschaften der euklidischen Ebene oder des euklidischen Raums hängen an der Dimension und gehen deshalb bei Dimensionserhöhung verloren? Welche Einschränkungen macht der Übergang zu unendlich-dimensionalen Vektorräumen erforderlich?

- Was tritt im Falle unendlich-dimensionaler Vektorräume an die Stelle des Basis-Begriffs?

- Wie groß ist und woher kommt die Überlegenheit orthogonaler Verfahren gegenüber dem simplen Lösen linearer Gleichungssysteme?

- Wie verhält sich die Approximation durch Orthogonalprojektion zu anderen bekannten Approximationsverfahren? Welche grundsätzlichen Chancen und Prinzipien gibt es bei der Datenkompression?   . . .

Auf einige Fragen dieser Art soll etwas näher eingegangen werden, bei anderen muss das Stellen der Frage genügen. Grundsätzlich sind hier keine vollständigen und systematischen Antworten anvisiert oder möglich. Die Hauptintention ist, durch geeignete Aufgaben Problembewusstsein für bestimmte Fragen zu schaffen und im besten Fall zum Weiterdenken zu motivieren.

18.1 Das Wesentliche in groben Zügen

Euklidische Vektorräume sind Vektorräume über $\mathbb{R}$ mit einem Skalarprodukt. Ein Skalarprodukt ist eine Vorschrift, nach der jedem Paar von Vektoren in vernünftiger Weise[1] eine reelle Zahl zugeordnet wird. Mit Hilfe des Skalarprodukts kann ein Maß in den Vektorraum eingeführt werden:

---

[1]Das heißt es darf vertauscht und ausmultipliziert beziehungsweise ausgeklammert werden. Das Skalarprodukt eines 'echten' Vektors mit sich selbst ist positiv, nur für den Nullvektor ist es Null.

Jedem Vektor wird die Wurzel seines Skalarprodukts mit sich selbst als so genannte euklidische Norm zugeordnet. Bei den durch Pfeile veranschaulichten Vektoren des geometrischen Raums ist das einfach die Länge.

Es gibt auch andere Normen, aber die über ein Skalarprodukt definierten haben eine ganze Reihe von Vorteilen (siehe unten). Vor allem ist über sie zu je zwei Vektoren − unabhängig von deren „Länge" − zugleich ein Maß für den Grad der Ähnlichkeit eingeführt: Der Quotient aus ihrem Skalarprodukt und dem Produkt ihrer Normen. Dieses Ähnlichkeitsmaß entspricht im geometrischen Raum dem Cosinus des Winkels zwischen den Vektoren. Auch sonst hat es mit etwas wie der „Richtung" zu tun; einer zweiten Eigenschaft, die alle euklidischen Vektoren neben ihrer Länge mit sich bringen. Totale Ähnlichkeit (Winkel Null, Cosinus Eins) ist die Fortsetzung der Parallelität, totale Verschiedenheit (Winkel 90°, Cosinus Null) die Fortsetzung der Orthogonalität im anschaulichen Fall. Während man statt von Länge im allgemeinen Fall von Norm spricht, nennt man zwei Vektoren, deren Skalarprodukt Null ist, auch im allgemeinen Fall orthogonal.

Über das Skalarprodukt lassen sich nicht nur Vektor-Eigenschaften wie Länge und Richtung vom geometrischen auf den allgemeinen Fall übertragen, sondern auch Zusammenhänge und Methoden: Es gelten Aussagen, die der Dreiecksungleichung oder dem Satz des Pythagoras entsprechen; und es können darauf gründende Verfahren wie das der Orthogonalisierung oder der Projektion übertragen werden. Für unsere Belange wichtig ist:

> In euklidischen Vektorräumen liefert die Orthogonalprojektion eines Vektors auf einen Unterraum dessen beste dortige Näherung im Sinne der euklidischen Norm. Sie kann in Projektionen auf paarweise orthogonale, eindimensionale Unterräume zerlegt und deshalb durch Entwicklung über Orthonormalbasen bestimmt werden.

In Vektorräumen mit Skalarprodukt lassen sich also bequem und krisensicher gute Näherungen bestimmen. Gute Näherungen komplizierter Objekte sind aber sehr gefragt! Das von zwei- oder dreidimensionalen Spaltenvektoren bekannte Skalarprodukt kann auch auf längere Spaltenvektoren übertragen werden. Diese Zahlenlisten können für alles Mögliche stehen; und oft ist dann auch die Bestimmung von Näherungen sinnvoll. Vor allem aber können sie Wertelisten von Funktionen sein und damit zum Beispiel optische oder akustische Signale beschreiben. Das ist der wichtigste Anwendungsbereich der Approximierung.

Wenn man (wie von Ableitung und Integral bekannt) zu unendlich vielen, unendlich kleinen Stücken übergeht, findet man auch für stetige Funktionen als Vektoren ein Skalarprodukt: das Integral über f mal g. Die Funktionen haben als Vektoren nun wirklich nichts mehr mit Pfeilen zu tun. Auch holt man sich die Dimension Unendlich ins Haus und muss deshalb sehr viel besser aufpassen, was ein „Erzeugendensystem" wirklich erzeugt: An die Stelle des Basisbegriffs tritt der Begriff der Vollständigkeit von Systemen. Trotzdem funktioniert das Skalarprodukt mit allem drum und dran; vor allem mit der Bestimmung der besten Näherung durch das Entwickeln über einer Orthonormalbasis!

An diesen Beispielen lernt man eine ganze Menge über Vektorräume, Skalarprodukte und die Besonderheiten der Orthogonalität. Es wird im Folgenden stichwortartig zusammengefasst.

- Das bei vektorieller Schreibweise leicht zu berechnende Skalarprodukt ist gut, denn es liefert Längen und Abstände, es zeigt Orthogonalität auf, es zeigt Parallelität auf, es liefert

Winkel, es hilft orthogonal Projizieren und es hilft Orthogonalisieren.

- Orthogonalität ist gut, denn sie führt zur jeweils besten Näherung und von einer besten Näherung zur nächsten, sie sichert „totale Unabhängigkeit" (siehe unten) und bringt den Satz des Pythagoras mit.

- Orthogonalität ist „totale Unabhängigkeit", denn bei orthogonaler Zusammensetzung ist lineare Unabhängigkeit automatisch mit garantiert, das Längenquadrat des Ganzen ist die Summe der Längenquadrate der einzelnen Teile, die Projektion auf das Ganze ist die Summe der Projektionen auf die einzelnen Teile und die Hinzunahme einer weiteren Dimension ändert nichts an den bereits berechneten Anteilen.

- Euklidische Vektorräume sind gut, weil in ihnen Analoga zu Längen, Abständen, Winkeln und Projektionen definiert sind, die Dreiecksungleichung in scharfer Form und der Satz des Pythagoras gelten, die beste Näherung eindeutig ist und mittels Orthogonalprojektion gefunden werden kann und Verfahren wie das der Orthogonalisierung oder der Orthogonalprojektion durch Entwicklung über Orthonormalbasen funktionieren.

- Die euklidische Norm ist gut, denn sie bringt die ganze tolle Struktur euklidischer Vektorräume mit: die Dreiecksungleichung ist scharf, die beste Näherung ist eindeutig, der verallgemeinerte Pythagoras gilt, die Orthogonalprojektion ist die beste Näherung, man findet sie bequem und systematisch. Außerdem gibt es zur euklidischen Norm viele normerhaltende Automorphismen und damit Chancen auf besonders geschickte Darstellungen.

Aufgaben

1. Beweisen Sie: Ist E eine Ursprungsebene, $\vec{p} \notin E$ ein Vektor und $\vec{p}_E$ dessen Orthogonalprojektion auf E im $\mathbb{R}^3$, dann gilt für jedes $\vec{e} \in E$: $(\vec{p} - \vec{e})^2 \geq (\vec{p} - \vec{p}_E)^2$

2. Beweisen Sie, dass in jedem Vektorraum mit Skalarprodukt die Dreiecksungleichung gilt:

$$\|\vec{a}\| + \|\vec{b}\| \geq \|\vec{a} + \vec{b}\|$$

   Tipp: Quadrieren Sie die Ungleichung und beweisen Sie zunächst die so genannte Cauchy-Schwarzsche Ungleichung $\langle \vec{a}, \vec{a} \rangle \langle \vec{b}, \vec{b} \rangle \geq |\langle \vec{a}, \vec{b} \rangle|^2$ als Folge der positiven Definitheit im Fall $\vec{a} - \vec{a}_b$.

3. Zeigen Sie, dass über $\langle \vec{a}, \vec{b} \rangle := 3a_1 b_1 + 5a_2 b_2 + 2a_3 b_3$ ebenfalls ein Skalarprodukt definiert ist. Lösen sie alle folgenden Aufgaben in Bezug auf den durch dieses Skalarprodukt festgelegten euklidischen Vektorraum.

   a) Berechnen Sie die Norm der Vektoren $\vec{a} = \begin{pmatrix} 1 \\ -1 \\ 2 \end{pmatrix}$ und $\vec{b} = \begin{pmatrix} 2 \\ 2 \\ 1 \end{pmatrix}$.

   b) Zeigen Sie, dass $\vec{a} \perp \vec{b}$ gilt.

c) Bestimmen Sie die Orthogonalprojektion des Vektors $\vec{c} = \begin{pmatrix} 1 \\ 3 \\ 1 \end{pmatrix}$ auf $\vec{a}$.

4. Zeigen Sie, dass über nachfolgende Vorschriften keine Skalarprodukte definiert sind. Geben Sie jeweils an, welche Bedingungen verletzt sind:

a) $\langle \vec{a}, \vec{b} \rangle := a_1 b_1 - a_2 b_2 + a_3 b_3$

b) $\langle \vec{a}, \vec{b} \rangle := a_1 + b_2 + a_3 b_3$

c) $\langle \vec{a}, \vec{b} \rangle := \vec{a} + \vec{b}$

d) $\langle \vec{a}, \vec{b} \rangle := a_1 b_1 a_2 b_2 a_3 b_3$

18.2 Rund um die Quadratsummen- und Quadratintegralnorm

Die Quadratsummennorm ist bei vielen Anwendungen durchaus nicht unumstritten, sondern konkurriert vor allem mit der Betragssummennorm auf der einen und der Maximumsnorm auf der anderen Seite. Allgemein ist zu endlich dimensionalen Räumen $\mathbb{R}^n$ für jedes p mit $1 \leq p \in \mathbb{R}$ die p-Norm definiert über: $\| \vec{x} \|_p = \left(\sum_{i=1}^{n} |x_i|^p \right)^{1/p}$

Die 1-Norm ist die Betragssummennorm, die 2-Norm die Quadratsummen- oder Euklidische Norm, die im geometrischen Raum der anschaulichen Länge entspricht, und so weiter. Für $p \to \infty$ gehen die p-Normen in die Maximumsnorm über: $\| \vec{x} \|_\infty = \max_{i \in \{1,..,n\}} |x_i|$

Als Beispiel einige Normen eines Vektors aus dem $\mathbb{R}^3$:

$$\left\| \begin{pmatrix} 2 \\ -4 \\ 3 \end{pmatrix} \right\|_1 = 2 + 4 + 3 = 9$$

$$\left\| \begin{pmatrix} 2 \\ -4 \\ 3 \end{pmatrix} \right\|_2 = (2^2 + 4^2 + 3^2)^{1/2} = \sqrt{29} \approx 5.39$$

$$\left\| \begin{pmatrix} 2 \\ -4 \\ 3 \end{pmatrix} \right\|_3 = (2^3 + 4^3 + 3^3)^{1/3} = \sqrt[3]{99} \approx 4.63$$

$$\left\| \begin{pmatrix} 2 \\ -4 \\ 3 \end{pmatrix} \right\|_\infty = \max(\{2, 4, 3\}) = 4$$

Aufgaben

1. Bestimmen Sie die 1-, 2-, 3- und ∞-Norm der nachfolgenden Vektoren:

$$\vec{a} = \begin{pmatrix} 3 \\ -2 \end{pmatrix} \quad \vec{b} = \begin{pmatrix} 3 \\ -2 \\ 5 \end{pmatrix} \quad \vec{c} = \begin{pmatrix} 3 \\ -2 \\ 5 \\ -7 \end{pmatrix}$$

2. Skizzieren Sie jeweils im Koordinatensystem die Ortslinie aller Punkte, für deren Ortsvektoren gilt:

a) $\left\| \begin{pmatrix} x \\ y \end{pmatrix} \right\|_1 = 1$ b) $\left\| \begin{pmatrix} x \\ y \end{pmatrix} \right\|_2 = 1$ c) $\left\| \begin{pmatrix} x \\ y \end{pmatrix} \right\|_3 = 1$ d) $\left\| \begin{pmatrix} x \\ y \end{pmatrix} \right\|_\infty = 1$

Wie verändern sich diese Ortslinien, wenn die jeweils allen Punkten gemeinsame Norm größer beziehungsweise kleiner als 1 wird.

Im $\mathbb{R}^2$ sind die Ortslinien aller Punkte mit gleicher 1-Norm auf die Spitze gestellte Quadrate um den Ursprung, deren Ecken auf den Koordinatenachsen liegen. Die Ortslinien aller Punkte mit gleicher 2-Norm sind Ursprungskreise, die Ortslinien aller Punkte mit gleicher 3-Norm zu beiden Achsen symmetrische, stärker konvexe Kurven. Für weiter wachsendes p nähern sich die Ortslinien aller Punkte mit gleicher p-Norm Quadraten, welche die Ortslinien aller Punkte mit gleicher ∞- oder Maximumsnorm sind. Im $\mathbb{R}^3$ sind die Äquinormflächen entsprechend Oktaeder (1-Norm), Kugeln (2-Norm) oder Quader (∞-Norm). Auch im $\mathbb{R}^n$ sind die Orte von Punkten mit gleicher 2-Norm Hypersphären. Diese Zusammenhänge liefern eine ebenso einfache wie anschauliche Erklärung für die Vorzüge der 2-Norm:

- Die Eindeutigkeit der besten Approximation auf linearen Objekten und ihre Übereinstimmung mit dem Lotfußpunkt: Ändern ein Kreis, eine Kugel oder eine Hypersphäre um den zu approximierenden Punkt ihren Radius, so werden sie jedes lineare Objekt (Gerade, Ebene oder Hyperebene) irgendwann in genau einem Punkt berühren. In diesem Punkt wird die Gerade, Ebene oder Hyperebene tangential liegen, ergo senkrecht auf dem Radius stehen. Für Figuren mit geraden Abschnitten gilt all dies im Allgemeinen nicht (vergleiche Aufgabe 1 und 2 unten).

- Die Existenz vieler Norm-erhaltender Abbildungen auf sich selbst, von denen einige mit hoher Wahrscheinlichkeit besonders geschickt sind: Jede Norm-erhaltende Transformation muss Punkte gleicher Norm aufeinander abbilden (also eine bijektive lineare Abbildung der Ortslinien auf sich selbst sein). Unter den Äquinormlinien der p-Normen hat aber einzig der Kreis (und haben entsprechend Kugel und Hypersphäre) unendlich viele Automorphismen! Bei 1- und ∞-Norm ist die Zahl der Automorphismen schon dadurch stark eingeschränkt, dass Ecken auf Ecken abgebildet werden müssen.

Zu den Vorteilen der Quadratsummen- und Quadratintegralnorm

Die Normerhaltung ist einer der ausschlaggebenden Faktoren für die Wahl der Quadratsummennorm. Wegen ihrer Verankerung im anschaulichen Raum auch als Euklidische Norm bezeichnet, beruht diese auf einem Skalarprodukt und bringt damit die gesamte auf Orthogonalitäts- und Abstandsbegriff basierende Theorie mit sich. Vor allem aber gibt es für die 2-Norm entschieden mehr Norm-erhaltende Transformationen als für jede andere Norm. Mit etwas Glück finden sich darunter auch solche (wie die Haar-Transformation oder die Fourierentwicklung), die für bestimmte Signale gute Chancen zur deutlichen Kompression bei geringem Qualitätsverlust bergen.

Aufgaben

1. Zeigen Sie am nachfolgenden Beispiel, dass die bezüglich der 1-Norm beste Näherung nicht immer eindeutig ist: Im $\mathbb{R}^2$ sind der Punkt $P(1|2)$ und die durch $y = x$ festgelegte Gerade g gegeben.

   a) Begründen Sie: Der Term $d(x) = |x-1| + |x-2|$ gibt die 1-Norm jedes Verbindungsvektors von g mit P in Abhängigkeit von der x-Koordinate des Punktes auf g an.

   b) Zeichnen Sie den Graphen der Funktion d mit $d(x)$ wie oben im Bereich $-1 \leq x \leq 4$. (Legen Sie ggf. eine Wertetabelle an. Berechnen Sie auch für $1 < x < 2$ einige Werte.)

   c) Begründen Sie: Bezüglich der 1-Norm sind alle Punkte von g mit $1 \leq x \leq 2$ beste Näherungen von P auf g.

   d) Erläutern Sie die Bedeutung der Skizze in Abbildung 18.1 links im Kontext dieser Aufgabe.

2. Begründen Sie mit Hilfe der Skizze in Abbildung 18.1 rechts, dass auch die im Sinne der ∞-Norm beste Näherung eines Punktes auf einer Geraden nicht immer eindeutig ist. Erläutern Sie diese Tatsache nach Möglichkeit durch eine Rechnung.

3. Abbildung 18.2 zeigt vier im Sinne der Quadratintegralnorm gleich gute Näherungen der konstanten 1-Funktion über dem Einheitsintervall; die Funktionen mit den Termen:

$$a_1(x) = 1.1 \qquad\qquad a_2(x) = \begin{cases} 1 & , x \in [0, 0.99[\\ 2 & , \text{sonst} \end{cases}$$

$$a_3(x) = 1 + \frac{\sqrt{3}}{5}(x - 0.5) \qquad a_4(x) = 1 + \frac{\sqrt{2}}{10}\sin(10\pi x)$$

   Weisen Sie dieses „gleich gut im Sinne der Quadratintegralnorm" im Einzelnen nach.

4. (*) Angesichts der vielen verschiedenen bezüglich der Quadratintegralnorm gleich guten Näherungen ein und derselben Funktion in der vorangegangenen Aufgabe scheint gar nicht mehr so trivial, dass die „beste" Näherung (wohlgemerkt: innerhalb desselben Untervektorraums) eindeutig sein soll. Ein Beweis, dass dies doch so ist, beginnt auf Seite 107. Vollziehen Sie diesen im Detail nach.

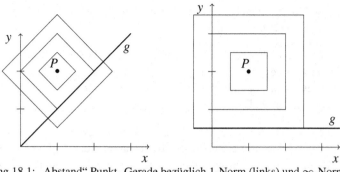

Abbildung 18.1: „Abstand" Punkt- Gerade bezüglich 1-Norm (links) und ∞-Norm (rechts)

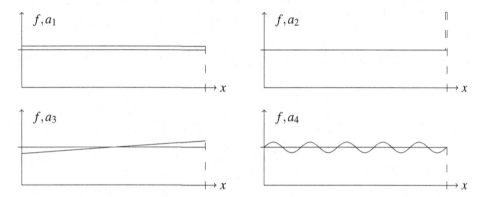

Abbildung 18.2: Vier „gleich gute" Näherungen der konstanten 1-Funktion

18.3 Verständnis- und Erweiterungsfragen

Aufgaben

1. Im $\mathbb{R}^3$ sind folgende Vektoren gegeben:

$$\vec{a} = \begin{pmatrix} 3 \\ 0 \\ 0 \end{pmatrix} \quad \vec{b} = \begin{pmatrix} 0 \\ -2 \\ 0 \end{pmatrix} \quad \vec{c} = \begin{pmatrix} 2 \\ 3 \\ -1 \end{pmatrix} \quad \vec{p} = \begin{pmatrix} 5 \\ 1 \\ -1 \end{pmatrix}$$

a) Zeichnen Sie die Vektoren in ein gemeinsames Koordinatensystem. Weisen Sie zeichnerisch und rechnerisch den Zusammenhang $\vec{a} + \vec{b} + \vec{c} = \vec{p}$ nach.

b) Überzeugen Sie sich an der Zeichnung und rechnerisch, dass $\vec{c}$ weder zu $\vec{a}$ noch zu $\vec{b}$ orthogonal ist.

c) Berechnen Sie die Länge aller vier Vektoren und bestätigen Sie den Zusammenhang $\|\vec{a}\|^2 + \|\vec{b}\|^2 + \|\vec{c}\|^2 = \|\vec{p}\|^2$.

d) Multiplizieren Sie für beliebige sowie für die speziell gegebenen Vektoren den Term $(\vec{a} + \vec{b} + \vec{c})^2$ aus.

e) Warum kann im Einzelfall $(\vec{a}+\vec{b}+\vec{c})^2 = \vec{a}^2 + \vec{b}^2 + \vec{c}^2$ gelten, auch wenn $\{\vec{a},\vec{b},\vec{c}\}$ kein Orthonormalsystem ist?

2. Seien A und B zwei 2×2 - Matrizen mit reellen Einträgen. Untersuchen Sie die Frage, unter welchen Umständen $(A+B)^2 = A^2 + B^2$ gelten kann (mit „$(..)^2$" als abkürzender Schreibweise für die Matrizenmultiplikation einer Matrix mit sich selbst). Was ist hier anders als im Falle von Vektoren?

3. Die nachfolgenden Zeilen stellen einen Kurzbeweis der Abstandsminimalität der Orthogonalprojektion in euklidischen Vektorräumen dar. Geben Sie jeweils genau an, welcher Teil der Argumentation scheitern würde, wäre das (hinter der Schreibweise „$(..)^2$" beziehungsweise dem unsichtbaren Malpunkt verborgene) Skalarprodukt nicht
a) bilinear,   b) symmetrisch,   c) positiv definit.

$$
\begin{aligned}
\|\vec{p}-\vec{g}\|^2 &= \|\vec{p}-\vec{p}_g+\vec{p}_g-\vec{g}\|^2 \\
&= (\vec{p}-\vec{p}_g+\vec{p}_g-\vec{g})^2 \\
&= [(\vec{p}-\vec{p}_g)+(\vec{p}_g-\vec{g})]^2 \\
&= (\vec{p}-\vec{p}_g)^2 + 2 \underbrace{(\vec{p}-\vec{p}_g)(\vec{p}_g-\vec{g})}_{= 0 \text{ da } (\vec{p}-\vec{p}_g)\perp g \text{ und } (\vec{p}_g-\vec{g})\|g} + \underbrace{(\vec{p}_g-\vec{g})^2}_{> 0 \text{ da } \vec{p}_g \neq \vec{g} \text{ n.V.}} \\
&> (\vec{p}-\vec{p}_g)^2 \\
&= \|\vec{p}-\vec{p}_g\|^2
\end{aligned}
$$

4. a) Bestimmen Sie die im Sinne der Quadratintegralnorm beste Approximation der e-Funktion durch eine ganzrationale Funktion zweiten Grades über dem Einheitsintervall. (Kontrolle: S.266)

b) Bestimmen Sie die Taylor-Entwicklung der e-Funktion bis zum zweiten Grad.

c) Vergleichen Sie die in a) und b) erhaltenen quadratischen Funktionen hinsichtlich der Koeffizienten sowie hinsichtlich der Graphen über dem Einheitsintervall (sehr genau zeichnen oder mit GTR/CAS).

d) Inwiefern stellt die Taylorentwicklung einen grundsätzlich von der Orthogonalprojektion verschiedenen Näherungsansatz dar? Welche der beiden Näherungen ist in welcher Hinsicht besser?

18.4 Über Vollständigkeit und das Basteln von Orthogonalsystemen

In den vorangegangenen Kapiteln haben wir geniale Orthogonalsysteme wie die Haar- oder die Fourier-Basis einfach vorgefunden und uns dann von ihrer außergewöhnlichen Eignung überzeugt. Das war in der Geschichte und ist auch heute an der „mathematischen Front" in der Regel nicht so. Vielmehr wird intensiv um handhabbare und für die jeweiligen Anwendungszwecke geeignete Orthogonalsysteme gerungen. Dass dies gar nicht so trivial ist und was dabei alles schief gehen kann, lernt man vor allem, wenn man es selbst probiert. Dazu sollen die Aufgaben dieses letzten Lernabschnitts kleine Anstöße geben.[2]

Aufgaben

1. Was meinen Sie: Wenn man in einem unendlich-dimensionalen euklidischen Vektorraum ein linear unabhängiges oder gar orthogonales System unendlich vieler Elemente angeben kann — erzeugt dieses dann in jedem Fall den ganzen Vektorraum?

2. Begründen Sie jeweils:

   a) Mit einem reinen Cosinus-System der Form

   $$C_n = \langle\langle\, \cos(0),\ \cos(2\pi x),\ \cos(4\pi x),\ \cos(6\pi x),\ \dots \,\rangle\rangle$$

   wird man die 1-periodische Fortsetzung der Funktion g mit $g(x) = x - \frac{1}{2}$ über dem Einheitsintervall nicht vernünftig annähern können, egal wie hoch man mit dem Entwicklungsgrad geht.

   b) Mit einem bezüglich der Frequenz exponentiellen System wie

   $$
   \begin{aligned}
   E_n \;=\; \langle\langle\, &\cos(0),\ \cos(2\pi x),\ \cos(4\pi x),\ \cos(8\pi x),\ \cos(16\pi x),\ \dots, \\
   &\sin(2\pi x),\ \sin(4\pi x),\ \sin(8\pi x),\ \sin(16\pi x),\ \dots \,\rangle\rangle
   \end{aligned}
   $$

   wird man die Funktion f mit $f(x) = \sin(6\pi x)$ nicht vernünftig approximieren können, egal wie hoch man mit dem Entwicklungsgrad geht.

Die Aufgaben zeigen, dass längst nicht jedes System unendlich vieler, paarweise orthogonaler 1-periodischer Funktionen auch alle stückweise stetigen 1-periodischen Funktionen erzeugt. Die Eigenschaft, die diesen Orthogonalsystemen im Gegensatz zum Fourier-System fehlt, nennt man Vollständigkeit. Der Begriff des vollständigen Systems tritt im Fall der Dimension unendlich an die Stelle der Basis; denn hier kann man ja nicht mehr schlicht durch Abzählen prüfen, ob ein linear unabhängiges System den ganzen Raum erzeugt. Das eigentlich erstaunliche am Fourier-System ist seine Vollständigkeit.

Das Problem der Vollständigkeitsprüfung ist eine Nummer zu groß für uns. Aber man bekommt eine Ahnung davon, welche Systeme sich als vollständig erweisen könnten, wenn man sich endliche Teilsysteme und deren Eigenschaften anguckt. Deshalb und weil sich mit der Konstruktion guter digitaler Basen Mathematiker von heute tatsächlich beschäftigen, schnuppern wir mit den letzten Aufgaben ein wenig in diesen Bereich.

Wenn man die Fourier-Basen kennt und digitale Basen für dyadisch-diskrete Funktionen sucht, kann man auf die Idee kommen, einfach die Vorzeichen-Funktionen der trigonometrischen zu

---

[2]Hier folgen nur einige Anstöße und ein kurzer Blick auf typische Fehlerquellen. Ausführlichere Unterlagen werden auf Wunsch per email zur Verfügung gestellt, siehe S.199.

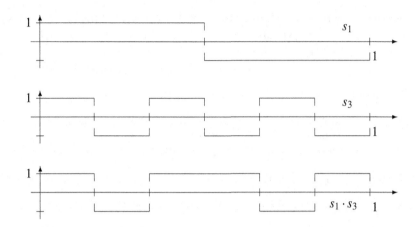

Abbildung 18.3: s_1 und s_3 sind nicht orthogonal

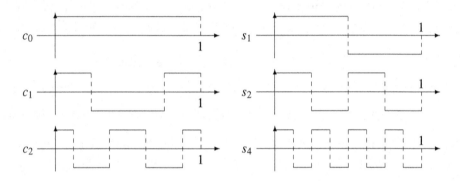

Abbildung 18.4: Ein orthogonales und verführerisches, aber nicht vollständiges System des V_8

nehmen. Wir betrachten also die Funktionen s_k , $k \in \mathbb{N}$, und c_k , $k \in \mathbb{N}_0$, mit:

$$s_k(x) = \mathrm{sgn}(\sin(k \cdot 2\pi x)) = \begin{cases} 1 & , \sin(k \cdot 2\pi x) > 0 \\ 0 & , \sin(k \cdot 2\pi x) = 0 \\ -1 & , \sin(k \cdot 2\pi x) < 0 \end{cases} \qquad c_k(x) = \mathrm{sgn}(\cos(k \cdot 2\pi x))$$

Aufgaben

1. Abbildung 18.3 zeigt die Funktionen s_1 , s_3 und $s_1 \cdot s_3$.

   a) Begründen Sie, dass s_1 und s_3 nicht orthogonal sind.

   b) Skizzieren Sie zum Vergleich die zugehörigen stetigen Sinusfunktionen und deren Produkt. Welche Effekte „retten" hier die Orthogonalität?

2. Problemlos orthogonal sind die Signumfunktionen der trigonometrischen, wenn man sich auf Zweierpotenzen als Frequenzen beschränkt, also das Erzeugnis

$$\langle\langle\, c_0,\ c_1,\ c_2,\ c_4,\ c_8,\ \dots\ s_1,\ s_2,\ s_4,\ s_8,\ \dots\,\rangle\rangle$$

betrachtet. Begründen Sie anhand der Abbildung 18.4 für die Dimension 8, dass so kein vollständiges System entstehen kann.

3. In Abbildung 18.5 links wurden zwei Funktionen mit gebrochenen Frequenzen ergänzt, um für die Dimension 8 auch tatsächlich acht Basiselemente zu erhalten.

   a) Weisen Sie (z. B. anhand zugehöriger Spaltenvektoren mit 1 und -1 als Einträgen) nach, dass das System linear unabhängig ist.

   b) Zeigen Sie anhand ausgewählter Beispiele, dass es sich nicht um ein Orthogonalsystem handelt.

4. Wenn man das System in Abbildung 18.5 links nach Gram-Schmidt orthonormiert, erhält man das auf der rechten Seite.

   a) Weisen Sie dies nach.

   b) Warum haben die beiden letzten Funktionen größere Amplituden als die anderen?

   c) Tatsächlich werden in der Datenverarbeitung sowohl digitale Fourier- als auch Walsh-Basen verwendet. Diese finden Sie auf den Seiten 125 und 127. Vergleichen Sie diese Basen mit der selbst gefundenen in Abbildung 18.5 rechts und überlegen Sie, wie sie auf den V_{16} fortzusetzen sind.

5. Finden Sie selbst eine Orthogonalbasis des V_6 und des V_{16}.

Die Orthonormalisierung gegebener Erzeugendensysteme ist im Einzelfall durchaus aufwändig und liefert in der Darstellung teils sehr unschöne ('krumme') Basisvektoren. Sie stellt jedoch eine universelle und gut programmierbare Methode dar, die der Approximation nötigenfalls vorangestellt werden kann. Die Approximation selbst geht dann schnell und ist auch in sonst schwierigen Fällen immer nach klarem 'Rezept' möglich. Zudem ist sie anderen Verfahren meist bezüglich der Komplexität überlegen — das heißt der Gesetzmäßigkeit, nach der bei wachsender Dimension der Rechenaufwand steigt.

In jedem Fall lohnt es sich, zunächst intensiv über einfache, per se orthogonale Basen nachzudenken, bevor man ein Orthonormalisierungsverfahren in Gang setzt. Besonders eindrucksvolle und erfolgreiche Beispiele geschickt gewählter Basen bilden die Sinus- und Cosinusfunktionen als Basis aller periodischen Funktionen oder die Haar-Wavelets als Basis der auf dyadischen Intervallen konstanten Funktionen (siehe 6 und 4). Bei der eigenständigen Suche nach geeigneten Erzeugendensystemen können im Wesentlichen drei Dinge schief gehen:

1. Das gewählte Erzeugendensystem ist bezüglich des Vektorraums der zu verarbeitenden Signale nicht vollständig und auch nicht „auf dem Weg dorthin". Dies ist ein Kapitalfehler, der sich dadurch bemerkbar macht, dass die so genannten Approximationen auch bei starker Erhöhung der Dimension nicht wirklich besser werden.

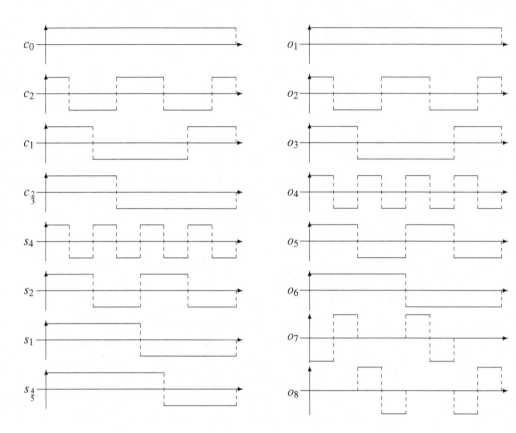

Abbildung 18.5: Digital-trigonometrische Basen des V_8, rechts orthonormiert

2. Das gewählte Erzeugendensystem ist nicht orthogonal, das Verfahren wird aber trotzdem angewendet. In diesem Fall entsprechen die berechneten Summen der Orthogonalprojektionen auf eindimensionale Teilräume nicht den Orthogonalprojektionen auf die mehrdimensionalen Unterräume — und damit auch nicht den jeweils besten Approximationen. (Ansonsten ist fehlende Orthogonalität natürlich kein grundsätzliches Problem. Dazu unten mehr.)

3. Das gewählte Erzeugendensystem ist zwar orthogonal und vollständig, die Entwicklung über ihm nutzt aber nichts: weder trägt sie zur Aufwandsersparnis bei noch liefert sie Aufschlussreiches bezüglich der Analyse der Signale.

Auch bei nicht orthogonalen Erzeugendensystemen kann man die beste Approximation in einem Unterraum als Orthogonalprojektion auf diesen berechnen. Das ist aber nicht mehr so bequem und kann nicht systematisch erfolgen: Zum einen ist die Bestimmung der Orthogonalprojektionen komplizierter, weil die zugehörigen Matrizen nicht orthogonal und damit schwieriger zu invertieren sind beziehungsweise lineare Gleichungssysteme gelöst werden müssen. Zum anderen hängen die Orthogonalprojektionen auf verschachtelte Unterräume nicht mehr direkt miteinander zusammen: Bei jeder Erhöhung der Dimension des Untervektorraums ist eine komplett neue Rechnung nötig − die bereits berechneten Koeffizienten sind in aller Regel nicht mehr richtig. Insofern kann auch nicht mehr vom „Entwickeln" über der Basis gesprochen werden.

Anhang

A Symbol-Index

Variablen

a, b, c, a_k, b_k, c_k	Koeffizienten bei Fourierdarstellung (vor Sinusterm, Cosinusterm und komplexem Term / Frequenz)
$a, \hat{a}, a_{j,k}$	Approximationskoeffizienten des Haar-Algorithmus
a_i	Koeffizienten eines Polynoms
b, k, r, s	reelle Zahlen
c	reelle Zahl (siehe auch „Größen")
$c_0, c_{i,k}$	Entwicklungskoeffizienten der normierten Haar-Darstellung
c_i	Entwicklungskoeffizienten einer Orthonormalbasis
$d_0, d_{i,k}$	Entwicklungskoeffizienten der (nicht normierten) Haar-Darstellung
$d, \hat{d}, d_{j,i}$	speziell Gewichtungsfaktor in abgewandeltem Skalarprodukt, Detailkoeffizienten des Haar-Algorithmus
i, j, k	Laufindizes, häufig aus $\mathbb{N}$ oder $\mathbb{N}_0$
k_i	reelle Zahlen, häufig Koeffizienten einer Entwicklung
$k_\perp$	reelle Zahl (Koeffizient des orthogonalen Anteils)
l	ganze Zahl
$l(I)$	Länge eines Intervalls
m	meist: natürliche Zahl, Dimension des Unterraums $\mathcal{U}$
	manchmal: reelle Zahl, Geradensteigung
n	fast immer: natürliche Zahl, meist Dimension des Vektorraums
	vereinzelt: reelle Zahl, Achsenabschnitt einer Geraden
$p, q, r, s,$ a, d_h, d_v, d_d	Koeffizienten des zweidimensionalen Haar-Algorithmus (siehe S.94)
p_i	reelle Zahlen, Koordinaten des Punktes P
r	reelle Zahl, manchmal Radius eines Kreises
r_i	reelle Zahlen
r_A, s_A, t_A, x_A, y_A	zur besten Approximation gehörige Parameter
s	reelle Zahl, häufig für den kürzesten Abstand
t, t_i	reelle Zahlen, häufig die Zeit
x, y, z	reelle Zahlen, häufig Koordinaten im 3-dimensionalen Raum
x', y', z'	reelle Zahlen, häufig Koordinaten im 3-dimensionalen Raum
x_i	reelle Zahlen, häufig Vektoreinträge
x_0	häufig: beliebige aber feste reelle Zahl
y_i	reelle Zahlen, häufig y-Koordinaten einer Punktmenge
$y_{j,k}$	Funktionswert im k-ten von 2^j dyadischen Intervallen
A_i	Listen der Approximationskoeffizienten des Haar-Algorithmus
D_i	Listen der Detailkoeffizienten des Haar-Algorithmus

Variablen

E	Einheitsmatrix (siehe auch geometrische Objekte)
I	Intervall
$I_{j,k}$	das k-te von 2^j dyadischen Intervallen
M	meist: Matrix, manchmal: Mittelpunkt einer Strecke
M^T	Transponierte der Matrix M
M^{-1}	Inverse der Matrix M (bei identischer Links- und Rechtsinverser)
M_d	Matrix zum leicht veränderten Skalarprodukt bei Raum-Zeit-Problemen (siehe S.62)
O	Ursprung des Koordinatensystems
$\tilde{P}$	(vierdimensionaler) Raum-Zeit-Punkt
T_0, T_j	(verschachtelte) abgeschlossene Unterräume des $SC(\mathbb{R})$
X	beliebige Variable (zum Beispiel zu ersetzen durch Term $x + ct$)
λ	reelle Zahl (siehe auch „Größen")

geometrische Objekte

g	Gerade
l	häufig Lot beziehungsweise Lotgerade
$A, B, C, G, L,$ M, P, Q, X, Y	Punkte im $\mathbb{R}^2$ oder $\mathbb{R}^3$
E	Ebene (siehe auch Variablen)
L	häufig Lotfußpunkt
O	Ursprung des Koordinatensystems
P_A	Punkt mit minimalem Abstand von P im Unterraum
P_i	Punkte
P_g, P_E	Lotfußpunkte des Punktes P auf einer Gerade oder Ebene
$\overline{PP_A}$	meist: Gerade durch die Punkte P_A und P , manchmal auch Strecke PP_A
α, β	Winkel
γ	Winkel, häufig zwischen zwei beteiligten Vektoren

Zahlbereiche

$\mathbb{N}$	Menge der natürlichen Zahlen (ohne Null)
$\mathbb{N}_0$	Menge der natürlichen Zahlen einschließlich Null
$\mathbb{R}$	Menge der reellen Zahlen
$\mathbb{Z}$	Menge der ganzen Zahlen

Spaltenvektoren

$\vec{a},\vec{b},\vec{c},\vec{p},\vec{t}$	
$\vec{u},\vec{v},\vec{w},\vec{x},\vec{y}$	Vektoren (häufig des Vektorraums mit entsprechender Bezeichnung)
$\vec{b}^0,\vec{b}^i$	durch Potenzieren der Einträge eines Vektors $\vec{b}$ gebildete Vektoren (siehe S.64)
$\vec{b}^T,\vec{p}^T$	transponierte (also als Zeilen geschriebene) Spaltenvektoren
$\vec{b}_i,\vec{t}_i,\vec{v}_i,\vec{x}_i$	Vektoren eines Systems
$\vec{c}_j$	Cosinus-ähnliche Vektoren der (nicht normierten) digitalen Fourierbasis
$\vec{e}$	normierter Vektor, Vektor mit Norm 1
$\vec{e}_j$	Vektoren eines orthonormalen Systems
$\vec{h}_0,\vec{h}_{j,k}$	Vektoren der (nicht normierten) Haar-Basis
$\vec{m}$	mehrdimensional geschriebene Punkte
$\vec{o}$	orthogonaler Vektor (wozu ist jeweils dem Zusammenhang zu entnehmen)
$\vec{o}_i$	Vektoren eines orthogonalen Systems
$\vec{o}_0,\vec{o}_{j,k}$	Vektoren der normierten Haar-Basis
$\vec{p}$	Vektor
$\vec{p}_g,\vec{p}_E$	Orthogonalprojektion des Vektors $\vec{p}$ auf eine Gerade oder Ebene
$\vec{p}'$	leicht abgewandelte Version des Vektors $\vec{p}$
$\vec{s}$	Vektor, speziell in der Interpretation eines digitalen Signals
$\vec{s}_A$	beste Approximation des Vektors $\vec{s}$
$\vec{s}_{\mathcal{U}A}$	durch Projektion auf Unterraum und Thresholding approximiertes Signal
$\vec{s}_j$	Sinus-ähnliche Vektoren der (nicht normierten) digitalen Fourier-Basis
$\vec{u}^\perp$	Vektor aus dem Orthogonalraum $\mathcal{U}^\perp$
$\vec{v}$	Vektor
$\vec{v}_0$	häufig: normierte Version des Vektors $\vec{v}$
$\vec{v}_\perp$	orthogonaler Anteil einer vektoriellen Zerlegung
$\vec{x}_{\vec{y}}$	Orthogonalprojektion des Vektors $\vec{x}$ auf den von $\vec{y}$ erzeugten eindimensionalen Unterraum
$\vec{x}_{\mathcal{U}}$	Orthogonalprojektion des Vektors $\vec{x}$ auf den Unterraum $\mathcal{U}$
$\vec{0}$	Nullvektor
$\vec{PQ}$	Verbindungsvektor der Punkte P und Q

Funktionen

a_1 - a_4	Näherungen einer Funktion $f \in SC([0,1])$
$c_{j,k}$	(nicht normierte) Cosinus-ähnliche Funktionen der digitalen Fourier-Basis
$d(x)$	Term einer Abstandsfunktion
e_i	Funktionen eines Orthonormalsystems in Funktionenräumen
f, g, h	reellwertige Funktionen auf einer Teilmenge der reellen Zahlen, meist $\in SC([0,1])$
$\bar{f}$	transformierte Funktion / transformiertes Signal
$\tilde{f}$	noch nicht normierte Version der Funktion f
f_A	beste Approximation einer Funktion f in einem Unterraum
$\bar{f}_A$	Approximation der transformierten Funktion / des transformierten Signals
f_g	Orthogonalprojektion einer Funktion f auf eine Funktion g im Sinne des Produktintegral-Skalarprodukts
f_i	Funktion eines Systems
f_n	Fourierapproximation vom Grad n der Funktion f
$f_1, ..., f_n$	System endlich vieler Funktionen
f_{2T}	Taylor-Entwicklung zweiten Grades der Funktion f
f_y, f_v	Funktionen zur Beschreibung der Anfangsbedingungen einer schwingenden Saite (ortsabhängige Auslenkung und Geschwindigkeitsverteilung zur Zeit $t = 0$)
$\tilde{f}$	nicht normierte Version einer Funktion f
f'	erste Ableitung einer Funktion (nach der einzigen Variablen)
$g, \hat{g}$	periodische Fortsetzungen auf dem Einheitsintervall definierter Funktionen
$g_k(t)$	zeitabhängige Teilterme bei Beschreibung einer Saitenschwingung
o_i	Funktionen eine Orthogonalsystems in Funktionenräumen
$s_{j,k}$	(nicht normierte) Sinus-ähnliche Funktionen der digitalen Fourier-Basis
$s(m_1, m_2)$	Abstandsfunktion
$w_{j,k}$	Funktionen der (digitalen) Walsh-Basis
F	reellwertige Funktion in mehreren Variablen
$F(a,b,c)$	Funktion F in Abhängigkeit von drei Variablen a, b, c
$F(x,t)$	Funktion F in Abhängigkeit von Ort x und Zeit t
$\frac{\partial F}{\partial a}, \frac{\partial F}{\partial b}, \frac{\partial F}{\partial c}$	partielle Ableitungen von F nach a, b, c
$\frac{\partial^2 F}{\partial a^2}$	zweite partielle Ableitung von F nach a
$R(n)$	Anzahl der Rechenschritte eines Algorithmus
$\varphi_{0,1}$	konstante 1-Funktion auf dem Einheitsintervall
$\varphi_{j,k}$	Elementarfunktion, auf dem dyadischen Intervall $I_{j,k}$ 1, sonst 0
ψ_0	konstante 1-Funktion auf dem Einheitsintervall (gleich $\varphi_{0,1}$)
$\psi_{j,k}$	Element der Haar-Basis als Funktion mit $j \in \mathbb{N}$, $k \in \{1, .., 2^{j-1}\}$

Vektorräume

$K_n([0,1]) = V_n$	Vektorraum aller auf $2^k = n$ gleich breiten Teilen des Einheitsintervalls konstanten Funktionen
P_n	das ($2n + 1$-dimensionale) Erzeugnis aller 1-periodischen Cosinus- und Sinusfunktionen bis zur Periode $1/n$
$\mathbb{R}^n$	Vektorraum der Spaltenvektoren mit n reellen Einträgen
$SC(\mathbb{R})$	Vektorraum der stückweise stetigen Funktionen über $\mathbb{R}$
$SC([0,1])$	Vektorraum der stückweise stetigen Funktionen über $[0,1]$
$\mathcal{U}, \mathcal{W}, \mathcal{T}$	Unterräume eines Vektorraums $\mathcal{V}$
$\mathcal{U}_i$	System von Unterräumen
$\mathcal{U}^\perp$	Orthogonales Komplement / Orthogonalraum eines Unterraums $\mathcal{U}$
$\mathcal{V}$	Vektorraum (allgemein, meist der übergeordnete)
$V_n = K_n([0,1])$	Vektorraum aller auf $2^k = n$ gleich breiten Teilen des Einheitsintervalls konstanten Funktionen
$\langle\langle \vec{x}, \vec{y}, .. \rangle\rangle$	Lineares Erzeugnis der innen angegebenen Vektoren

Operatoren

$d(P_A, P)$	Abstand des Punktes P_A zum Punkt P
$d(P, g)$	Abstand des Punktes P von der Geraden g, allgemein Abstand zwischen Punktmengen
$|\vec{F}|$	Betrag der physikalischen Kraft
$|OP|$ oder $\overline{OP}$	Abstand der Punkte O und P / Länge der Strecke OP
$|x|$	Absolutbetrag einer reellen Zahl x
$\|\vec{x}\|_1$	$\sum |x_i|$, 1- oder Betrags-Norm des Vektors $\vec{x}$
$\|\vec{x}\| = \|\vec{x}\|_2$	$\sqrt{\sum |x_i|^2}$, 2-, Quadrat- oder euklidische Norm eines Vektors
$\|\vec{x}\|_p$	$\sqrt[p]{\sum |x_i|^p}$, p-Norm des Vektors $\vec{x}$
$\|\vec{x}\|_\infty$	$\max |x_i|$, Maximums- oder ∞-Norm des Vektors $\vec{x}$
$\|f\| = \|f\|_2$	$\sqrt{\int_0^1 f^2(x)\,\mathrm{d}x}$, L^2-, Quadratintegral- oder euklidische Norm in Funktionenräumen
$\|f\|_\infty$	$\max_{x \in I} |f_A(x) - f(x)|$, L^∞- oder Maximumsnorm in Funktionenräumen
$\langle \vec{x}, \vec{y} \rangle$	Skalarprodukt der beiden innen angegebenen Vektoren, in der Regel Standardskalarprodukt $\sum x_i \cdot y_i$
$\langle f, g \rangle$	Skalarprodukt der beiden innen angegebenen Funktionen, in der Regel Standardskalarprodukt $\int_0^1 f(x)g(x)\,\mathrm{d}x$
$\langle\langle \vec{x}, \vec{y}, .. \rangle\rangle$	Lineares Erzeugnis der innen angegebenen Vektoren

Größen

c	Lichtgeschwindigkeit, Ausbreitungsgeschwindigkeit einer Welle (siehe auch „Variablen")
g	Anschlag-Geschwindigkeit bei einer angeschlagenen Saite
q	elektrische Ladung
r	Abstand (zwischen Ladungen)
s, s_0	Länge beziehungsweise Ruhelänge einer Feder
s	auch: Zupfstelle bei einer gezupften Saite
s_1, s_2	Grenzen des Anschlag-Intervalls bei einer angeschlagenen Saite
t, t_i	Zeiten
v, v_i	Geschwindigkeiten
x_{Fl}	Ort des Flageolett-Griffs bei einer Saite
$y(t)$	zeitabhängige Auslenkung eines akustischen Signals
$\hat{y}$	Amplitude eines akustischen Signals
z	Zupfweite bei einer gezupften Saite
D	Federkonstante
F_C	Betrag der Coulombkraft
$\vec{F}$	Kraft
$\vec{F}_t$	Tangentialkomponente der Kraft
L	Länge einer eingespannten Saite
R	Anzahl der Rechenschritte bei einem Algorithmus
S_0	Grundspannung einer eingespannten Saite
T	Zeit mit besonderer Bedeutung, häufig Periodendauer
$\hat{U}$	Spannungs-Amplitude eines akustischen Signals
W	Energie (speziell Spann- oder Coulombenergie
δ	relativer Fehler einer Approximation
ε	Schwellenwert beim Thresholding
ε_0	elektrische Feldkonstante
κ	Kompressionsrate einer Approximation
λ	Wellenlänge / räumliche Periode einer Welle
ν	Frequenz
ν_0	Grundfrequenz
ν_{schweb}	Schwebungsfrequenz
ρ	Dichte
φ_k	Phasenwinkel

Relationen und logische Zeichen

$\perp$	„ist orthogonal zu" (im geometrischen und verallgemeinerten Sinn)
$\parallel$	„ist parallel zu" (in der Regel nur im geometrischen Sinn)
$\forall$	„für alle"
$\wedge$	„und"

B Übersicht der Maple-Worksheets

B.1 Theorie und Anwendungen im $\mathbb{R}^n$

Die nachfolgend beschriebenen Maple-Worksheets zum Thema sind online erhältlich unter http://darwin.bth.rwth-aachen.de/opus3/volltexte/2010/3404/.

Übersicht

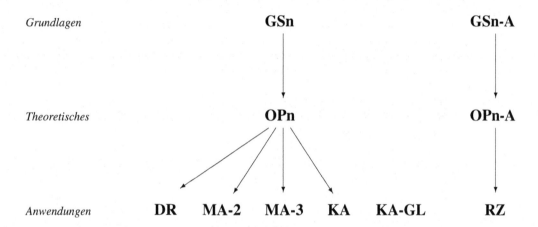

GSn: GramSchmidt im Rn

Das Worksheet enthält eine Implementierung des Gram-Schmidtschen Orthonormalisierungsverfahrens für den Vektorraum $\mathbb{R}^n$ mit Standardskalarprodukt. Zu einem beliebigen System von Spaltenvektoren werden ein Orthonormalsystem und die Dimension des erzeugten Unterraums ausgegeben. Kapitelzuordnung: 1.3

Eingaben:

Dimension des Raumes (Länge der Spaltenvektoren)	n
vermutete Unterraum-Dimension (Anzahl der Vektoren)	m
Erzeugende Vektoren des Unterraums	v_i

Ausgaben:

Orthonormierte Basisvektoren des Unterraums	o_i
(bei linearer Abhängigkeit zusätzliche Nullvektoren)	
tatsächliche Dimension des Unterraums	dim

GSn-A: Verallgemeinertes Orthonormalisierungsverfahren im Rn

Das Worksheet enthält eine Implementierung des Gram-Schmidtschen Orthonormalisierungsverfahrens für den Vektorraum $\mathbb{R}^n$ mit beliebigem Skalarprodukt. Zu einem beliebigen System von Spaltenvektoren und einem über die zugehörige Matrix gegebenem Skalarprodukt werden ein Orthonormalsystem und die Dimension des erzeugten Unterraums ausgegeben. Kapitelzuordnung: 1.3, 3.4

Eingaben:

Dimension des Raumes (Länge der Spaltenvektoren)	n
vermutete Unterraum-Dimension (Anzahl der Vektoren)	m
Erzeugende Vektoren des Unterraums	v_i
Matrix zur Definition des verallgemeinerten Skalarprodukts	A

Ausgaben:

Bzgl. A orthonormierte Basisvektoren des Unterraums	o_i
(bei linearer Abhängigkeit zusätzliche Nullvektoren)	
tatsächliche Dimension des Unterraums	dim

OPn: Entwicklung über Orthonormalbasen im Rn

Das Worksheet liefert zu Vektoren des $\mathbb{R}^n$ die Orthogonalprojektionen auf (besten Approximationen in) Unterräumen bezüglich des Standardskalarprodukts. Eingegeben werden die zu entwickelnden Vektoren und ein Erzeugendensystem des Unterraums, ausgegeben werden die Entwicklungskoeffizienten, Orthogonalprojektionen und Abstände. Kapitelzuordnung: 1.6

Eingaben:

Anzahl der zu entwickelnden Vektoren	z
Matrix der zu entwickelnden Vektoren	P
(vermutete) Dimension des Unterraums	m
Erzeugende Vektoren des Unterraums	v_i

Ausgaben:

Matrix der Orthonormalbasis des Unterraums	ONB
tatsächliche Dimension des Unterraums	dim
Matrix der Entwicklungskoeffizienten	K
Matrix der Orthogonalprojektionen / besten Approximationen der Vektoren	PA
Liste der Abstände bzw. Fehler zwischen Vektoren und Approximationen	d_i

OPn-A: (Bzgl. Skalarpr.) Verallgemeinerte Entwicklung über Orthonormalbasen im Rn

Das Worksheet liefert zu Vektoren des $\mathbb{R}^n$ die Orthogonalprojektionen auf (besten Approximationen in) Unterräumen bezüglich eines beliebigen Skalarprodukts. Eingegeben werden die zu entwickelnden Vektoren, ein Erzeugendensystem des Unterraums und die zum Skalarprodukt gehörende Matrix, ausgegeben werden die Entwicklungskoeffizienten, Orthogonalprojektionen und Abstände. Kapitelzuordnung: 1.6, 3.4

Eingaben:

Dimension des Raumes	n
Anzahl der zu entwickelnden Vektoren	z
Matrix der zu entwickelnden Vektoren	P
(vermutete) Dimension des Unterraums	m
Erzeugende Vektoren des Unterraums	v_i
Matrix zur Definition des verallgemeinerten Skalarprodukts	A

Ausgaben:

Matrix der Orthonormalbasis des Unterraums	*ONB*
tatsächliche Dimension des Unterraums	*dim*
Matrix der Entwicklungskoeffizienten	*K*
Matrix der Orthogonalprojektionen / besten Approximationen der Vektoren	*PA*
Liste der Abstände bzw. Fehler zwischen Vektoren und Approximationen	d_i

DR: Dimensionsreduktion bei Datenmengen

Das Worksheet dient der Datenreduktion bei großen Datenmengen und zeigt im günstigen Fall bestimmte Merkmalsausprägungen auf. Eingegeben werden der zu den Objekten gehörende Datensatz in Matrixform sowie die Erzeugenden-Vektoren eines zweidimensionalen Unterraums, von denen man annimmt, dass sie für auffällige Prototypen stehen. Ausgegeben werden die Projektionskoeffizienten der Objekte auf diesen Unterraum sowie eine zweidimensionale Graphik mit der Objektverteilung, in der ggf. Häufungen oder Zusammenhänge sichtbar werden. Kapitelzuordnung: 3.3

Eingaben:

Anzahl der Objekte	*z*
Anzahl der Merkmale pro Objekt	*n*
$z \times n$-Matrix der Daten	*P*
Basisvektoren des zweidimensionalen Unterraums	v_i

Ausgaben:

Matrix der Orthonormalbasis des Unterraums	*ONB*
Matrix der Entwicklungskoeffizienten	*K*
2-dimensionales Bild der Objekt-Projektionen	
Matrix der Orthogonalprojektionen / besten Approximationen	*PA*
Abstände zwischen original Datensätzen und Approximationen	d_i

MA-2: Minimale Abstandsquadratsumme zu Punktmengen im $\mathbb{R}^2$

Das Worksheet liefert zu einer beliebigen Anzahl von Punkten des $\mathbb{R}^2$ denjenigen Punkt mit minimaler Abstandsquadratsumme – ggf. unter Einschränkung auf einen eindimensionalen Unterraum. Dazu wird das Problem formal in den $\mathbb{R}^n$ verlegt, wobei *n* der doppelten Punktanzahl entspricht. Eingegeben werden die Punktkoordinaten sowie Dimension und erzeugende Vektoren des Unterraums. Ausgegeben werden der optimale Punkt, die Summe der Abstandsquadrate sowie eine Graphik mit Punktmenge, bestem Punkt und Unterraum. Kapitelzuordnung: 3.2

Eingaben:

Anzahl der Punkte	*z*
Ortsvektoren der Punkte	p_1 bis p_z
Dimension des Unterraums, in dem der Schwerpunkt approximiert werden soll	*m* (1 oder 2)
Basisvektoren des Unterraums	v_i

Ausgaben:

transformierter, $2z$-dimensionaler Punktvektor	P
transformierte, $2z$-dimensionale Basisvektoren	vv_i
Orthonormalbasis des $2z$-dimensionalen Unterraums	ONB
Matrix der Entwicklungskoeffizienten	K
Punkt mit minimaler Abstandsquadratsumme	PA
Summe der Abstandsquadrate aller Punkte vom optimalen Punkt	a
Graphik mit Punktmenge, bestem Punkt und ggf. Unterraum	

MA-3: Minimale Abstandsquadratsumme zu Punktmengen im $\mathbb{R}^3$

Das Worksheet liefert zu einer beliebigen Anzahl von Punkten des $\mathbb{R}^3$ denjenigen Punkt mit minimaler Abstandsquadratsumme – ggf. unter Einschränkung auf einen ein- oder zweidimensionalen Unterraum. Dazu wird das Problem formal in den $\mathbb{R}^n$ verlegt, wobei n der dreifachen Punktanzahl entspricht. Eingegeben werden die Punktkoordinaten sowie Dimension und erzeugende Vektoren des Unterraums. Ausgegeben werden der optimale Punkt, die Summe der Abstandsquadrate sowie eine Graphik mit Punktmenge, bestem Punkt und Unterraum. Kapitelzuordnung: 3.2

Eingaben:

Anzahl der Punkte	z
Ortsvektoren der Punkte	p_1 bis p_z
Dimension des Unterraums, in dem der Schwerpunkt approximiert werden soll	m (1,2 oder 3)
Basisvektoren des Unterraums	v_i

Ausgaben:

transformierter, $3z$-dimensionaler Punktvektor	P
transformierte, $3z$-dimensionale Basisvektoren	vv_i
Orthonormalbasis des $3z$-dimensionalen Unterraums	ONB
tatsächliche Dimension des eingegebenen Unterraums	dim
Matrix der Entwicklungskoeffizienten	K
Punkt mit minimaler Abstandsquadratsumme	PA
Summe der Abstandsquadrate aller Punkte vom optimalen Punkt	a
Graphik mit Punktmenge, bestem Punkt und ggf. Unterraum	

KA-GL: Kurvenanpassung mit Gleichungssystem

Das Worksheet liefert zu einer beliebigen Anzahl von Punkten bzw. Messwertpaaren im $\mathbb{R}^2$ die (im Sinne einer minimalen Summe der Abweichungsquadrate in y-Richtung) best-angepasste ganzrationale Funktion von vorgegebenem Grad. Dies geschieht durch Lösen des zugehörigen linearen Gleichungssystems. Eingegeben werden die Punktkoordinaten und der gewünschte Funktionsgrad. Ausgegeben werden der Term der best-angepassten ganzrationalen Funktion, die Summe der Abweichungsquadrate in y-Richtung sowie eine Graphik mit Punktmenge und Funktionsgraph. Kapitelzuordnung: 3.5

Eingaben:

Anzahl der Punkte bzw. Wertepaare	n
Matrix der Punkt- oder Wertemenge	M
Grad der anzupassenden Kurve	g

Ausgaben:

zu approximierender Vektor der Messwerte	P
Matrix der Erzeugenden Vektoren des Unterraums	B
Koeffizienten der Entwicklung	k_i (in Liste K)
Term der best-angepassten ganzrationalen Funktion	f
Graphik mit Punktmenge und Graf der best-angepassten Funktion	
Summe der Abweichungsquadrate in y-Richtung	d

KA: Kurvenanpassung mit ONB und Rücktrafo

Das Worksheet liefert zu einer beliebigen Anzahl von Punkten bzw. Messwertpaaren im $\mathbb{R}^2$ die (im Sinne einer minimalen Summe der Abweichungsquadrate in y-Richtung) best-angepasste ganzrationale Funktion von vorgegebenem Grad. Dazu wird das Problem formal als Orthogonalprojektion im $\mathbb{R}^n$ aufgefasst, wobei n die Anzahl der Punkte ist. Eingegeben werden die Punktkoordinaten und der gewünschte Funktionsgrad. Ausgegeben werden der Term der best-angepassten ganzrationalen Funktion, die Summe der Abweichungsquadrate in y-Richtung sowie eine Graphik mit Punktmenge und Funktionsgraph. Kapitelzuordnung: 3.5
Eingaben:

Anzahl der Punkte bzw. Wertepaare	n
Matrix der Punkt- oder Wertemenge	M
Grad der anzupassenden Kurve	g

Ausgaben:

zu approximierender Vektor der Messwerte	P
beste Approximation	PA
Koeffizienten der Entwicklung	k_i (in Liste K)
Term der best-angepassten ganzrationalen Funktion	f
Graphik mit Punktmenge und Graf der best-angepassten Funktion	
Summe der Abweichungsquadrate in y-Richtung	d

RZ: Raum-Zeit-Probleme

Das Worksheet liefert zu einem als Vektor des $\mathbb{R}^4$ aufgefassten Raum-Zeit-Punkt in einem vorgegebenen Unterraum die Orthogonalprojektion / beste Approximation bezüglich des durch den gewünschten Gewichtungsfaktor zwischen Ort und Zeit festgelegten Skalarprodukts. Eingegeben werden die Koordinaten des Raum-Zeit-Punktes und der erzeugenden Vektoren des Unterraums sowie der Gewichtungsfaktor. Ausgegeben werden die beste Näherung, deren zeitliche und räumliche Abweichung sowie eine 3D-Graphik, in der der exakte und der approximierte Punkt mit jeweiliger Zeitangabe zu sehen sind. Kapitelzuordnung: 3.4
Eingaben:

zu approximierender Raum-Zeit-Punkt	P
(vermutete) Dimension des Unterraums, in dem approximiert werden soll	m
erzeugende Vektoren des Unterraums	v_1 bis v_m
Gewichtungskonstante t/l zwischen räumlichen und zeitlichen Abweichungen	c

Ausgaben:

Orthonormalbasis des Unterraums   *ONB*

tatsächliche Dimension des Unterraums   *dim*

Liste der Entwicklungskoeffizienten über Unterraum   *K*

beste Approximation des Raum-Zeit-Punktes   *PA*

(Raum-Zeit-)Abstand zwischen Punkt und Approximation   *d*

rein räumlicher Abstand und rein zeitlicher Abstand   *L* und *dt*

Punkt und Approximation im $\mathbb{R}^3$ mit Zeitangabe

B.2 Grundlagen Funktionen und Funktionenräume

Übersicht

(Pfeile stehen für "ist Bestandteil von")

Grundlagen   **GS-F**   **Dig**

Theoretisches   **FSE**

GS-F: Gram-Schmidt für Funktionen-Systeme

Das Worksheet enthält eine Implementierung des Gram-Schmidtschen Orthonormalisierungsverfahrens für den Vektorraum $SC[0,1]$ mit dortigem Standardskalarprodukt. Zu einem beliebigen System über dem Einheitsintervall definierter Funktionen werden ein Orthonormalsystem und die Dimension des erzeugten Unterraums ausgegeben. Kapitelzuordnung: 1.3, 5.5

Eingaben:

    Anzahl der Funktionen (vermutete Unterraum-Dimension)   *m*

    Erzeugende Funktionen f_i

Ausgaben:

    Orthonormierte Funktionen (Basis des Unterraums) o_i

    (bei linearer Abhängigkeit zusätzliche Nullfunktionen)

    tatsächliche Dimension des Unterraums   *dim*

FSE: Entwicklung von Funktionen über vorgegebenen Funktionen-Systeme

Das Worksheet ermittelt zu einer beliebigen stückweise stetigen Funktion über $[0,1]$ und einem ebenfalls wählbaren System von Funktionen die beste Approximation der Funktion über dem Erzeugnis des Funktionensystems. Eingegeben werden die zu entwickelnde Funktion und die Funktionen des Systems, ausgegeben werden eine Orthonormalbasis des erzeugten Funktionenraums, die Entwicklungskoeffizienten und der Term der besten Approximation der Funktion. Zusätzlich werden eine gemeinsame Graphik von Funktion und Approximation erstellt und der relative Fehler der Approximation berechnet. Kapitelzuordnung: 5.3,

5.5

Eingaben:

zu entwickelnde Funktion	f
Anzahl der Funktionen des Systems (vermutete Unterraum-Dimension)	m
Erzeugende Funktionen	f_i

Ausgaben:

Orthonormierte Funktionen (Basis des Unterraums)	o_i
(bei linearer Abhängigkeit zusätzliche Nullfunktionen)	
tatsächliche Dimension des Unterraums	dim
Entwicklungskoeffizienten der Funktion über der ONB	c_i
Term der besten Approximation der Funktion	fA
Graphik mit Funktion f und Approximation fA	
relativer Fehler der Approximation	δ

Dig: Digitalisierung von Funktionen

Das Worksheet liefert zu jeder über dem Einheitsintervall definierten Funktion die Digitalisierung über einer Zweierpotenz äquidistanter (d.h. dyadischer) Teilintervalle. Eingegeben werden die stückweise stetige Funktion (über ihren Term bzw. ihre Terme) und der gewünschte Grad der Digitalisierung. Ausgegeben werden die Werteliste der digitalisierten Funktion sowie eine gemeinsame Graphik von Funktion und Digitalisierung. Kapitelzuordnung: 4.1, 5.3

Eingaben:

Term(e) der stückweise stetigen Funktion	f
Grad der Digitalisierung	G

Ausgaben:

Werteliste der digitalisierten Funktion	$fDIG$
Graphik mit Funktion und Digitalisierung	

B.3 Wavelet-Komplex

Übersicht

(Pfeile stehen für "ist Bestandteil von")

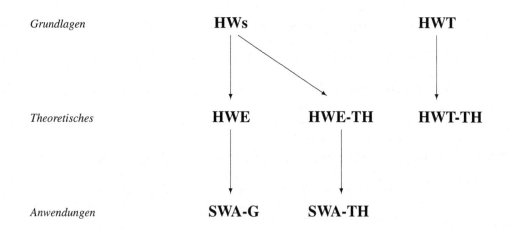

HWs: Haar-Wavelets

Das Worksheet liefert die Haar-Wavelets bis zu einem gewünschten Grad und ermöglicht deren Kennenlernen durch Zeichnungen aller zugehörigen Funktionsgraphen auf dem Intervall [0,1]. Kapitelzuordnung: 4.2, 5.4
Eingaben:
  gewünschter Grad der Haar-Wavelets G
Ausgaben:
  Graphen beliebiger Haar-Wavelets vom Grad $\leq G$

HWE: Haar-Wavelet-Entwicklung

Das Worksheet liefert die Entwicklung einer beliebigen stückweise konstanten oder stückweise stetigen Funktion über Haar-Wavelets von gewünschtem Grad. Eingegeben werden die Funktion (je nach Typ mittels Werteliste oder Term) und der gewünschte Entwicklungsgrad. Ausgegeben werden die Entwicklungskoeffizienten und eine gemeinsame Graphik der Funktion mit ihrer Haar-Wavelet-Approximation; außerdem der relative Fehler der Approximation sowie im digitalen Fall die Kompressionsrate. Kapitelzuordnung: 4.2, 5.4
Eingaben:
  Typ der zu approximierenden Funktion   *stet* oder *disk*
  Werteliste der diskreten oder Term(e) der stückweise stetigen Funktion   LISTE oder f
  gewünschter Entwicklungsgrad G
Ausgaben:

ggf. Kontrollangabe Anzahl der LISTEn-Werte	n
Entwicklungskoeffizienten der Haar-Wavelet-Entwicklung	c_0 und $c_{i,j}$
Graphik: Funktion mit Haar-Wavelet-Entwicklung	
relativer Fehler und ggf. Kompressionsrate:	δ und κ

HWE-TH: Haar-Wavelet-Entwicklung incl. Thresholding

Das Worksheet liefert die Entwicklung einer beliebigen stückweise konstanten oder stückweise stetigen Funktion über Haar-Wavelets von gewünschtem Grad mit anschließendem Thresholding. Eingegeben werden die Funktion (je nach Typ mittels Werteliste oder Term), der gewünschte Entwicklungsgrad und die Thresholding-Schwelle. Ausgegeben werden die Entwicklungskoeffizienten vor und nach Thresholding sowie eine gemeinsame Graphik der Funktion mit ihrer verlustbehafteten Kompression. Zusätzlich werden die relevanten Daten zum Vergleich von Original, Approximation ohne und Approximation mit Thresholding ausgegeben. Kapitelzuordnung: 4.4, 5.4
Eingaben:

Typ der zu approximierenden Funktion	*stet* oder *disk*
Werteliste der diskreten oder Term(e) der stückweise stetigen Funktion	LISTE oder f
gewünschter Entwicklungsgrad	G
Thresholding-Schwelle	epsilon

Ausgaben:

Kontrollangabe Anzahl der Listeneinträge	n
Entwicklungskoeffizienten der Haar-Wavelet-Entwicklung	c_0 und $c_{i,j}$
Graphik: Funktion mit Haar-Wavelet-Entwicklung	
Entwicklungskoeffizienten nach Thresholding	$d_{i,j}$
Graphik: Funktion mit Approximation nach Thresholding	
relativer Fehler vor und nach Thresholding	δ_1 und δ_2
im Falle einer diskreten Funktion:	
Kompressionsraten vor und nach Thresholding	κ_1 und κ_2
Unterschied und Kompressionsverhältnis zwischen Haar-Wavelet-Entwicklung mit und ohne Thresholding	

HWT: Haar-Wavelet-Transformation

Das Worksheet führt für digitale Signale mit Zweierpotenz-Länge die Haar-Wavelet-Transformation durch. Eingegeben werden der (dem Exponenten der Zweierpotenz und damit der Anzahl der nötigen Transformationsschritte entsprechende) Grad und die Werteliste des Signals. Ausgegeben werden die Wertelisten der verschiedenen Transformationsstufen sowie (zur Verdeutlichung der wachsenden Zahl kleiner Einträge) ihre Veranschaulichung durch Funktionsgraphen über dem Einheitsintervall. Kapitelzuordnung: 4.3
Eingaben:

| Grad der Intervalleinteilung | G |
| Werteliste des Signals (Länge 2^G) | L_0 |

Ausgaben:

Signal-Dimension zur Kontrolle	n
Haar-Wavelet-Transformations-Stufen	L_1 bis L_G
Zeichnungen des Signals mit seinen Transformationsstufen	

HWT-TH: Haar-Wavelet-Trafo mit Thresholding

Das Worksheet führt für digitale Signale mit Zweierpotenz-Länge die Haar-Wavelet-Transformation inklusive Thresholding und Rücktransformation durch. Eingegeben werden der (dem Exponenten der Zweierpotenz und damit der Anzahl der nötigen Transformationsschritte entsprechende) Grad, die Werteliste des Signals und die Thresholding-Schwelle. Ausgegeben werden die Wertelisten der verschiedenen Transformations- und Rücktransformationsstufen mit zwischenzeitlichem Thresholding, der relative Fehler der Approximation und die Kompressionsrate. Zur Veranschaulichung wird eine Graphik des Original-Signals zusammen mit der Approximation erzeugt. Kapitelzuordnung: 4.3, 4.4

Eingaben:

Grad der Intervalleinteilung	G
Werteliste des Signals (Länge 2^G)	L_0
Thresholding-Schranke	epsilon

Ausgaben:

Signal-Dimension zur Kontrolle	n
Haar-Wavelet-Transformations-Stufen	L_1 bis L_G
Approximation des transformierten Signals	LA_G
Rück-Transformations-Stufen	LA_{G-1} bis LA_1
Approximiertes Signal	LA_0
Zeichnung des Signals und seiner Approximation	
relativer Fehler und Kompressionsrate der Approximation	δ und κ

SWA-G: Kompression eindimensionaler Schwarzweißbilder, sukzessive Grad-Erhöhung

Auf der Basis des Worksheets zur Haar-Wavelet-Entwicklung soll hier mithilfe von eindimensionalen Grauwertbildern veranschaulicht werden, was bei einer Approximation mittels Haar-Wavelets verschiedener Grade passiert. Dazu wird die eingegebene Datenliste der HWE unterzogen. Dann werden sie selbst und ihre Approximationen verschiedener Grade in Grauwertbilder übersetzt um zu zeigen, wie sich das Bild sukzessive pro Graderhöhung verändert. Kapitelzuordnung: 4.6, 4.2

Eingaben:

Werteliste mit einer Zweierpotenz von Einträgen	LISTE
gewünschter Entwicklungsgrad	G

Ausgaben:

Kontrollangabe Anzahl der Listeneinträge	n
Entwicklungskoeffizienten der Haar-Wavelet-Entwicklung	c_0 und $c_{i,j}$
Haar-Wavelet-Approximationen der Grade 0 bis G der Funktion	fG_i
Wertelisten dieser Haar-Wavelet-Approximationen	TL_i
Graphik: Funktion mit Haar-Wavelet-Entwicklung vom Grad	G
Visualisierung der Funktion und der Haar-Wavelet-Entwicklungen aller Grade bis G durch Graubilder	

SWA-TH: Kompression eindimensionaler Schwarzweißbilder mit Thresholding

Auf der Basis des Worksheets zur Haar-Wavelet-Entwicklung mit Thresholding soll hier mithilfe von eindimensionalen Grauwertbildern die Wirkung der verlustbehafteten Approximation veranschaulicht werden. Dazu wird die eingegebene Datenliste der HWE mit TH unterzogen. Dann werden das Originalsignal und die Approximation nach Thresholding in eindimensionale Grauwertbilder übersetzt um deren Qualität zu vergleichen. Kapitelzuordnung: 4.6, 4.4

Eingaben:

Werteliste mit einer Zweierpotenz von Einträgen	LISTE
gewünschter Entwicklungsgrad	G
Thresholding-Schwelle	epsilon

Ausgaben:

Kontrollangabe Anzahl der Listeneinträge	n
Entwicklungskoeffizienten der Haar-Wavelet-Entwicklung	c_0 und $c_{i,j}$
Graphik: Funktion mit Haar-Wavelet-Entwicklung	
Entwicklungskoeffizienten nach Thresholding	$d_{i,j}$
Graphik: Funktion mit Approximation nach Thresholding	
relativer Fehler	δ_1 und δ_2
Kompressionsrate vor und nach Thresholding:	κ_1 und κ_2
Unterschied und Kompressionsverhältnis zwischen Haar-Wavelet-Entwicklung mit und ohne Thresholding	
Visualisierung der Funktion, der Haar-Wavelet-Entwicklung und der Haar-Wavelet-Entwicklung nach Thresholding durch Graubilder	

B.4 Fourier-Komplex

Übersicht

(Pfeile stehen für "ist Bestandteil von")

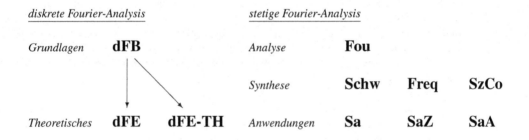

diskrete Fourier-Analysis		*stetige Fourier-Analysis*		
Grundlagen **dFB**		*Analyse* **Fou**		
		Synthese **Schw**	**Freq**	**SzCo**
Theoretisches **dFE** **dFE-TH**		*Anwendungen* **Sa**	**SaZ**	**SaA**

dFB: Digitale Fourier-Basen

Das Worksheet liefert die Elemente der digitalen Fourier-Basen gerader Dimension und ermöglicht deren Kennenlernen durch Zeichnungen aller zugehörigen Funktionsgraphen auf dem Intervall [0,1]. Kapitelzuordnung: 5.7

Eingaben:

Dimension der Fourier-Basis (gerade Zahl)	n

Ausgaben:

Fourier-Basis Elemente	$dF_{n,j}$ mit
Darstellung der Basiselemente auf dem Intervall [0,1]	$j = 0 \dots n-1$

dFE: Entwicklung von Funktionen über digitalen Fourier-Basen

Das Worksheet liefert die Entwicklung einer beliebigen stückweise konstanten oder stückweise stetigen Funktion über einer digitalen Fourier-Basis gerader Dimension. Eingegeben werden die Funktion (je nach Typ mittels Werteliste oder Term) und die gewünschte Dimension. Ausgegeben werden die Entwicklungs-koeffizienten und eine gemeinsame Graphik der Funktion mit ihrer Haar-Wavelet-Approximation; außerdem der relative Fehler der Approximation sowie im digitalen Fall die Kompressionsrate.

Kapitelzuordnung: 5.7

Eingaben:

Typ der zu approximierenden Funktion	*stet* oder *disk*
Werteliste der diskreten oder Term(e) der stückweise stetigen Funktion	LISTE / *fun*
gewünschter Entwicklungsgrad der digitalen Fourier-Basen	n (gerade)

Ausgaben:

ggf. Kontrollangabe Anzahl der LISTEn-Werte	$nLIS$
Funktionen der digitalen Fourier-Basis	$dF_{n,j}$
Entwicklungskoeffizienten über der digitalen Fourier-Basis	$cc_{i,j}$
Graphik: Funktion *fun* mit der Approximation fFou	
relativer Fehler und ggf. Kompressionsrate:	δ und κ

dFE-TH: Entwicklung von Funktionen über digitalen Fourier-Basen inklusive Thresholding

Das Worksheet liefert die Entwicklung einer beliebigen stückweise konstanten oder stückweise stetigen Funktion über einer digitalen Fourier-Basis gerader Dimension inklusive Thresholding. Eingegeben werden die Funktion (je nach Typ mittels Werteliste oder Term), die gewünschte Dimension und die Thresholding-Schwelle. Ausgegeben werden die Entwicklungskoeffizienten vor und nach Thresholding sowie eine ge-meinsame Graphik der Funktion mit ihrer verlustbehafteten Kompression. Zusätzlich werden die relevanten Daten zum Vergleich von Original, Approximation ohne und Approximation mit Thresholding ausgegeben.

Kapitelzuordnung: 5.7, 4.4

Eingaben:

Typ der zu approximierenden Funktion	*stet* oder *disk*
Werteliste der diskreten oder Term(e) der stückweise stetigen Funktion	LISTE / *fun*
gewünschter Entwicklungsgrad der digitalen Fourier-Basen	n (gerade)

Ausgaben:

ggf. Kontrollangabe Anzahl der LISTEn-Werte	$nLIS$
Funktionen der digitalen Fourier-Basis	$dF_{n,j}$
Entwicklungskoeffizienten über der digitalen Fourier-Basis	$cc_{i,j}$
Graphik: Funktion *fun* mit Approximation fFou	
Approximationskoeffizienten nach Thresholding:	$d_{n,j}$ mit
Graphik: Funktion *fun* mit Approximationsfunktion nach Thresholding *fFouTH*	$j = 0 \ldots n-1$
relative Fehler und ggf. Kompressionsraten vor und nach Thresholding	$\delta_1, \delta_2, \kappa_1$ und κ_2
Unterschied und Kompressionsverhältnis zwischen den Approximationen ohne und mit Thresholding	

Fou: Fourieranalyse

Das Worksheet liefert die periodische Fortsetzung einer auf [0,1] definierten Funktion und bestimmt die Fourierentwicklung bis zum gewünschten Grad. Eingegeben werden der Funktionsterm und der Entwicklungsgrad, ausgegeben werden die Entwicklungskoeffizienten, die Fourier-Entwicklung und eine Graphik mit Funktion und Fourier-Approximation. Kapitelzuordnung: 6.3

Eingaben:

Term einer Funktion	ff
Grad der Fourierapproximation	n

Ausgaben:

zu ff gehörige 1-periodische Funktion	f
Fourier-Koeffizienten	c_i und d_i
Fourier-Approximation n-ten Grades im Einheitsintervall	fA
Graphik: Darstellung der Funktion mit ihrer Fourierapproximation	

Schw: Schwebungen

Das Worksheet ist dafür konzipiert, Erfahrungen mit der Überlagerung einfacher trigonometrischer Funktionen zu ermöglichen. Speziell wird hier zur Auseinandersetzung mit Schwebungen, deren Bedingungen und Eigenschaften angeleitet. Eingegeben werden die Amplituden und Frequenzen zweier Schwingungen. Ausgegeben werden die Funktionsgraphen der einzelnen Funktionen und der Überlagerung. Die Schwebungsfrequenz kann dann sowohl graphisch als auch rechnerisch bestimmt werden. Kapitelzuordnung: 6.3, 5.5

Eingaben:

Frequenzen und Amplituden zweier Sinus-Funktionen	f_i, A_i

Ausgaben:

Zeitverlauf der beiden Funktionen	$funk_i$
und deren Überlagerung	

Freq: Frequenzverhältnisse

Das Worksheet ist dafür konzipiert, Erfahrungen mit der Überlagerung einfacher trigonometrischer Funktionen zu ermöglichen. Speziell wird hier zur Auseinandersetzung mit den zu einfachen Intervallen oder Akkorden gehörenden Frequenzverhältnissen angeleitet. Eingegeben werden die Amplituden und Frequenzen mehrerer Schwingungen. Ausgegeben werden die Funktionsgraphen der einzelnen Funktionen und der Überlagerung. So kann die Erfahrung gemacht werden, dass sich einfache harmonische Klänge durch einfache, optisch ansprechende, periodische Zeit-Auslenkungs-Diagramme auszeichnen. Kapitelzuordnung: 6.3, 5.5

Eingaben:

Frequenzen und Amplituden mehrerer Sinus-Funktionen	f_i, A_i

Ausgaben:

Zeitverlauf der Funktionen und deren Überlagerung	$funk_i$

SzCo: Sägezahn und Co.

Das Worksheet ist dafür konzipiert, Erfahrungen mit der Überlagerung einfacher trigonometrischer Funktionen zu ermöglichen. Speziell wird hier zur Kombination sehr vieler, nach regelmäßigen Mustern gebildeter

Teilfunktionen angeleitet, bei der unstetige Funktionen wie der Sägezahn approximiert werden. So kann ein Eindruck davon entstehen, wie viele - teils auch unerwartete - Funktionen im linearen Erzeugnis einfacher trigonometrischer Funktionen liegen. Kapitelzuordnung: 6.3, 5.5

Eingaben:

Summationsgrenzen typischer harmonischer Reihen $\qquad n_i$

Ausgaben:

Zeitverlauf der Funktionen und deren Überlagerung

Sa: Saitenschwingungen

Das Worksheet dient der dynamischen Visualisierung der möglichen Schwingungen einer an beiden Enden fest eingespannten Saite. Eingegeben werden die Länge der Saite, die Ausbreitungsgeschwindigkeit der Wellen sowie der maximale Grad und die Koeffizienten der Fourier-Terme. Ausgegeben wird die zeitabhängige Form der Saite als dynamische Graphik. Sie kann mit unterschiedlichen Geschwindigkeiten angesehen werden und es sind Standbilder zu beliebigen Zeiten möglich. Kapitelzuordnung: 6.4

Eingaben:

Saitenlänge $\qquad L$

Ausbreitungsgeschwindigkeit $\qquad c$

Anzahl der Fourier-Schritte $\qquad n$

Koeffizienten $\qquad a_i, b_i, i = 1..n$

Ausgaben:

Dynamische Visualisierung der Saitenschwingung mit $x \in [0, L]$ und $t \in \left[0, \frac{L}{c}\right]$

SaZ: Schwingungen einer gezupften Saite

Das Worksheet dient der Bestimmung und dynamischen Visualisierung der möglichen Schwingungen einer an beiden Enden fest eingespannten und dann gezupften Saite. Eingegeben werden die Länge der Saite, die Ausbreitungsgeschwindigkeit der Wellen, Position und Ausmaß der Anfangsauslenkung und die natürliche Zahl, bei der die Fourier-Entwicklung abgebrochen werden soll. Ausgegeben werden ein Standbild der ausgelenkten Saite, die Koeffizienten der Fourier-Reihe mit diesen Anfangsbedingungen und die zeitabhängige Form der gezupften Saite als dynamische Graphik. Sie kann mit unterschiedlichen Geschwindigkeiten angesehen werden und es sind Standbilder zu beliebigen Zeiten möglich. Kapitelzuordnung: 6.5

Eingaben:

Saitenlänge $\qquad L$

Ausbreitungsgeschwindigkeit $\qquad c$

Ort der Auslenkung $\qquad s$

Amplitude der Auslenkung $\qquad z$

Anzahl der Fourier-Schritte $\qquad n$

Ausgaben:

Darstellung der ausgelenkten Saite zur Zeit $t = 0$

Berechnung und Ausgabe der Koeffizienten $\qquad a_i, \ i = 1..n$

Dynamische Visualisierung der Saitenschwingung mit $x \in [0, L]$ und $t \in \left[0, \frac{2L}{c}\right]$

SaA: Schwingungen einer angeschlagenen Saite

Das Worksheet dient der Bestimmung und dynamischen Visualisierung der möglichen Schwingungen einer an beiden Enden fest eingespannten und dann angeschlagenen Saite. Eingegeben werden die Länge der

Saite, die Ausbreitungsgeschwindigkeit der Wellen, Intervall (Bereich) und Geschwindigkeit des Anschlags und die natürliche Zahl, bei der die Fourier-Entwicklung abgebrochen werden soll. Ausgegeben werden ein Standbild der ausgelenkten Saite, die Koeffizienten der Fourier-Terme mit diesen Anfangsbedingungen und sowohl die zeitabhängige Form als auch die Geschwindigkeitsverteilung der gezupften Saite als dynamische Graphiken. Sie können mit unterschiedlichen Geschwindigkeiten angesehen werden und es sind Standbilder zu beliebigen Zeiten möglich.

In diesem Worksheet wird die Schwingung einer angeschlagenen Saite animiert. Zu bestimmten Bedingungen, wie Saitenlänge, Ort und Stärke des Anschlages wird die Schwingungsgleichung der Saite bestimmt und visualisiert. Kapitelzuordnung: 6.5

Eingaben:

Saitenlänge	L
Ausbreitungsgeschwindigkeit	c
linke Anschlagsgrenze	$s1$
rechte Anschlagsgrenze	$s2$
Geschwindigkeit der Auslenkung im Ort $x \in [s_1, s_2]$	g
Anzahl der Fourier-Schritte	n

Ausgaben:

Berechnung und Ausgabe der Koeffizienten	$b_i, \quad i = 1..n$

Dynamische Visualisierung der Saitenschwingung mit $x \in [0, L]$ und $t \in \left[0, \frac{2L}{c}\right]$

Dynamische Visualisierung der Geschwindigkeitsverteilung mit $x \in [0, L]$ und $t \in \left[0, \frac{2L}{c}\right]$

Abbildungsverzeichnis

Literaturverzeichnis

[1] Austin, D.: What is ... JPEG?. In: Notices of the AMS 55 (2), S.226-229, 2008.

[2] Baum, M. u.a.: LS − Lineare Algebra mit analytischer Geometrie. Klett, Stuttgart 2001.

[3] Bénéteau, C. / Van Fleet, P.J.: Discrete Wavelet Transformations and Undergraduate Education. In: Notices of the AMS 58 (5), S.656-666, 2011.

[4] Bergh, J. / Ekstedt, F. / Lindberg, M.: Wavelets mit Anwendungen in Signal- und Bildverarbeitung. Springer, Berlin 2007.

[5] Bland, D.R.: Vibrating Strings. Routledge & Kegan Paul, London 1960.

[6] Bossert, M. / Bossert, S.: Mathematik der digitalen Medien. VDE, Berlin, 2010.

[7] Brandl, M.: The vibrating string − an initial problem for modern mathematics; historical and didactical aspects. In: Wirtzke, I. (Hrsg.): 18th Novembertagung on the history, philosophiy and didactics of Mathematics. Logos, Bonn, 2008, S.95-114.

[8] Christensen, O. / K.L.: Approximation theory: from Taylor polynomials to wavelets. Birkhäuser, Boston 2004.

[9] Dahmen, W.: Yves Meyer − Träger des Gauß-Preises 2010. MDMV 19|2011, S.76-80, 2011.

[10] Elstroth, J.: Maß- und Integrationstheorie. Springer, Berlin 1996.

[11] Forster, O. / Wehler, J.: Fourier-Transformation und Wavelets. Skript zur Vorlesung im WS 2000/2001 am Mathematischen Institut der LMU München.

[12] Glatz, G., u.a.: Brücken zur Mathematik Band 7, Fourier-Analysis. Cornelsen, Berlin 1996.

[13] Griesel, H. / Postel, H.: Elemente der Mathematik, Grundkurs 12/12, Nordrhein-Westfalen. Schroedel, Hannover 2000.

[14] Grotemeyer, K.P., u.a. (Hrsg.): Studia Mathematica 23 − Bourbaki, N.: Elemente der Mathematikgeschichte. Vandenhoek & Ruprecht, Göttingen 1971.

[15] Heuser, H.: Lehrbuch der Analysis Teil 1. Teubner, Stuttgart 1988.

[16] Hilbert, D.: Grundlagen der Geometrie. Teubner, Stuttgart 1962.

[17] Hubbard, B.B.: Wavelets: Die Mathematik der kleinen Wellen. Birkhäuser, Basel 1997.

[18] Humpert, V.: Die schwingende Saite − mathematisch analysiert. Schriftliche Hausarbeit im Rahmen der Ersten Staatsprüfung an der RWTH Aachen. Aachen, 2010.

[19] Jackson, A.: The Math Wars. California battles it out over mathematics education reform (Part II). In: Notices of the AMS 44 (7), S.817-823, 1997.

[20] Jahnke, Th. / Wuttke, H. (Hrsg.): Analytische Geometrie - Lineare Algebra. Cornelsen, Berlin 2003.

[21] Kroll, W. / Reiffert, H.P. / Vaupel, J.: Analytische Geometrie / Lineare Algebra, Grund- und Leistungskurs. Dümmler, Bonn 1997.

[22] Lax, P.D.: Linear Algebra and its applications. Wiley, Hoboken, 2007.

[23] Lenze, B.: Einführung in die Fourier-Analysis. Logos Verlag, 2000.

[24] Mackenzie, D.: Wavelets: Seeing the Forest and the Trees. National Academy of Sciences, Washington, 2001.

[25] Meyberg, K. / Vachenauer, P.: Höhere Mathematik 2. Springer, Berlin 1991.

[26] Meyer, Y.: Wavelets, Algorithms & Applications. Society for Industrial an d Applied Mathematics (siam), Philadelphia 1993.

[27] Niederdenk, K., Engeln-Müllges, G. (Hrsg.): Die endliche Fourier- und Walsh-Transformation mit einer Einführung in die Bildverarbeitung. Vieweg, Braunschweig 1997.

[28] Oppenheim, A.V., Schafer, R.W.: Zeitdiskrete Signalverarbeitung. Oldenbourg, München 1992.

[29] Oran Brigham, E.: FFT – Schnelle Fourier-Transformation, 5. Auflage. Oldenbourg, München 1992.

[30] Oran Brigham, E.: FFT – Anwendungen. Oldenbourg, München 1997.

[31] Osterloh, K.: Die Fourier-Transformation – Wesen, Geschichte und Bedeutung. In: MNU 49|3, S.141-147, 1996.

[32] Preiner, J.: Schwingungen in Mathematik, Musik und Physik. http://www.lehrer-online.de/schwingungen.php

[33] Schipp, F.: Walsh series: an introduction to dyadic harmonic analysis. IOP Publishing Ltd, Bristol 1990.

[34] Schneebeli, H.R., Vollmer, H.R.: Skalarprodukte, Schwingungen, Signale – Themen zu Anwendungen der Mathematik. Sabe, Zürich 1998.

[35] Schulz, R.-H.: Codierungstheorie: Eine Einführung. Vieweg, Wiesbaden 2003.

[36] Triebel, H.: Theory of function spaces. Birkhäuser, Basel 1983.

[37] Triebel, H.: Theory of function spaces II. Birkhäuser, Basel 1992.

[38] vom Hofe, R. (Hrsg.): Mathematik Lehren 154. Wissen Vernetzen – Geometrie und Algebra. Friedrich, Velber 2010.

[39] Walz, G. (Red.): Lexikon der Mathematik in sechs Bänden. Spektrum Akademischer Verlag, Heidelberg, 2002.

[40] Weinzierl, S. (Hrsg.): Handbuch der Audiotechnik. Springer Verlag, Berlin 2008.

[41] Winter, H.: Allgemeine Lernziele fÃ¼r den Mathematikunterricht. Zentralblatt für Didaktik der Mathematik, 3 (1975), S.106-116.

Lehrpläne

[42] Bayerisches Staatsministerium für Unterricht und Kultus: Lehrplan-Downloads der Klassen bzw. Stufen 8, 9, 10 und 11/12 für die Fächer Mathematik, Physik und Informatik unter: http://www.isb.bayern.de/isb/index.asp?QNav=4.

[43] Beschlüsse der Kultusministerkonferenz: Bildungsstandards im Fach Mathematik für den Mittleren Schulabschluss – Beschluss vom 4.12.2004. Herausgegeben vom Sekretariat der Ständigen Konferenz der Kultusminister der Länder in der Bundesrepublik Deutschland. Â© 2004 Wolters Kluwer Deutschland GmbH, München.

[44] Kernlehrplan für das Gymnasium – Sekundarstufe I (G8) in Nordrhein-Westfalen, Mathematik. Herausgegeben vom Ministerium für Schule und Weiterbildung des Landes Nordrhein-Westfalen. Ritterbach Verlag, Frechen 2007.

[45] Lehrplan Gymnasium Mathematik, herausgegeben vom Sächsisches Staatsministerium für Kultus. Dresden 2004/2009.

[46] Lehrplan Gymnasium Physik, herausgegeben vom Sächsisches Staatsministerium für Kultus. Dresden 2004/2007/2009.

[47] Ministerium für Bildung, Wissenschaft, Forschung und Kultur des Landes Schleswig-Holstein: Lehrpläne für die Sekundarstufe II Mathematik. Kiel 2002.

[48] Niedersächsisches Kultusministerium: Kerncurriculum für das Gymnasium – gymnasiale Oberstufe, Mathematik. Hannover 2009.

[49] Richtlinien und Lehrpläne für die Sekundarstufe II – Gymnasium / Gesamtschule in Nordrhein-Westfalen, Mathematik. Herausgegeben vom Ministerium für Schule und Weiterbildung, Wissenschaft und Forschung des Landes Nordrhein-Westfalen. Ritterbach Verlag, Frechen 1999.

[50] Schulministerium für Schule und Weiterbildung des Landes Nordrhein-Westfalen, Curriculare Vorgaben, Kernlehrplan Physik, 2010 (letzte Änderung 2008).

Sachverzeichnis

Printed in the United States
By Bookmasters